HEYNE BÜCHER

HEYNE SACHBUCH

Bausteine für ein modernes Weltbild

Herausgeber Hoimar v. Ditfurth

Werner Nachtigall

Phantasie der Schöpfung

Faszinierende Entdeckungen
der Biologie und Biotechnik

WILHELM HEYNE VERLAG
MÜNCHEN

HEYNE-BUCH Nr. 01/7224
im Wilhelm Heyne Verlag, München

Genehmigte, ungekürzte Taschenbuchausgabe

Printed in Germany 1983
Umschlagfoto: Bildagentur Mauritius, Mittenwald
Umschlaggestaltung: Atelier Heinrichs & Schütz, München
Gesamtherstellung: Presse-Druck Augsburg

ISBN 3-453-01810-9

Meiner Frau herzlich zugeeignet

Inhalt

Teil I

Einführung

Angenommen, ein Fernsehautor hätte ein Drehbuch zu schreiben zu einem Film ›Natur und Technik‹. Wie fände er hier einen guten Einstieg? Vielleicht so:

Der Moderator sitzt mit einem sehr ›gewichtigen‹ Gast beim Frühstück. Der Gast holt sich ein Frühstücksei mit übertrieben vorsichtig-komischen Bewegungen vom Tablett: ». . . bloß aufpassen, daß ich das Dingelchen nicht aus Versehen in der Hand zerquetsche!« – »Keine Angst! So ein Ei ist stabil konstruiert! Wetten, daß Sie es zwischen Daumen und Zeigefinger nicht zerdrücken können?« – »Lächerlich!« Der Gast drückt die Finger zusammen, bis ihm der Schweiß auf der Stirn steht. Dann stellt er das Ei mit einem hilflosen »Na so etwas!« in den Eierbecher zurück. Die Gummilinse fährt auf das Ei zu, bis es den Bildraum füllt –: Überblendung auf das ›Garchinger Atomei‹, den eiförmigen Bau eines Atomreaktors.

Das Hühnerei mit seiner erstaunlichen Stabilität war das Vorbild gewesen für den eiförmigen Schutzbau eines Atomreaktors. Der Mensch hat die Natur hier kopiert. Er hat sie sogar verbessert, denn die Wände des ›Betoneis‹ sind im Verhältnis zum Durchmesser noch dünner als die Schale des Hühnereis. Wer mit offenen Augen durch die Welt geht, findet überall in der Natur ähnliche Parallelen zur Technik.

Längst baut man selbsttragende Flugzeugflügel. Im Inneren liegen x-förmig angelegte Verstrebungen (Abb. I-2). Verblüffend, wie sie Strukturen ähneln, die ein Schnitt durch den Armknochen eines Vogels sichtbar macht: dort sind es die gleichen X-Verstrebungen, nun allerdings aus Knochenbälkchen gebildet (Abb. I-1). Mit geringstem Materialaufwand fängt dieses System die einwirkenden Kräfte ab.

Leichtbauweise – Sandwichbauweise: Ein modernes Schlagwort im Flugzeugbau. Sechseckige Waben aus dünnstem Blech, oben und unten mit einer Haut beklebt, ergeben äußerst leichte und stabile Rumpfverkleidungen und Rotorblätter. Heutige Schaumstoffe basieren auf dem gleichen Strukturprinzip – die Natur kennt es seit Jahrmillionen. Und wenn glasfaserverstärkte Kunststoffe für Autokarosserien gegenwärtig als neuester Schrei konstruktiver Entwicklung gelten (›hart und trotzdem hochelastisch‹ heißt hier die Devise), dann ist diese Neuheit ganz so neu nicht: Jede pflanzliche Zellwand besitzt die gleiche Faserstruktur, wie elektronenmikroskopische Aufnahmen zeigen. Auch da erweist sich die Natur als der ›Swinigel‹, der längst vor dem ›Hasen‹ Technik an Ort und Stelle ist.

Hohlträger, wie beim Gerüstbau verwendet, haben fast die gleiche Biegefestigkeit wie Vollmaterial, sind aber wesentlich leichter und sparen viel Substanz. Der Strohhalm ist solch ein natürlicher Hohlträ-

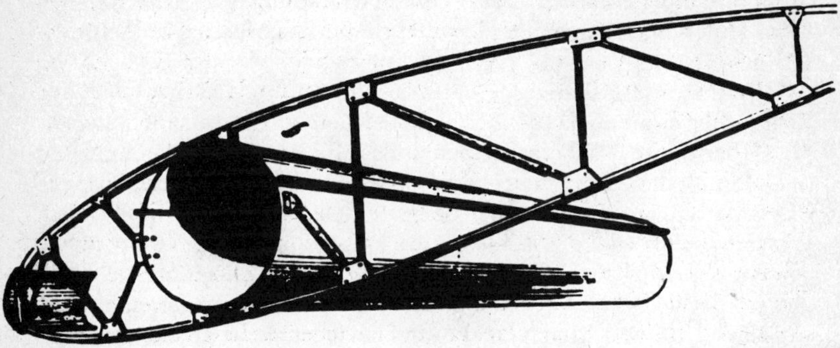

Abb. I–1 (oben) X-Streben in einem Vogelknochen

Abb. I–2 (unten) X-Streben in einem Flügelholm

ger. Wie er an seiner Spitze die windbewegte schwere Ähre trägt, das ist eine biologische Meisterkonstruktion der Statik. Die Rundblickrestaurants der Fernsehtürme gleichen in statischer Hinsicht einer Ähre, weshalb solche Türme häufig nach dem Getreidehalmprinzip konstruiert sind. Die Strebenkonstruktion bei den zur Errichtung moderner Großarchitekturen aufgeführten Stahlbau-Gerüsten entspricht wiederum verblüffend der Zellanordnung im Halm einer Binse. Und wenn Techniker dünne Rohre mit Spiralfedern auskleiden, damit sie nicht zusammenfallen, so hat auch hier die Natur das gleiche Prinzip in den Tracheenröhren der Insekten wie in den Leitungsgefäßen der Pflanzen vorweggenommen.

Unschwer lassen die Beispiele sich vermehren: Durch Zug beanspruchte Seile und Kabel gleichen in ihrem Querschnitt verblüffend genau manchen tropischen Lianen. Die Versteifungsrippen am Blatt tropischer Seerosen sind eine Wabenkonstruktion und funktionieren statisch wie das Faltdach einer modernen Kongreßhalle. Im Oberschenkelknochen des Menschen verlaufen die Knochenbälkchen gemäß der von Stelle zu Stelle wechselnden Kraftbeanspruchung.

Selbst für die einfachsten Dinge des Alltags findet man analoge Konstruktionen in der belebten Welt. Die Schere funktioniert wie ein Schneidezahngebiß, die Zange wie eine Krebs-›Schere‹; Haftscheiben für Handtuchhalter im Badezimmer entsprechen den Haftorganen der Tintenfische und Wasserkäfer. Der von Faschingsumzügen her bekannten ›Nürnberger Schere‹ vergleichbar funktioniert die Fangmaske der Libellenlarven. Oder nehmen wir die Jahrmarkttute, die sich beim Hineinblasen auseinanderrollt: so ähnlich arbeitet der Schmetterlingsrüssel.

Schwalbe und Pillenwespe haben das Bauen mit Lehm ›erfunden‹, Köcherfliegenlarven das Mauerwerk, das Leuchtmoos den Scheinwerfer, Fledermäuse das Radar. Besser als das alte Hörrohr der Großmutter funktioniert die Ohrmuschel des Luchses. Die Irisblende des Fotoapparats arbeitet wie die Iris im Auge; die Schallblasen des quakenden Wasserfrosches oder der Kehlsack des Fregattvogels sind Resonanzböden wie der Holzbauch der Mandoline. Die mit festgelegtem Spielraum aneinander vorbei bewegbaren Schalen der Ritterrüstungen nahm die Kugelassel vorweg; Kugelgelenke sind bei jeder Heuschrecke verwirklicht, das Bewegungsprinzip der Rakete findet sich bei Libellenlarven, Herzmuscheln und Tintenfischen. Eine bessere Spinndüse als jede Kunstseidenfabrik besitzt die Kreuzspinne; das Tschadsee-Huhn hat ›Schneereifen‹ an den Füßen, Rattenschwanzlarven schnorcheln, Schaumzikaden blasen Seifenblasen. Die Sehnen des Vogelfußes wirken wie die Gesperre eines Uhrwerks, die Schwingkölbchen der Fliegen wie ein Kreiselkompaß. Der Kurzflügler legt seine Flügel so zusammen wie Frau Meier ihren Knirps-Regenschirm: er faltet die Flügel zweimal kunstvoll, und nun passen sie unter die kurzen Flügeldecken.

Im Kleinen wie im Großen steht die Natur als Lehrmeisterin vor uns. Der Mensch hat Anlaß zur Bescheidenheit. Vieles, was er konstruiert hat, kennt die Natur schon aus der Zeit, als er noch nicht auf der Erde war, und aus der unerhörten Formenfülle und Mannigfaltigkeit naturwüchsiger ›Konstruktionen‹ können wir immer noch lernen. Schon Sir J. Paxton hat seinen Londoner Glaspalast im 19. Jahrhundert nach dem Vorbild der radialen Verrippung der Riesenseerose gebaut, und aus dem späten 19. Jahrhundert gibt es viele Beispiele, wie Naturforscher biologische Konstruktionen nicht nur beschrieben, sondern ihre Konstruktionsprinzipien zum Ausgangspunkt für eigene Entwicklungen genommen haben. Mit dem Aufblühen der modernen Bionik gewinnt diese Betrachtungsweise wieder an Bedeutung. Das Studium der Hautstruktur des Delphins hat zur Konstruktion widerstandsvermindernder Rumpfüberzüge für Schiffe geführt; Funktionsprinzipien tierischer Sinnesorgane wurden verwendet, um Schallortungsgeräte zu bauen; ein Team von Biologen und Ingenieuren studierte den Vierfüßlergang und entwarf danach Laufmaschinen, mit denen Körperbehinderte Treppen steigen können. Die Sportbiomechanik betrachtet den Menschen und sein Sportgerät als organisch-motorische Einheit. Ohne die genaue mechanische Analyse seiner Gesetzlichkeiten und die Entwicklung hochelastischer Glasfiberstäbe hätte zum Beispiel der Stabhochsprung nie seine außerordentlichen Rekordhöhen erreicht.

›Bionics‹ nennen die Amerikaner jenes aufblühende Fachgebiet, das Biologie und technische Physik zusammenführt. Die Arbeitsmedizin regt Geräte an, die dem menschlichen Körper angemessen sind, die medizinische Biotechnik versucht, technische Ersatzteile für funktionsgestörte Organe zu konstruieren. Selbst die Prinzipien der Evolution – Mutation und Selektion, ungezielte Veränderung und natürliche Auslese – werden von den Technikern heute angewendet, um Optimalformen für Tragflügelprofile oder Einspritzdüsen zu entwickeln. Der submikroskopische Feinbau des Kieselsäuregerüsts von Radiolarien und Diatomeen, mikroskopisch kleinen Tieren und Algen, wird ausführlich studiert und kann Vorbild sein für leichte Kuppelbauten.

So werden Biologie und Technik immer mehr zueinander finden und als Biotechnik nach beiden Seiten Anregung ausstrahlen; dem Biologen wächst ein vertieftes Verständnis für die Konstruktionen der belebten Welt zu, der Techniker gewinnt Anregung für eigene Schöpfungen.

Von der phantastischen Vielfalt und der oft ingeniös erscheinenden Raffinesse biologischer Konstruktionen handelt dieses Buch. Mit Blick auf die beiden Aspekte der Biotechnik will es zum einen zeigen, wie die ›Erfinderin Natur‹ konstruiert, und zum anderen Beispiele schildern und neue Wege weisen, wie das Naturstudium helfen kann, die technische Umwelt des Menschen zu gestalten. Wenn hierbei die Denk- und Erlebniswelt naturwissenschaftlichen Forschens auch jenen einfühlbar würde, die diesem Gebiet sonst mit zögernder Reserve begegnen, wäre dies kein unerwünschter ›Nebeneffekt‹.

Vergleiche von Natur und Technik müssen allerdings nicht mit Notwendigkeit nach streng wissenschaftlichen Gesichtspunkten erfolgen. Sie können auch ganz absehen von Zielsetzungen, die praktische Anwendbarkeit im Sinn haben. Allein die Aufzeigung von Entsprechungen, Analogien, die oft verblüffenden Parallelen in den Lösungen angesichts gleichartiger Herausforderung durch die Realität, haben ihren erkenntnistheoretischen Wert. Und auch das von handfesteren

Interessen freie ästhetische Vergnügen an Übereinstimmung von Strukturen und Funktionsweisen wird hier Anreiz genug finden. Wer gern Gleichheit im Verschiedenen und Verschiedenheit im Gleichartigen feststellt, wer es liebt, mit Goethe die Welt als ein Netzwerk von gestaltlichen Entsprechungen zu sehen, hat hier ein reiches Feld des Vergleichs und der Überlegung vor sich. Der Mensch ist ein neugieriges Wesen, und so kann es für jedermann faszinierend sein, näher hinzuschauen und herauszufinden, wie die Natur eigentlich ihre so effektiven und dabei stets unaufwendigen ›Konstruktionen‹ zuwege bringt. Doch gerade aus dem Blickwinkel unserer Probleme in einer hochtechnisierten Welt gewinnt der meist höchst sparsame, mit geringstem Aufwand sein Ziel erreichende ›Konstrukteur Natur‹ als Vorbild für menschliche Technik aktuelle Bedeutung. Gerade unter diesem Aspekt wird erkennbar, welch meisterhafte ›Erfindergabe‹ die Natur besitzt. Sie hält den Vergleich mit der Technik aus. Nicht selten übertrifft sie den menschlichen Erfinder.

So soll dieses Buch Informationen bieten, die für jedermann interessant oder amüsant sein mögen, der als Kind dieser Zeit bewußt die Wechselbeziehung zwischen natürlicher und vom Menschen beeinflußter Umwelt erlebt. Wir alle stehen in diesem Spannungsverhältnis, erfahren fast täglich den Kontrast zwischen hochtechnisierter und noch fast natürlicher Umwelt. Vielleicht kann die biotechnische Betrachtungsweise dazu beitragen, die heute oft scharfe und gefährliche Gegensätzlichkeit von Natur und Technik wenigstens hie und da etwas zu mildern, die Versöhnung beider denkbar zu machen. Denn niemand sollte sich Illusionen darüber hingeben, daß ohne diese Versöhnung der Mensch als Art sich in die Gefahr der Selbstausrottung bringt. Wenn aber die Bereitschaft wächst, von der Natur in funktionalen Fragen zu lernen und das Gelernte auf menschliche Verhältnisse zu übertragen, dann lernen wir vielleicht auch, was die Natur längst in oft perfekt erscheinender Weise praktiziert: die ökonomische Ausnutzung der ihr zu Gebote stehenden Rohstoffe und Energiequellen und die Rückführung und Aufarbeitung von Abfällen und Nebenprodukten in einem Prozeß des ›Recycling‹.

Weil es um Dinge geht, die uns alle letztlich irgendwie betreffen, sollte dieser Text in jedem Fall allgemeinverständlich bleiben, und so schien mir eine mehr erzählende Diktion und ein – für den Autor gewiß harter! – Verzicht auf zahlreiche interessante fachliche Details, Berechnungen und Ableitungen nötig. Zweifellos wird der Biologe zu wenig zoologische Einzelheiten, der Techniker ein allzu oberflächliches Eingehen auf die zugrunde liegenden technischen Phänomene zu bemängeln haben. Dies ist wohl unvermeidlich das Los einer populärwissenschaftlichen Darstellung, die sich zudem im Grenzgebiet zweier Disziplinen bewegt. Verzicht auf manche fachliche Einzelheit bedeutet allerdings keinen Verzicht auf Einzelheiten schlechthin – vielmehr ist diese Darstellung ein Mosaik von Einzelheiten. Durch die Titel allgemeinverständlicher biologischer Bücher und Filme geistert vielfach das Schlagwort von den ›Wundern der Natur‹. Es gibt diese Wunder, aber sie liegen nur allzuoft im Detail und offenbaren sich nicht dem summarischen Blick. Hier will ich ein wenig den Hebel ansetzen. Sofern der Leser Spaß am Nachvollziehen findet, wird er ohne viel Mühe mit anfassen können, wenn hie und da die Decke etwas gelüftet wird, die sich über dieses Wunderland breitet. Die naive Freude an der Vielfalt der Natur und das Staunen über ihre Schöpfungen gehören zu jenen Erfahrungen, die den Menschen menschlicher machen.

Die Abbildungen wurden kapitelweise durchnumeriert; dabei wurde zwischen Strichzeichnungen und Schwarzweiß-Fotoabbildungen nicht unterschieden.

Saarbrücken, im Frühjahr 1974 — Werner Nachtigall

Teil II

Kann die Technik von der Natur lernen – und umgekehrt?

Die Biologie hat in den letzten Jahren sehr viel dazugelernt; häufig mußten die Biologen umdenken und neue Gesichtspunkte einordnen. Langsam drang die Erkenntnis allgemein durch, daß ein biologischer Organismus ein höchst kompliziertes System ist, mit Aberhunderten von ineinandergreifenden, sich wechselseitig bedingenden Einzelteilen und Regelmechanismen. Viele Gelehrte aber sitzen noch heute in ihren Labors oder Studierstuben und beschäftigen sich jahrelang mit einem herausgegriffenen Element eines solchen Wirksystems, etwa mit bestimmten Sehzellen im Auge einer Fliege. Das hat auch Berechtigung, denn ohne Detailforschung kommt Wissenschaft nicht weiter. Gerade im Fachgebiet der zoologischen Physiologie können Untersuchungen höchst vertrackte Probleme stellen, und die Lösung einer Einzelfrage kann den Forscher über Jahre hinaus beschäftigen.

Bisweilen verlieren Fachleute dabei den Blick für das Ganze. Unnötig zu sagen, daß sie's nicht sollten. Ein Wissenschaftler muß stets die Augen offenhalten zum Blick über den Zaun seines eigenen Fachgebiets. Bearbeitet etwa ein Zoologe ein mechanisches Problem, so soll er nicht nur, sondern muß er in jedem Fall das Wissen des einschlägigen technischen Fachgebietes – der Mechanik – heranziehen. Das fordert einen ständigen Vergleich, einen fortwährenden Informationsaustausch zwischen den Disziplinen.

Ganz offensichtlich kann die Biologie also von der Technik lernen, und gar nicht wenig. Wie aber sieht es in umgekehrter Richtung aus?

Es gab eine Zeit, da war die Technik noch nicht so scharf von der Naturbetrachtung getrennt wie heute: das ausgehende 19. Jahrhundert. Als ein Beispiel für viele sei die Kinematik genannt, die Lehre von den reinen Bewegungen. Ein berühmter Techniker der damaligen Zeit, Reuleaux, gilt als Begründer der wissenschaftlichen Kinematik. Er machte aber keineswegs halt an den Grenzen der technischen Welt – im Gegenteil: er bezog die belebte Welt in seine Betrachtungen und Untersuchungen mit ein. So konnte er zeigen, daß die Grundgesetze der Kinematik übergreifende Gesetze sind, die für Technik und Biologie in gleicher Weise gelten.

Mit der explosionsartigen Entwicklung der technischen Möglichkeiten haben sich im weiteren Verlauf jedoch die Disziplinen weit voneinander entfernt. Neue Technologien und Verfahrensweisen haben die Kluft vertieft – mit Explosionsmotoren und Atomreaktoren treibt die Natur kein Lebewesen an.

Es ist dennoch seltsam, daß die Naturfremdheit der Technik in der zweiten Hälfte des 20. Jahrhunderts nur langsam nachläßt. Gleichwohl besinnen sich die Techniker darauf, daß die großen Vorbilder der Natur noch lange nicht ausgeschöpft sind. Und unversehens treffen sie sich mit den Biologen, die ja seit eh und je nichts anderes tun, als die Natur – allerdings zweckfrei – zu untersuchen.

›Bionik‹ (amerikanisch ›bionics‹) nennt man ein aufblühendes Fachgebiet, in dem Biologen und Techniker sich treffen. Ziel der Bioniker ist es, der Natur Geheimnisse abzulauschen und durch sie Konstruktionsprinzipien kennenzulernen, nach denen sich technische Gebilde bauen lassen. Auch als ›Biotechnik‹ wird dieses Grenzgebiet zwischen zwei Disziplinen bezeichnet – wohl eines der interessantesten, die es heute gibt. Von der Naturbetrachtung mit Techniker-Augen profitieren beide Partner. Der Biologe lernt seine Strukturen, seine kleinen Wirksysteme, besser verstehen. Der Techniker kann von den zahllosen ›Konstruktionsideen‹, die die Natur anzubieten hat, Grundlagen für eigene Entwicklungen abstrahieren.

Wenn nun im folgenden einige der faszinierenden Konstruktionen des Lebens etwas näher ins Auge zu fassen sind, und wenn zu lernen ansteht, was sie dem technisch forschenden Menschen bieten können, bleibt eines nicht zu vergessen: Hier bewegt sich jede Aussage immer an der Grenze zweier Fachgebiete, auf dem schmalen Grat, an dem sie sich berühren und gelegentlich verzahnen. Im Grunde aber haben die beiden Disziplinen ›Biologie‹ und ›Technik‹ ihr Eigenleben und sind in vieler Hinsicht unvergleichbar.

Der Unterschied im Arbeiten des Biologen und des Technikers läßt sich vielleicht wie folgt umreißen: Der Biologe befaßt sich mit Systemen der belebten Welt, die vorgegeben sind und die funktionieren. Er muß diese Gebilde analysieren und angemessen beschreiben. Er bemüht sich, ihre Funktionen zu verstehen. Dem Techniker dagegen stellt sich die Aufgabe, Mechanismen zu konstruieren und sie nach einem vorgegebenen Ideenplan zum Funktionieren zu bringen. Der Biologe ist Analytiker, der Techniker Synthetiker. Der erstere hat es mit vorgegebenen Strukturen zu tun, deren ›Funktionsplan‹ (die Idee, die dahintersteckt) es zu ergründen gilt. Der letztere geht genau umgekehrt vor. Er hat Ideen, oft auch mehr oder minder ausgearbeitete Pläne, und versucht, diese in der strukturellen Wirklichkeit zum Funktionieren zu bringen.

Definitionen sind immer ein wenig spröde, aber doch recht nützlich, wenn es gilt, einen Sachverhalt in Kürze auszudrücken. Immerhin läßt sich aus einer solchen oder ähnlichen Definition entnehmen, daß es in beiden Disziplinen um ein Wechselspiel von Strukturen und Funktionen oder von Konstruktionen und den Prinzipien ihres Funktionierens geht. In der Biologie sind die Konstruktionen der Ausgangspunkt, in der

Technik der Endpunkt des schöpferischen, forschenden Bemühens. Eine Konstruktion ist dann verstanden worden, wenn ihre Funktionsprinzipien durchschaut sind.

Wer über das weit sich erstreckende Feld der Biotechnik Besichtigungsflüge unternimmt und andere dazu einlädt, beginnt am besten mit dem Fliegen, das ja geradezu als Symbol für die gesamten biotechnischen Bemühungen des Menschen gelten kann. Nicht von ungefähr war Daedalus, der antike Prototyp des Erfinders und Technikers, auch der Mann früher, mythisch erahnter Flieger-Wünsche. Und er schon versuchte sich als Nachahmer der Natur, als Biotechniker, wenn auch die mit Wachs zusammengeklebten Federn seinem Sohn Ikarus den Tod brachten. Kein Zweifel, daß gerade diese Mythe, früher jedem Gebildeten durch Ovid geläufig, durch Jahrhunderte hin die Phantasie beflügelte. Die Erfinder und Tüftler, denen die Aeromechanik ihre ersten Schritte verdankt, waren dem Ikarus näher als der Linienpassagier des heutigen Luftverkehrs, der ohne sie noch immer in der Postkutsche führe.

1
Der Mensch lernt fliegen: Otto Lilienthal studiert den Storchenflug

1874. Bismarcks Deutsches Reich ist erst drei Jahre alt. Der erste Aufschwung der Gründerjahre stürzt in die Talsohle einer wirtschaftlichen Depression. Johann Strauß erntet mit seiner ›Fledermaus‹ den begeisterten Beifall der Wiener.

Im Windschatten seiner Fabrikhalle für Spezialdampfkessel hat ein junger Berliner Fabrikant eine seltsame Apparatur aufgebaut. Es ist ein Ringelspiel: In einem Gestell dreht sich eine senkrechte Achse, die am oberen Ende zwei lange, horizontale Stangen trägt (Abb. 1–1). An den Enden dieser Stangen sitzen gewölbte Flächen, aus Blech gebogen und aus Holz gehobelt. Ein Fallgewicht im Inneren des Gestells versetzt die Stangen mit den Versuchsflächen in wirbelnde Umdrehungen. An der Basis des Gestells zeigt eine Waage zunehmende Entlastung an. Der junge Experimentator traut seinen Augen nicht. Der Auftrieb, den die *gewölbten* Flächen an seiner aerodynamischen Rundlaufapparatur erzeugen, ist viel stärker als die hebende Kraft der *ebenen* Flächen, mit denen er bisher experimentiert hat!

Am Himmel des brandenburgischen Landes kreisen die Störche und sammeln sich zum Herbstzug. Otto Lilienthal, der junge und tüchtige, nicht unvermögende Fabrikant, der seit Jahren sein Geld in systematische Grundlagenforschung zur Flugtechnik steckt, beobachtet sie mit Kennerblick. Seit seiner Kinderzeit haben sie ihn fasziniert, und immer wieder hat er sich vorgestellt, daß er es den Störchen gleichtun könnte, sich hinausschwingen in das Blau des Himmels, fliegen!

Jahre später, 1889, wird er in seinem grundlegenden Werk über den Vogelflug als Grundlage der Fliegekunst den Satz schreiben: »Die Beobachtung der Natur ist es, welche immer und immer wieder dem Gedanken Nahrung gibt: Es kann und darf die Fliegekunst nicht für ewig dem Menschen versagt sein.«

Ein Storchenflügel ist nicht eben wie ein Bügelbrett, sondern gewölbt. Im Querschnitt zeigt er dazu ein Profil: vorn ist er dick, nach hinten nur noch so dünn wie die Spitzen der Federn. Lilienthal hat das Vorbild der Natur übernommen und mit gewölbten Flächen experimentiert. Erst damit erhielt er die hohen Auftriebskräfte am Tragflügel, die für die spätere Flugzeugentwicklung so bedeutsam geworden sind. Er war mit großem Ernst und ungewöhnlicher Zähigkeit bei der Sache: »Aber nicht unser Wunsch allein soll es sein, den Vögeln ihre Kunst abzulauschen, nein, unsere Pflicht ist es, nicht eher zu ruhen, als

Abb. 1–1 (oben) Otto Lilienthals Rundlauf

Abb. 1–2 (unten) Experimentelle Flächenverringerung der Handfittiche bei einer Taube

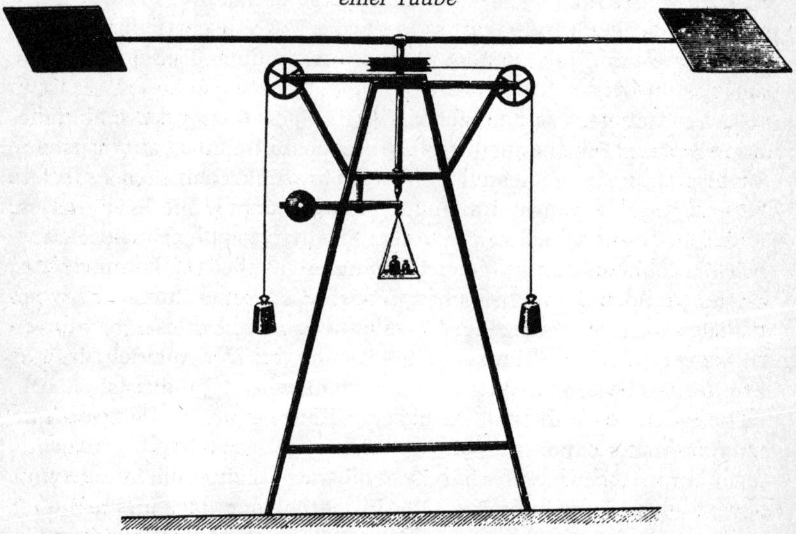

bis wir die volle wissenschaftliche Klarheit über die Vorgänge des Fliegens erlangt haben. Sei es nun, daß aus ihr der Nachweis hervorgehe: ›Es wird uns nimmer gelingen, unsere Verkehrsstraße zur freien willkürlichen Bewegung in die Luft zu verlegen‹, oder daß wir an Hand des Erforschten tatsächlich dasjenige künstlich ausführen werden, was uns die Natur im Vogelfluge täglich vor Augen führt.«

Sind das nicht die schönsten und ehrlichsten Worte, die ein Wissenschaftler schreiben kann? Unvoreingenommenheit ist die erste wissenschaftliche Tugend. Man darf nichts ausschließen. Es kann sein, daß sich eine Hypothese, ein wissenschaftlicher Wunschtraum, bestätigt. Es kann auch nicht sein. Alles bleibt offen. Auf eine gut gestellte Frage gibt die Natur Antwort: Die Messung zeigt, wie es ist.

Lilienthal war im 19. Jahrhundert nicht der einzige, der sich die Natur zum Vorbild genommen hatte. Mit der stürmischen Aufwärtsentwicklung der Technik ist sein großes Vorbild jedoch ein wenig in Vergessenheit geraten, zumal der Mensch auch Konstruktionen schuf, die in der Natur gar kein Vorbild haben – schon das Rad war ja eine solche gewesen. Und dennoch: Was die Naturbeobachtung der frühen Technik gegeben hat, und was neuerdings wieder die moderne Analyse der Lebensfunktionen an Vorbild und Anregung geben kann, ist keineswegs zu unterschätzen. Lilienthal war sich darüber vollkommen klar, wenn er sich zum Ziel setzte, den Vogelflug zu erforschen ». . . wie es die Wissenschaft erheischt, ohne alle Voreingenommenheit zu untersuchen, was der Vogelflug ist, wie er vor sich geht und welche Schlüsse sich aus ihm ziehen lassen«.

Die Schlüsse, die Lilienthal aus seinen Vogelflugforschungen zieht, benutzt er unverzüglich dazu, nach dem natürlichen Vorbild manntragende technische Gleitapparate zu bauen und auszuprobieren. Hier ist er ganz Techniker, dem es stets darauf ankommt, theoretisches Wissen in die Praxis umzusetzen. So treffen sich in ihm all jene Wesenszüge, die sich in einer Forscherpersönlichkeit vereinigen mußten, damit der Erforschung des Vogelflugs die Basis des nüchternen, reproduzierbaren Serienexperiments gegeben wurde. Lilienthals Meßergebnisse und Erklärungsversuche wirken bis in unsere Tage.

Zwar teilte dieser Pionier das Schicksal aller Forscher, daß Teile ihrer Arbeit von den folgenden Forschergenerationen als nicht zutreffend erkannt werden. Doch sind seine Messungen noch 20 Jahre nach seinem Tod als brauchbare Grundlagen für Flugzeugkonstruktionen verwendet worden, und heute werden viele der von ihm beobachteten Details über den Vogelflug im Prinzip als richtig akzeptiert. Von ganz außerordentlicher Wichtigkeit für das Verständnis des Vogelflugs wie für die technische Flugmechanik war Otto Lilienthals Entdeckung der besonderen aerodynamischen Eigenschaften gewölbter Flächen. Zwar erzeugt auch ein Nudelbrett hebende Kräfte, wenn es unter einem Winkel schräg durch die Luft bewegt wird. Eine gewölbte Platte aber vermag größere hebende Kräfte zu aktivieren.

Auf die Idee, daß Wölbung eine wichtige Eigenschaft seines Tragflügels sei, kam Lilienthal offensichtlich durch einfache Experimente mit Tauben. Er band seinen Versuchstieren die Handfittiche zusammen und stellte fest, daß sie auch mit drastisch kleinerer Flügelfläche noch fliegen konnten (Abb. 1–2). Und diese kleinere Flügelfläche bestand aus dem stark gewölbten Armteil des Flügels! Der Forscher schloß daraus, daß die gewölbten Flügelflächen bessere Auftriebseigenschaften haben müßten als die ebenen. In der Folge experimentierte Lilienthal mit seiner Rundlaufapparatur und allen möglichen Wölbungsformen weiter und verwendete hierzu stark und schwach gewölbte, dicke und dünne, symmetrische und unsymmetrische Platten. Er untersuchte aber auch Gebilde, die im Querschnitt einem Vogelflügel glichen, die vorne dick waren und gewölbt, nach hinten zu aber spitz ausliefen.

Diese Vorverlegung der größten Dicke kennzeichnet heute jeden Tragflügel (Abb. 1–3, unteres Teilbild). Wir wissen, daß seine guten aerodynamischen Eigenschaften nicht zuletzt auf dieser Art der Profilierung beruhen. Lilienthal aber bevorzugte symmetrische Profile mit der größten Dicke in der Mitte und schien nicht wahrhaben zu wollen, daß das Vogelflügelprofil der Optimalform schon recht nahekommt. Über solche Experimente schrieb er: »Wider Erwarten zeigte sich aber auch dann noch kein Nachteil, wenn diese Flügelverdickung abgerundet an der Vorderkante lag . . . Es hatte sogar den Anschein, als ob diese Form besonders günstige Luftwiderstandsverhältnisse besitzt, also viel hebenden und wenig hemmenden Widerstand gäbe. Vorzüglich unter Bewegungen unter ganz spitzen Winkeln, jedoch nur, wenn die Vorderkante und nicht die Hinterkante die Verdickung trug!« Da hatte er nun ganz genau das Tragflügelprinzip beschrieben, da war Lilienthal einer modernen Flügelgeometrie bereits ganz nahe und fand sie in der Form des Vogelflügels widergespiegelt. Um so erstaunlicher, daß er gerade diese Formen nicht weiter verfolgt hat!

Sackgassen eines Erkenntnisweges sind in der Forschungsgeschichte zahlreich. Wir tun uns heute leicht, wenn wir darüber lächeln und einfach nicht verstehen wollen, daß ein Forscher kurz vor dem Ziel nicht weiterfand. Oft war es nur der allerletzte Schritt zu einer abgeschlossenen Theorie oder Erkenntnis, der nicht vollzogen wurde. Aber in der Retrospektive nimmt sich eben alles viel einfacher aus.

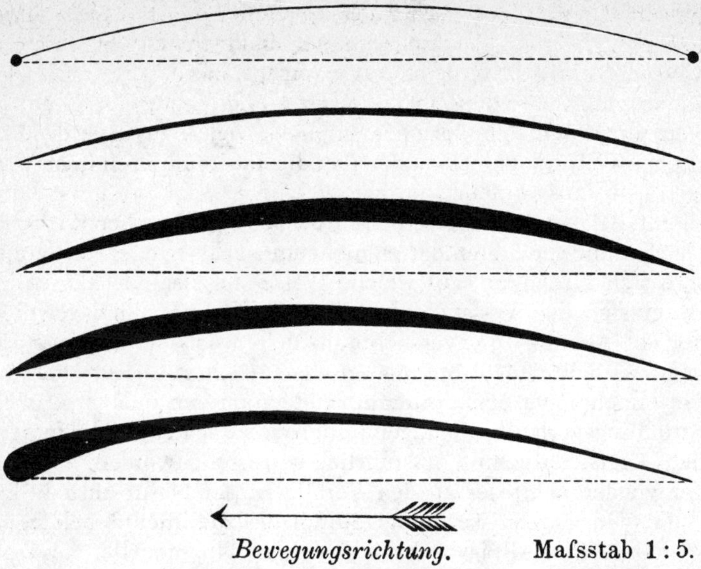

Abb. 1–3 (oben) Von Lilienthal vermessene Tragflügelprofile

Abb. 1–4 (unten) Lilienthals Vorstellungen von der Umströmung ebener und gewölbter Platten

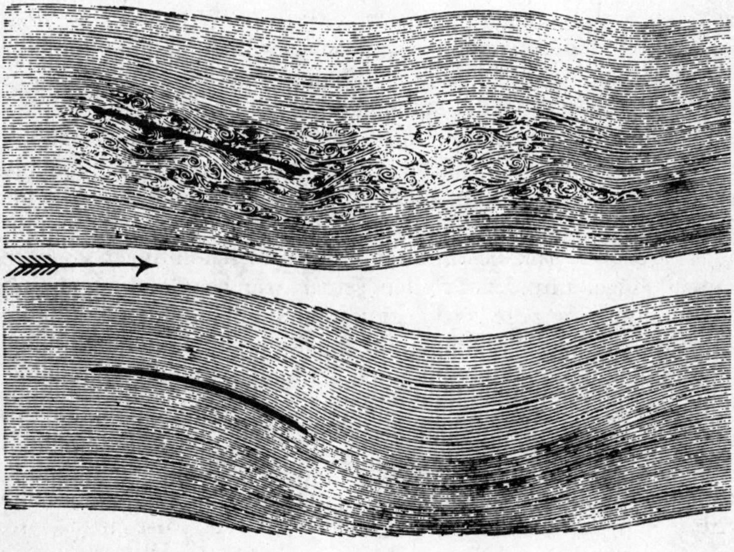

Ungerecht nur, daß der Forscher, der die letzten Schritte tut, berühmt wird, während von den Vorarbeitern niemand mehr spricht. Einsteins Relativitätstheorie ist eine unerhört eigenständige Leistung, wäre jedoch absolut nicht vorstellbar ohne die grundlegenden Arbeiten von Lorentz, in dessen Publikationen implicite viele Bausteine des Einsteinschen Gebäudes stecken, der aber die Bausteine noch nicht zum fertigen Haus zusammengefügt hat.

Lilienthal nahm die Unterschiede in der aerodynamischen Wirksamkeit flacher und gewölbter Platten nicht einfach als gottgegeben hin; er machte sich Gedanken, auf welche Weise sie zustande kämen. So stellte er sich den Verlauf der Strömung um flache und gewölbte Platten vor (Abb. 1–4) und versuchte abzuleiten, daß letztere wegen der zügigen, wirbelfreien Strömung aerodynamisch günstiger seien als erstere – noch naive, doch immerhin erste Vorstufen zu einer Analyse des Strömungsverlaufs um Flügelprofile, wie sie später mit der fotografischen Registriertechnik ausführlich angestellt worden ist. Und immer wieder kehrte er zu den Vorbildern der Natur zurück. Die verblüffenden Ergebnisse seiner Rundlauf-Experimente belegte er durch zahlreiche Alltagsbeobachtungen an Flugmodellen und am Vogelflug selbst. So bemerkte er zum Beispiel, daß eine Möwe, die ihre Schwingen gegen einen stetigen Wind ausbreitet, ohne Flügelschlag senkrecht von der Wasseroberfläche aufsteigen kann.

Nach Jahren des stillschweigenden Experimentierens schrieb Lilienthal dann sein berühmt gewordenes Buch *Der Vogelflug als Grundlage der Fliegekunst,* das 1889 erschien. All seine Ergebnisse hatten schließlich zum Ziel, den Flug des Storches zu verstehen. Er stellte sich vor, daß der Flügel in einzelne Abschnitte einzuteilen wäre. Jeder Abschnitt habe dann seine eigene Größe und Profilform und bewege sich auf einer eigenen Bahn unter bestimmter Anstellung gegen die Strömung durch die Luft. Aus seinen Serienmessungen wußte Lilienthal, welche Luftkräfte Flügel mit ganz bestimmten Profilformen aufbringen konnten, so auch Flügel mit den Profilen seiner Storchenflügel-Abschnitte. Weiter wußte er, wie die Luftkräfte von der Strömungsgeschwindigkeit und vom Anstellwinkel der Fläche gegen die Strömung abhingen. So versuchte er nun, alle diese Parameter auf den Storchenflügel anzuwenden und die Wirksamkeit der Luftkräfte von Schlagstellung zu Schlagstellung über alle Flügelabschnitte stückweise zusammenzusetzen. Wie groß die Kräfte insgesamt sein mußten, war klar: Beim Flug mit gleicher Geschwindigkeit in gleicher Höhe müssen die hebenden Kräfte gleich dem Gewicht des Vogels sein (man setzt also einen Storch auf die Waage und kennt somit den notwendigen Hub für den beschriebenen Flugzustand); die bremsenden Kräfte oder Widerstandskräfte aber sind offenbar gleich dem Schub, den die schlagenden Flügel erzeugen. Lilienthals Kalkulationen ergaben nun tatsächlich Flugzustände, bei denen die berechneten Kräfte mit den geforderten übereinstimmten. Daraus schloß er, daß seine Überlegungen und Theorien zutreffend sein müßten. Und damit war für ihn als Techniker das Problem ›Vogelflug‹ gelöst. In der Folge wandte er sich nun nur noch der Konstruktion von Gleitflugzeugen zu. Wir rümpfen heute ein wenig die Nase über die Schlußfolgerung, denn nach unseren heutigen Erkenntnissen muß man das Vorgehen Lilienthals als methodisch höchst fragwürdig bezeichnen; im Grunde kann man es nicht so machen, und seine ›Lösungen‹ waren eben keine echten Lösungen. Aber damals wußte das niemand, damals war das durchaus neu und zukunftsweisend und eine große eigenständige Leistung. Unseren heutigen Forschern wird das genauso gehen, allen Forschern aller Zeiten geht das so: Die Nachkommen finden einst gewiß auch an unseren wissenschaftlichen Arbeiten dies und jenes auszusetzen.

Wie Lilienthal seine Gleitapparate konstruierte, stellt ein Kapitel für sich da: eine Kette von Erfolgen und Mißerfolgen, überstrahlt von großen Triumphen, und schließlich die erschütternden letzten Worte nach einem Absturz aus 15 m Höhe: »Opfer müssen gebracht werden!«

Das erste Gleitflugzeug, das Otto Lilienthal 1889 baute, war – wie sollte es anders sein – dem Vogel nachempfunden. Es besaß kein Leitwerk und hatte eine Wölbungshöhe, die Lilienthal bei seinen Messungen als optimal gefunden hatte: Der Querschnitt des Flügels war 12mal so lang wie hoch; die Wölbungshöhe betrug also ¹⁄₁₂. Mit diesem Gerät stand Lilienthal stundenlang im Hangaufwind an der abfallenden Seite eines Hügels und versuchte zu lernen, das Ding im Gleichgewicht zu halten. Zum Flug war es noch nicht geeignet; erste Versuche endeten mit Flügelbruch. Lilienthal sah ein, daß der Vogel nicht von ungefähr einen Schwanz hat. Im Jahre 1890 baute er ein zweites Flugzeug mit einer nach dem Vorbild der Vögel geformten horizontalen Stabilisierungs-Schwanzfläche. Auch dieser Apparat war zum Flug noch nicht recht geeignet, höchstens für kurze Lufthopser aus dem Stand. Dem Experimentator ging auf, daß das technische Gebilde zusätzlich zur Horizontalflosse noch eine vertikale Flosse braucht, um stabil zu sein. Der Vogel besitzt einen solchen Mechanismus nicht, kommt ohne ihn aus; für die Querstabilität hat er andere Einstellungsmöglichkeiten. Die Vertikalflosse war also ein erster Schritt zur Lösung von der sklavischen Nachahmung des Vorbilds

Natur. Die ersten Luftsprünge hangabwärts glückten mit dieser Konstruktion. Spätere Apparate wurden verbessert, alle möglichen Umrisse und Profilformen ausprobiert. Eine gewisse Standardisierung hatte schließlich das Flugzeug Nr. 11 um das Jahr 1894 erreicht: der ›Normal-Segelapparat‹ mit 13 m^2 Segelfläche.

Lilienthal konnte nun über kurze Strecken hügelabwärts gleiten – er war damit der erste geschichtlich wirklich verbürgte ›fliegende Mensch‹ (wenn man von den Ballonfahrern absieht) –, vermochte aber noch nicht recht zu steuern. Wegen der besseren Stabilität hing er mit den Oberarmen in einer Art Gestell; der Körper und die Beine pendelten weit nach unten (Abb. 1–5). Durch Verkippen der Beine war die Schwerpunktslage zu ändern, der Flugapparat sehr begrenzt zu steuern. Wirksamer steuern ließ sich durch Flügelverwindung, die dem Vogel-Vorbild entlehnt war, eine frühe Form des Querruders. Wenn ein Vogel Kurven zieht – am kreisenden Bussard läßt sich das beobachten –, ist

Abb. 1–5 Otto Lilienthal beim Gleitflug mit einem Doppeldecker

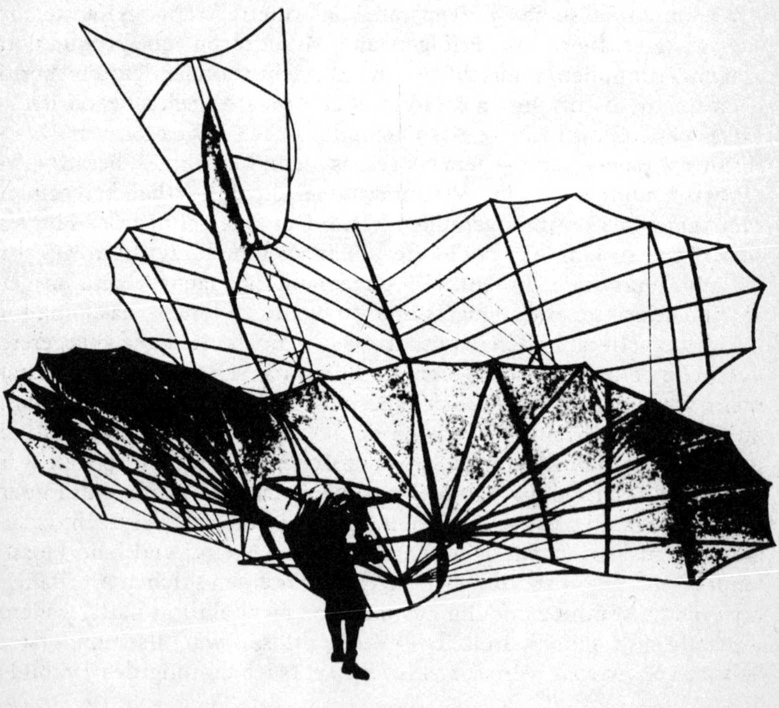

der kurveninnere Flügel anders verwunden als der kurvenäußere. Demgemäß greifen die Luftkräfte links und rechts unterschiedlich an, und solche Unterschiede muß ein Flugzeug bewirken, wenn es von der geraden Bahn abweichen will.

Ein Lilienthalsches System zur Flügelverwindung ist im Münchner Deutschen Museum ausgestellt (übrigens auch der Originalgleiter Nr. 15). Durch Seilzug wird ein Hebel verstellt, der die Spanndrähte an den Endpunkten der Flügelenden systematisch belastet – oder entlastet: die Flügelenden verwinden sich gesetzmäßig. Nicht nur Lilienthal verwendete diese Steuerelemente, sondern auch der Schongauer Flugpionier Alois Wolfmüller, der 1864 in Landsberg am Lech geboren wurde, und schließlich die berühmten Gebrüder Wright, die Verfertiger der ersten betriebssicheren Motorflugzeuge. Gerhard Halle schreibt in seiner 1962 erschienenen Abhandlung über die Lilienthalschen Flugzeugkonstruktionen: »Daß man auf eine Flügelverwindung ein Patent erhalten könnte, hielten damals Lilienthal und Wolfsmüller für unmöglich, weil ja die Vögel diese Erfindung schon gemacht hatten!«

Die Bioniker von heute werden sich eins lachen, wenn sie diese Zeilen lesen. Genau das ist ja die erklärte Absicht ihrer Wissenschaft: die Natur nach ihren Geheimnissen zu durchforschen, allein unter dem Gesichtspunkt, technisch Verwertbares nachzubauen. Lilienthal war zweifellos einer der ersten Bioniker, ein ›Bio-Techniker‹ in Reinkultur. Er war sonst übrigens keineswegs zurückhaltend in der Patentierung neuer Verfahren; auf einen damals sehr berühmten ›Schlangenrohr-Kessel‹, den er in seiner kleinen Fabrik in Serie produzierte, hat er natürlich Patent genommen. Geradezu rührend aber wirkt für uns heute die im Grunde doch verständliche Scheu, Dinge als eigene Erfindung eintragen zu lassen, die die Natur gemacht hat, nicht der eigenschöpferische Geist.

Über sklavische Naturnachahmung war Lilienthal schon bald hinaus. Seine Flugzeuge 13–15 (1895–1896) waren große Doppeldecker (Abb. 1–5). Und dennoch: ganz los kam er nicht vom Vorbild Natur. Griff der Experimentator wieder auf vogelähnliche Gebilde in der Hoffnung zurück, doch noch einige Kniffe abzugucken, die in den Konstruktionen der Natur offensichtlich stecken mußten? Seine Gleitflieger wurden wieder möwen- oder storchenähnlich. Bei Nr. 16 waren die Flügelenden in Lamellen aufgegliedert, ähnlich wie die Handschwingen des vielbewunderten Flugkünstlers Storch! Lilienthal testete dieses Flugzeug – 8 m Spannweite, fast 10 m^2 Festfläche, rund 3½ m^2 Fläche der ›Schwanzfedern‹ – zunächst im Gleitflug. Dann baute er einen zweizylindrigen Kohlensäuremotor von etwa 2 PS ein.

Der Motor konnte die jeweils 6 ›Schwungfedern‹ mit 2 Schlägen pro Sekunde auf einem Bogen von rund 1,2 m bewegen. Ein erster Versuch also, vom reinen Tragflügel zum Schlagflügel zu kommen und damit den Vogelflug in Großausführung technisch nachzuahmen. Noch war die innere Flügelhälfte starr, nur die äußere wurde bewegt.

Im Jahre 1896 erfolgten die ersten vorsichtigen Versuche. Erheblich wurde der Kohlensäuremotor verbessert: Bei einer Leistung von 2 PS wog der erste 20 kg, der zweite aber nur noch 5 kg! Die ›Schwungfedern‹ wurden zunächst noch mit kleinen Schwingungsweiten angetrieben – Lilienthal war nie voreilig, sondern testete immer Schrittchen für Schrittchen: »Es war deutlich zu erkennen, daß die Flügelschläge hebend und vorwärts treibend wirkten.« Das Flugzeug Nr. 17 war als großer Schlagflügler projektiert, bei dem die 6 ›Handschwingen‹ durch Motorkraft um eine gemeinsame Achse auf und ab bewegt werden sollten. Lilienthal hat dieses Flugzeug nicht mehr erproben können.

Nach Studien am Albatros, über dessen Flugleistung man ins Staunen kommen kann, war Lilienthal auf die günstigen Gleiteigenschaften des ›Vogelprofils‹ mit der verdickten Vorderkante zurückgekommen. Nun hatte er Feuer gefangen und testete diese Flügelform mit zahlreichen kleinen Modellen. Er fand, daß »in der Tat der verdickte Vorderrand nicht nur unschädlich war, sondern den Schwebeeffekt nicht unwesentlich erhöht!« Flugzeug Nr. 18 hatte zusammenlegbare Flügel, die in der körpernahen Hälfte mit dicken Vogelprofilen ausgestattet waren – ganz wie der ›Armfittich‹ eines Vogels; und an diese Profile schloß sich eine fingerförmig angeordnete, dem Handfittich des Vogels nachempfundene ›Flügelhand‹ an, die unprofiliert und dünn war. Der Konstrukteur ging hier nochmals ganz auf das natürliche Vorbild zurück. Der Apparat lag versuchsfertig vor, als Lilienthal bei einem Routinegleitflug mit einem Eindecker älteren Typs am 9. April 1896 seinen Tod fand.

»Aber dennoch für möglich müssen wir es halten, daß . . . der erste freifliegende Mensch, und sei es nur für wenige Sekunden, sich mit Hilfe von Flügeln von der Erde erhebt und jenen geschichtlichen Zeitpunkt herbeiführt, den wir bezeichnen müssen als den Anfang einer neuen Kulturepoche!« So schrieb Lilienthal in seinen früheren Jahren. Beim Experimentieren war er exakt, ja geradezu ›pingelig‹ bis in die letzten Details. Er hat aber stets im Großen gedacht. Jenen ›geschichtlichen Zeitpunkt‹ – er hat ihn herbeigeführt, der Naturforscher und Konstrukteur, der von seiner Idee besessene Sportsmann. Diese Idee wurde wahr, und nicht nur das: ein alter Menschheitstraum hatte sich erfüllt. Die Natur war das Vorbild, die Technik nahm – im wahrsten Sinn dieses Wortes – ihren Aufschwung mit Schwingen, die der Vogelwelt frei entlehnt waren.

Ein Prinzip menschlichen Verhaltens, seit der Urzeit wirksam für die Entwicklung unserer Art, hatte auch hier seine vorantreibende Kraft erwiesen: die Befähigung zur variierenden Nachahmung aufgrund funktionaler Abstraktion. Wie das Feuersteinmesser Zahn oder Hauer des zu überwindenden Wildtiers überdimensional nachahmt, indem es das Wirkprinzip abstrahiert und dann mit Vergrößerung auf ganz andersgeartete Materialien überträgt, so hatte auch Lilienthal das Prinzip des Vogelflugs vom Fittich her in neue Materialien wie Holz und Leinwand hineingedacht. Nicht Nachahmung allein kennzeichnet also das schöpferische Verhalten des Homo technicus, sondern die gedankliche Herauslösung des Funktionsprinzips und dessen Übertragung auf andere Materialgegebenheiten. Insofern ist Technik, selbst in ihren simpelsten Anfängen, immer schon Wissenschaft, und die Zusammenarbeit von Biologen und Technikern in der Bionik ist so etwas wie eine Rückbesinnung auf eine zentrale Verhaltensweise unserer Art.

2
Ein Techniker untersucht gleitfliegende Pflanzensamen: Igo Etrich und seine ›Taube‹

»Südlich des Riesengebirges«, so beginnt der Flugpionier Igo Etrich seine Memoiren, »liegt im Bezirk Trautenau die kleine Stadt Freiheit, in der mehrere Familien namens Etrich wohnen. Sie sind größtenteils Gewerbetreibende; wie die Sippenforschung ergab, sollen sie von einem während des Siebenjährigen Krieges eingewanderten schwedischen Offizier stammen. Im 19. Jahrhundert wohnte dort auch die Familie Josef Etrich. Sie besaß eine große Bäckerei, die die weitere Umgebung mit Brot versorgte. Der Inhaber besaß in Trautenau auch eine große Weizenmühle, in der er das benötigte Mehl herstellte. Josef Etrich hatte eine Tochter und drei Söhne, Josef, Jochen und Ignaz, letzterer, der jüngste, war mein Vater.«

Familiengeschichte ist immer interessant. Oft wird in verblüffender Weise sichtbar, wie bestimmte Veranlagungen oder Neigungen sich konzentrieren und nicht selten über Generationen hin ›in der Familie bleiben‹. Am Beispiel der Etrichschen Familie zeigt sich, wie kraftvolle Persönlichkeiten von spezifischer Begabung die Möglichkeiten ihrer Zeit nutzen können. Bei den Etrichs war es das Gespür für technische Dinge, die Begeisterung für funktionale Zusammenhänge. Schon Josef Etrich, der Bäcker und Müller, hatte in seine Walzenmühle allerhand technisches Können investiert. Sein Sohn Ignaz ging nach England – wie damals noch alle Welt, wenn die industrielle Anwendung von Technik zu erlernen war – und eignete sich dort genügend ›Know-how‹ an, um eine Weberei aufzubauen und zu leiten. »Bei unermüdlicher Arbeit und größtem Fleiß erzielte die neue Firma gute Gewinne« – die Gründerjahre waren golden, wenn Tatkraft und Weitsicht neue Produktionsformen erschlossen, die auch in schweren Wirtschaftskrisen ihren Markt behaupteten.

Als erstes von fünf Kindern wurde Sohn Igo geboren. Man gab ihm den Vornamen seines Vaters, Ignaz, nannte ihn aber, um Verwechslungen zu vermeiden, Igo. Im Laufe der Jahre erarbeitete sich Vater Ignaz nicht weniger als neun Fabriken, Flachsspinnereien und Zwirnereien, später, als die Jute dem Leinen Konkurrenz zu machen begann, auch Jutespinnereien und Webereien. Er wurde ein wohlhabender Mann.

Stets hatten neue technische Errungenschaften das Interesse des Fabrikanten erregt. So traf ihn die Nachricht vom tödlichen Absturz des Aviatikers Lilienthal wie ein persönlicher Verlust. Er erkannte, daß dieses Opfer sinnlos war, wenn die Versuche nicht weitergingen, und beschloß, Lilienthals Erbe anzutreten. Zunächst schickte er seinen Sohn Igo nach Berlin; er sollte die zurückgelassenen Gleitflugzeuge zu Studienzwecken kaufen. Igo erwarb einen Gleitflieger und einen Schwingenflieger. Den Gleiter stiftete er später dem Technischen Museum in Wien, den zweiten Apparat dem Münchner Deutschen Museum – dort ist er leider ausgeliehen worden und ging bei einem Brand verloren.

Begeistert machten sich nun Vater und Sohn an die Erprobung der Lilienthalschen Apparate und an Neukonstruktionen nach ihrem Muster. Sie erkannten indes bald, daß dieser Weg nicht weiterführte. Die Flugzeuge waren doch noch zu labil, die Steuerung war kritisch; Windböen konnten die Apparate emporreißen und zum Aufbäumen zwingen, und die Gefahr des Absturzes war immer gegeben. Wenig hätte gefehlt, und Igo wäre im Jahre 1901 dem gleichen Schicksal zum Opfer gefallen wie Otto Lilienthal: Ein Windstoß brachte die Maschine zum Abschmieren – und der Pilot kam mit einem Schock und Tagen im Krankenhaus davon. Konsequent weigerte er sich daraufhin, mit diesen aerodynamisch offenbar doch nicht optimalen Tragflügeln weiterzufliegen. Ein eigenstabiler, flugtechnisch ungefährlicher Tragflügel oder Flugapparat mußte gefunden werden, der selbständig ins Gleichgewicht zurückkehrte, wenn ihn ein Windstoß getroffen hatte, der – auch wenn man gar nichts tat – stabil und glatt zur Erde zurückschwebte! Ein ehrgeiziges Vorhaben, aber es zielte auf ein Kernproblem. Die Frage der Flugsicherheit blieb von da an bei allen Konstruktionen der Etrichs beherrschend. Die ›Taube‹, die später als ein erstes Endergebnis ihrer Bemühungen verwirklicht wurde, flog tatsächlich eigenstabil und konnte eigentlich gar nicht abstürzen. Bis dahin aber war noch ein weiter Weg.

Beim Durchstöbern aller nur erhältlicher Literatur über Flugprobleme stießen die Etrichs auf grundlegende Arbeiten des Hamburger Professors Ahlborn: ›Der Schwebeflug‹ und ›Die Fallbewegungen ebener Tafeln in der Luft‹. Ahlborn beschrieb hier ausführlich die Flugeigenschaften des Samens eines javanischen Kürbisgewächses, Macrozannonia macrocarpa. Die Etrichs beschafften sich solche Samen aus der Hamburger Sammlung und stellten Flugversuche an. Sie waren begeistert: Der handgroße Samen mit seinen außerordentlich dünnen, an den Enden wie ein Bumerang leicht zurückgezogenen Flügeln und seiner genau im Schwerpunkt lokalisierten Nuß (Abb. 2–1) war absolut autostabil! Man konnte ihn in die Luft werfen und starten lassen, wie man wollte – nach kurzer Trudelstrecke fing er sich und glitt nun unter langsamem Höhenverlust weit über den Boden. Diese Samen befinden sich gebündelt in den Früchten der Zannonia, die als Parasit in den Wipfeln von Urwaldbäumen auf Neuguinea und den Malaiischen Inseln lebt. Wenn sie frei werden, gleiten sie aus dieser großen Höhe Hunderte von Metern weit über Land, bis sie irgendwo anstoßen, zu Boden fallen und auskeimen. So verbreiten sie ihre Art über weite Strecken.

Abb. 2–1 Flugsamen der Macrozannonia macrocarpa – Fotodruck eines Sammlungsexemplars

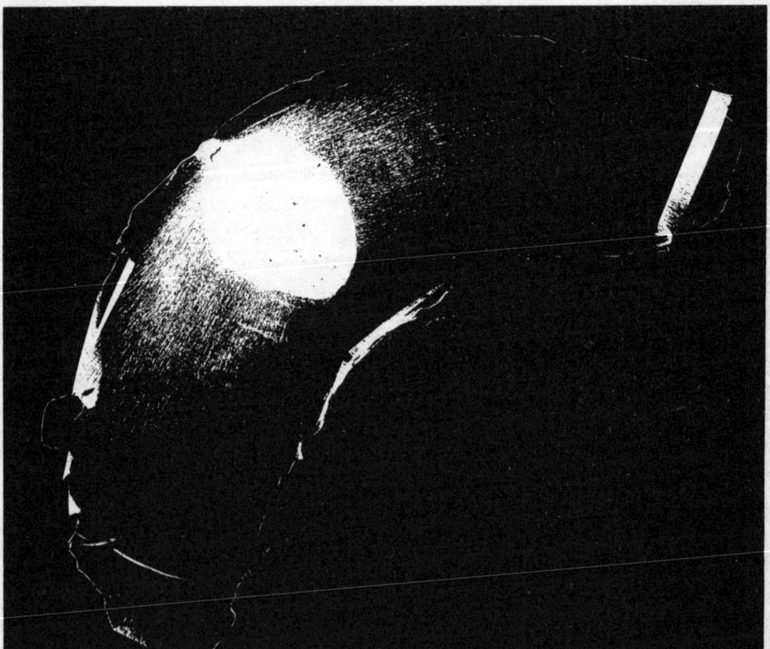

Das Prinzip der Verbreitung durch Flugsamen ist im Pflanzenbereich vielfach verwirklicht – jeder kennt die fallschirmähnlichen Früchte des Löwenzahns –, aber es gibt kein zweites Beispiel für einen so vollkommenen natürlichen Gleitflieger wie den Samen der Macrozannonia. Er ist ein ›Nurflügel‹ und so ›konstruiert‹, daß sich offensichtlich weder sein Druckpunkt (wo die Luftkraft angreift) noch sein Schwerpunkt ändert. Das bedeutet, daß er beim Auf- oder Abkippen keine veränderte Drehtendenz um die Querachse zeigt, und das ist das Geheimnis seiner Eigenstabilität. Technisch sind solche Nurflügel-Flugzeuge – als Segler oder mit Motorantrieb – nur sehr schwierig zu erreichen; erst in den dreißiger Jahren unseres Jahrhunderts wurden die wesentlichen Probleme gelöst. Die Etrichs aber waren begeisterungsfähig und naiv genug zu meinen, daß sie die Sache schon hinkriegen würden. Was Macrozannonia konnte, sollte doch auch ihnen möglich sein.

Bewunderungswürdig ist jener Flugsamen zweifellos, vor allem, was die Statik angeht. Die hauchdünnen Flügel sind so steif, daß sie beim Flug nicht flattern, knicken und brechen. Sie bestehen nicht aus lebendem Gewebe, das wegen seiner Flüssigkeitsfüllung schwer wäre, sondern aus abgestorbenem Gewebe, das luftgefüllt ist. Die Zellwände sind versteift, teils durch Verdickung der Wände selbst, teils durch Leisten, die die Lumina strebenartig abstützen (Abb. 2–1).

Nach dem Vorbild des Zannonia-Samens bauten die Etrichs nun Gleitflugzeuge, zuerst kleine Modelle, dann große. Ein Gleitflieger von 6 m Spannweite, belastet mit 50 kg Sand, konnte an einer Schnur wie ein Drache gestartet und dann ausgeklinkt werden; er flog bis zu einem Kilometer weit, und zwar bei jedem Wetter, auch bei starken Böen, ohne jemals abzustürzen!

Wie könnte es anders sein, die Etrichs wurden ausgelacht. Ein Fabrikdirektor und sein Sohn spielen Drachen, während andere Leute arbeiten! Die Etrichs aber hatten Feuer gefangen. Sie gingen nun an einen Nurflügel-Segler, der einen Menschen tragen sollte. 1905 entwarfen sie einen Gleitflieger von 10 m Spannweite und 38 m^2 Tragfläche. Er wog 164 kg. Man setzte ihn auf ein Wägelchen, das auf Feldbahngleisen hangabwärts rollte, belastete ihn mit einem 70 kg schweren Sandsack und ließ ihn starten. Sobald das Wägelchen die Geschwindigkeit von 13 m/s überschritten hatte, hob sich der Flieger ab und segelte nun eigenstabil weiter bis zu 300 Metern (Abb. 2–2). Franz Wels, ein Mitarbeiter der Etrichs, wagte dann das entscheidende Experiment. Er baute den Sandsack ab und setzte sich selbst hinein. »Wels landete stets glatt ohne Unfall.« Man veranstaltete nun Schauflüge, wurde bekannt, erregte Aufsehen.

Abb. 2–2 Vom Startwagen abgehobener Etrich-Nurflügler

Abb. 2–3 Etrich-Rumpler-Taube

Igo Etrich sah ein, daß er sich entweder nur der Fabrik oder ganz dem Flugwesen widmen konnte. Er erwirkte einen vierjährigen bezahlten Urlaub von seinem Vater, siedelte nach Wien über und setzte seine Experimente mit Unterstützung österreichischer Stellen fort. Es gelang, in ein großes konventionelles Flugzeug einen 40-PS-Motor einzubauen und mehrere Male das Steinfeld bei Wiener Neustadt zu überfliegen. Bald aber zeigte sich, daß das Ziel zu hochgesteckt war. So leicht war ein eigenstabiler, motorangetriebener Nurflügler nicht zu erreichen. Igo Etrich zog die einzig richtige Konsequenz. Er brach die Versuche ab, verbrannte seine Nurflügler und damit alle seine frühen Hoffnungen und begann ganz von vorne.

Was nun kam, ist interessant. Etrich behielt einige typische Eigenschaften des Zannonia-Flügels bei, entwickelte nun aber ein ›richtiges‹ Flugzeug mit Rumpf und Schwanz. »Seine Spannweite betrug 12 m. Die Maschine war mit einem taubenschwanzförmigen Höhensteuer versehen. Ich entwarf im Winter 1909/1910 den Apparat ohne jede Berechnungsgrundlage, rein empirisch und intuitiv nach dem Vorbild eines Vogels in Gleitflugstellung.« Hier also haben wir's, und selten findet sich eine so ehrliche Darstellung: Auch in der Technik kann Intuition und reine Naturbeobachtung zu grundlegend wesentlichen Erkenntnissen und Konstruktionen führen.

»Der Apparat erhielt im Volksmund später den Namen ›Taube‹. Nach der Zeichnung 1 : 10 fixierte ich den Grundriß in Naturgröße auf dem Fußboden. In Paris kaufte ich einen neuen Vierzylinder-Clerget-Motor von 40 PS, der nach dem damaligen Stand der Technik der geeignetste war. Von der Firma Chauvière in Paris beschaffte ich einen neuen Holzpropeller, wie ihn auch Blériot verwendete. Ende März war der neue Apparat vollendet« (Abb. 2–3).

Beim ersten Flugversuch wäre Etrich fast tödlich verunglückt, weil der Schwerpunkt zu weit nach hinten verlegt worden war. Im Anlauf stieg das Flugzeug vorne hoch und stürzte rückwärts ab. Im zweiten Anlauf – diesmal war der Schwerpunkt richtig gelegt worden – gelang der Flugversuch. Die Etrich-›Taube‹ war im Prinzip fertig. Sie wurde im Detail in den folgenden Jahren weiter verbessert, ihre Flugleistungen und Geschwindigkeiten wurden gesteigert, und die ›Taube‹ gewann einen Preis nach dem anderen. Sie war eines der betriebssichersten Flugzeuge vor dem Ersten Weltkrieg. Für einen Überlandflug Wien–Horn und zurück gewann Pilot Illner mit dieser Maschine einen Preis von 20 000 Goldkronen. Die Österreicher waren begeistert, nicht nur wegen des schönen, vogelähnlichen Aussehens des Flugzeugs. In den Zeitungen stand zu lesen:

»Illners Flug im Aeroplan ist nicht Eigenzweck, er ist Symbol. Die Kultur verläßt die Scholle und ergreift Besitz von der ganzen Erde. Mit dem Aeroplan, zu Häupten die Wolken in stiller Pracht getürmt, unten die grünen Triften und Fluren, das Meer und die Gletscher, bewegt sich die Menschheit durch die Pforte einer neuen Weltepoche. Pilot Illner ist für uns Österreicher ein Pfadfinder in dem unermeßlichen Reiche der Luft.« Die ›Taube› war aber nicht nur das schönste, sondern auch das sicherste Flugzeug. Infolge ihrer formbedingten automatischen Stabilität erfolgte nicht ein einziger Todessturz mit diesem Modell, ganz im Gegensatz zu jedem anderen der zahlreichen damals erprobten Flugzeugtypen. Einmal kam ein Arbeiter aus Versehen an den Gashebel einer mit laufendem Motor startklar abgestellten ›Taube‹. Das Flugzeug rollte an, der Arbeiter konnte gerade noch abspringen. Die Maschine erhob sich führerlos, flog selbständig 200 km weit und landete schließlich auf einer Wiese – mit Kopfstand allerdings, weil sich die Räder in einem Graben verfingen! Während der Wiener-Neustädter Flugwochen am 8. Oktober 1911 gewannen die ›Etrich-Tauben‹ fast alle Preise.

Etrich war nun berühmt und geehrt. Er hatte aber auch Ärger mit seiner ›Taube‹. Er vergab die Herstellung in Lizenz an den Berlin-Lichtenberger Fabrikanten Rumpler; der jedoch zahlte weder die Lizenzgebühren noch hielt er sich an die Vereinbarung, das Flugzeug ›Etrich-Rumpler-Taube‹ zu nennen. In Deutschland wurde das Flugzeug sehr populär. Es gewann einen von der Firma Kathreiner ausgesetzten Preis von 50000 Goldmark für den ersten Flug München–Berlin mit einem Passagier. Der deutsche Fabrikant ließ nun nur noch die Aufschrift ›Rumpler‹ auf die Unterseite der Tragflügel malen, und so ging die ›Taube‹ ins Bewußtsein der Bevölkerung ein: als ›Rumpler-Taube‹!

Paul Lincke schrieb einen damals sehr bekannten Schlager:

»Ich glaube, ich glaube, da oben fliegt 'ne Taube, sie kommt aus einem deutschen Nest, wenn sie nur nichts fallen läßt . . .«

Im deutschen Nest aber war ein österreichisches Ei gelegen.

3
Leonardo da Vinci – Johann Alfons Borelli – Sir George Cayley: Gründerväter der Biotechnik

»Daher, o Forscher, trauet nicht den Schriftstellern, die nur mit der Phantasie sich zu Dolmetschern zwischen der Natur und den Menschen machen gewollt, sondern bloß jenen, welche . . . an den Wirkungen ihrer eigenen Versuche ihren Geist geübt haben . . .« Ein Zitat von Leonardo da Vinci. Was meinte er damit?

Leonardo, das universalste Genie der Jahrzehnte um 1500, sah bereits damals ganz klar, daß der Natur nicht mit philosophischen Spitzfindigkeiten auf die Spur zu kommen ist, sondern nur mit dem nüchternen, angemessen ausgeführten Experiment. Die Anwendung der Kausalanalyse; das induktive, vom charakteristischen Einzelfall auf Allgemeingültigkeit schließende Denken; das Experiment: darin lag bahnbrechend Neues. Leonardo hielt wenig von reinen Theoretikern: »Ich erinnere dich, daß du deine Behauptungen . . . durch Beispiele erhärtest und nicht durch Behauptungen, was zu einfach wäre, du wirst also sagen: Experiment!« Ein mathematisch-logisches, naturwissenschaftlich nüchternes Argumentieren war für ihn die Richtschnur: »Keine Gewißheit dort, wo man nicht eine der mathematischen Wissenschaften anzuwenden vermag . . .« Auch wenn er selbst experimentierte, war er stets außerordentlich vorsichtig und enthielt sich vorschneller Verallgemeinerung: »Ehe du aus diesem Fall eine allgemeine Regel machst, versuche zwei- bis dreimal und sieh zu, ob die Experimente auch die gleichen Wirkungen hervorbringen.«

Bei aller Wertschätzung des Experiments war sich Leonardo aber stets darüber im klaren, daß der Versuch nur ein Hilfsmittel für das Aufdecken allgemeiner Gesetzlichkeiten darstellt: »Keine Wirkung ist in der Natur ohne Ursache; begreife die Ursache, und du brauchst kein Experiment.« Demgemäß sucht er spezielle Probleme auf allgemeinere Phänomene zurückzuführen. So auch bei der Erforschung des Vogelflugs: »Um die wahre Wissenschaft von der Bewegung der Vögel in der

Luft zu geben, ist es notwendig, erst die Wissenschaft der Winde zu geben . . .« Er meint damit: Bevor ich nicht weiß, wie die Luft um einen einfachen Körper streicht – etwa um eine runde Scheibe –, brauche ich mir keine Gedanken zu machen, wie sie sich um das komplizierte System eines fliegenden Vogels mit schlagenden Flügeln herumbewegt.

Die Gesetzlichkeiten von Ursache und Wirkung waren Leonardo durchaus vertraut. Das beweist die für seine Epoche noch ganz unerhörte Einsicht und Präzision seiner Formulierung: »Wenn irgendeine Sache, Ursache einer anderen, durch ihre Bewegung irgendeine Wirkung hervorbringt, ist es notwendig, daß die Bewegung der Wirkung der Bewegung der Ursache folgt.« Dies ist das reine Kausalitätsprinzip – daß jede Wirkung ihre Ursache hat und ›erklärt‹ werden kann, wenn sie auf die zugrunde liegende Ursache zurückgeführt wird. Aber solch ein Frage-Antwort-Spiel, dieses Zurückführen von Wirkungen auf Ursachen, kann nicht im Polsterstuhl, kann nicht durch noch so scharfes Nachdenken allein in Gang kommen. Das hieße der Natur vordenken zu wollen, wie sie zu sein habe. Naturwissenschaftliche Fragestellungen bleiben beliebig und spekulativ ohne das angemessene Experiment: »Wer disputiert und sich auf Autoritäten beruft, verwendet nicht seinen Geist, sondern eher sein Gedächtnis.«

Daß die ›Wahrheiten‹, die das Experiment erbringt, im Grunde auch nur relativ sind, hat Leonardo da Vincis scharfer Intellekt kaum weniger deutlich erkannt. Ein wirklich gesichertes Wissen kann es nie und nimmer geben. Was heute als unumstößlich gilt, wird morgen, wenn nicht umgeworfen, so doch modifiziert sein. »Die Wahrheit war immer nur die Tochter der Zeit«, sagt Leonardo.

Die Beschäftigung mit dem Vogelflug war nur eine von vielen Facetten dieses außergewöhnlichen Menschen, und bei weitem nicht die bedeutsamste. Wir greifen sie hier heraus, weil sie unsere Fragestellung am klassischen Beispiel illustriert: Fliegen wie die Vögel fliegen; Flugmaschinen bauen, die den Vögeln und Fledermäusen abgeschaut sind – das war schon damals erklärte Absicht. Leonardo hat eine Fülle technischer Entwürfe skizziert, sich aber auch reine Naturformen mit dem exakten Blick des großen Malers angesehen, etwa fliegende Fische und Libellen (Abb. 3–1). Dem Vogelflug widmete er minuziöse Studien; im Jahre 1505 ist ein kleines abgeschlossenes Werk über seine Flugbeobachtungen erschienen: ›Über den Vogelflug‹ (Sul Volo degli Uccelli). Eine nur schwer überblickbare Menge weit verstreuter Notizen und Skizzen zu diesem Fachgebiet ergänzt jene Publikation. Gleichwohl scheint es nicht so, als habe Leonardo zuerst den Vogelflug

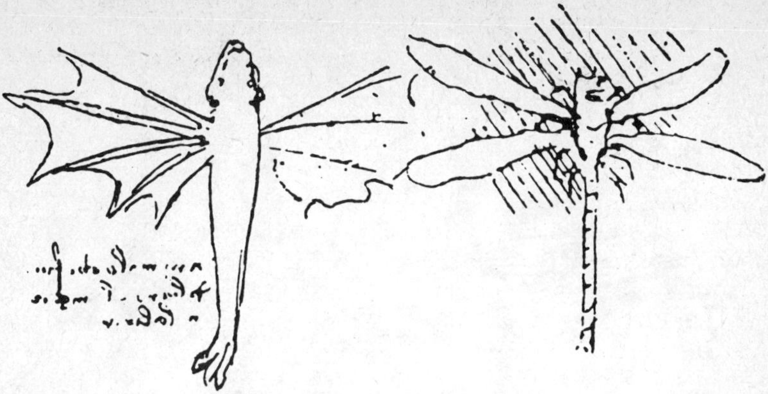

Abb. 3–1 Leonardos Skizze eines fliegenden Fisches und einer Libelle

studiert und darauf aufbauend dann technische Gebilde entworfen. Seine berühmt gewordenen Entwürfe für Ornithopter-Apparate, also für Flugmaschinen, die sich wie Vögel bewegen sollten, datieren früher als seine Vogelflugstudien.

Immerhin haben sich technische Imagination und Naturbeobachtungen bei Leonardo stets ergänzt. Vom Flug war er zeitlebens fasziniert – einer seiner Biographen spricht von einem an Besessenheit grenzenden Wunschtraum –, und er war dies auf eine Weise, die sein sonst so nüchternes wissenschaftliches Kalkül manchmal überspielte. Wie anders wäre es zu erklären, daß er auf dem Markt von Florenz häufig gekäfigte Vögel kaufte, nur um sie freizulassen und sich daran zu ergötzen? Zwei Seelen also in einer Brust. Vielleicht hat gerade jenes stark emotionale Verhältnis zum Phänomen des Flugs verhindert, daß Leonardo bei aller wissenschaftlichen Besonnenheit mit seinen Flugstudien nicht so weit gekommen ist wie auf anderen Teilgebieten, mit denen er sich befaßt hat. Durchaus vorstellbar, daß er Gleitflugzeuge im Stile Otto Lilienthals hätte bauen können. Die Materialien wären vorhanden gewesen, das Wissen um ihre Verarbeitung auch. Skizzen Leonardos von ganz ähnlichen fledermaushaften Rippenflügeln existieren, wesentliche aerodynamische Grundvoraussetzungen waren erkannt oder doch zumindest erahnt worden, etwa die Druckpunktwanderung beim Aufkippen, die Stabilisator-Wirkung der abgespreizten Daumenfittiche des Vogelflügels, der Effekt der freien Handschwingen als Spaltflügel. Leonardo hätte wohl 400 Jahre überspringen können, hätte der erste Mensch sein können, der flog. Keine Quelle

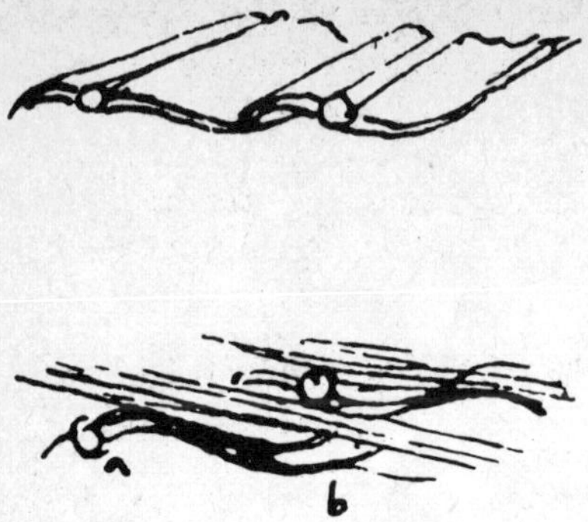

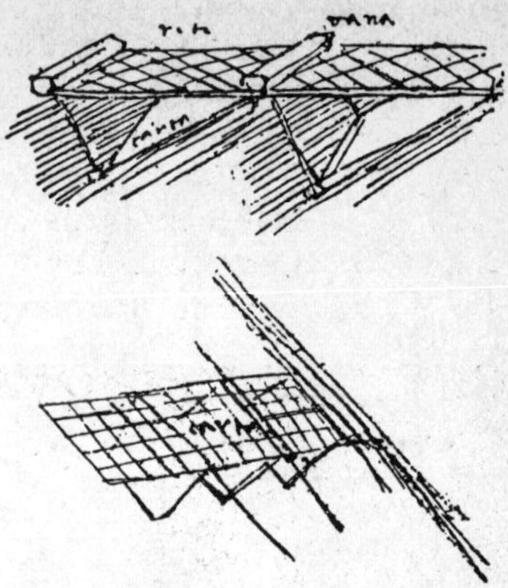

Abb. 3–2 (links) Überlappung der Vogelhandschwingen beim Abschlag (oben) und Spaltbildung beim Aufschlag (unten)

Abb. 3–3 (rechts) Flügelklappen-Entwurf Leonardos

allerdings spricht eindeutig dafür, daß dies tatsächlich der Fall war. Leonardo ist mit größter Wahrscheinlichkeit nur in seinen Träumen geflogen oder im Rausche der Zeichnungen, mit denen er seine Skizzenblätter füllte.

Beobachtungen hatten ihn zu dem Schluß geführt, daß die gespreizten äußeren Vogelfedern beim Flügelheben wie die Lamellen einer dem Lichteinfall halb sich öffnenden Jalousie schräg gestellt sind, beim Abschlagen aber geschlossen werden (Abb. 3–2) und somit einen Druck auf die darunter befindliche Luft ausüben – weshalb der Vogel sich heben müsse. Wir wissen heute, daß diese Federbewegung bei bestimmten Flugzuständen, etwa beim Rüttelflug auf der Stelle vorkommt; die aerodynamischen Effekte sind jedoch anderer Art. Für Leonardo aber war es nur konsequent, wenn er zwischen 1487 und 1490 das Konzept eines Schlagflügels mit Klappen entwickelte. Teile der Flügelfläche zwischen den Streben sollten beweglich sein und sich beim Hochziehen der Flügel öffnen, beim Abschlagen aber schließen (Abb. 3–3). Er beobachtete auch durchaus richtig, daß sich die Flügel beim Schlag verwinden – man sieht das in etwa bei konzentrierter Beobachtung, aber erst moderne Kurzzeitfotos zeigen, wie beträchtlich die Verformung ist (Abb. 12–9, unten) –, und überlegte sich einen Mechanismus, mit dem man den Flügel einerseits abwärts und aufwärts schlagen lassen könnte, ihm aber andererseits eine Verwindung

›in sich‹ aufzuprägen vermochte (Abb. 3–4). All diese Dinge sind von großer Genialität und eigenständigem Erfindergeist. Funktioniert aber hätten sie nicht, schon im Modellversuch nicht. Und Messungen an Modellen dieser Art scheint Leonardo kaum gemacht zu haben. Er hatte Vögel und Menschen seziert, bemerkte die gewaltigen Unterschiede in der relativen Stärke der Vorderextremitäten-Muskulatur, war aber trotzdem der Meinung, daß ein Mensch kräftig genug sei, die

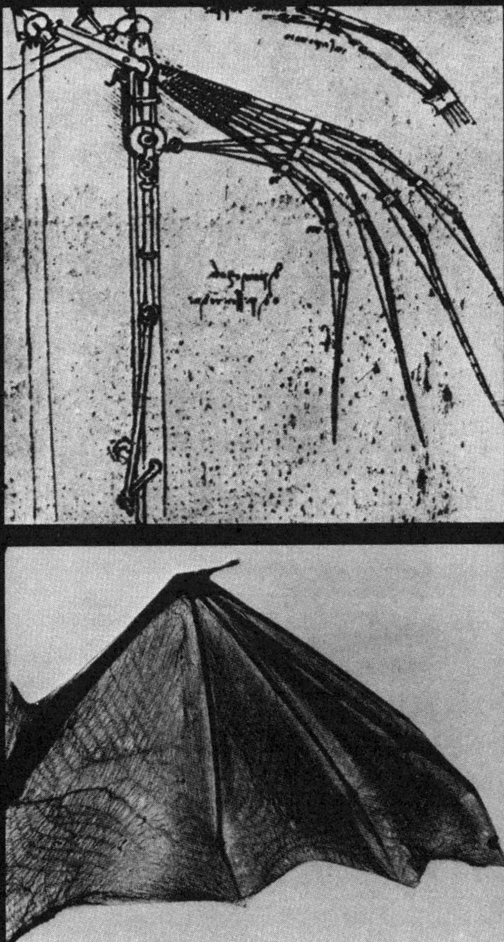

Abb. 3–4 Mechanismus zur Kombination von Flügelschlag und Verwindung, entworfen von Leonardo da Vinci, rechter Flügel der Mausohrfledermaus, im durchscheinenden Licht fotografiert

Schlagflügel mit den Armen zu bewegen, wenn er sich solche in einer Art Korsett umschnalle (Abb. 3–5). Experimente an Vögeln selbst scheint er kaum gemacht zu haben, wenngleich er in seinem Traktat über den Vogelflug vom Jahre 1505 die Skizze eines Apparates abbildet, mit dem man den Schwerpunkt eines Vogels bestimmen könne (Abb. 3–6).

Abb. 3–5 (oben) Flugkorsett zur Befestigung von Schlagflügeln nach Leonardo

Abb. 3–6 (unten) Schwerpunktbestimmung bei einem Vogel. Skizze Leonardos

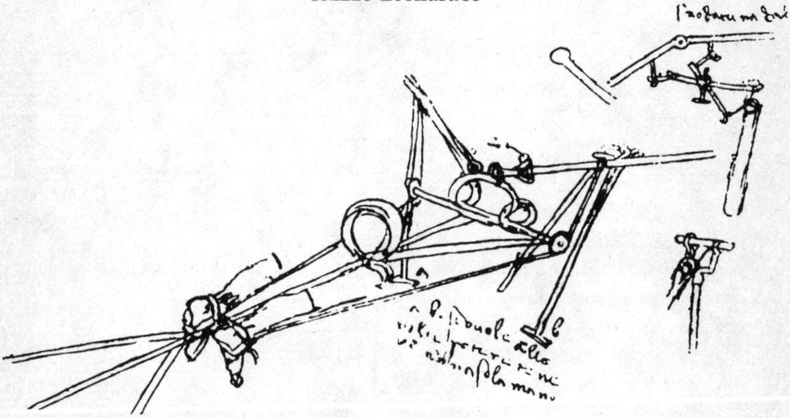

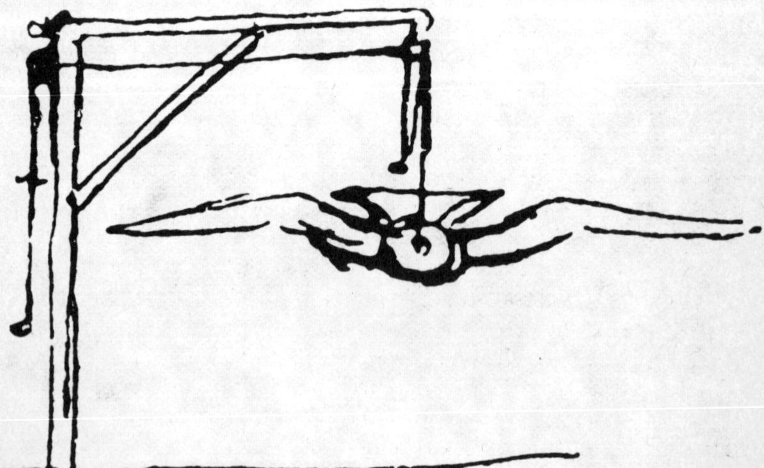

Bei Leonardo da Vinci finden wir eine eigentümliche Diskrepanz zwischen wissenschaftlicher Potenz und Akribie der Beobachtung auf der einen Seite, Wunschträumen und einer seltsamen Scheu vor den Konsequenzen des praktischen Versuchs auf der anderen – eine oszillierende Facette im Gesamtbild dieses hintergründig-unerklärlichen, genialen Menschen. Seine Beobachtungen hatten keinen Einfluß auf die weitere Entwicklung der Wissenschaftsgeschichte. Doch war er der erste, der den rein intellektuellen Bereich – die Wissenschaftsphilosophie, wenn man so will – verließ. Erst in viel späteren Jahren vollzogen eine Reihe von Forschern nach, was er als einzelner vorweggenommen hatte.

Fast ein Jahrhundert verging, ohne daß der Vogelflug wissenschaftlich weiter bearbeitet worden wäre. Erst Johann Alfons Borelli (1608–1679), Professor in Florenz und Pisa, später Lehrer an der Klosterschule St. Pantaleon in Rom, nahm diese Art der Naturbeobachtung wieder auf. Er führte die Lehre der Mechanik, die strenge mathematische Beweisführung und die induktive Untersuchungsmethode in die Medizin und Biologie ein. Von Haus aus Mathematiker und Physiker, versuchte er zu seiner Zeit genau das, was die moderne Bewegungsphysiologie heute auch tut: eine Untersuchung der Naturphänomene mit den Methoden der technischen Physik und eine Beschreibung dieser Phänomene mit dem Vokabular der Physik und Mathematik. In den Jahren 1680–1681 veröffentlichte er sein zweibändiges Werk ›De motu animalium‹.

In den darin enthaltenen Abhandlungen besprach er die äußeren Bewegungen des Fliegens und Schwimmens, dazu – gesondert zusammengefaßt – auch die ›inneren Bewegungen‹, wie Zirkulation des Blutes und Muskelkontraktion. Sein Werk wurde von außerordentlicher Bedeutung für die Weiterführung der experimentellen Medizin und Biologie. Es ist von profunder Eigenständigkeit; die Arbeiten Leonardo da Vincis konnte Borelli nicht gekannt haben.

Charakteristisch für Borellis neuartige biomechanische Betrachtungsweise sind Formulierungen über die Luftmenge, die vom Flügel während des Flugs ›bestrichen‹ wird, und über den Angriffspunkt des Luftwiderstands. Er zeigt, daß der Flügel auf einer bogenförmigen Bahn bewegt wird, erläutert, warum der resultierende Angriffspunkt der ›bestrichenen‹ Luftmasse etwa zwei Drittel der Flügellänge vom Flügelgelenk entfernt ist – und ähnliches mehr.

Wir können heute seinen Argumenten im einzelnen nicht mehr zustimmen; trotzdem ist seine Betrachtungsweise verblüffend: Es kann nur diejenige Luft aerodynamisch wirksam sein, die ›bestrichen‹

wird (wir würden sagen: die den Flügel umströmt), und alle Kraftkomponenten lassen sich zu jedem Zeitpunkt des Flügelschlags zu einer Luftkraftresultierenden zusammenfassen, die an einem einzigen Flügelpunkt (wir sagen heute ›Druckpunkt‹) angreift und eine bestimmte Größe und Richtung hat.

Mit dieser Betrachtungsweise hatte Borelli nun den entscheidenden Schritt getan von der vorwissenschaftlichen zur wissenschaftlichen Analyse des Tierflugs, zur Begründung der Biomechanik: Man fing an zu *erkennen,* welche Größen flugmechanisch bedeutsam sind. Erst ein gutes Jahrhundert später wurde dann damit begonnen, diese Größen für eine quantitative Bearbeitung des Phänomens zu *messen.* Ein Meisterstück Borellischer Analyse ist die Erklärung der Horizontalbewegung eines Vogels aufgrund der mechanischen Gesetzlichkeit des Keils (Abb. 3–7). Wenngleich diese Analyse heute ebenfalls nicht mehr akzeptiert werden kann, ist sie doch in sich widerspruchsfrei und in ihrer Argumentation mit Beweisgründen der Mechanik nicht widerlegbar: Ein ins Holz senkrecht eingeschlagener Keil treibt die beiden Spaltteile des Holzblocks auseinander. Betrachten wir diesen Vorgang umgekehrt, so ergibt sich folgendes: Drückt man die Spaltteile seitlich zusammen, so wird der Keil herausgedrückt. Ein Vogel, der mit gespreizten Flügeln O E A und B C F (Abb. 3–8) mit einer bestimmten Geschwindigkeit von unten angeströmt wird, behält die Lage seiner knochenversteiften Vorderkanten im Raum bei; die weichen Hinterkanten werden dagegen nach oben abgebogen. So wirken die schräggestellten Flügel wie ein Keil, dessen Seiten bekanntlich schiefe Ebenen sind: Sie werden mitsamt dem anhängenden Rumpf nach vorne getrieben. Wir betrachten diese Aussage wieder umgekehrt: Sobald der Vogel die Flügel in ruhender Luft mit gleicher Geschwindigkeit abwärts schlägt, herrschen genau die gleichen Relativverhältnisse zwischen Luft und schräggestelltem Flügel; der Vogel wird ebenfalls vorwärtsgetrieben.

Die Erklärung ist widerspruchsfrei und trotzdem falsch. Der Irrtum liegt in zwei fehlerhaften Voraussetzungen. Zum einen drängt der Flügel die Luft nicht nur zur Seite, sondern er wird umströmt, so daß ein vorwärts wirkender Sog entsteht. Zum anderen schlägt der Vogelflügel nicht senkrecht abwärts, sondern er bewegt sich auf einer abwärts und vorwärts gerichteten Bahn. Beide Vorgänge waren Borelli unbekannt. Er gründete seine Erklärung auf das Wissen seiner Zeit und tat dies widerspruchsfrei. Insofern ist er nicht angreifbar. Seine Bedeutung liegt auch gar nicht darin, daß er irgendwelche Flugvorgänge endgültig erklärt hat, sondern darin, daß er eine Betrachtungsweise

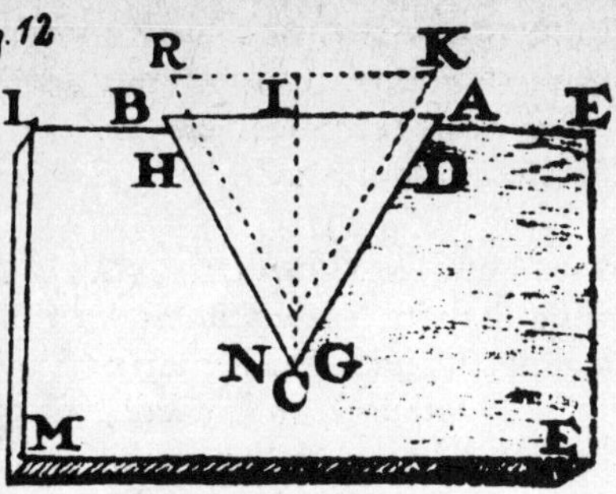

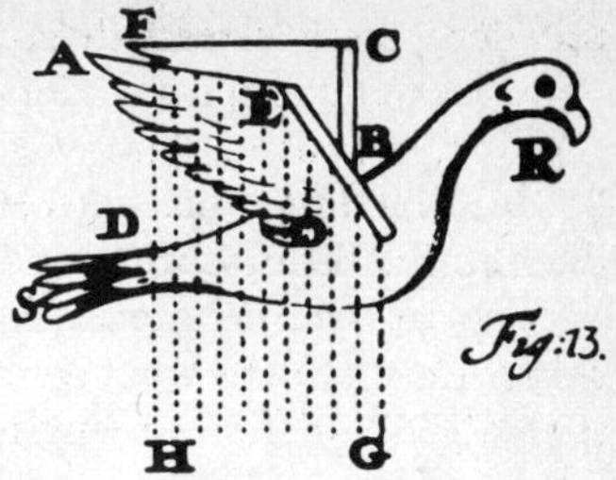

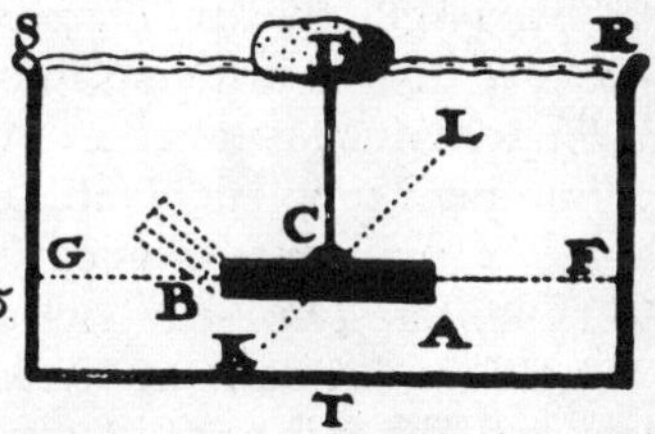

Abb. 3–7 (links oben) Keil im Holzblock

Abb. 3–8 (rechts oben) ›Keileffekt‹ am Vogelflügel

Abb. 3–9 (links unten) Der Vogelschwanz als Höhensteuer

Abb. 3–10 (rechts unten) Modellversuch zur Höhensteuerwirkung. Zeichnungen Borellis

eingeführt hat, die heute – Jahrhunderte später – ihre schönsten Auswirkungen zeigt.

Im Einklang mit den Vorstellungen unserer Tage dagegen steht Borellis Ansicht über die Wirkung des Vogelschwanzes als Höhensteuer. Dreht sich der Schwanz B G (Abb. 3–9) in die Stellung B H, so kippt der Kopf des geradlinig horizontal fliegenden Vogels auf, und der Rumpf dreht sich in die Stellung L K und umgekehrt. Ein Modellversuch bestätigte die Überlegung: Ein an einem Schwimmkorken D (Abb. 3–10) gehängtes Eisenstück C in einem Gefäß T, an das ein schräg nach oben gestelltes Plättchen B G geklebt worden ist, kippt in die Richtung L K, wenn es horizontal gegen F bewegt wird. Weniger zutreffend ist Borellis Versuch, Hals und Kopf des Vogels Seitsteuerungsfunktion zuzuschreiben. Und immer wieder beobachtete dieser Physiker die Natur, vergewaltigte sie nicht durch aus der Luft gegriffene Hypothesen. Charakteristisch ist eine Stelle, in der er darlegt, daß der Vogelschwanz kaum als Seitsteuer wirken könne, denn Tauben mit gestutztem Schwanz und Fledermäuse, die so gut wie keinen Schwanz hätten, könnten ja auch ohne weiteres Horizontalkurven fliegen.

Borelli war ein typischer Vertreter einer bestimmten Richtung der Biotechnik: Erforschung und Erklärung der Naturphänomene durch Anwendung der Wissenschaften ›Physik‹ und ›Mathematik‹. Er war seiner Zeit, ebenso wie Leonardo, weit voraus. Erst Sir George Cayley (1773–1857), der große englische Pionier der Aerodynamik, kam ein Jahrhundert später über Borellis Erkenntnisse hinaus. Er aber vertritt nun nahezu in Reinkultur die zweite Ausrichtung der Biotechnik: Die Schöpfungen der Natur sind ihm nicht Selbstzweck erhellender Studien, sondern nur Mittel zum Zweck. Er studiert sie, um Anregungen zu bekommen; er will der Natur ihre Geheimnisse ablauschen, weil er sie nutzbringend anzuwenden hofft – Cayley hatte also durchaus Ingenieursinteressen. Sein Ziel war nicht eigentlich die Erforschung des Vogelflugs, sondern die Konstruktion von manntragenden Gleit-, Ruder- und Schraubenflugzeugen. Auf ihn gehen die grundlegenden Ideen des modernen Flugzeugbaus zurück. Seine Werke erschienen zwischen 1796 und 1855. Wie Borelli ging er von Beobachtung und Messung aus und ergänzte sie durch Experimente am aerodynamischen Rundlauf und an flugfähigen Modellen. Den ersten verwendungsfähigen Rundlauf – einen Vorläufer des Windkanals – hat Cayley zwar nicht entworfen, doch wurde er von ihm erstmals für flugmechanische Messungen verwendet.

Wenn man Cayley den Vater des modernen Flugzeugbaus nennt, so wegen einer Reihe von Ideen und Vorschlägen, die er erstmals geäußert hat. Zum einen wollte er die Auftriebs- von der Vortriebserzeugung trennen. Tragflügel sollten die hebende Kraft zur Wirkung bringen, zusätzliche Schlagflügel oder Schrauben die vorwärts treibende Kraft. Zum anderen hatte er erkannt, daß man Leitwerke einführen muß, soll der Flug stabil sein. Wiewohl Cayley diese zukunftsträchtigen technischen Prinzipien ganz klar geäußert hat, verrannte er sich doch immer wieder in technische Sackgassen. Und es ist lehrreich zu sehen, daß ihn gerade das Studium des Vogelflugs gelegentlich in solche Sackgassen hineingeführt hat. Der Vogel macht es ja anders, als Cayley es machen wollte. Er hat nicht Tragflügel und Propeller wie das Flugzeug, sondern er vereint in seinen Schlagflügeln die Erzeugung der hebenden und der vorwärts treibenden Kräfte. Auch das kommt also vor, daß die Naturbeobachtung eine technische Entwicklung sogar gebremst hat!

In der Beobachtung der Natur und in der Interpretation ihrer Vorgänge war Cayley durchaus originell. Als erster hat er 1808 die Rotationsbewegung der Ahornfrucht als einen Mechanismus zur Fallverzögerung gedeutet. Jeder kennt diese ›Nasenzwicker‹; lösen sie sich vom Baum, so rotieren sie als ›Schraubendrehflieger‹ sehr rasch und fallen dadurch viel langsamer, als wenn sie nicht rotieren würden. Weht nun ein Seitenwind, so kann er diese langsam fallende Frucht weit vom Stamm wegtragen.

Berühmt geworden sind auch seine Untersuchungen über den Forellenrumpf. Steifgefrorene Exemplare zerlegte er in eine Serie von Querschnitten und konstruierte daraus 1809 einen technischen Ersatzkörper minimalen Widerstands. In gleicher Absicht untersuchte er den Delphin. Die Thematik dieser frühen biotechnischen Arbeiten ist heute für den Hydrodynamiker wieder recht interessant geworden.

Abb. 3–11 (links) Cayleys Ballonentwurf in Form eines Spechtrumpfes

Abb. 3–12 (rechts oben) Erstes Ornithopter-Design Cayleys

Abb. 3–13 (rechts unten) Flugzeugentwurf mit ›Schirmflügeln‹, inspiriert von Jacob Degen

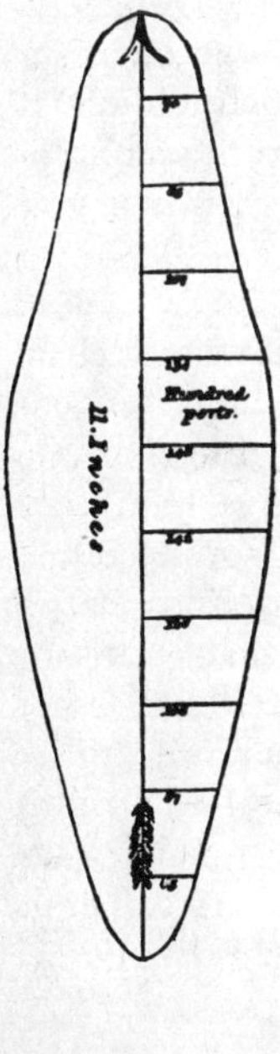

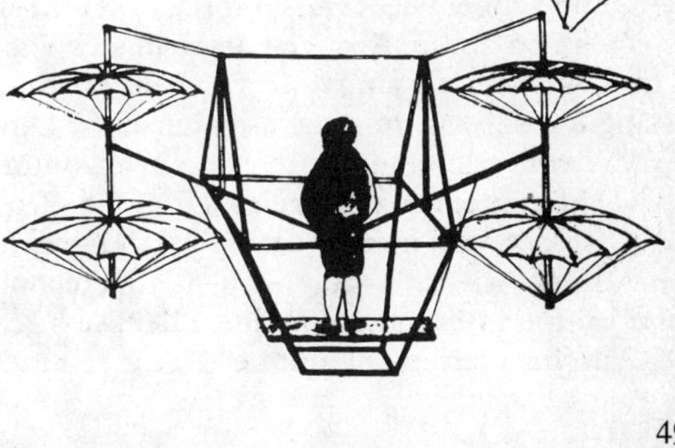

Cayley entwarf auch Ballone; im Jahre 1860 gab er einem solchen Entwurf die ein Minimum an Luftwiderstand versprechende Umrißlinie eines Spechtrumpfes, so wie dieser Vogel im Flug erscheint (Abb. 3–11). Das Studium des Vogelflugs führte ihn zum Entwurf einer Reihe von Flugmaschinen mit Schlagflügeln, die also Vortrieb und Auftrieb durch ein System gleichzeitig zu erzeugen hatten. Die Flügelgebilde waren zunächst reichlich simpel, wie die Skizze der Abb. 3–12 zeigt, die aus dem Jahre 1808 stammt. Später wurden sie mechanisch differenzierter. In den Jahren 1849–1853 erschienen zusammengesetzte Konstruktionen mit zwei schirmartigen Auftriebsflügelpaaren (Abb. 3–13), deren Sektoren sich beim Abschlag schließen, beim Aufschlag öffnen, wie es Cayley den Handschwingen schwirrfliegender Vögel abgesehen hatte. (Leonardo hatte einen ähnlichen Mechanismus ebenfalls skizziert.)

Alle diese vom Vorbild Natur inspirierten Entwürfe konnten aber nur auf dem Papier funktionieren. Der technisch zukunftsträchtige Durchbruch gelang Cayley erst, als er den entscheidenden Schritt tat, sich vom Vogelflugprinzip zu lösen und Auf- und Vortriebserzeugung zu trennen.

Die Abb. 3–14 zeigt die Skizze eines Flugapparats mit obenliegenden, festen Tragflächen für die Auftriebserzeugung und unten angebrachten, beweglichen Schlagflügeln zur Vortriebserzeugung. Die Schlagflügel sollten bei einigen Modellen in Form zweier gegeneinander bewegter Paare arbeiten, so wie der Libellenflügel. Schließlich ist Cayley vom Schlagflügel-Vortrieb (Abb. 3–15, rechts) zum technologisch einfacheren Schraubenvortrieb (Abb. 3–15, links) gekommen und hat damit das Vorbild Natur endgültig verlassen.

Ich habe diese technischen Entwicklungen näher beleuchtet, weil sie symptomatisch sind für die technisch orientierten Forschungstendenzen dieser Zeit. In der Frühzeit der Technik galt das Schlagflügelprinzip der Natur immer wieder als Vorbild; es wurde studiert, weil man es zu übernehmen hoffte. Aber erst als man sich von diesem Vorbild gelöst und technologisch sinnvolle Eigenentwicklungen ausgeführt hatte, gelangte man zu Erfolgen im technischen Luftfahrzeugbau. Hand in Hand damit erlosch das Interesse am Studium des Vogelflugs. Diese Entwicklungstendenz spiegelt sich in Sir George Cayley mit großer Deutlichkeit, und man findet sie bei Flugtechnikern des 19. Jahrhunderts immer wieder. Es zeigt sich, daß der technische Geist nicht in der Übernahme natürlicher Vorbilder allein sich genügt, sondern daß er in der Auseinandersetzung mit der Natur seine Ziele verwirklicht.

So war für Sir George Cayley das Studium des fliegenden Vogels nur Mittel zum Zweck, gab ihm Erkenntnisdetails und nützliche Fakten, um manntragende Flugapparate zu konstruieren.

Er wollte zunächst die Bausteine verfügbar zur Hand haben, mit der die Natur ihre fliegenden Gebilde schuf – dann aber selbst und nach eigenen Plänen bauen. Ein Pionier der Flugbiophysik ist er dabei

Abb. 3–14 (oben) Flugzeugentwurf mit oben gelegenen, festen Tragflügeln und unten gelegenen, handbetriebenen Schlagflügeln (Cayley)

Abb. 3–15 (unten) Luftschiffentwurf mit Vortrieb durch Schlagflügel (rechts) und Schrauben (links)

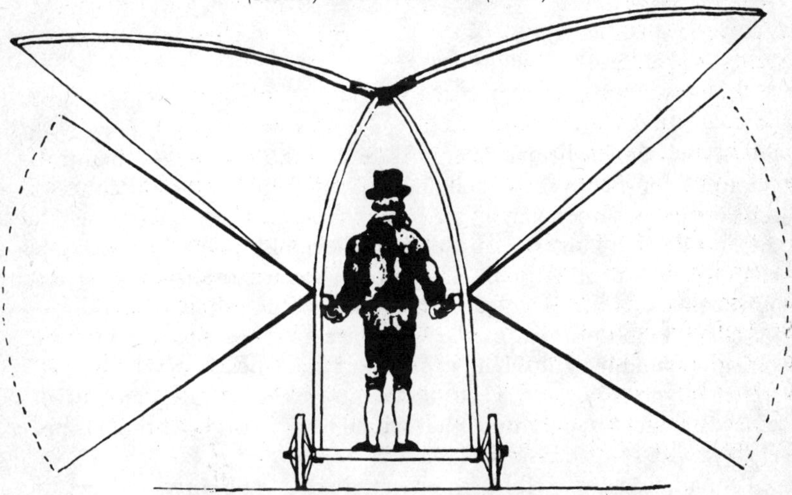

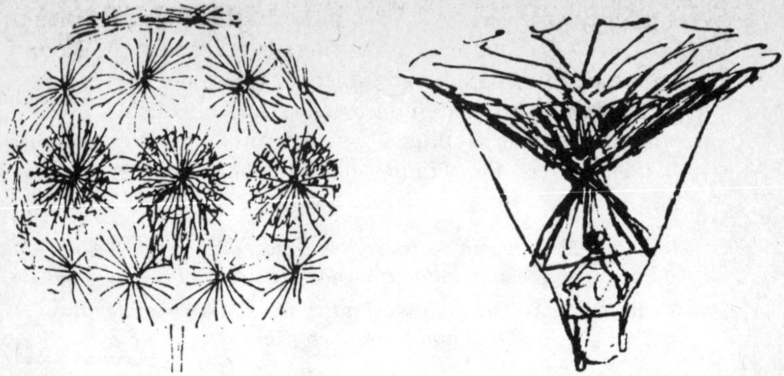

Abb. 3–16 Wiesenbocksbart-Fruchtstand (links) und Bocksbart-Fallschirmentwurf (rechts). Skizzen Cayleys

geworden. Beobachtung überzuführen in konstruktives Bemühen, Naturerkenntnis in technisch anwendbare Apparatur: das kennzeichnete die Lebensarbeit Cayleys. Auf der Wiese geht er spazieren, 56 Jahre alt, mit dem in langer Erfahrung geschärften Blick für die Kleinigkeiten, aus denen prinzipielle Phänomene herauszusehen sind. Da ist Wiesenbocksbart, die gelbe Blume, hie und da schon abgeblüht, die winzigen Früchte an flaumigen Fallschirmen fliegen im Wind erstaunlich gleichmäßig dahin. Und er skizziert nach diesem Naturvorbild in freier Adaptierung der wirkungsträchtigen Merkmale den Entwurf eines Fallschirms, der mit seinen schräg nach oben gerichteten Rippen autostabil zu sein verspricht (Abb. 3–16).

Leonardo da Vinci, Johann Alfons Borelli, Sir George Cayley: drei Namen, die stellvertretend stehen für viele andere frühe Biotechniker. Suchen und tasten, erforschen und experimentieren, konstruieren, verwerfen und wieder konstruieren – erst auf dem Papier, dann im Modell, schließlich in Großausführung: und dann zuletzt die praktische Erprobung, der Test auf Anwendbarkeit und Realitätsbewährung – so schob sich die ›Wissenschaft von der Handhabung natürlicher Kräfte‹ nicht ohne Rückschläge voran. Immer war die alte Hoffnung, der Natur ihre Kniffe und geheimen Pläne abzulisten, immer war da die Neugier, mit welchen Tricks sie wohl arbeiten mochte, und ob sie sich denn auch anwenden ließen für menschliche Zwecke. Auch in der Biotechnik und Bionik von heute steckt noch dieser urtümliche Impuls, im Bereich in der Natur herumzuspüren und aus ihr sich zu nehmen, was immer von Nutzen sein mag.

4
Blaupausen für die Technik?

Blaupausen, technische Zeichnungen, das sind die besten und genauesten Herstellungsanweisungen, die die Technik kennt. Kann die Natur Blaupausen für die Technik liefern, Gebrauchsanweisungen für die Herstellung technischer Konstruktionen?

Nun, der Gang durch die Frühgeschichte der Biotechnik mag bereits die Antwort gegeben haben. Zweifellos kann sie es nicht. Und da beginnt schon das erste Mißverständnis, selbst unter Naturwissenschaftlern, wenn Biotechnik und Bionik zur Diskussion stehen. Mancher ist enttäuscht, daß ›so wenig herauskommt‹. Enttäuscht aber kann nur sein, wer zuviel erwartet. Was aber kann man sinnvollerweise erwarten, wenn man von den Ansätzen früherer Jahrhunderte ausgeht, sieht, was heute gemacht wird, und sich überlegt, wohin die Entwicklung künftig wohl führt?

Alles deutet darauf hin, daß der Erfahrungsschatz der Natur noch keineswegs ausgeschöpft ist. Ganz im Gegenteil. Wir beginnen eben erst zu lernen, daß hier eine Super-Datenbank vorliegt, deren Informationen wir abrufen sollten. Die technische Auswertung dieses Datenschatzes wird sich in den kommenden Jahrzehnten immer stärker bemerkbar machen, einige Gebiete unseres Lebens vielleicht sogar erheblich beeinflussen. Angemessenes Wohnen wird mit Sicherheit nicht ohne Anregung durch Naturvorbilder möglich sein. Wohngebäude der Zukunft könnten Form- und Funktionseigenschaften von Früchten und Samen in ihre Konstruktion miteinbeziehen. Die Abbildung 4–1 zeigt die prinzipielle Anordnung von Untereinheiten um die spiralige ›Leitstruktur‹ bei einem Virus, die Abbildung 4–2 einen analog konzipierten Rundhausentwurf. Solche Rundgerüste, in die man seine ›Wohnzelle‹ einhängen kann, werden in naher Zukunft schon Realität sein.

Weitere ›bionikverdächtige‹ Gebiete sind Kommunikation – insbesondere die Schaffung einer ›künstlichen Intelligenz‹ als Kommunika-

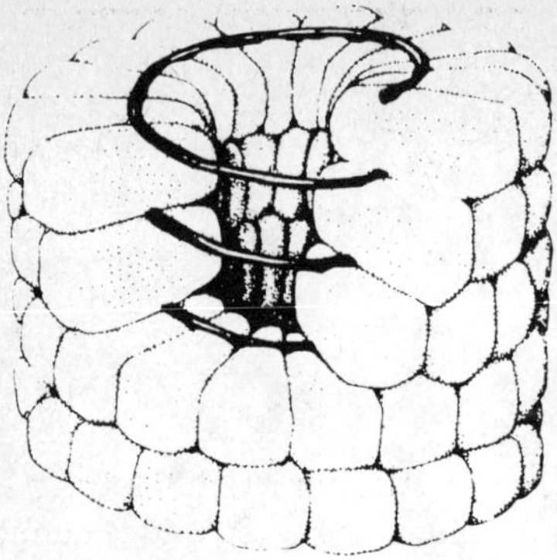

Abb. 4–1 (links) Prinzipverknüpfung der Untereinheiten eines Virus. Der schwarze ›Zentralfaden‹ ist ein Ribonukleinsäuremolekül, bestehend aus mehr als 6000 Nucleotiden. Die weißen, ›eingeschobenen‹ Elemente stellen identische Proteinmoleküle dar (Tabakmosaikvirus)

Abb. 4–2 (rechts) Prinzipverknüpfung von Wohneinheiten in einem Rundhaus-Raster

tionspartner –, das Zusammenwirken von Mensch und Maschine, Organersatz durch technische Produkte, Erleichterung in der Arbeitsplatz-Umwelt, Entlastung von Routinearbeit durch roboterartige Mechanismen, Entwicklung von Optimalkonstruktionen durch Anwendung der Prinzipien der Evolution – und längst sind das nicht alle Gebiete, worin Biotechnik die Zukunft mitbestimmen wird.

All die genannten Entwicklungen sind mit Bestimmtheit zu erwarten. Aber – die Natur wird niemals Blaupausen liefern, die man nur Punkt für Punkt nachzubauen braucht. Wer sich solcher Illusionen enthält, wird das Fachgebiet der Bionik richtig einschätzen. Anregungen für den selbstschöpferischen Geist, gelegentlich auch Ideen für den nachschöpferischen – das ist es, was die Natur in Überfülle zu geben hat. Keine Blaupausen sollten wir also für die Technik erwarten, wohl aber ungewöhnliche, oft verblüffende Prinzipien, die sich – unseren Zwecken angemessen – in den Konstruktionszeichnungen der Techniker niederschlagen.

Teil III

Botanischer Garten – Schule für Architekten

Alle Jahre wieder, in der Sauregurkenzeit des Spätsommers, geht ein Bild durch die Weltpresse: Ein Kind sitzt auf dem Blatt einer Riesenseerose, und dieses Blatt zerreißt weder, noch geht es unter; es trägt den munteren Dreijährigen ohne weiteres wie ein Schwimmkissen, eine Ponton-Brücke oder ein Floß.

Schaut man sich dieses Gebilde näher an – es erreicht einen Durchmesser von über 2 m –, so fallen sofort zwei konstruktive Eigentümlichkeiten auf. Zum einen trägt das Blatt einen aufgebogenen Rand, zum zweiten ein radiales Netz von Rippen, die durch auf- und abgefältelte Zwischenbereiche miteinander verbunden sind (Abb. III–1), ähnlich wie ein Stück Wellblech. Und wie dieses oder wie die Fältelung der modernen Hüls-Dachelemente führt eine solche Verrippung zu einem ganz erstaunlichen Stabilitätsgewinn für die große Blattfläche. Der aufgebogene Rand trägt zur Stabilität bei und verhindert weiter, daß Wasser auf die Oberseite des Blattes schwappt. Die Blattspreite selbst besteht jedoch nur aus einem sehr zarten, millimeterdicken und keineswegs dehnungsunempfindlichen Blattgewebe. Die Gesamtfläche allerdings beträgt bei einem Riesenblatt von 2,3 m Durchmesser nicht weniger als 4,5 m^2 – soviel wie ein Badezimmer in einer Neubauwohnung! Man kann sich vorstellen, daß der leiseste Wellenschlag ein derart weitflächig ausgebreitetes und dabei zartes Gebilde zerstören würde – erstaunlich also, daß Eigenschaften wie Fältelung und radiale Verrippung samt aufgebogenem Rand die statischen Verhältnisse so sehr verändern, daß solch ein Blatt sogar noch die Last eines Kleinkindes zu tragen vermag!

In den Jahren 1850–1851 wurde der Londoner Kristallpalast erbaut, eine der bedeutendsten architektonischen Schöpfungen des 19. Jahrhunderts, wie heute die Kunstgeschichte urteilt. Sein Konstrukteur war Sir Joseph Paxton. Sieht man sich die Verrippung der Dachkonstruktion an (Abb. III–2), so findet man erstaunliche Ähnlichkeiten mit dem ›Trick‹, den die Natur beim Riesenseerosenblatt anwendet. Tatsächlich hat Sir Joseph die Blätter der Riesenseerose vorher genau untersucht – es war die Art Victoria amazonica – und ihr die Versteifungsweise abgeschaut.

Der Ausdruck ›abgeschaut‹ ist vielleicht nicht ganz korrekt, denn sklavisch kopiert hat Sir Joseph das Seerosenblatt zweifellos nicht, er hat nur die wesentlichen Prinzipien – die ›Konstruktionsprinzipien‹ – erkannt und übertragen, und das nicht in sklavischer Punkt-zu-Punkt-übernahme, sondern in eigenständiger Abwandlung. Das Dach des Kristallpalastes bestand nur aus Stahl und Glas. Es war, wenn man so will, ein Bauskelett, das mit Glasplatten verkleidet war. Nicht nur als

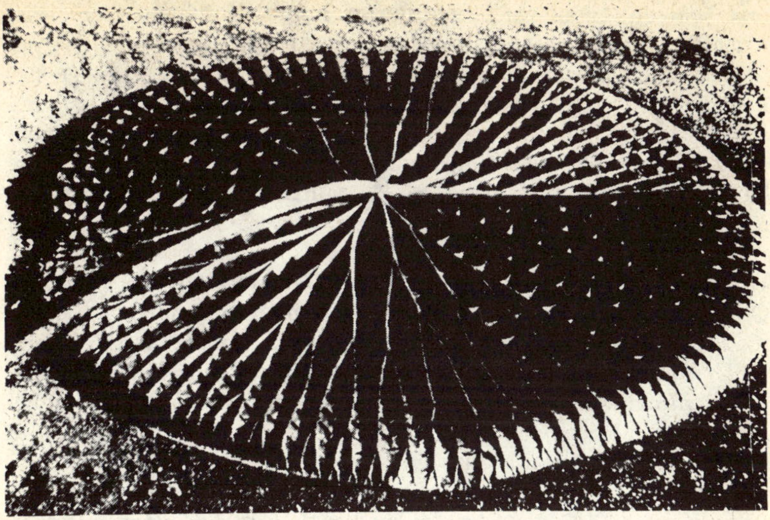

Abb. III–1 (oben) Blatt einer Riesenseerose, von unten gesehen

Abb. III–2 (unten) Ausschnitt aus dem Londoner Kristallpalast Sir Joseph Paxtons

erste bewußt bionische Konstruktion der Baugeschichte ist dieser Kristallpalast in die Historie der Technik wie der Kunst eingegangen, sondern auch als erste kompromißlose Rahmenkonstruktion, als erster Bau, der Glas in geradezu überschwenglicher Fülle verwendet hat, und schließlich als eine Konstruktion, die mit vorgefertigten Bauelementen durch Montage zusammengestellt wurde, so wie heute ein Fertighaus. Sir Joseph Paxtons Londoner Kristallpalast hat die Baugeschichte nachhaltig beeinflußt.

War das nun eine Ausnahme, ein Glücksfall am besonders günstigen Objekt, oder kann die Natur ganz allgemein Ideengrundlagen abgeben für Baukonstruktionen des Menschen? Es gibt Tierbauten in Hülle und Fülle, und es lohnt sich, sie vergleichend zu studieren und mit einem Auge immer ihre technische Verwertbarkeit anzuvisieren. Darüber hinaus stecken ungeheuer viele statische Konstruktionselemente in der Natur – auch in Gebilden, die nicht eigentlich ›biologische Gebäude‹ darstellen. Gerade für die Leichtbauarchitekten gibt es hier Vorbilder um Vorbilder. Wer also bei den Nestern der Salangane nur an die gewürzhaften Suppen denkt, die chinesische Köche daraus bereiten; wem bei Bienenwaben allein der aromatische Honig einfällt, der vergißt, daß die Natur nicht nur auf dem Sektor ›Küche‹, sondern auch im Bereich ›Bauen und Wohnen‹ allerlei bereithält, was der Erleichterung und Verschönerung unseres Lebens zu dienen vermag.

5
Wohnröhren, Schutzkugeln, Etagenbauten: Insekten als Baumeister

In einem Wacholderzweig hängt ein fingerhutgroßes gelbes Lehmtöpfchen. Plötzlich fliegt mit Dröhnen die Besitzerin an, eine kräftig gelbschwarz gezeichnete Pillenwespe. Sirrend steht sie vor ihrem halbfertigen Bauwerk, dann läßt sie sich darauf nieder und klebt mit ihren Kiefern ein weiteres Lehmstück an. Die Pillenwespe baut an ihrer Kinderwiege.

Eine Dreiviertelmillion Arten zählt das Reich der Insekten. Die meisten davon sind geschickte Flieger – und eine ganze Anzahl sind nicht minder geschickte Baumeister. Was Insekten alles vermögen, das sehen wir an der wundervollen Architektur eines Bienen- oder Hornissennestes. Immerhin: das sind die höchstentwickelten Bauten. Aber auch bei den Bauwerken der Insekten läßt sich eine Linie vom Einfachen zum Komplizierten verfolgen. Man kann auch sagen: Es hatte alles einmal ganz einfach angefangen.

Manche Insektenlarven haben das Bedürfnis, ihren ungeschützten Leib zu verhüllen und zu schützen. An einem Geländer hängt ein winzig kleiner Sack, aus feinsten Fasern zusammengesetzt. Eine Schmetterlingsraupe hat ihn gebaut, die Raupe des Sackträgerspinners. Die Raupe kann sich darin zurückziehen und sie kann den Rand ihres Gehäuses an ein Blatt, einen Stein oder ein Geländer ankleben. Dann sieht das Ganze aus wie ein Fetzchen Holz, bisweilen wie ein Stückchen Vogelkot. Es ist unauffällig. Zusammengehalten werden die kleinen Holzstückchen von einem Gespinst, das die Raupe um ihren Körper herum angefertigt hat.

In Wiesengräben und Bächen kriechen Köcherfliegenlarven. Ihren langen, gelblichen, ungeschützten Hinterleib haben sie in kunstvoll selbstgebauten Gehäusen versteckt: Da gibt es Tüten, aus Sandkörnern sorgfältig zusammengeklebt, ausgehöhlte Schilfhalme, Köcher aus

Steinchen (Abb. 5–1), blockhausartig angeordneten Hälmchen (Abb. 5–2) und Gebilde, die nur aus winzigen Schneckenschalen bestehen. Das alles ist Material, das auf dem Bachgrund herumliegt und von der Larve nur aufgesammelt werden muß. Bisweilen allerdings wird auch Pflanzenmaterial abgeschnitten und mit den kräftigen Kaukiefern zu handlichen Stückchen durchtrennt, die dann am Vorderende des Köchers angebaut werden. Die Larve kann sich in ihrem Köcher

Abb. 5–1 (links) Köcher einer Köcherfliege aus Steinmaterial

Abb. 5–2 (rechts) Dem Köcher einer Köcherfliege ähnliches Gehäuse eines nordafrikanischen Kleinschmetterlings (Gattung Amicta) aus blockhausartig aneinandergefügtem Pflanzenmaterial

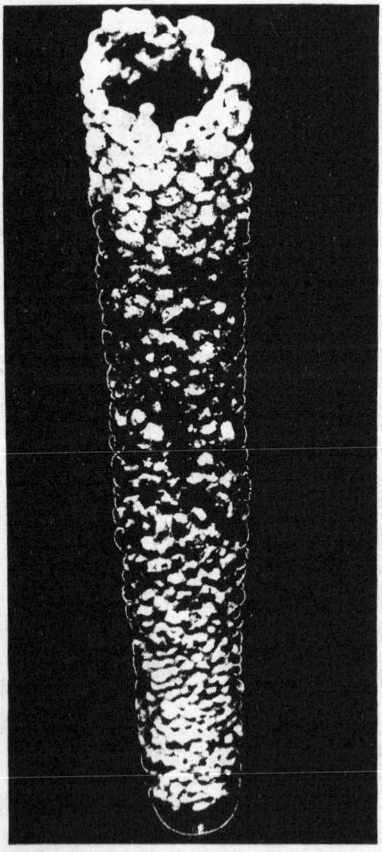

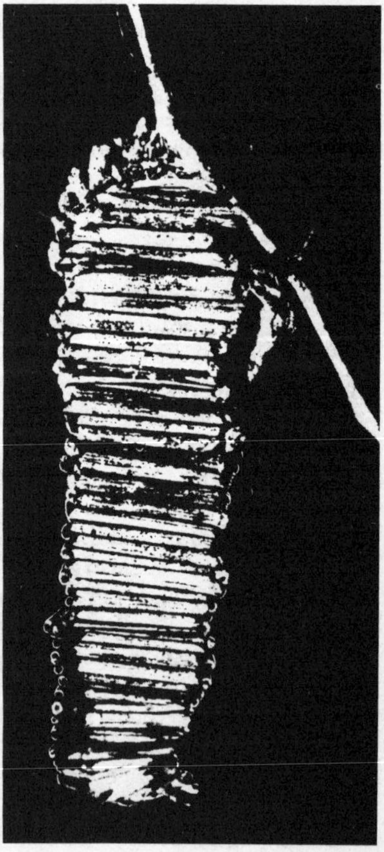

umdrehen. Am Hinterende ist er offen, und mit schwingenden Bewegungen des Hinterleibs wird ein Wasserstrom von vorne nach hinten ›durchgespült‹. Das ganze Tierchen wirkt so wie eine undulierende Fläche oder eine ›Blattpumpe‹.

In der Chemie gibt es ähnliche Einrichtungen, die sogenannten ›Fingerpumpen›. Man legt hier einen Kunststoffschlauch zwischen eine Reihe von ›Fingern‹, die über einen Mechanismus hintereinander zusammengedrückt und wieder losgelassen werden, als spiele jemand Tonleiter auf der Flöte. Im Endeffekt läuft damit eine Druckwelle über den Schlauch, und sie sorgt für den Wassertransport, genauso wie die Köcherfliegenlarve in ihrem Gehäuse mit schwingenden Körperbewegungen das Wasser in Bewegung setzt. Sie tut das aber nur, wenn das Wasser sauerstoffarm ist. Dann muß besonders viel Flüssigkeit pro Zeiteinheit an den schlauchförmigen Kiemenauswüchsen des Hinterleibs vorbeigeleitet werden.

Köcherfliegenlarven leben in sehr rasch fließenden Gewässern, häufig in reißenden, kalten Bergbächen. Damit sie nicht abgetrieben werden, bauen sie ihre Köcher aus Steinen und beschweren sie seitlich mit kräftigen Steinbröckchen. Im Gefahrenfall kitten sie sie an, und zwar mit Gespinstfäden, die sie selbst produzieren. Der gesamte Köcher kann so selbst auf einem stark überspülten Stein festgekittet werden. Wenn man aus einem Bergbach einen hand- oder kopfgroßen Stein herausholt und umdreht, sieht man oft die den Larvenbauten ähnlichen Puppengehäuse der Köcherfliegen in Menge auf der Unterseite sitzen. Im Bergbach lebt ferner eine bestimmte Köcherfliegenlarve, die ein doppelstöckiges Gehäuse baut. Sie verfertigt eine Art Kuppelbau aus Steinen und zieht eine Zwischendecke mit zwei Löchern ein (Abb. 5–3). Im oberen Stockwerk hält sie sich auf, das untere hat Schlitze und wird vom Wasser durchströmt. Gelegentlich kommt die Larve nach unten und weidet den Kieselalgenbelag ab, der sich auf dem Boden des ›Untergeschosses‹ angesiedelt hat.

Einen Schritt weiter gehen manche Wasserschmetterlinge. Ihre Larven bearbeiten stets das Material. Sie schneiden sich aus Schilfblättern ellipsenförmige Stücke aus, kleben sie mit Gespinstfäden zusammen und wohnen darin unter Wasser. Mit regelrechten Zickzackfäden werden die ovalen Hälften gegeneinander gekittet; das Vorderende bleibt frei, und hier kann die Larve herausgucken. Umgeben von einem Gespinst, mit dem sie die inneren Flächen des Köchers ausgekleidet hat, sitzt sie ganz trocken in einer Luftblase.

Eine bestimmte Mückenlarve formt aus Gespinst kleine Tüten, die sie im Wasser an Schilfblätter anklebt. Darin verpuppt sie sich. Aus der

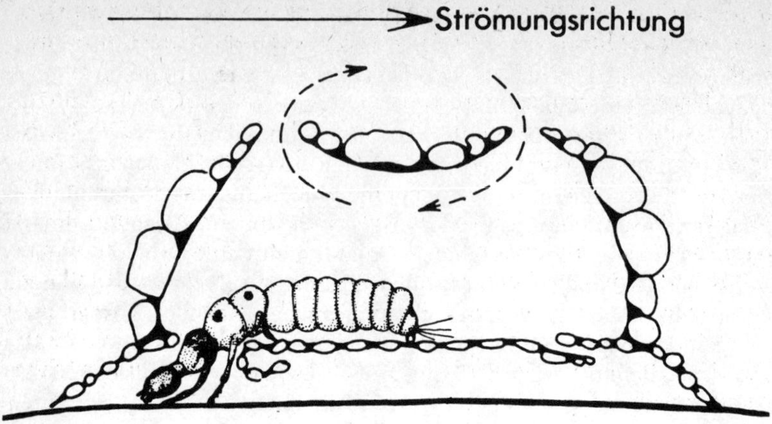

Abb. 5–3 Larve der Köcherfliege Synagapatus ater in ihrem doppelstöckigen Gehäuse

Öffnung hängen die langen Fäden der Kiemenbüschel heraus. Schilf- und Röhrichtblätter, die in seichte Wiesengräben hängen, sind sehr häufig mit diesen Puppengehäusen der Kriebelmücken (Simulium) besetzt.

Wie die Wasserschmetterlinge im feuchten Element, so machen es die Schildkrötenmotten an Land. Sie schneiden sich Scheibchen aus Eichenblättern heraus und hausen in diesem Köcher. Manche Schmetterlingsraupen spinnen sich in einem richtigen Kokon ein, bevor sie sich verpuppen. Das Gehäuse des Seidenspinners ist eines der bekanntesten ›Wickelwerke‹ dieser Art. Es wird aus einem einzigen Faden hergestellt, der bis zu 20 km (jawohl: Kilometer!) lang sein kann. In dieser Seidenwiege ruht die Puppe, und wenn sie schlüpft, beißt sich der Falter ein Loch in die Wand und verläßt sein Gehäuse. Für die Seidengewinnung ist es dann wertlos, weil der lange Faden zerrissen ist und nicht mehr im Ganzen abgehaspelt werden kann. Das macht die Seidenraupenzucht schwierig; man kann nicht warten, bis der Schmetterling schlüpft, sondern muß die Puppen durch Einwerfen der Kokons in heißes Wasser töten. Eier zur Weiterzucht müssen aus Parallelzuchten besorgt werden. Solche Gespinste dienen nicht nur zum Schutz des eigenen Körpers, sondern auch zum Beutefang. Kaum bekannt ist, daß bestimmte Köcherfliegenlarven unter Wasser große Reusen spinnen – wie Fischreusen sehen sie aus –, die mit ihrer Öffnung gegen die

Strömung gerichtet sind. Alle paar Stunden kommt die Larve aus ihrem Schlupfwinkel heraus und weidet alles ab, was da hineingeschwemmt worden ist.

Die bekanntesten Fanggespinste aber bauen die Spinnen. Sie gehören freilich nicht zu den Insekten, sind aber auch Gliedertiere. Die Trichterspinnen bauen dichte, verfilzte Gewebe, die an irgendeinem Ende in eine runde Wohnröhre münden. Dort lauert die Spinne auf Beute. Die Gewebe sind so dicht, daß man viele Grammgewichte darauflegen kann, bevor sie durchreißen. Anders die Radnetzspinnen, zu denen unsere Kreuzspinne gehört. Ihr Netz ist außerordentlich kunstvoll und zweckmäßig gebaut. Bei seiner Anlage geht die Spinne ganz systematisch vor. In bestimmten Abständen hängen Klebetröpfchen am Netz, um die sich in den Morgenstunden silbrig glänzende Tautröpfchen legen: beliebtes Motiv für Amateurfotografen.

Beute machen kann ein Gliedertier aber auch auf der Erde, von einer Wohnröhre oder von einem Trichter aus. Da gibt es die Spinne Cyclosoma. Sie baut im Wald Erdröhren, in denen sie haust. Wenn sie nicht gestört sein will, dann verschließt sie das Loch mit ihrem eigenen Hinterleib wie mit einem Korken! In unseren Breiten ist dieses interessante Tier allerdings nicht heimisch. Dafür lebt hierzulande die Larve des Sandlaufkäfers, die in trockener Ackererde runde, senkrechte Gänge baut und die Mündung ganz genau mit ihrem kreisrunden Kopf verschließt. Wenn eine Ameise vorbeiläuft, schlägt sie nach ihr mit ihren kräftigen Kiefern. Auf Ameisen hat es noch ein anderer Lauerjäger abgesehen, der Ameisenlöwe. So heißt die Larve eines Netzflüglers, die kunstvolle Fangtrichter in lockerem Sandboden baut. Sie geht dabei vor wie ein Bulldozer, wenn dieser eine kreisförmige, trichterartige Vertiefung in die Erde wühlen müßte. Im Kreis herumlaufend, wirft sie mit wippenden Bewegungen die Erde schräg nach außen. Erstaunlicherweise bewegt sie sich dabei rückwärts; ihr Hinterleib ist etwas abgeplattet und keilförmig zugespitzt, so daß er in den Sandboden leicht eindringt. Die Hinterleibsmuskulatur ist sehr kräftig und kann sich blitzartig zusammenziehen; auf diese Weise wirkt der hintere Körperabschnitt wie eine Grab- und Wurfschaufel. Aber auch der leicht abgeplattete Kopf kann als Wurfschaufel in Aktion treten. Wenn der Trichter ausgehoben ist, verbirgt sich die Larve mit geöffneten Kiefern an dessen Spitze, also in der tiefgelegenen Mitte des Bauwerks. Rutscht nun eine Ameise den steilen Trichterhang abwärts und versucht dann die lockeren Sandwände wieder hinaufzukriechen, so rieseln Sandkörner ab und signalisieren dem Lauerjäger, daß sich eine Beute im Trichter gefangen hat. Nun wirft er ihr gezielt mit heftigen Kopfbewegungen Sand nach, und durch die Vehemenz des dadurch ausgelösten kleinen ›Erdrutsches‹ wird die Ameise ins Zentrum des Trichters gewirbelt, wo sie von den kräftigen, hohlen Fangklauen des Ameisenlöwen gepackt und ausgesogen wird. Die hohle Chitinhülle, die der Ameisenlöwe nicht verdauen kann, wirft er mit schlenkernder Kopfbewegung weit über den Rand des Trichters hinaus. Dann setzt er seine Fallgrube wieder instand und wartet auf neue Beute.

Aus diesem Räuber mit den riesigen Saugkiefern entwickelt sich ein wunderschönes, geflügeltes Insekt, die Ameisenjungfer. Mit ihren vier länglichen Flügeln sieht sie fast wie eine Libelle aus – dabei gehört sie zur ganz andersartigen Insektenordnung der Netzflügler.

Wir haben gesehen, wie die Insekten ihre Baumeister-Fähigkeiten zum Selbstschutz und zum Nahrungserwerb einsetzen. Es gibt auch viele Formen, die zur Brutfürsorge richtige kleine Häuser bauen, in denen sich ihre Larven ungestört entwickeln und verpuppen können. Die meisten sogenannten ›solitären Hautflügler‹ gehören dazu: Mauerbienen, Mörtelbienen, Mauerwespen, Pillenwespen und andere. Diese Tiere heißen deshalb ›solitär‹, weil sie einzeln leben. Man kann – besser gesagt: man konnte – allerdings ganze Kolonien finden. In die Lößwände des Kaiserstuhls hatten Sandbienen früher stellenweise Gang neben Gang dicht aufeinander in den weichen Untergrund eingebohrt. So eine Kolonie ist aber noch lange kein Insektenstaat, wie zum Beispiel die Völker der Bienen, Wespen und Hornissen. Ein solcher Staat wird nämlich von einem einzigen befruchteten Weibchen gegründet, und bei manchen Formen zieht dieses Weibchen die erste Generation der Arbeiterinnen selbst heran. Insekten, die derlei tun, nennt man ›staatenbildende‹ oder ›soziale‹ Insekten. Solche hochentwickelten Staatengebilde findet man bei den Hautflüglern, und ihre höchste Vollendung erfahren sie bei der Honigbiene. In Bauweise, Arbeitsteilung, Verhalten, Orientierung und Kommunikation hat der Bienenstaat eine unvergleichliche Spitze erreicht.

Von den primitiven solitären ›Hymenopteren‹, wie die Insektenkundler die Ordnung der Hautflügler bezeichnen, führt über Stufen zunehmender Komplexheit ein eindrucksvoll nachzuzeichnender Weg zu den höchsten Staatengebilden der Ameisen, Wespen und Bienen.

Auffällig bei dieser stammesgeschichtlichen Entwicklung ist ihre Analogie zu Entwicklungsprozessen, wie wir sie aus dem Bereich der Technik kennen. Auf der unteren Entwicklungsstufe herrscht zumeist eine Vielfalt, die noch kaum eine bestimmte Entwicklungsrichtung erkennen läßt. Anfangs wird experimentiert, werden Möglichkeiten erprobt, mal so, mal anders. Nach und nach erst stellen sich bestimmte Ansätze als besonders brauchbar und entwicklungsfähig heraus, bewähren sich angesichts unterschiedlichster Anforderungen – und sie werden nun bevorzugt gegenüber den anderen Möglichkeiten, erfahren künftig Erweiterung, werden komplexer, erreichen höhere Stufen der Organisation. Das, was wir uns als ›fortschrittlicher‹, ›höherentwikkelt‹, ›voll entfaltet‹ zu bezeichnen gewöhnt haben, ist in den meisten Fällen das Komplexere im Hinblick auf Funktionszusammenhänge.

Vergleichen wir Meßgeräte, Schalter und Regler am Armaturenbrett einer heutigen E-Lok mit den entsprechenden Vorrichtungen an der ersten elektrischen Siemens-Lokomotive von 1879 – der Zugewinn funktionaler Elemente am Einzelobjekt zeigt die Entwicklungsrichtung an.

Untersucht man die Entwicklung des Mehrladegewehrs oder des Dampfschiffs: immer wird aus anfänglicher Vielfalt der Ansätze eine kleinere Zahl wirklich entwicklungsfähiger Funktionstypen sich herausheben, und anstelle der Vielfalt der ersten Versuche ist dann die Vielfalt innerhalb des einzelnen fortgeschrittenen Systems getreten. Statt Vielfalt in der Konzeption herrscht nun Vielfalt in der Funktion. Das ist nicht anders im Tierreich. Bei den solitären Hymenopteren finden sich noch Bauformen in höchster Vielfalt: Mauerbienen graben Gänge in harten Sandstein, Sandbienen in weicheres Erdreich (Abb. 5–8), Mörtelbienen bauen verkittete Sandburgen (Abb. 5–10). Die Mohnbiene Osmia gräbt Erdhöhlen, die sie mit Mohnblütenblättern sorgfältig austapeziert. Die Blattschneiderbiene schneidet kreisrunde Blattstücke aus und baut sie als Trennwände in Holzgänge ein. Andere Bienen legen ihre Brutwaben in leeren Schneckenhäusern an (Abb. 5–9), die sie dann mit darüber gebreiteten Kiefernnadeln ›tarnen‹. Auch die Wespen sind tüchtige Baumeister. Die Sandwespe Ammophila trägt für ihre Körpermaße riesige Beutetiere in selbst gegrabene Erdgänge ein. Die Pillenwespe baut kleine Lehmurnen, die steinhart werden. Diese unscheinbar schmutzig-gelben, haselnußgroßen Kügelchen findet man bisweilen an Gräsern und Gebüschblättern angehängt.

Die größten und bekanntesten Baukünstler aber sind die staatenbildenden Insekten, die Ameisen und Termiten, die Hummeln, Wespen, Hornissen und Bienen. Tropische Weberameisen kleben mit gekonnten ›Kreuznähten‹ aus Spinnfäden Blattstück an Blattstück. Da die voll entwickelten Tiere keine Spinndrüsen mehr besitzen, nehmen sie ihre jungen Larven als ›Weberschiffchen‹! Diese Larven besitzen nämlich massige Klebedrüsen, die mit weit ausgreifenden Gängen den ganzen

Körper durchziehen. Sie werden von den voll entwickelten Ameisen in den Oberkiefern gehalten, so wie wir eine Tube Klebstoff in der Hand halten. Wenn die Ameise kleben will, drückt sie ihre Larve mit den Kiefern ein wenig zusammen und tupft sie auf der Unterlage auf. Sofort tritt ein Klebetröpfchen aus, klebt fest und wird durch Wegziehen des lebenden Klebstoffspenders zum Faden ausgezogen.

Blattschneiderameisen legen unterschiedliche Höhlen an, in denen sie Pilze kultivieren, die ihnen als Nahrung dienen: eine Champignon-Zucht im Kleinen! Aber die Höhle ist eine architektonische Primitivform. Hingegen stellen die kunstvollen Papiernester der Wespen und Hornissen, die Wachsbauten der Bienen mit ihren exakten Zellenanordnungen Gipfelleistungen der Insektenarchitektur dar. Sie näher in Augenschein zu nehmen, dürfte interessante Einsichten erbringen.

Die Faltenwespen, auch schon die solitären Gattungen, verarbeiten meistens Holzfasern für ihre Nestbauten. Abgenagte Holzspänchen, die mit Speichelflüssigkeit zu einer Art Papier vermengt werden, sind ausschließlich das Baumaterial der staatenbildenden Wespen. An trokkenem Fichtenholz kann man die Tiere gut beobachten: sie sitzen ganz ruhig und schaben mit ihren kräftigen Kaumandibeln Stückchen für Stückchen der Holzoberfläche ab. Hornissen hingegen bevorzugen trockenes Eichenholz; deshalb sind ihre Bauten meist rötlichbraun gefärbt. Manche Nester, und zwar gerade bei Gattungen, die kleine Staaten bilden, hängen wie ein Glöckchen von einem Zweig herab und öffnen sich nach unten in einige wenige bis mehrere Dutzend Waben, so zum Beispiel das Nest der Feldwespe Polistes gallica. Bei höher entwickelten Formen aber werden die Nester mit Papierhüllen umgeben, meist mit mehreren. Die eingeschlossene Luft dient der Wärmeisolation, die für den Wespenstaat nicht weniger wichtig ist als für eine menschliche Wohngemeinschaft. Außerdem ist die Hülle wasserabweisend und wetterschützend. Die Temperaturregulation ist bei höher entwickelten Wespen und Bienen zu erstaunlicher Effizienz gediehen. Diese Tiere lieben eine hohe Umgebungstemperatur; insbesondere für das rasche Aufziehen der Brut ist sie Bedingung. Hornissen, die man im Laboratorium bei 20° C hielt, heizten das Nest so auf, daß die Temperatur im Nestinneren 32° C betrug, und hielten diese ›Nestwärme‹ über Wochen und Monate konstant, bis in den Herbst hinein, als die Kolonie langsam zu zerfallen begann.

Für die Anordnung der Waben und die statische Abstützung des ganzen Nestes sind unterschiedliche konstruktive Prinzipien wirksam. Mit ganz wenigen Ausnahmen liegen die Wabenflächen der Wespen horizontal (die Waben der Bienen stehen bekanntlich vertikal).

Der häufigste Bautypus ist der Innenskelett-Typ. Hier hängt die oberste Wabe an einem Ast. Von dieser Wabe gehen senkrechte Träger ab, an die ein zweites Stockwerk angehängt ist: die nächste Wabe ist nun schon etwas größer. Nicht weniger als ein Dutzend solcher Waben können wie Stockwerke in einem Hochbau übereinander gehängt werden (Abb. 5–4), jedes größere Hornissen-Nest zeigt diese Konstruktion. Eine mehrschalige Hülle aus papierähnlichem Material dient, wie erwähnt, dem Wetterschutz und der Thermoregulation. Nachdem die Waben etwa im oberen Drittel ihre größte Breite erreicht haben, werden sie nach unten hin wieder kleiner. Ganz unten ist dann die Nestöffnung, und das gesamte Gebilde sieht aus wie eine umgekehrte Birne. Wenn sich der Staat im Laufe des Jahres vergrößert, wächst das Nest mit, und zwar auf ganz raffinierte Weise. Es werden nicht nur neue Waben unten angehängt, sondern die bestehenden auch verbreitert. Dazu wird die Hülle seitlich abgebaut, ein weiterer Ring von

Abb. 5–4 (links) Unterirdisches Nest der einheimischen gemeinen Wespe Vespa vulgaris; Fotogramm. Die mit Abstandssäulen gestützten Waben stoßen nicht an der Hülle an.

Abb. 5–5 (rechts) Baumnest der brasilianischen Papierwespe, Chartergus chartarius. Zeichnung. Die Waben stoßen an der Hülle an.

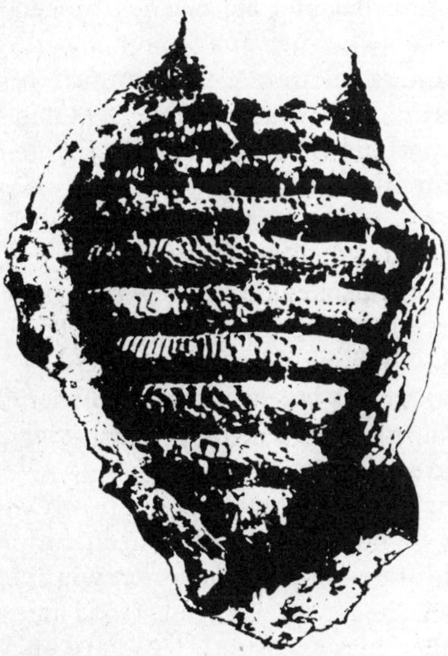

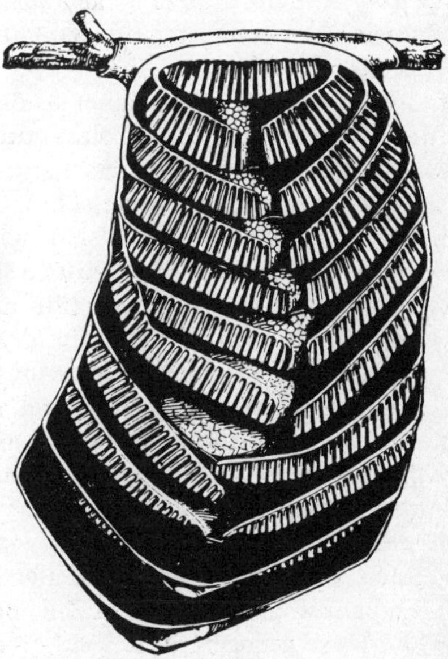

Zellen wird rings um die Waben angesetzt, und eine neue Hülle entsteht in einigem Abstand von den neuen Waben. Zwischen Wabenrand und Hülle ist immer etwas Platz, so daß die Wespen oder Hornissen durchkriechen können; deshalb sind zwischen den Waben keine ›Treppenschächte‹ nötig. Einen ganz anderen Nesttyp findet man indes bei tropischen Wespen. Diese verfertigen kein dünnes Papier wie unsere Arten, sondern dicken Karton. Daraus bauen sie die kräftige Außenhülle, und die Waben-Ebenen schließen innen nun direkt an der Außenhülle an, werden von dieser also statisch gehalten (Abb. 5–5). Es entfallen die Verbindungselemente zwischen den einzelnen Waben – dafür sind aber nun Treppenschächte nötig, die in reichlicher Zahl angelegt werden. Man nennt diesen Konstruktionstyp den ›Außenskelett-Typ‹. Ein solches Nest kann allerdings nicht in die Breite wachsen wie ein Hornissennest; wenn sich der Staat vergrößert, werden neue Waben unten angebaut, und so wächst das Nest nach und nach wurstartig in die Länge.

Die Bienen bauen ihre Nester bekanntlich aus selbstverfertigtem Wachs, das sie in feinen Plättchen aus Hinterleibsdrüsen austreten lassen und mit den Kaukiefern verarbeiten, nachdem sie es mit einem Sekret durchmengt haben. Die Bienen? Man muß gleich einschränken: längst nicht alle. Denn ähnlich den solitären Wespen gibt es solitäre Bienen, die ganz simple Nester aus Sand und Lehm verfertigen. Diese einfachsten Grabnester findet man zum Beispiel bei den Gattungen Halictus und Andrena (Abb. 5–6, 5–8). Sie können aus nur einer Zelle bestehen oder in arttypischer Anordnung mehrere Zellen umfassen. Manche Arten bauen aus Lehm unterirdische Waben, die sie in einem Hohlraum abhängen (Abb. 5–6). Auch ›tünchen‹ sie die Wände, indem sie diese mit einem Speichelsekret durchkneten und auf solche Weise hart und zäh machen: Offensichtlich ein Schutz gegen Einsturzgefahr! Noch wesentlicher aber scheint zu sein, daß die Wände auf diese Weise wasserundurchlässig werden. Ein unterirdisches Bienennest, das naß wird, geht ja unweigerlich zugrunde, weil sich Schimmelpilze ansetzen und die Brut vernichten. Gerade die vitale Wichtigkeit dieses Umstandes hat noch andere Schutzmittel entstehen lassen. Manche Bienen, zum Beispiel Anthophora parietina, formen als Einflug einen wasserhahnähnlichen Vorbau an den senkrechten Lößwänden (Abb. 5–7). Auch peitschender Regen dringt da nicht ein, so wenig wie es uns in die Nase regnet. Andere Bienen bauen in hohlen Stengeln sogenannte ›Linienbauten‹. Hier sind die Zellen hintereinander angeordnet wie die Eisenbahnwaggons in einem Zug; zwischen zwei ›Waggons‹ wird eine Trennwand gezogen (Abb. 5–11, 5–12). Jedes Kompartiment wird mit

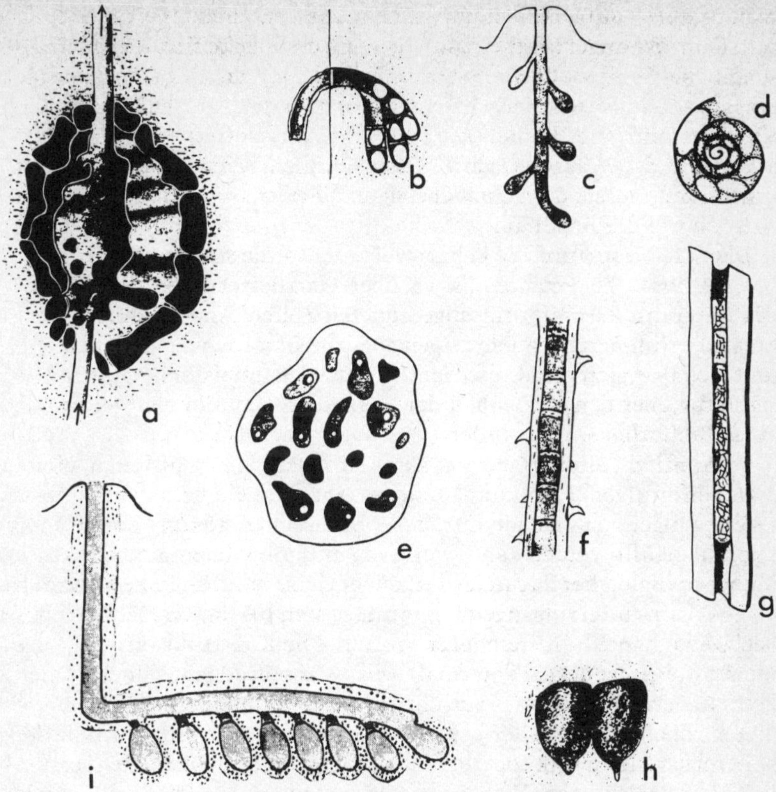

Abb. 5–6 bis 5–14 Nester einheimischer solitärer Bienen

Abb. 5–6 (a) Grabwabe von Halictus quadricinctus in Lehmboden. Unten Eingang, oben Ausgang

Abb. 5–7 (b) Verzweigtes Liniennest mit Vorbau von Anthophora parietina

Abb. 5–8 (c) Verzweigtes Erdnetz von Andrena spec.

Abb. 5–9 (d) Schneckenhaus-Nest von Osmia aurulenta

Abb. 5–10 (e) Mörtelnest der Mauerbiene Chalicodoma muraria, abgehoben, von der Unterseite her gesehen

Abb. 5–11 (f) Liniennest von Ceratina spec. in einem Brombeerstengel

Abb. 5–12 (g) Liniennest der Blattschneider- oder Tapezierbiene Megachile spec. in einem Holunderzweig

Abb. 5–13 (h) Harztöpfchen-Nest von Anthidium strigatum an einem Stein

Abb. 5–14 (i) Erdnest mit Seitzellen von Meliturga clavicornis

Nährmaterial ausgekleidet und mit einem Ei beschickt. Daß Bienen so seltsame Wohngelegenheiten wie leere Schneckenhäuser, Gartenschläuche, Schlüssellöcher, Schilfrohr und ähnliches besiedeln, wurde eingangs schon erwähnt. In früheren Jahren hatte die Eisenbahn großen Kummer mit einer Biene, die ihre Nester gerade in die Verbindungsschläuche der Waggons baute. Offensichtlich behagte dem Tier der Innendurchmesser der Schläuche, denn nachdem man diesen geändert hatte, hörte der Befall auf.

Über die Nester und die Lebensweise der solitären Bienen wäre noch viel Kurioses zu erzählen, etwa über Harznester (Abb. 5–13) oder Erdnester mit kammförmig angeordneten Zellen (Abb. 5–14). Die hier herausgegriffenen Beispiele zeigen aber zur Genüge, wie ›einfallsreich‹ und vielfältig sich gerade die Hautflügler als Baumeister betätigen. Die Literatur über den Wabenbau der Honigbiene könnte die Stellwände eines Bibliotheksraums füllen.

Bekanntlich sind Waben exakt sechseckig und enthalten einen zylinderförmigen Hohlraum, und es gibt eine Reihe scharfsinniger Überlegungen, daß gerade mit dieser Sechseckanordnung eine Fläche optimal gefüllt werden kann, weil eben die größte überhaupt denkbare Menge maßgleicher flächenbedeckender Gebilde auf einer bestimmten Fläche dann unterzubringen ist, wenn es sich bei diesen Gebilden um Sechsecke handelt. Mit anderen Worten: Die Konstruktionsweise der Bienenwaben ist deshalb optimal, weil zwischen den einzelnen Waben kein ungenutzter Raum verschenkt wird. Allerdings könnten die Bienen doch nicht sicher sein, vor einem mit den Hilfsmitteln der höheren Mathematik operierenden Gutachtergremium den ersten Preis für das Projekt ›Wabenbau‹ zu gewinnen. Warum, soll gezeigt werden. Doch ehe der Satz ›Probleme der Flächenfüllung sind projektiv-geometrische Probleme‹ manchen Leser zum hastigen Zuklappen dieses Buches veranlaßt, sei gesagt: so schlimm wird's nicht werden. Schließlich bin ich durch meine Studenten zu einer gewissen Vorsicht in der Anwendung mathematischer Hilfsmittel erzogen. Solange ich ihnen ein Problem ›anschaulich‹ schildere, sind sie friedlich. Zücke ich aber die Kreide, um eine Formel oder Gleichung an die Tafel zu schreiben – und gerade in der Zoophysiologie läßt sich das nicht ganz vermeiden –, sind sie vergrämt. Wenn ich also im folgenden Kapitel einige neuere Forschungsergebnisse über das Wabenwerk der Honigbiene schildere, dann ohne jeden mathematischen Formalismus.

6
Schichtungen, Packungen und das Geheimnis des Sechsecks

Die Füllung einer Fläche mit geometrisch konstanten Gebilden ist eine Serie von Reihungen oder eine ›Schichtung‹; die Füllung einer Raumeinheit durch räumliche Elemente kann man als ›Packung‹ bezeichnen. Offensichtlich bilden die Bienenwaben mit ihrem sechseckigen Umriß Schichtungen oder ›Überdeckungen‹, wie die Mathematiker auch zu sagen belieben. Die innen rund-hohlen Waben grenzen mit sechseckigen Konturen aneinander, und es sieht so aus, als ob auf diese Weise die verfügbare Fläche am besten genutzt werde. Das heißt: Auf der gegebenen Flächeneinheit läßt sich die größte Menge von Zellen unterbringen. So hat man der Honigbiene ein geheimnisvolles ökonomisches Verständnis unterstellt; sie arbeite aus einer gegebenen Wachsmenge die größtmögliche Anzahl von Zellen heraus und ordne diese zudem noch so an, daß sie eine möglichst kleine Fläche bedecken. Ob die Honigbiene nun tatsächlich im Bestreben nach möglichst ökonomischer Ausnutzung ihrer Hilfsmittel handelt, können die Mathematiker nicht entscheiden (die Biologen im übrigen auch nicht), aber sie können Modelle für minimalen Aufwand anbieten, und der Untersucher kann dann sehen, ob die Bienenbauweise einem dieser Modelle entspricht.

Sieht man sich die Zellenanlage einer Bienenwabe genauer an, so wirkt sie tatsächlich verblüffend überlegt und ausgetüftelt. Wie immer die Honigbiene ihre Waben aufbauen mag, ›überlegt‹ oder ›instinktiv‹, das Endergebnis ist im höchsten Grade ökonomisch. Eine beträchtliche Wachsersparnis ergibt sich schon daraus, daß die Zellen so gefügt sind, daß jede Seite des Sechsecks einer Zelle gleichzeitig die Seite eines benachbarten Zellensechsecks bildet (Abb. 6–1). Bei den Hummeln hingegen ist jede Zelle noch ein für sich stehendes, geschlossenes, topfartiges Gebilde mit nicht ausnutzbaren Toträumen zwischen ihr und der Nachbarzelle. Doch nicht nur dadurch, daß die Bienenzelle sich maximal mit sechs Nachbarzellen ihre Wände teilt, wird Material gespart – die Sechseckanordnung an sich ist die bei weitem sparsamste.

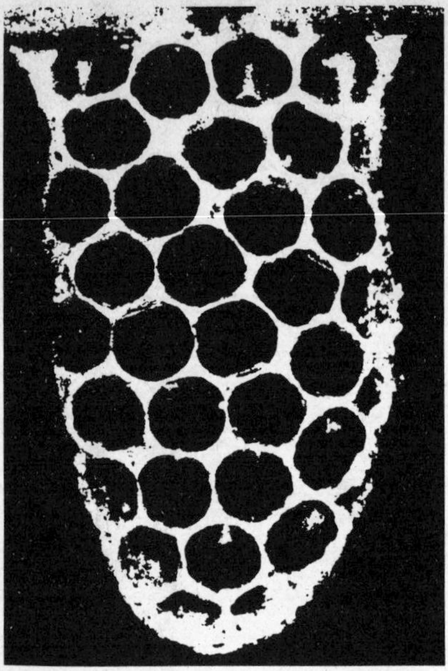

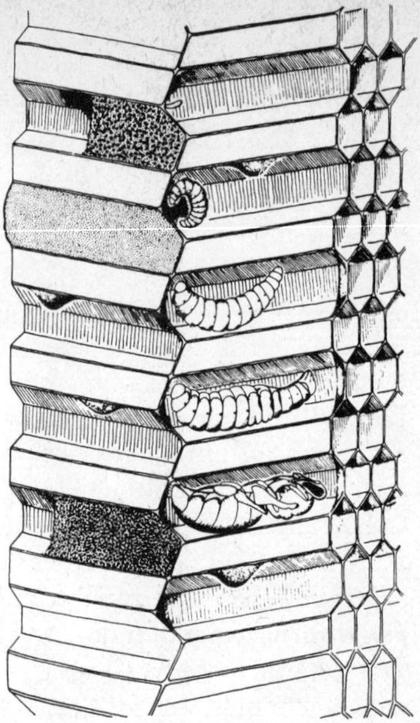

Abb. 6–1 (links) Bienenzellen; Beginn eines Wabenbaues

Abb. 6–2 (rechts) Bienenwabe im Schnitt gesehen, so daß die Doppelwabenschicht erkennbar wird. Links: Waben zum Teil mit Vorräten gefüllt, rechts (von oben nach unten) Ei, drei Larvenstadien und Puppe

Keine andere von Seiten umgrenzte Fläche weist bei gleichem Inhalt einen so geringen Umfang auf wie das Sechseck. Auch Dreiecke, Rhomben, Quadrate ließen sich so aneinanderfügen, daß benachbarte Zellen sich in die begrenzenden Seiten teilten. Niemals aber könnte, bei gleichem Umfang der begrenzenden Seiten, eine dieser geometrischen Formen eine ebenso geräumige Fläche umschließen wie das Sechseck.

Es gibt aber noch eine weitere und zusätzliche Möglichkeit für merkliche Materialeinsparung, nämlich die Anlage von Doppelwaben, in denen die Zellen zweischichtig Boden an Boden zueinander angeordnet sind. Die Honigbienen bauen solche Doppelwaben, in denen die Wabenböden sich berühren, die Wabenöffnungen aber jeweils in die entgegengesetzte Richtung nach außen schauen (Abb. 6–2). Das ist also etwa so, wie wenn man leere Weinflaschen an einer Kellerwand hochstapelt, und zwar mit den Flaschenböden zur Wand. Auf der anderen Kellerwandseite stapelt man ebenfalls in der beschriebenen Weise. Denkt man sich nun die Wand weg, als habe sie nie ein räumliches Dasein geführt, so liegt jetzt Flasche gegen Flasche, und jede berührt mit ihrem Boden den Boden einer anderen Flasche.

Wenn aber bei Bienenwaben Boden an Boden stieße, also ein Doppelboden die Grenze bildete, so wäre das Materialverschwendung. Besser also, daß der Boden jeder Wabe gleichzeitig auch der Boden einer anderen ist. Aus mathematischen Gründen kann mit geringstem Materialaufwand gerechnet werden, wenn der Wabenboden nicht halbkugelig-rund, sondern aus Einzelflächen zusammengesetzt ist, und zwar aus drei rhombischen Flächen (Abb. 6–3). Jede dieser drei rhombischen Flächen stellt eine gemeinsame Wand zwischen einer Zelle der einen Seite und einer Zelle der anderen Seite dar. Wenn das der Fall ist, muß das Zellenmuster der beiden Seiten so gegeneinander versetzt sein, wie es die Abb. 6–4 zeigt. Wer die Bodenfläche der Zelle in Abb. 6–3 noch einmal genau ansieht, der merkt, daß in ihren Eckpunkten entweder drei oder vier Kanten zusammenlaufen. Man spricht von 3kantigen Ecken und 4kantigen Ecken. Bei Doppelwaben stoßen nun solche Eckpunkte der einen und der gegenüberliegenden Wabenlage aneinander, sind identisch. Die Doppelwabe ist nur dann in der Materialformung ideal (erfordert nur dann den geringsten Materialaufwand und ist gleichzeitig geometrisch am regelmäßigsten), wenn folgende ›Konstruktionsbedingungen‹ erfüllt sind: In einem Drittel der Eckpunkte der Zellen müssen sechs Zellen mit ihren 4kantigen Ecken zusammenstoßen, in zwei Dritteln der Eckpunkte hingegen vier Zellen mit ihren 3kantigen Ecken! Das ist in Abb. 6–4 im Schema gezeigt; man muß im Vergleich zur Abb. 6–3 einige Zeit meditieren, bis einem die Raffinesse dieses Systems so langsam aufgeht. Am besten aber besorgt man sich ein Stück Bienenwabe – es kann auch eine künstliche sein; die Industrie hat die Strukturgesetzlichkeit dieser ›Packung‹ erkannt und baut genau nach dem natürlichen Vorbild –, schncidet sie mit der Rasierklinge durch und läßt sich anhand dieses Originals inspirieren.

Die Erkenntnis, die ich hier geschildert habe und die Wolfgang Meretz in einer sehr schönen zusammenfassenden Arbeit vorstellt, reicht lange zurück. Im beginnenden 17. Jahrhundert hat Johannes Kepler, der berühmte Astronom und Mathematiker, diese Schichtung oder Pakkung im Prinzip erkannt. Er hat die Wabenzelle auf einen bestimmten

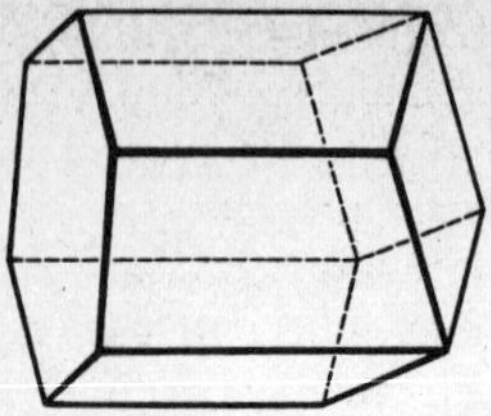

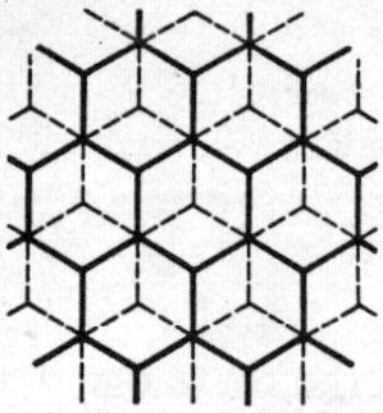

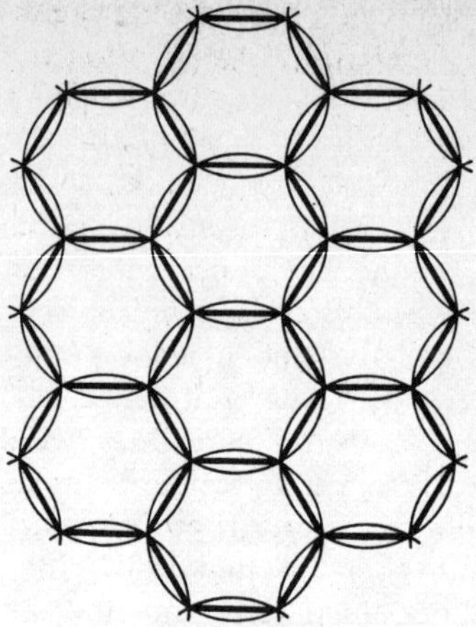

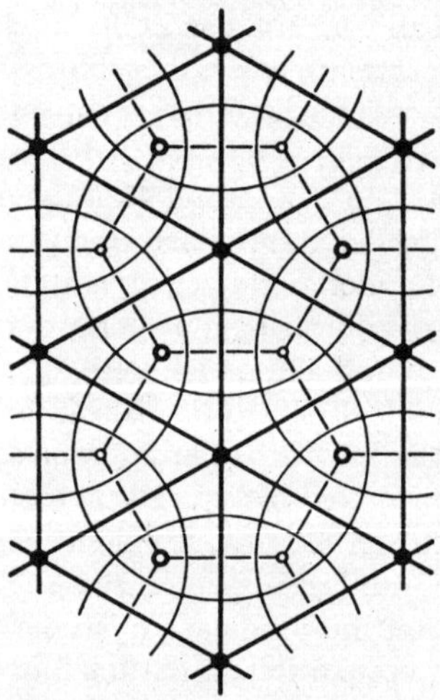

Abb. 6–3 (links oben) Idealisierte Bienenzelle: Hälfte eines Rhombendodekaeders
Abb. 6–4 (Mitte links) Projektionsschema der versetzten Böden einer zweischichtigen Bienenwabe
Abb. 6–5 (rechts oben) Bienenwabenprinzip: Vorstellung einer Kugelüberdeckung nach Johannes Kepler, 1611
Abb. 6–6 (links unten) Bienenwabenprinzip: Vorstellung einer Kugelunterdeckung
Abb. 6–7 (rechts unten) Bienenwabenprinzip: Zweidimensionale Vereinfachung der Lagerung nach Darwin und Miller

Typus eines geometrischen Körpers zurückgeführt auf eine Kristallform, einen ›Rhombendodekaeder‹. Auch die möglichen Schichtungen von solchen Einzelgebilden haben die Mathematiker jener Zeit bereits durchgespielt, und so erkannte Kepler die Doppelwabe der Biene als eines der fünf Fedorowschen Paralleloeder (die freilich erst Ende des 19. Jahrhunderts nach dem russischen Mineralogen so benannt wurden). Damit ist die Problematik im Grunde gelöst; sie ist erklärt.

Es läßt sich an diesem Beispiel sehr hübsch vergegenwärtigen, was ›erklären‹ im naturwissenschaftlich-mathematischen Sinne bedeutet: Es bedeutet im Grunde nichts anderes als die Einordnung eines Phänomens in ein bekanntes System. Die Lehre von den räumlichen Körpern ist nichts weiteres als die Lehre von der Verknüpfung von Flächen zu flächenumgrenzten Körpern. Es gibt nicht beliebig viele Körper, sondern eine begrenzte Anzahl von Typen, die man logisch voneinander ableiten kann und die man schon seit langer Zeit alle kennt.

Wenn nun ein Kristall gefunden wird (oder in unserem Fall ein zellenartiges Gebilde der belebten Welt) und wenn sich zeigen läßt, daß dieses Objekt einer bestimmten Körperkategorie zuzuordnen ist, dann ist mit dieser Einordnung der neue Fund naturwissenschaftlich ›erklärt‹, das heißt, als ein bestimmter Sonderfall eines allgemeineren Systems erkannt – oder, etwas anders ausgedrückt: in die richtige Stelle des Systems ›eingerückt‹. Die Bienenwabe als Rhombendodekaeder ist demnach ein gerades sechsseitiges Prisma, das durch eine Pyramide mit drei kongruenten Rhomben abgeschlossen wird (Abb. 6–3).

Nun ergibt sich jedoch gleich eine Schwierigkeit, die ganz typisch ist für naturwissenschaftliches Vorgehen, gerade im Bereich der Biologie. Sieht man sich die Wabe mit abstrahierenden Augen an, so gewahrt man stereometrische Gesetzmäßigkeiten. Mißt man sie aber in allen Einzelheiten ganz genau aus, so zeigen sich Abweichungen. Beispielsweise gilt die Aussage bezüglich des Minimums an Wachsverbrauch nicht genau, weil die Zellwände nicht gleichmäßig dick sind. Gegen den Rand hin werden sie etwas dicker. Außerdem entsprechen die Winkel zwischen den Kanten der drei abschließenden Rhomben nicht genau der Theorie. Winkelabweichungen von einigen Grad kommen vor. Schließlich sind die Seitenflächen der Waben nicht präzise eben. So hat Vogt im Jahre 1911 in einer Arbeit geschrieben: »Messung und Rechnung lehren: Die Form der Bienenzelle hat nicht die gerühmte Regelmäßigkeit; ihre Sparsamkeit ist ein teleologisches Phantom. Die Geschichte der Bienenzelle in Naturforschung, Geometrie und Philosophie ist die Geschichte eines 200jährigen Irrtums.«

Mit anderen Worten: Rhombendodekaeder und Fedorowsche Parallelоeder als Grundformen der Einzelzelle und der Doppelwabe sind Abstraktionen, die nur mit einer bestimmten Näherung zutreffen. Im Detail gibt es Abweichungen. Man könnte anthropomorph argumentierend meinen: Vielleicht wollte die Honigbiene gar keine Rhombendodekaeder und Fedorowschen Parallelоeder bauen? Vielleicht ergibt sich diese Art der Packung zwangsläufig aus ganz anderen Gesetzlichkeiten?

Hier hilft eine Überlegung weiter, die nun typisch biologisch ist. Nieder organisierte Verwandte der Honigbiene, solitäre Bienen, bauen jene einzeln stehenden oder zu wenigen blockartig aneinander gelehnten Zellen, von denen im letzten Kapitel schon die Rede war. Wenn man sich nun vorstellt, daß die Packung solcher Zellen immer dichter wird, und wenn man sich weiter vorstellt, daß in der Evolution Bienenartige aufgetreten sind, die tatsächlich immer dichtere Packungen gebaut haben, so ließe sich als Endglied dieser Kette unsere heutige Honigbiene ansehen und als Endglied der Packungsdichte das ›Packungsoptimum‹, wie es die Honigbiene erreicht hat. Ein rein zwangsläufiger Prozeß also, könnte man meinen. Und tatsächlich kommen Formen wie die Bienenzelle zwangsläufig zustande, wenn man kugelartige Elemente gegeneinander drückt. Man spricht von Kugelpackungen oder Kugelüberdeckungen.

Kein Kochrezept, sondern die Anleitung zu einer physikalischen Demonstration: Man gebe gekochte Erbsen in einen Kunststoffbeutel und drücke sie allseits zusammen. Die Berührungspunkte werden dann zu Berührungsflächen; die Erbsen platten sich in regelmäßiger Weise ab, und im Extremfall ergeben sie bestimmte vielflächige Körper. Noch eindrucksvoller gerät das Experiment, wenn man Erbsen quellen läßt. Man füllt sie zu etwa drei Vierteln im getrockneten Zustand in ein stabiles, verschließbares Gefäß – etwa in eine Konservendose mit Sprengring –, gibt Wasser darauf und schließt ab. Nach 1–2 Tagen sind die Erbsen maximal gequollen; das Wasser wird abgegossen und die Packung untersucht. Erstaunlich, wie kantig Erbsen sein können! Eine Erbse aus solch einem Experiment hat wohl Andersens Märchenprinzessin durch einen Berg von Polstern störend hindurchgespürt.

Die Überlegung, daß Honigbienen und einige Papierwespen im Prinzip runde Zellen bauen, die nur deshalb eckig ausfallen, weil sie überall an Nachbarzellen grenzen, ist schon sehr früh formuliert worden. Ein orientalischer Philosoph aus dem 10. Jahrhundert schreibt: »Viele Thiere schaffen von Natur schon Werke, dies ist ihnen ohne Unterricht eingegeben, so die Bienen, die sich Häuser beschaffen;

sie bauen Häuser in Stockwerken von runder Gestalt wie Schilde eins über das andere.« Etwas moderner ausgedrückt (Lau [1959]): »Die Zellform wird bedingt durch die Zellanordnung im Gefüge. Zugrunde liegt das Prinzip der optimalen Verzahnung rund angelegter Formgebilde ...«

Das ist eine Erkenntnis, die sich auch für den Verpackungstechniker interessant anhört. Wenn er Flüssigkeit oder gekörnte Substanz in Kunststoffbeutel einschließt, ergeben sich immer schlauchartige Gebilde, die im Querschnitt mehr oder minder rund sind. Ordnet er nun solche Säcke in einem Karton gegeneinander, so schließen sie Hohlräume zwischen sich ein, die vergeudeten Raum darstellen. Berechnen sich die Transportkosten nach dem Volumen der verschickten Kiste, so bedeutet das, daß der Versender dem Spediteur mehr zahlt, als er zahlen müßte, wenn er sich einer ausgeklügelteren Verpackungstechnik bedient hätte.

Meretz, aus dessen vergleichender Arbeit ich hier Details übernehme, betrachtet die Bienenzellen als Kugeldeckung. Verfolgen wir diesen Gedanken einmal etwas weiter. Was eine Kugeldeckung ist, läßt sich leicht klarmachen. Man gieße eine Handvoll Kugellager-Kugeln in ein Marmeladenglas. Solange die Deckung nur einschichtig ist, werden sie sich automatisch so anordnen wie in Abb. 6–6. Die einzelnen Reihen stehen also ›auf Lücke‹. Projiziert man das Ganze parallel auf die Unterlage, so werden aus den Kugeln Kreise. Legt man an den Berührungspunkten Tangenten an die Kreise, so ergänzen sich die Tangentenabschnitte zu regelmäßigen Sechseckfiguren (Abb. 6–6). Die Sechseckwinkel gleichen also ›die Zwickel‹ aus, die bei der Kreispackung freiblieben. Sie nehmen insgesamt keine größere Fläche als die Summe der Kreise ein (wenn man von den randständigen Elementen absieht), nützen die Fläche aber dadurch besser, daß keine toten Winkel entstehen. Räumlich betrachtet, wären Verpackungen aus aneinandergestellten sechseckigen Prismen also besser als solche aus aneinandergestellten einbeschreibbaren Zylindern, weil sie keinen Totraum freilassen.

Nun sei das Experiment weitergeführt und eine neue Kugelschicht aufgeschüttet, so daß die Lagerung oder Packung jetzt zweischichtig ist. Die zweite Schicht wird nun auf Lücke gegen die erste stehen; da wo ›Dellen‹ in der ersten Schicht sind, legen sich die neuen Kugeln ein. Immer mehr Kugeln werden nun aufgeschüttet, bis eine mehrschichtige Lage entsteht. Betrachten wir nun drei aneinandergrenzende, das heißt aufeinanderliegende Schichten, so werden die beiden äußeren durch die Mittelschicht getrennt sein und sich nirgendwo punktförmig berühren. Preßt man nun aber das Ganze zusammen, etwa dadurch, daß man die Schüttung nicht in einem Marmeladenglas, sondern in einem Plastiksack ausführt, der beim Pressen seitlich ausweichen kann, so wird irgendwann ein Optimalzustand erreicht, wo sich die Kugeln in der vielfältigst möglichen Weise berühren. Projiziert man nun wieder zwei Schichten auf eine Ebene, so daß aus den Kugeln Kreisgebilde werden, so ist zu sehen, daß sich die Kreise überlappen (Abb. 6–5). Im Gegensatz zu den sich berührenden Elementen (Abb. 6–6), die man als ›Unterschichtung‹ bezeichnet, läßt sich hier von einer ›Überschichtung‹ sprechen. Nicht die Tangentenabschnitte, sondern die Sekantenabschnitte der Kreise beschreiben da regelmäßige Sechseckmuster.

Stellt man sich nun vor, daß im Laufe der Evolution von den solitären zu den sozialen Hymenopteren, von den einzeln lebenden zu den staatenbildenden Hautflüglern, immer mehr Zellen in immer dichterer Packung aneinander- und übereinandergeschichtet wurden, so gelangt man zwangsläufig zu solch einer Art Kugelüberdeckung. Das System wurde bereits von Darwin und seinen Mitarbeitern in der Mitte des vergangenen Jahrhunderts klar erkannt. Meretz gibt in der Abb. 6–7 eine zweidimensionale Vereinfachung dieser Kugelüberdeckungs-Lagerung. Die Kugelmittelpunkte nehmen ein regelmäßiges Dreiecksmuster ein (dick ausgezeichnet); die Berührungspunkte liegen auf einem einbeschreibbaren, regelmäßigen räumlichen Sechsecksystem (gestrichelt). In Gedanken läßt sich vorstellen, daß sich die Kugelflächen schalenartig durchdringen. Realiter ist das nicht möglich; tatsächlich bauen primitive Bienen eine Mittelfläche, wenn sich zwei etwa kugel- oder tonnenförmige Zellen berühren. Kugelüberdeckungen dieser Art wurden bei tropischen stachellosen Bienen der Gattung Melipona festgestellt. Bei der Honigbiene lassen sie sich nicht so ohne weiteres nachweisen, da sie ja die Zellen nicht rund und einzeln baut und später erst aneinanderdrückt, so wie das mit den Erbsen beim Quellungsversuch geschieht. Immerhin kann man feststellen, daß die ersten Zellen einer Wabe nicht sechseckig angelegt werden, sondern tönnchenartig rund, und daß sich die Sechseck-Konfiguration tatsächlich erst im Laufe des Weiterbaus herauskristallisiert.

So kann heute gesagt werden: Die Wabenkonstruktion der Honigbiene entspricht einer Kugelschüttung, und zwar einer Kugelüberdeckung. Die Sechseckform ergibt sich notwendig dadurch, daß möglichst viele Elemente eines gegebenen Volumens auf einer Wabe untergebracht werden, und zwar so, daß sie sich möglichst nahtlos ineinander verzahnen. Es ist noch nicht geklärt, wie die Biene als Baumeister nun tatsächlich zu solchen regulären Strukturen kommt, wo sie ihre Meßlatte anlegt und wie sie die Richtung hält. Eines aber scheint klar zu sein: die Meßlatten liegen in den Fühlern. Denn während des Bauens wird mit gespreizten Fühlern immer wieder Maß genommen.

Das Sechseck, dieser Idealgrundriß natürlichen Bauens, mit seiner unvergleichlichen Raumausnutzung und seinen erstaunlichen statischen Möglichkeiten, hat nicht nur Naturforscher, sondern auch Architekten und Konstrukteure immer wieder fasziniert. Aber erst vor einigen Jahren ist eine konsequent auf dem Sechseck aufgebaute Hauskonstruktion in Serie gegangen, das sogenannte ›Trelement‹-Haus, das in Deutschland Neckermann möglich macht. Sechsstrahlige Aluminiumstreben bilden die Pfeiler; von ihnen gehen strahlenartig Verbindungselemente an der Decke aus, die zum nächsten Pfeiler oder einem toten Knotenpunkt laufen. Insgesamt ist das sechseckige Grundraster so in Dreieckselemente aufgelöst; daher hat dieser Systembau wohl auch seinen Namen ›Trelement‹ bekommen.

Der konstruktive Witz dieser Baugestaltung ist nun der, daß man einen sechseckigen Grundriß in lauter kleine Dreiecke parzellieren kann, die umgekehrt wieder zu Sechsecken zusammenzusetzen sind. Das zeigt das Schema 6–8 recht deutlich. Hier hat das äußere Sechseck, der eigentliche Grundriß, eine Gesamtfläche von 127 m^2. Die dreieckigen Einzelelemente, in denen in diesem Fall eine aus zwei Kunststoff-Formstücken zusammengeschweißte integrierte Wasch-Dusch-Toiletteneinheit eingebaut ist, umfassen jeweils 2,30 m^2. Sechs solcher Dreiecke bilden zusammengesetzt ein 12,72 m^2 großes, wiederum sechseckiges Zimmer. (Flächenabweichungen ergeben sich durch die verschiedenen Wanddicken.) Fügt man an das kleine Sechseck ein Dreieck an, so entsteht außen eine Wandflucht in einer Linie. Auf diese Möglichkeit kann zurückgreifen, wer nicht nur in Sechsecken zu wohnen wünscht. Abstellräume, begehbare Schränke, Dusch-Toiletten-Einheiten lassen sich in diesen kleinen, angehängten Dreiecken raumnützend unterbringen. Die Abb. 6–8 zeigt dafür einige Beispiele.

Keineswegs muß der Gesamtgrundriß geschlossen-sechseckig sein; er kann auch den Teil eines Sechsecks ausmachen und so zum Beispiel zu einer nahezu U-förmigen Variante führen (Abb. 6–9). Hier liegt ein großer Wohnraum zentral, und die kleineren Räume liegen peripher. Wieder sind die kleinen, dreieckigen Zwickel ausgenutzt für Duschzellen und Vorratsraum. Ferner ergibt sich ein kleines Bad zwischen Eltern- und Kinderschlafzimmer oder ein Vorratsraum. Zwei solcher dreieckiger Rasterelemente zusammengelegt, schaffen hinreichend Raum für die Kellertreppe. Drei bilden den Windfang, drei weitere, die

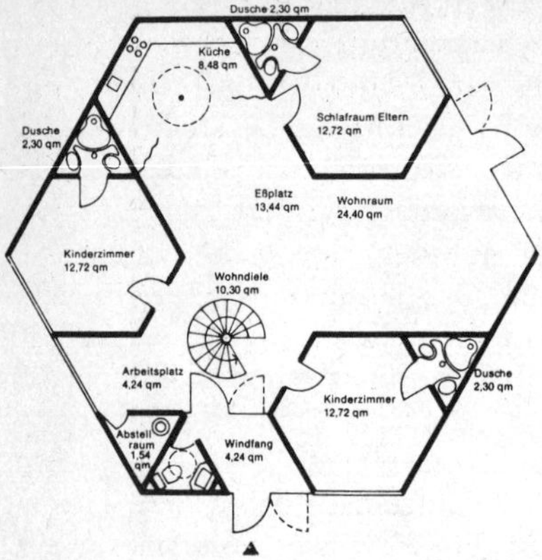

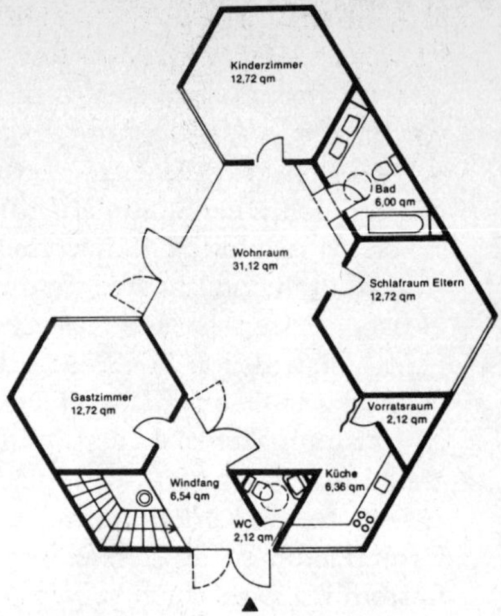

Abb. 6–8 (links) Geschlossenes 6-Eck-Haus ›Trelement‹; bebaute Fläche 127 m²

Abb. 6–9 (rechts) Unsymmetrisch U-förmiges, geöffnetes 6-Eck-Haus ›Trelement‹; bebaute Fläche 127 m²

sich nach außen öffnen, das Bad. Faltbare Wände, die sich zwischen zentralen Streben und Wandkanten einziehen lassen, erlauben eine höchst variable Raumaufteilung im kleinen. All diese Möglichkeiten basieren auf einem aus sechs Dreieckselementen zusammengesetzten kleinen Sechseck von knapp 13 m^2 Grundfläche, und es läßt sich alles damit bauen, was sich in ein solches Sechseckraster fügt. Auch größere Häuser, versetzt aneinandergebaut, sind möglich, und diese Bauweise, von den Bienen ja gleichfalls geübt, führt zu pavillonartig aufgelockerten Hausfluchten bei der Reihen- oder Teppichbebauung. Sogar ein sechseckiges Atrium läßt sich in das Haus intergrieren, wenn die Grundrisse versetzt gegeneinander geführt werden.

Auch verpackungstechnisch hat das Sechseck außerordentliche Vorteile. Man hat zeitweilig mit sechseckigen Flüssigkeitsbehältern experimentiert, die sich ohne Toträume zusammenstellen lassen. Tatsächlich raffiniert ist allerdings eine Verpackungstechnik, die vor einigen Jahren den Siegeszug durch die Welt angetreten hat. Sie bedient sich sechseckiger Behälter aus Karton, aber der Trick liegt weniger darin, daß man diese großen Behälter nahtlos aneinanderschieben kann, als in der Raumausnutzung des Inneren. In einem solchen großen Behälter lassen sich viele kleine Behälter nahtlos stapeln, die nun nicht sechseckig zu sein brauchen, sondern eine ganz andere Form haben – die des Tetraeders. Das sind die von phantasievollen Scherzbolden als ›Picasso-Euter‹ bezeichneten allbekannten Behälter für Milch oder Fruchtsaft. Ein solcher Tetraeder besteht, wie der Name sagt, aus vier begrenzenden Dreiecksflächen. Für die Verpackungstechnik ist nun gerade diese Form aus zwei Gründen überaus praktisch: Zum einen formt sie sich von selbst, wenn man einen runden Schlauch von Verpackungsmaterial in regelmäßigen Abständen einmal senkrecht, einmal waagrecht zusammendrückt, verschweißt und durchschneidet. Wer eine ›Milchtüte‹ dieser Art näher in Augenschein nimmt, wird die Schweißkanten sehen, die, längs der Mittellinie betrachtet, rechte Winkel zueinander bilden. Es entsteht eine Beutelfigur, die sich aus vier gleichgroßen, gleichseitigen Dreiecken zusammensetzt. Diese Tetraeder-Elemente sind in einem sechseckigen Pappbehälter ohne Raumverlust stapelbar, so wie manche Samen in Früchten. Beim Einkaufen ergibt sich vielleicht Gelegenheit, diese raffinierte Methode zu beobachten, wenn ein größerer Behälter zur Entnahme der kleinen Verpackungselemente offen dasteht. Die Oberfläche ist zwar nie eben, aber das macht im Prinzip nichts; die Packung ist absolut fugenlos. Auf diesen beiden sinnreichen Kunstgriffen, der fabrikatorisch simplen Herstellung eines Verpackungselements und der fugenfreien Lagerung solcher Elemente zu größeren Komplexen hat sich in wenigen Jahren eine weltweit florierende Industrie aufgebaut. Ich weiß nicht, ob die Erfinder die Lagerung der Samen in Früchten studiert haben oder ob sie von rein abstrakt-geometrischen Vorstellungsbildern ausgegangen sind. Ähnliche ›Verpackungs-Formen‹ beziehungsweise Reihungen und Schichtungen gibt es jedenfalls im Bereich der Botanik in großer Vielfalt.

Drei Beispiele mögen genügen. Jeder kennt die Sonnenblume Helianthus annuus. Die Sonnenblumenkerne sehen im Prinzip keilförmig aus, sind an den Ecken abgeschrägt und tragen unregelmäßig erscheinende Versteifungsleisten. So unregelmäßig das einzelne Korn aussieht – im Verband lagern sich die Einzelelemente zu einem wunderbar regelmäßigen Ganzen, scheinbar in sich überkreuzenden Spiralen (Abb. 6–10). Anagallis arvensis heißt ein Primelgewächs, das im Volksmund als ›Ackergauchheil‹ bekannt ist. Seine radförmigen, roten oder blauen Blüten auf niederliegenden Stengeln findet man nahezu auf jedem Acker oder Schuttplatz. Die Samen ordnen sich im Inneren einer kugelförmigen Hüllschicht an. Bei der Reife springt der obere Teil der

Kugel, eine Halbkugel also, ab. Da dieser Teil fast aussieht wie ein Deckel auf einer Kapsel, spricht man hier auch von einer ›Deckelkapselfrucht‹. Zutage tritt die halbkugelige Auskleidung durch die Samen (Abb. 6–11). Fast möchte man glauben, ein Insektenauge in starker Vergrößerung zu sehen: es sind dies die keilförmigen Elemente, die

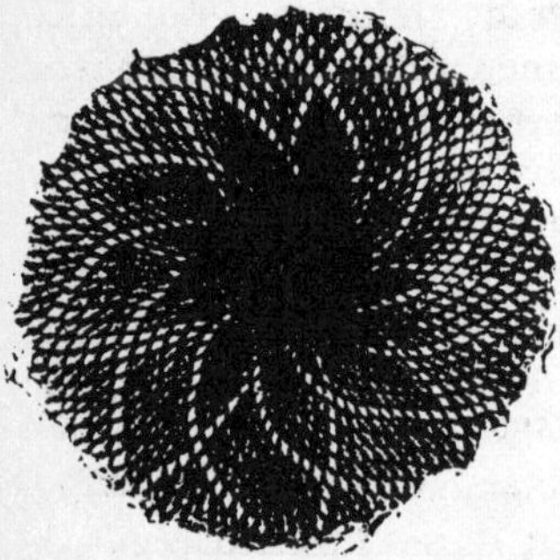

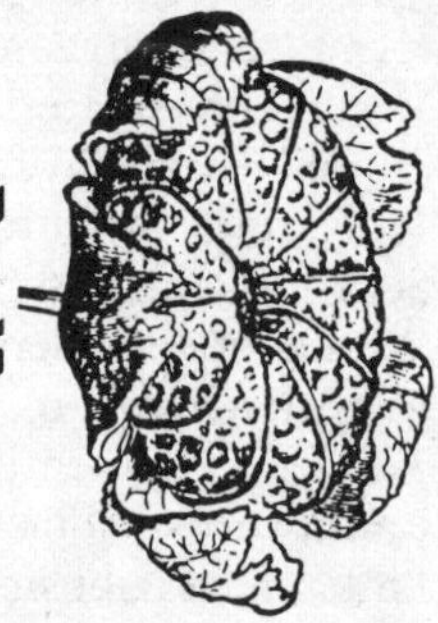

Abb. 6–10 (oben links) Fruchtstand der Sonnenblume Helianthus annuus. Die nähere Auszählung zeigt 55 linksläufige und 89 rechtsläufige sogenannte ›Parastichen‹

Abb. 6–11 (oben Mitte) Deckelkapsel-Frucht des Ackergauchheils Anagallis arvensis mit Samenauskleidung

Abb. 6–12 (oben rechts) Spaltfrucht der Malve Malva sylvestris

Abb. 6–13 (unten) Raumpackung von 14edern

nach außen in regelmäßigen Sechsecken enden. Bienenwabe, Insektenauge, Ackergauchheil: Das Sechseck tritt überall da in Erscheinung, wo zylinder- oder tütenförmige Elemente in dichtester Packung gelagert sind und sich gegenseitig abplatten. Analoge Verhältnisse können ähnliche Formen bewirken.

Die Malven (um nicht dauernd von Sechsecken zu reden) produzieren sogenannte Spaltfrüchte. Sie sind angeordnet zu kleinen, grünlichen Ringen, die aussehen wie ein Gugelhupf und bei Berührung in einer Reihe von Einzelsegmenten – die Spaltfrüchte – zerfallen (Abb. 6–12). Hier gibt es also zur Abwechslung kein Sechseck oder sechseckiges Prisma, sondern ein System von Elementen, die sich fugenlos zu einem Kreisring schließen. Allerdings finden im Bereich der Früchte und Samen auch tetraederartige Packungen ihre Entsprechung, wenngleich die Einzelelemente im streng geometrischen Sinne keine Tetraeder sind. Beispielsweise liegen die einseitig zugespitzten Samen des Vergißmeinnicht ähnlich in ihrer Kapsel wie die Milchtüten in ihrer Verpackung. Die Früchte der zweijährigen Nachtkerze Oenothera biennis sind eckig und unregelmäßig kantig: auch sie haben sich unter optimaler Raumausnützung in einer gemeinsamen Hülle einander angelegt und wurden dabei gegenseitig abgeplattet.

Nicht nur die Früchte und Samen der Pflanzen sind bisweilen nach dem Prinzip dichtester Packung angeordnet, sondern auch wachsende Pflanzenzellen in saftigem Gewebe, im sogenannten Parenchym. (Der Name ›Pflanzenzellen‹ geht übrigens auf den englischen Physiker Robert Hooke zurück, der sie erstmals um das Jahr 1665 bei mikroskopischer Betrachtung des Flaschenkorks gefunden hatte und sofort die Ähnlichkeit dieser feinen Gebilde mit den Zellen in den Bienenwaben bemerkte.) Auch hier beeinflussen sich die zahlreichen Zellen im Verband sehr drastisch, indem sie sich gegenseitig Raumkonkurrenz machen und dadurch abplatten. Einzelzellen ohne Stützelemente sind immer kugelig. Eine Kugelpackung solcher Zellen, die in Raumkonkurrenz zueinander stehen, wird aber zu einer Packung von vielflächig begrenzten geometrischen Körpern. Lange Zeit war strittig, welche Körper das nun wirklich seien. Nicht der Rhombendodekaeder, dessen eine Hälfte die Bienenzelle darstellt (Abb. 6–3), ist hier verwirklicht, sondern ein Gebilde, das man als einen verstümmelten Oktaeder bezeichnen kann – einen der sogenannten ›Archimedischen Körper‹. Paradebeispiele der Regelmäßigkeit liefert diese Zellenanordnung nicht, aber Auszählungen an mikroskopischen Schnitten und Modellversuche mit unter hohem Druck abgeplatteten Schichtungen aus Schrotkörnern haben gezeigt, daß ein vierzehnflächiger Körper vorherrscht. Nach dem griechischen Wort für vierzehn bezeichnet man ihn auch als ›Tetrakeidekaeder‹. Das Modell einer Raumpackung von solchen Vierzehnflächnern zeigt die Abbildung 6–13.

Nochmals sei jetzt zurückgekommen auf die alte Frage, wie die Bienen es wohl fertigbringen, ihre Waben in so außerordentlich regelmäßigen Sechseck-Strukturen zu bauen. Diese spezielle Frage ist im Grunde genommen nur Teil eines ganzen Fragenkomplexes, denn die Bienenwaben zeichnen sich ja nicht allein dadurch aus, daß ihre Elemente schön sechseckig sind. Sie sind außerdem noch genau relativ zur Erdschwere orientiert, hängen also senkrecht. Ferner sind die Einzelzellen unter 13° zur Horizontalen geneigt. Die Spitze eines Sechsecks muß stets genau nach oben gerichtet sein. Die Zellen sind regelmäßig sechseckig. Die Seitenlänge, besser gesagt Kantenlänge, beträgt 3 mm, der Abstand einer Wand zur gegenüberliegenden im geringsten Fall 5,2 mm, im höchsten Fall 5,7 mm. Wer sehr viele Bienenzellen auszählt, findet diese beiden Werte als Extreme; im allgemeinen allerdings ist die Varianz in den Abständen viel kleiner. Im höchsten Fall 0,5 mm Abweichung – das bedeutet im Verhältnis zur rund 5 mm dicken Wabe eine *Höchst*abweichung von 10%, wobei die *durchschnittliche Abweichung* bloß im Bereich weniger Prozente liegt.

Verblüffend ist vor allem die Tatsache, daß die Dicke der Zellwand peinlich genau eingehalten wird. Aus vielen Versuchen ergab sich eine mittlere Zellwanddicke von etwa 73tausendstel Millimeter. Der ›mittlere Fehler‹ dieses Mittelwerts (ein statistisches Maß für die Gleichförmigkeit beziehungsweise Ungleichförmigkeit solcher Vielfachmessungen) betrug dabei nur rund 1,6tausendstel Millimeter. Die genaue statistische Bedeutung dieses berühmten ›mittleren Fehlers‹ des Mittelwerts soll hier nicht diskutiert werden: es genügt festzuhalten, daß er ein Maß für die ›durchschnittliche‹ Abweichung darstellt. Im Durchschnitt schwankt die Dicke der Wand einer Bienenzelle also nur um rund 2% – eine ganz phänomenale Leistung. Wie schafft die Biene das? Wo sitzen die Meßgeräte für eine solche Präzisionsarbeit?

Der bekannte Bienenforscher Martin Lindauer, ein Schüler des ›Bienenvaters‹ Karl von Frisch, ist zusammen mit seinem Schüler H. Martin dieser Frage nachgegangen. Teils hatte ihre Arbeit Erfolg, teils keinen. Nicht klären konnten sie das ehrwürdige Problem, wie die Biene das regelmäßige Sechseck einhält und wie sie es fertigbringt, daß der Durchmesser der Waben so schön konstant bleibt. Einer Lösung nähergebracht haben sie dagegen die Frage, wie die Biene die Wanddicke der Wabe so phänomenal genau einhält. Wie schon gesagt: Die

Antennen spielen hier die Hauptrolle, sie sind die ›Schublehren‹, mit denen die Biene die Wanddicke abmißt. Aber nach dem Prinzip einer Schublehre können die Antennen strenggenommen nicht arbeiten. Eine Biene baut die Zelle immer von einer Seite aus, und nur von dieser Seite. Sie setzt sich nicht an die Kante und tastet die Wanddicke dadurch ab, daß sie eine Antenne in eine linke, die andere in die benachbarte rechte Wabe steckt und eine Wand auf diese Weise ›in die Zange‹ nimmt.

Lindauer und Martin haben nun folgendes wahrscheinlich gemacht: Wenn die kräftigen Kiefer eine Seitenplatte des Wachs-Sechsecks kneten und anfertigen, drücken sie die feine Wand häufig ein wenig durch. Heben sich dann die Kiefer ab, so schwingt die Wand zurück in die Ausgangslage. Die Bewegungen sind ganz fein, die Schwingungsweiten betragen nur einige wenige tausendstel Millimeter. Aber sie sind nachweisbar. Allerdings schwingt die Wand nicht hin und her, bis sie sich beruhigt hat, so wie eine Stricknadel, die man einseitig anzupft. Ganz im Gegenteil: Sie ist so raffiniert konstruiert, daß sie das einhält, was der Schwingungsdynamiker als den ›aperiodischen Grenzfall‹ bezeichnet: Stößt man sie an – und das tut die Biene dauernd mit ihren Kaukiefern –, so schwingt sie nach dem Aufhören der Belastung relativ langsam in die Ruhelage zurück, aber sie schwingt nicht über. Ihre Schwingung ist in optimaler Weise gedämpft. Und das ist bei dem Wachsmaterial, das die Biene ja bekanntlich selbst produziert, nur dann der Fall, wenn es mit einem Drüsensekret kräftig durchgekaut wird – das besorgen die Kaukiefer, die Mandibeln – und außerdem bei einer bestimmten Temperatur verarbeitet wird. Auch diese Temperatur – die Stocktemperatur – halten die Bienen peinlich genau ein. Somit sind die Schwingungseigenschaften des Wachsmaterials konstant, und folglich ist eine wichtige Voraussetzung für die Dickenmessung erfüllt: Wenn die Kaukiefer abheben, tasten flugs die Spitzen der Antennen die kleine, hauchzarte Delle ab und messen, wie sie langsam verschwindet, wie die Ausbeulung zurückgeht (Abb. 6–14). Da dieses Zurückgehen wegen der konstanten Materialeigenschaften gesetzmäßig erfolgt, ist der Zeitverlauf des Zurückschwingens im wesentlichen nur eine Funktion der Dicke der Wachswand. Aus den Rückschwingvorgängen könnten die Bienen also die Wanddicke ›berechnen‹!

Offensichtlich tun sie das wirklich, denn werden ihnen die Antennenspitzen abgeschnitten, so erreicht die Präzision des Wabenbaus schlagartig ein Ende. Die Bienen können zwar immer noch bauen, aber sie konstruieren unregelmäßige, relativ dicke, oft auch durchlöcherte Wabenwände (Abb. 6–15).

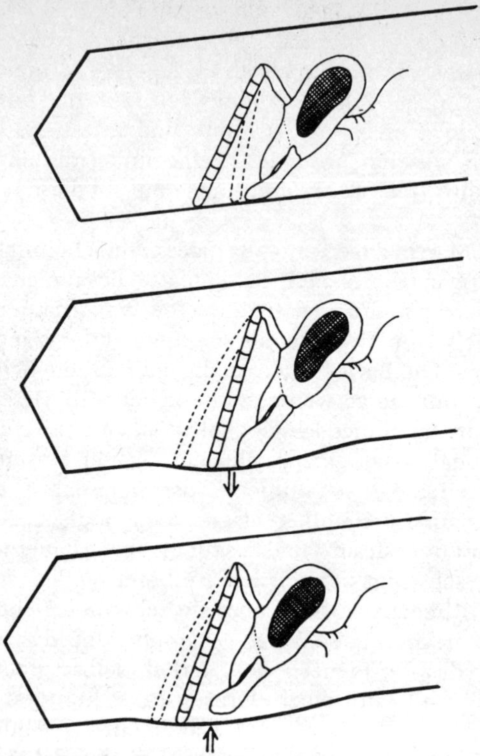

Abb. 6–14 Drei Schemaskizzen zur Verdeutlichung der Wandeindellung sowie der Mandibel- und Antennenbewegung beim Wabenbau der Honigbiene

Die nähere Betrachtung der Antennenspitze läßt eine auffällige Haarverteilung sichtbar werden. Unter den zahlreichen gebogenen Borsten fallen drei Gruppen auf (sie sind in der Abb. 6–16 schwarz skizziert). Jede Gruppe besteht aus einer zentralen, kräftigen, spitzen, geraden Borste und einem Kranz feinerer Borsten, die sie kreisförmig umgeben und sich alle gegen die zentrale Borste neigen. Es könnte nun sein, daß die drei zentralen Borsten die Wachswand ganz fein anstechen und sich dadurch in ihr verankern. Wenn die Delle zurückschwingt, werden die kreisförmig angeordneten, gebogenen Borsten in gesetzmäßiger Weise abgelenkt. Aus dieser Ablenkung könnte nun die Wanddicke ›errechnet‹ werden, wenn – und das ist die Voraussetzung – diese

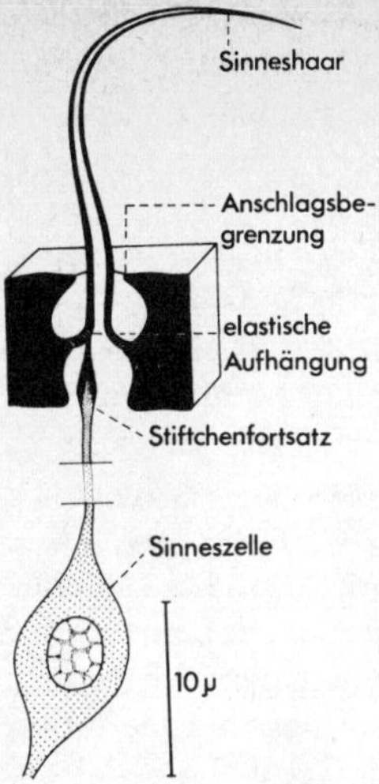

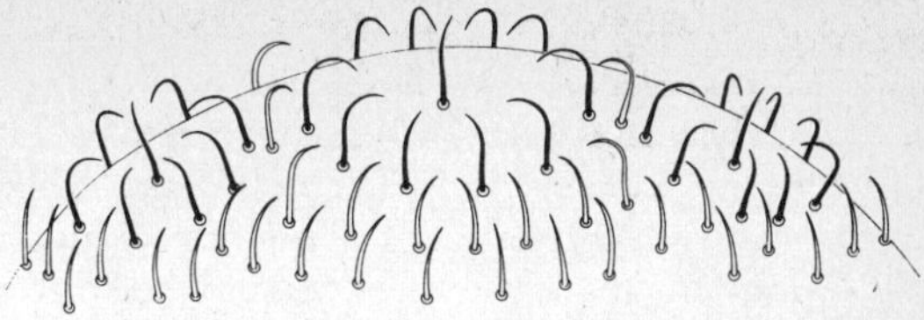

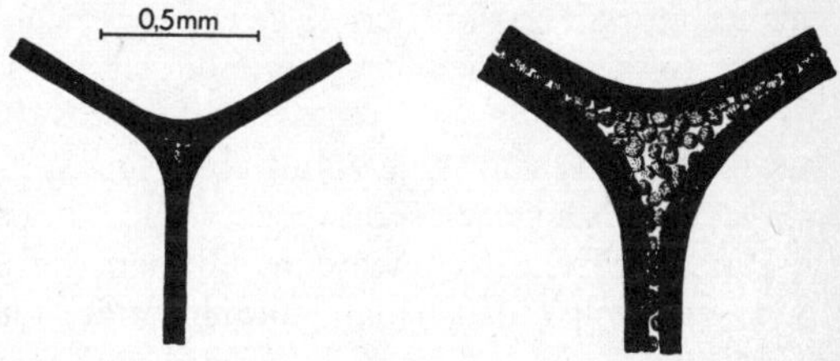

Abb. 6–15 (rechts unten) Zellecken: links von Normalbienen, rechts von antennenoperierten Bienen konstruiert

Abb. 6–16 (rechts oben) Antennenspitze einer Arbeitsbiene mit Borstengruppen (schwarz gezeichnet), die für die Messung der Waben-Wanddicke wesentlich sind.

Abb. 6–17 (links) Einzelne hakenartige Sinnesborste von der Antennenspitze der Biene im histologischen Schemabild. Die rund 15tausendstel Millimeter lange Sinneszelle ist mit ihrem sensiblen ›Stiftchenfortsatz‹ in der elastischen Aufhängerregion des Sinneshaars verankert.

Borsten tatsächlich mechanische Sinnesorgane sind. Untersucht man die Borstenregion im Lichtmikroskop oder auch mit dem Elektronenmikroskop, so findet man, daß dies tatsächlich der Fall ist (Abb. 6–17). Die Borste schwingt um die basale Anheftungsstelle, und hier schließt eine Sinneszelle mit ihrem sogenannten Sinnesstift an. Wenn die Borste abgebogen wird, verspannt sich diese ausschließende Region, und das hat eine elektrische Erregung an bestimmten Teilen der Sinneszelle zur Folge.

Fragen dieser Art werden in Kapitel VI, 15 noch genauer zu verfolgen sein, wenn die Bionik von Sensoren zur Diskussion steht. Alle Voraussetzungen wären hier also vorhanden für die höchst seltsame Art, die

Dicke einer Wand durch die Messung der Rückschwingvorgänge nach einem Stoß auf eben diese Wand zu bestimmen! Die Ausfallserscheinungen im Bauverhalten der Biene, die auftreten, sobald die Antennenspitzen abgeschnitten oder verätzt werden, sind ein nicht geringzuachtender Hinweis auf die Richtigkeit dieser Theorie.

Die bauende Biene kann nicht nur Wanddicken messen, sondern vieles andere mehr; sie besitzt zum Beispiel auch Sensoren auf der Antennenspitze, mit denen sie feststellen kann, wann eine Wachswand peinlich glatt gehobelt ist. Bienenzellen sind tatsächlich spiegelglatt poliert. So erstaunlich dieses Wunderwerk an Regelmäßigkeit ist – für mein Gefühl noch faszinierender ist das Werkzeug, das Meßgerät, mit dem die Biene arbeitet, wenn sie ihre Bauten konstruiert. Die Antennen, dieses außergewöhnliche Vielzweckorgan, sind ein solches Werkzeug, das ist erwiesen. Aber sie sind nicht das einzige. Selbst wenn sie ganz abgeschnitten werden, können die Bienen nämlich immer noch Sechseckwaben bauen, und auch der Durchmesser ändert sich nicht stark – nur die Wanddicke wird nicht mehr richtig eingehalten, und mit der Spiegelglätte der Innenseite ist es vorbei. Wo also sitzen die Zusatzsensoren, die demnach für den Wabenbau noch nötig sind? Man weiß es nicht. So leicht gibt die Natur ihre Geheimnisse nicht preis.

Martin Lindauer und seine Schüler sind indes ein beharrliches Team. Viele verblüffende Einsichten in die Sinnesleistungen der Honigbiene sind ihnen zu danken.

7 Architekturen aus Kieselsäure und Knochenbälkchen: Schalenbauten und Stabfachwerke im mikroskopischen und makroskopischen Bereich

»Ein Geschenk des Physikers an den Biologen« hat W. Rollwagen, einer meiner Münchener akademischen Lehrer im Fach Physik, das Elektronenmikroskop genannt. Nun, dieses Geschenk ist in vielen Sparten der Naturwissenschaft wichtig geworden, aber zweifellos ist seine Anwendung in der Biologie und in der Medizin die bedeutsamste. Kaum läßt sich aufzählen, wie viele Erkenntnisse wir dieser ›elektromagnetischen Sonde‹ in die Bereiche submikroskopischer Winzigkeit verdanken. Nur die wesentlicheren Ergebnisse, zu einer Liste aneinandergereiht, ergäben bereits ein dickes Buch. Doch ein Kapitel aus diesem imaginären Riesenwerk sei hier herausgegriffen: ein Kapitel über den Schalenbau der Kieselalgen und Strahlentierchen, der Diatomeen und Radiolarien, wie die Spezialisten diese beiden Gruppen von Mikroorganismen bezeichnen.

Die Schalen der meisten dieser winzigen, ½ bis 1/50 Millimeter großen Tierchen und Pflanzen gehören nicht nur zu den graziösesten Formen, die die Natur hervorgebracht hat – sie sind gleichzeitig ein wahres Wunder an biostatischer Raffinesse. Ihre elektronenmikroskopische Erforschung trieb J.-G. Helmcke voran, der langjährige Leiter des Instituts für Biologie und Anthropologie an der Technischen Universität Berlin. Schon frühzeitig erkannte er, wie sehr die dreidimensionale Sichtbarmachung dieser architektonischen Strukturen die Erfassung der Raumverhältnisse um exakte Details bereichert. Nach seinen Angaben entwarf und konstruierte der Mechanikermeister Erich Tillmanns den ›Ehmigraphen‹, ein großes Gerät zur exakten photogrammetrischen Ausmessung von elektronenmikroskopischen Stereoaufnahmen. Unterstützt von seinem Präparator Richard Rau, hat Helmcke eine Form nach der anderen photographisch aufgenommen und dann ihren Feinbau zusammen mit seinem begabten wissenschaftlichen Zeichner Kurt Bogen vermessen und dargestellt. Die erste Aufnahme wurde am 13. 7. 1950 gemacht, ausgewertet lag sie am 12. 10. 1950 vor. Objekt der Bemühungen war eine Kieselalge, eine Diatomee der Art Cocconeis placentula. Die Auswertung aller Aufnahmen hielt die Forscher Jahrzehnte in Atem, und ein kostbarer, bereits zehnbändiger Diatomeen-Atlas bietet nun dem Betrachter eine Art Musterbuch der Natur.

Wer schon ein wenig mikroskopiert hat, wird ganz sicher auch schon eine sogenannte Diatomeen-Testplatte mit gebotener Vorsicht aufgelegt haben. Das sind Präparate für das Lichtmikroskop, in denen eine Reihe von chemisch gereinigten Kieselskeletten der Diatomeen sorgfältig eingeschlossen sind. Mit feinen Wimperhaaren sind diese hauchzarten Gebilde nebeneinander justiert wie Zinnsoldaten – eine tüftelige Arbeit für feine Frauenhände. Meistens sind diese Kieselalgen-Schalen in der Reihenfolge ihrer zunehmend feineren Struktur angeordnet. Sie dienen zur Güteprüfung von Mikroskopobjekten. Die Wände dieser Schalen sind nämlich von allerfeinsten Öffnungen durchbrochen, die stets ein auffallend regelmäßiges Muster erkennen lassen. Feinere Muster können nur die besten lichtmikroskopischen Objektive auflösen, und auch dann nur unter günstigsten Beleuchtungsbedingungen. So hat der Mikroskopiker also ein Mittel in der Hand, die Güte seiner Ausrüstung zu prüfen. Sehr viel mehr als ein zartes Linienmuster oder Raster sieht der Forscher aber auch mit den besten Lichtmikroskopen nicht. Erst das Elektronenmikroskop zeigt den feinsten Aufbau, der nicht selten von verblüffender Komplexität, Feinheit – und Schönheit ist.

Eine alte Liebe der Beobachter zartesten organischen Maßwerkes ist die Meeresdiatomee Thalassiosira. Die Abb. 7–1 zeigt, wie sie in sehr schwacher elektronenmikroskopischer Vergrößerung aussieht: eineinhalbtausendfach vergrößert. Man gewahrt eine scheibchenartige Struktur, die filigranartig von Brücken und Stegen durchzogen ist – offensichtlich setzt das Gebilde sich aus Wabenelementen zusammen. Wie indes diese Elemente im einzelnen ausgebildet sind, ist bei dieser Vergrößerung noch längst nicht auszumachen. Hier hilft das Elektronenmikroskop weiter. In zehntausendfacher Vergrößerung sieht ein Teil der Schale so aus, wie ihn Abb. 7–2 zeigt. (Allerdings handelt es sich um eine andere Art, wiewohl von der gleichen Gattung.) Die aneinandergrenzenden Stege bilden eine Art Sechseckstruktur, die zentrale Hohlräume zu umfassen scheint, ganz ähnlich wie bei der Bienenwabe. Offensichtlich sind die Hohlräume aber nicht allseitig geschlossen, weil sich im Hintergrund eine sehr feine punktierte

Struktur abzeichnet. Auch diese feineren Einzelheiten sollen nun sichtbar werden; also wird die Vergrößerung auf fünfundzwanzigtausendfach erhöht (Abb. 7–3). Jetzt ist zu sehen, daß jeder der zentralen Hohlräume auf der anderen Seite durch eine Art Siebplatte abgedeckt ist, eine feine Membran, die allerfeinste Löcher vielfach durchbrechen.

Ein Lichtmikroskop wäre für diese Poren ein viel zu grobschlächtiges Instrument gewesen – liegen diese Bildungen doch weit unterhalb der Grenze des Auflösungsvermögens einer jeden Lichtoptik. Manche dieser Poren haben eine lichte Weite von nur 80 Å (1 Å, gesprochen ›ein Angström‹, ist der zehnmillionste Teil eines Millimeters). Dieser Porendurchmesser von rund einem hunderttausendstel Millimeter ist wahrhaftig unvorstellbar klein. Trotzdem wäre er noch groß genug, daß ein langkettiges Eiweißmolekül zusammen mit seinem Wassermantel durchtreten könnte.

Selbst bei der immensen Vergrößerung dieser Poren, die sich zu einem Millimeter buchstäblich verhalten wie ein Loch im Teesieb zu einer Hundertmeterstrecke, erscheint das System der Stege immer noch undifferenziert. Diese Stege bestehen aus reiner Kieselsäure, also aus einem anorganischen Material. Es lag nahe anzunehmen, daß diese

Abb. 7–1 (links oben) Thalassiosira spec., elektronenmikroskopische Aufnahme in 1500facher Vergrößerung
Abb. 7–2 (rechts oben) Thalassiosira spec., Schalenwand in 10000facher Vergrößerung
Abb. 7–3 (links unten) Thalassiosira, Schalenbruchstück in 25000facher Vergrößerung
Abb. 7–4 (rechts unten) Thalassiosira, Schalenbruchstück. Künstliches ›Negativ‹: Kieselsäuregerüst herausgelöst

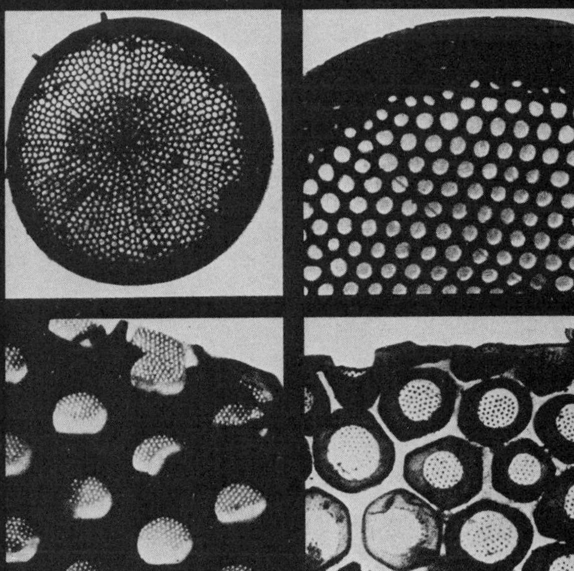

Kieselsäure rein kristallin vorliegt, also in einem regelmäßigen Kristallgitter. Bei noch stärkerer Vergrößerung zeigt sich allerdings, daß das nicht der Fall ist. Die Kieselsäureverbindungen sind aber auch nicht homogen eingelagert, sondern erscheinen als allerfeinstes Netzwerk, als zartestes schaumiges Gebilde. Dies ist eine außerordentlich interessante Tatsache. Ordneten sich nämlich alle Moleküle einer Kieselsäureverbindung nach der strengen Struktur des Kristallgitters, so wären ihre chemischen Bindungskräfte untereinander abgesättigt. Da dies aber offensichtlich nicht der Fall ist, die Moleküle vielmehr in einem allerfeinsten, schaumartigen Verband liegen, bleiben viele chemischen Bindungen unabgesättigt, und deshalb können an der Schale elektrische Ladungen auftreten. Mit geeigneten Einrichtungen lassen sich diese Ladungen tatsächlich experimentell messen. Die Membranen einer jeden lebenden Diatomeenzelle laden sich elektrisch auf, wenn die physikalisch-chemischen Unterschiede zwischen dem Diatomeen-Protoplasma des Zellinneren und dem Wasser des umgebenden Milieus durch die physiologischen Prozesse zu groß werden. Wie man weiß, hat diese Ladungsverteilung ganz eklatante Konsequenzen für die Erregbarkeit der Membranen, für Stoffwechselvorgänge, für Veränderungen der Diffusions- und Osmoseerscheinungen sowie für den aktiven Transport von Substanzen durch die Membranen. Die Gesamtsumme der feinsten Poren mag vielleicht nicht ausreichen, um mit Hilfe des osmotischen Drucks den lebensnotwendigen Stoffdurchtritt durch die Panzerung der Diatomeenzelle zu ermöglichen. Daher ist zu vermuten, daß die Anordnung der Kieselsäureverbindungen selbst die Gesamtschale für solche Stoffwechselprozesse durchlässig macht, so daß die Zelle nicht ausschließlich auf die Poren angewiesen ist. Eine seltsame Vorstellung: Für uns ist die glasartige Substanz der Kieselsäure oder die eines chemisch gleichartigen Weinglases der Inbegriff des absolut Undurchlässigen. Der Kunstgriff, den die Natur mit der schaumartigen Lagerung gefunden hat, scheint aber einerseits der Stabilität zu dienen – andererseits vielleicht aber auch noch dem Stoffwechsel, indem er Durchtrittsprozesse in geeigneter Weise ermöglicht.

Die schaumartige Ultrastruktur der Kieselsäureschale wirft auch ein Licht auf ihre Entstehungsweise. Kieselsäureverbindungen sind ja anorganische Verbindungen. Sie können innerhalb des Zellprotoplasmas nicht so synthetisiert werden wie zum Beispiel Eiweißketten. Wie also bildet sich überhaupt die Diatomeenschale?

Im Lichtmikroskop läßt sich die Neubildung von Schalen an geeigneten Objekten detailliert beobachten; der Zeitrafferfilm macht die Bewegungsvorgänge sichtbar. Bei der Zellteilung, einer ungeschlechtlichen Teilung, weichen die beiden Schalenhälften einer Diatomee, die sich sonst mit ihren Rändern überlappen wie Deckel und Basis einer Pillendose, etwas auseinander. Die Basis dieses allerfeinsten Döschens bildet nun einen neuen Deckel, und der Deckel bildet eine neue Basis. Damit hat sich die Alge geteilt: aus einer Zelle sind zwei entstanden, die zur Hälfte aus einem alten Stützelement, zur Hälfte aus einem neugebildeten bestehen. Die zur Neubildung nötigen gelösten Vorstufen der Kieselsäure werden in dem Plasmatröpfchen der Zelle selbst angelegt. Das Plasma stellt hierbei ein kolloidales System dar, bestehend aus einer wäßrigen und einer fettigen Phase. Es entsteht also eine Art Aufschwemmung: Allerfeinste Fetttröpfchen schwimmen in einer wäßrigen Grundsubstanz. (Eine ähnliche Emulsion, wenn auch in viel gröberer Ausbildung, ist die Milch.)

Bei der Bildung einer neuen Diatomeenschale – eine Anzahl von Indizien legt diese Vermutung nahe – laufen nun folgende Vorgänge ab: Die Fetttröpfchen des Plasmas legen sich in dichtester Packung zu einem ›Floß‹ aneinander. Das bedeutet, daß sich die kugeligen Miniaturgebilde gegenseitig abplatten, so ähnlich wie die Blasen im Seifenschaum oder im Bierschaum. An den Berührungsflächen bleiben nur noch allerfeinste Protoplasmalamellen übrig, während in den ›Zwikkeln‹ zwischen den abgeplatteten, vorher kugeligen Elementen sich etwas größere, ebenfalls protoplasmatische Räume gebildet haben. Wenn die Zelle nun flüssige Kieselsäureverbindungen abscheidet, so können diese in die fettige Phase, in das System der Fetttröpfchen, nicht einwandern, wohl aber in die wäßrig-protoplasmatische. Dort erhärten sie. Das bedeutet aber, daß die allerfeinsten flüssigen Trennlamellen zwischen den Fetttröpfchen erhärten, denn diese bestehen ja aus wäßrigem Protoplasma. Wir kennen einen ähnlichen Erhärtungsprozeß vom sogenannten ›Wasserglas‹: einer Lösung von Alkalisilikaten in Wasser, in die vorsorgliche Hausfrauen früher Eier einzulegen pflegten – die wurden durch Eindringen des Wasserglases in die Schale dicht abgeschlossen und so konserviert. Etwas ganz Gleichartiges geschieht hier im submikroskopischen Bereich in der Diatomeenzelle. Sobald die Kieselsäureschale erhärtet ist, können die Fetttröpfchen durch Resorption oder Ausstoßung entfernt werden, und das neue, feinstrukturierte Gerüst bleibt übrig.

Ein anorganischer Prozeß ist in einem organischen System, einem Zellplasma, abgelaufen!

Wenn die Bildung der Diatomeenschale in der eben beschriebenen Weise vor sich geht, so muß sie einen getreuen Abdruck, also ein Negativ der vorherigen Fetttröpfchen-Anordnung, darstellen. Nun gibt es ein Verfahren, die Umgrenzungen der früheren Öltröpfchen als nachmalige Hohlräume der festen Diatomeenschale im elektronenmikroskopischen Bild darzustellen. Alle Hohlräume werden mit einer hauchdünnen Schicht einer Kohlenstoffverbindung ausgekleidet, indem man auf der Diatomeenschale innerhalb einer geeigneten Vakuumapparatur den Kohlenstoff elektrisch niederschlägt. Dann wird das Kieselsäuregerüst der Schale mit Flußsäure aufgelöst – und diese zarte Auskleidung bleibt übrig. Wer ein solches Präparat im Elektronenmikroskop anvisiert (Abb. 7–4), hat bei geeigneter Betrachtungsrichtung den Eindruck, als ob hier »sehr viele geöffnete, aber leere Beutel nebeneinander stehen, die sich durch enge Berührung gegenseitig verformt haben«. Offensichtlich sind das die Räume, die die früheren Fetttröpfchen umfaßt haben. Durch Aneinanderlagerung verschieden großer Tröpfchen in verschieden regelmäßiger Weise können nun alle die zauberhaften grazilen Kammern, Siebplatten, Brücken und Spanten, Verstrebungen und Hüllenstrukturen gebildet worden sein. Wenn sich beispielsweise an der Basis eines größeren Tröpfchens sehr viele allerfeinste Tröpfchen angeordnet haben, so wird ein größeres Kämmerchen entstehen, das mit einer feinen Schicht abgedeckt ist, die wiederum von vielen kleinsten Kämmerchen porös ist: Es wird ein Gebilde sich formen, wie es die Abb. 7–3 am Beispiel der Thalassiosira-Schale vor Augen führt.

Wenn die Natur im mikroskopischen und ultramikroskopischen Bereich auf die beschriebene Weise Schalen- und Spantenstrukturen entstehen läßt, indem sie Kieselsäureverbindungen in die Hohlräume zwischen aneinandergepreßten Fetttröpfchen ›injiziert‹, so sollte es möglich sein, diesen Bildungsprozeß technisch nachzuahmen. Warum also nicht statt der Fetttröpfchen Fußballblasen nehmen, die man zwischen zwei Schalen gegeneinander preßt, um die Hohlräume dann mit Kunstharz auszugießen? Ist das Harz erhärtet, nimmt man die formhaltenden Schalen weg, läßt die Luft aus den Fußballblasen strömen und entfernt die schlaffen Hüllen durch die entstandenen Öffnungen; was übrigbleibt, ist ein getreues Ausguß-Negativ. Derlei Experimente wurden tatsächlich gemacht. Die gewonnenen Strukturen erinnern verblüffend an Diatomeenschalen in maximaler elektronenmikroskopischer Vergrößerung (Abb. 7–7).

Solche künstlichen Schalenstrukturen, die sich aus einem Netzwerk präformierter, ausgegossener Hohlräume zusammensetzen, haben frappante statische Eigenschaften: Sie sind Minimalkonstruktionen. Mit sparsamstem Materialaufwand vermögen sie starke belastende

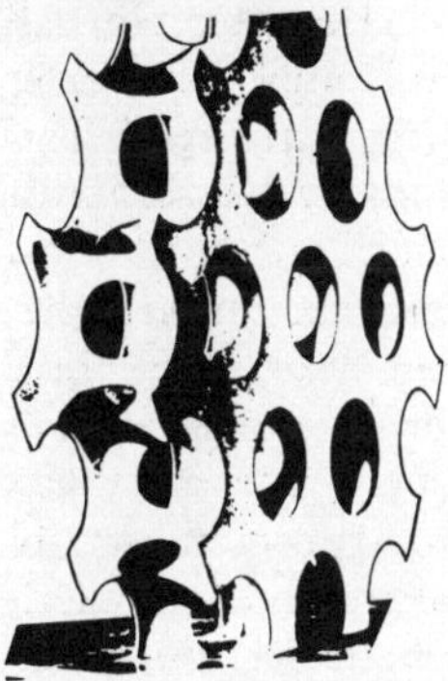

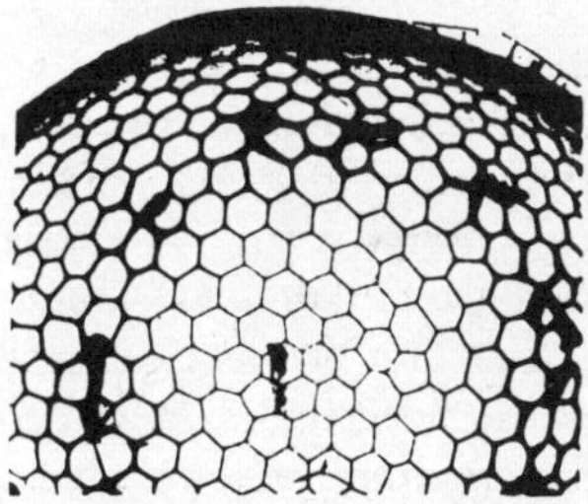

Abb. 7–5 (links oben) Rekonstruktionszeichnung einiger Schalenteile der Kieselalge Pleurosigma spec.

Abb. 7–6 (oben Mitte) Das Kohlenhüllen-›Negativ‹ läßt die bläschenförmigen Kammer-Hohlräume der Pleurosigma-Schale besonders gut erkennen.

Abb. 7–7 (links unten) Gipsausgüsse der Zwischenräume einer Fußballblasen-Reihung ergeben Strukturen, die der Pleurosigma-Schale (Abb. 7–5) verblüffend ähneln.

Abb. 7–8 (rechts oben) Mühlau-Mahnleitnersche Trage-Minimalstruktur aus hexagonalen Waben für eine 500 m² große Kinoleinwand auf der Waldbühne, Berlin

Abb. 7–9 (unten Mitte) Ausschnitt aus der Diatomee Stephanopyxis turris, 3000fach vergrößert

Abb. 7–10 (rechts unten) Knoten eines Flächentragwerks, das auf Grund minimaltheoretischer Untersuchungen entwickelt wurde.

Kräfte abzufangen. Verständlich, daß Architekten und Statiker angesichts derartiger Materialien die Morgenluft neuer Möglichkeiten wittern.

Tatsächlich sind Verfahren dieser Art mit Erfolg bei der Errichtung großflächiger Raumtragwerke angewendet worden, die den Vorzug der Billigkeit mit dem Vorteil hoher Stabilität verbinden. Und wie so oft in der Geschichte der Gemeinsamkeiten zwischen Biologie und Technik sind solche technisch-physikalischen Strukturen unabhängig vom großen Vorbild der Natur entwickelt worden. Erst als die technischen Konstruktionen fertig waren, als sie schon standen, erkannte man, daß die Natur längst prinzipiell Gleichartiges im Programm hatte. Der schöpferische Geist des Menschen ist also seine eigenen Wege gegangen, letztlich aber doch nur zu Strukturen gekommen, die die Natur bereits vorwegnahm.

Immerhin: die Einsicht in solche Gemeinsamkeiten hat bei schöpferisch denkenden Menschen, die zum Sprung über die Grenze ihres eigenen Fachgebiets befähigt waren, großen Eindruck hinterlassen – man begann miteinander zu reden. So haben sich J.-G. Helmcke, der Biologe, und Frei Otto, der Architekt, in Berlin getroffen, um in gemeinsamen Besprechungen und später auch in gemeinsamen Lehrveranstaltungen solchen Grenzgebiets-Fragen nachzugehen. Frei Otto wurde bekannt durch den deutschen Zeltpavillon auf der Weltausstellung in Montreal 1967, den er gemeinsam mit Professor Gutbrod entworfen und konstruiert hatte, später auch durch seine Berechnungen des vielumstrittenen Münchner Zeltdachs. Inzwischen hat Otto an der Technischen Universität Stuttgart einen dauernden Wirkungskreis gefunden: das Institut für Leichte Flächentragwerke, von ihm aufgebaut und von ihm geleitet. Es ist – wie könnte es anders sein – in einer faszinierenden Zeltkonstruktion untergebracht, die als kleines Modell für den großen deutschen Pavillon gebaut worden war. Während der Deutsche Pavillon das Ende der Weltausstellung nur um vier Jahre überlebte, dient das Modell – großzügiges Geschenk der ›Stiftung Volkswagenwerk‹ – in Stuttgart der Forschung und Lehre. Dort veranstalten Otto und Helmcke seit mehreren Jahren auch Symposien über ›Biologie und Bauen‹, die ihren Niederschlag in den ›IL-Veröffentlichungen‹ dieses Instituts finden.

Der Diatomeenforscher Helmcke war über die Maßen verblüfft, als er im Jahre 1961 auf der Freilichtbühne im Olympiastadion von Berlin-Charlottenburg eine überdimensionale Diatomeenschale als Filmleinwand für Freiluftprojektionen sah, die nicht weniger als 28 m lang und 15 m hoch war. Eine solche Riesenfläche als Leinwand straff gespannt zu halten, ohne daß sie flattert, ist durch einfache Aufspannung der Leinwand in einem Rahmen (selbst wenn dieser mit Seilen und Stützen verstrebt werden könnte) einfach nicht zu schaffen. Dem Aufbau einer festen Wand zum genannten Zweck stellte sich andererseits die Forderung entgegen, daß sie ohne viel Mühe für Filmveranstaltungen aufgestellt und danach für Theateraufführungen wieder abgebaut werden müsse. So entschlossen sich der Architekt W. Mühlau und der Bauingenieur Professor M. Mahnleitner in Zusammenarbeit mit Herrn E. Kühle, dem Geschäftsführer und Gesellschafter der Berliner Kunststoffirma ›Canadur‹, für eine andere und bisher technisch einmalige Lösung: Erstellt wurde eine räumliche Architektur aus bienenwabenartigen Sechseckzellen, von denen jede aus Glasfaserverstärktem Polyesterharz im Handauflegeverfahren in speziellen Formen angefertigt worden war. Jede der Sechseckzellen bestand aus einer vorderen Sechseckplatte für die Bildprojektion und einem entsprechenden rückwärtigen Rahmen. Diese beiden Teile eines jeden Elements wurden von nur vier Streben auseinandergehalten. So ergab sich ein sehr leichtes, relativ billiges, dabei aber in sich außerordentlich stabiles System. Es mußte nur mit Seilen im Boden gegen Windkräfte verankert werden. Auf diese verblüffend unkonventionelle Weise konnten die hohen Winddrücke abgefangen werden – und all das mit minimalem Material- und Geldaufwand (Abb. 7–8). Professor Mahnleitner hatte vom älteren Patentanspruch der Diatomeen auf dieses Verfahren nichts gewußt. Da hatten zweierlei Vorgänge ganz ohne Bezug zueinander zu ähnlichen Ergebnissen geführt. Und die Analogie ist wirklich verblüffend! Das zeigt ein Vergleich mit Rekonstruktionszeichnungen, die Helmcke nach fotogrammetisch exakter Vermessung elektronenmikroskopischer Stereoaufnahmen von K. Bogen hat herstellen lassen. In der Abb. 7–5 ist ein kleiner Teil des zusammenhängenden Kieselsäureskeletts der Alge Pleurosigma dargestellt; einige Kämmerchen sind zum besseren Verständnis angebrochen. Sie wurden nach dem obenerwähnten Verfahren mit einem hauchdünnen Kohlenhäutchen überzogen, der Kieselsäurepanzer anschließend chemisch weggelöst. Übrig blieb die Auskleidung: sie ist in Abb. 7–6 zeichnerisch dargestellt. Auch hier läßt sich ohne weiteres vorstellen, daß nunmehr das ›Negativ‹ des vorher gezeigten ›Positivs‹ zu sehen ist; die kissenförmig gegeneinander grenzenden, sich abplattenden Elemente entsprechen den Fetttröpfchen, deren Zwischenräume bei der Schalenbildung durch flüssige, später verhärtende Kieselsäure ausgefüllt worden sind. Entsprechend ergaben die zwischen zwei Schalen gepreßten Fußballblasen, deren Zwischenräume durch Leichtbeton, Gips oder Kunststoff

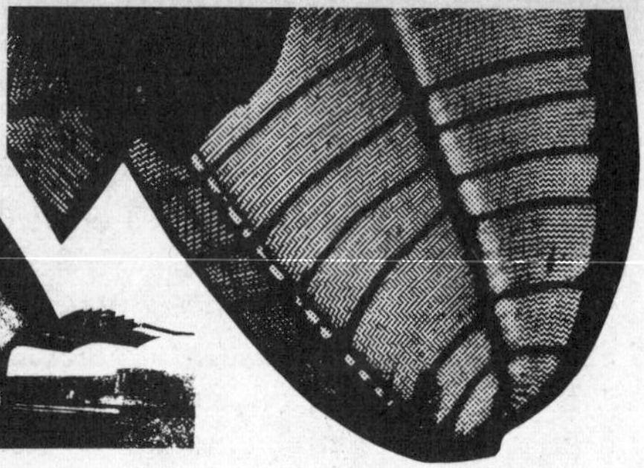

Abb. 7–11 (rechts) Grobes Rasterfotogramm eines Schalenteils einer Diatomee (Surirella?). Die Strukturen werden durch den Rastereffekt verändert.

Abb. 7–12 (links) Torrojas Entwurf eines Stahlbeton-Spantenbaus zur Überdachung eines Bahnhofs

ausgefüllt worden waren, Strukturen nach Art der Abb. 7–7. Ihre Ähnlichkeit mit dem Pleurosigma-Skelett liegt auf der Hand. Helmcke hat solche Schalen herstellen und statisch untersuchen lassen. Sie sind nicht sonderlich geeignet, punktförmige Belastungen aufzunehmen; dafür aber sind sie hervorragend befähigt, flächige Belastungen abzufangen, wie sie zum Beispiel durch eine Schneedecke auf einem Gebäudedach oder durch starken Winddruck erzeugt werden. Hier wie im Fall der eben beschriebenen Berliner Projektionsleinwand (Abb. 7–8) handelt es sich im Prinzip um ein mehreckiges Wabenwerk mit spantenartiger Versteifung der Kanten.

Durch Spanten lassen sich also große Flächen abstützen und statisch entlasten, so daß man diese wieder – aus Gründen der Gewichtseinsparung und des Lichtdurchtritts – durchbrechen kann. Wie biologische Bildungen dieser Forderung zu entsprechen vermögen, zeigt eine Schalenhälfte der Kieselalge Surirella (Abb. 7–11) sowie die Rekonstruktionszeichnung eines Schalenteils der Diatomee Cocconeis scutellum (Abb. 7–13). Die einzelnen Rippen oder Spanten umschließen Felder, die ihrerseits von einem allerfeinsten Rippensystem durchzogen werden. Was der moderne Betonbau zuwege bringt, zeigt der Entwurf für die Überdachung einer Eisenbahnstation von Ingenieur E. Torroja, die in ihren wesentlichen Teilen mit der Cocconeis-Schale analog zu setzen ist (Abb. 7–12). ›Logik der Form‹ nennt Torroja sein Buch über Stahlbeton-Kuppel- und Spantenbauten, dem dieser Entwurf entnommen ist. Und eine ›Logik der Form‹ wird man den analogen Diatomeen-Skeletten nicht absprechen können, die ihre Schutz- und Hüllfunktion mit einem Minimum an Materialaufwand erfüllen. Das Prinzip der technischen Stahlbetonkonstruktionen ist hier in Näherung erreicht, denn auch dort gilt es – diesmal aus Kostengründen –, eine bestimmte Funktion mit einem Minimum an Materialaufwand auszuführen. Eine

Abb. 7–13 (oben) Cocconeis scutellum – Schalenausschnitt. Fotogramm einer Rekonstruktionszeichnung

Abb. 7–14 (unten) Entwurf einer einseitig gekrümmten Fachwerkschale aus dem Institut Frei Ottos

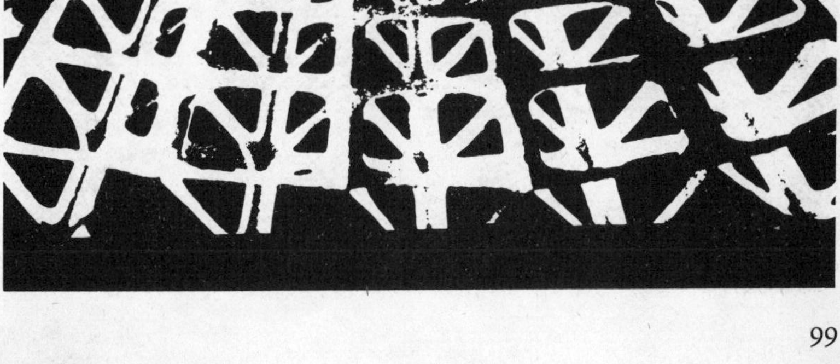

weitere Analogie böten Leichtbau-Systeme aus Aluminiumspanten und -verkleidungen für Flugzeugrümpfe, die – nun aus Gewichtsgründen – mit der geringstmöglichen Materialmenge auskommen müssen. Einen grazilen Leichtbauentwurf stellt Frei Ottos Konstruktion einer einseitig gekrümmten Fachwerkschale dar, die in der gekrümmten Richtung aus einem Vierecksverband mit steifen Knoten besteht (Abb. 7–14). Ähnliche Anforderungen scheinen in Biologie wie Technik zu ähnlichen Strukturen zu führen (Abb. 7–9 und 7–10). Sind Funktionszweck und Materialbedingungen gar hier wie dort die eigentlichen Wortführer im Team der Konstrukteure?

Unglaublich unterschiedlich sind die Formen von Diatomeen-Skeletten: langgezogen, S-förmig oder kreisrund. Wer auf die Innenseite des ›Schalendeckels‹ einer runden Diatomee blickt, wird verblüfft sein, wie sehr das rotationssymmetrische Muster der Balken und Spanten der Konstruktion mancher moderner Kuppelbauten ähnelt. Entscheidung vor Abb. 7–15: Handelt es sich um ein Beispiel aus Natur oder Technik?

So ohne weiteres ist diese Frage gar nicht zu entscheiden. Am ehesten noch mögen die kleinen Unebenmäßigkeiten und Unregelmäßigkeiten einen Hinweis geben, die sich etwa an der zentralen ›Schlitzplatte‹ oder in Teilen des Außenskeletts finden. Solche Unregelmäßigkeiten deuten auf ein biologisches Objekt: tatsächlich handelt es sich um das Fotogramm einer lichtmikroskopischen Aufnahme der Kieselalge Arachnodiscus. Man findet die Schalen dieser Meeresalge in

Abb. 7–15 (links) Kieselalge Arachnodiscus; zentraler Schalenausschnitt. Fotogramm nach einer lichtmikroskopischen Aufnahme sehr starker Vergrößerung

Abb. 7–16 (rechts) Betonrippenkuppel von P. L. Nervi für den Sportpalast in Rom. Fotogramm

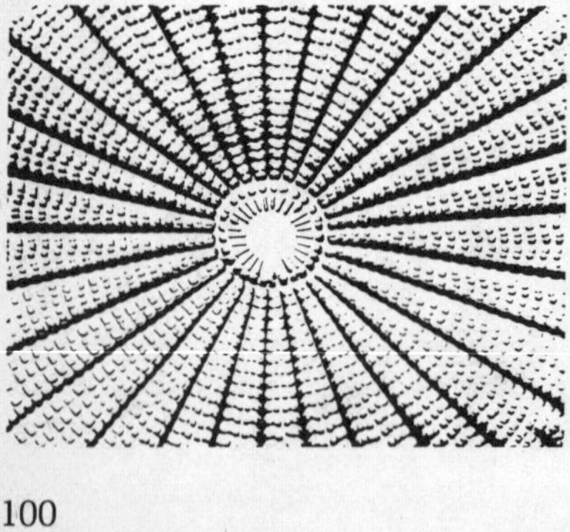

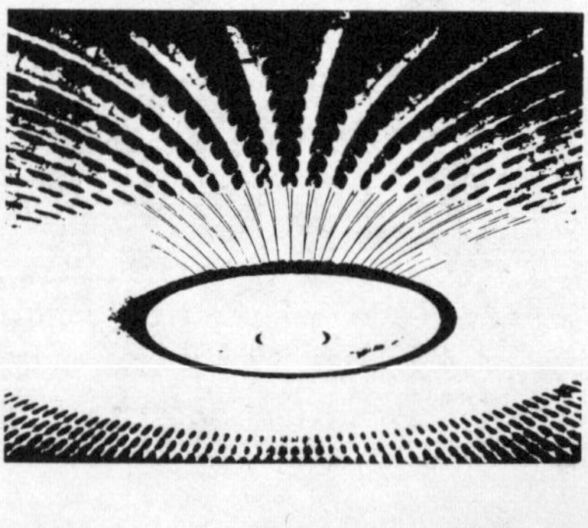

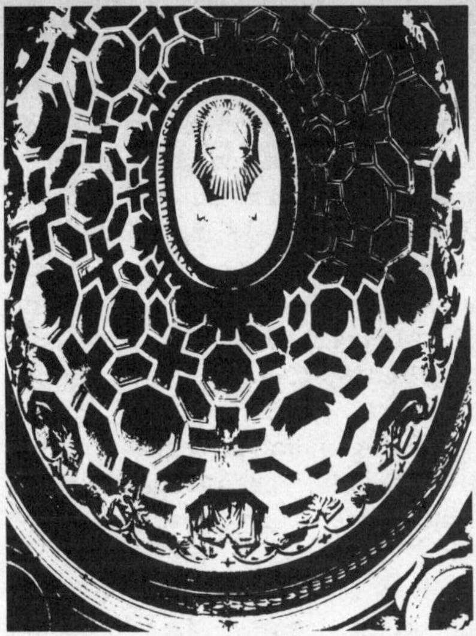 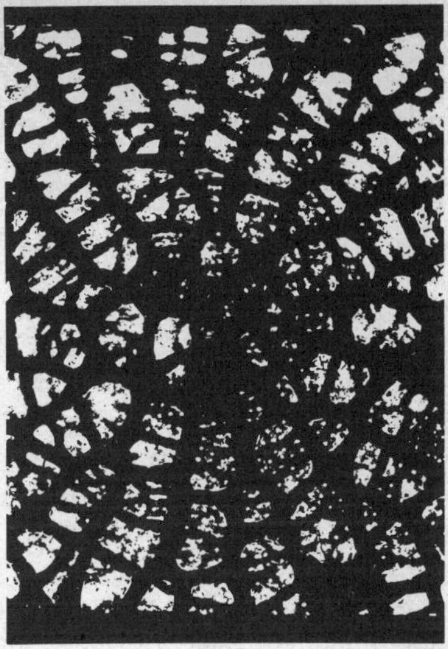

Abb. 7–17 (links) Kuppel der Renaissance-Kirche San Carlino alle quattro Fontane in Rom

Abb. 7–18 (rechts) Diatomee Thalassiosira fluviatilis, Mittelteil, Vergrößerung ca. 30 000fach

Myriaden auf dem Meeresboden liegen. Ja, manche ozeanische Böden sind fast vollständig aus abgesunkenen Kieselalgenpanzern aufgeschüttet, andere indes vorwiegend aus Radiolarienskeletten. Etwa 4 Millionen solcher Miniaturschalen enthält ein Kubikzentimeter Meeresboden! Der Name ›Arachnodiscus‹ bedeutet im übrigen ›Spinngewebsscheibe‹, eine sehr anschauliche wissenschaftliche Bezeichnung für dieses zauberhaft gespinstartige Gebilde. Auch hier ein Analogon: die Betonrippen-Kuppel von P. L. Nervi für den Sportpalast in Rom. In Schrägansicht von unten, durch hartes Reproduzieren einer Aufnahme fotografisch verfremdet, ist diese Kuppel in Abb. 7–16 wiedergegeben. Sie besteht aus gefältelten Beton-Rippen. Andere Kuppeln werden in einer etwa halbkugeligen, dünnen Betonschicht aufgeführt, die von regelmäßigen oder unregelmäßigen Netzwerken radiärer Stützstrukturen ausgesteift sind. Im Kreuzrippengewölbe mancher gotischen Kirchen, in den radiär verstrebten doppelschaligen Kuppeln persischer Moscheen sind solche Strukturprinzipien bereits vorweggenommen. Auch die kassettierte Auskleidung verschiedener Renaissance-Kuppeln hat durchaus statische Funktion, sie stützt die darüber gespannte ›Haut‹ aus Ziegelmaterial. Dieses Prinzip zeigt etwa die Kuppel der Kirche San Carlino alle quattro Fontane in Rom (Abb. 7–17). Ihr Architekt Borromini wäre erstaunt gewesen, einen ganz ähnlichen Entwurf in der feenhaften Kuppelarchitektur der trommelförmigen Meeresdiatomee Thalassiosira fluviatilis (Abb. 7–18) verwirklicht zu finden. Aber von dreißigtausendfacher Vergrößerung wie in dieser Reproduktion wagte damals niemand zu träumen. Erst in ihr wird sichtbar, daß eine sehr fein durchlöcherte Fläche von einem mehr oder minder radiären, miteinander verästelten System aus hohen Rippen ausgesteift wird.

Eigenartig, daß diese leicht unregelmäßigen biologischen ›Architekturen‹ den Geschmack manchmal mehr ansprechen können als die streng geometrisch, meist exakt symmetrisch konzipierte technische Architektur.

Helmcke bemerkt zu den künstlichen ›Diatomeenschalen‹, die als hoch flächenbelastbare Dachkonstruktionen eines Tages vielleicht ihre Bedeutung haben werden: »Bei diesem integralen Bauprozeß haben die einzelnen Hohlräume recht unterschiedliche Größe und Gestalt, wodurch ein naturähnlicher, lebender Eindruck entsteht im Gegensatz zu den meisten der heute von der Architektur verwendeten Bauteile, die durch ihre geometrisch exakte Form leblos und bei steter Verwendung langweilig wirken.«

Beschlossen sei dieser Abschnitt über Schalenkonstruktion im Kleinsten mit einer kurzen Betrachtung des genannten Diatomeenforschers:

> »Wie kommt es, daß wir die innerhalb eines lebenden Objekts nach anorganischen Gesetzmäßigkeiten regelmäßig aufgebaute Struktur als ästhetisch schön empfinden?
>
> Das liegt in der Natur unseres Geistes; denn alle jene Objekte lösen unser ästhetisches Empfinden aus, bei denen eine Gleichmäßigkeit erzielt wird, und zwar um so mehr, je einfacher die Muster sind. Allerdings hat dieses Prinzip eine untere Grenze, die dann erreicht wird, wenn die Form in mathematische Genauigkeit übergeht. Jedoch die für das Auge kaum noch wahrnehmbaren Freiheitsgrade, die von der mathematischen Idealform ein klein wenig abweichen, lösen in uns die Empfindungen für Schönheit aus, wie sie sich auch bei allen elektronenmikroskopischen Aufnahmen von Diatomeenschalen immer wieder von selbst einstellen.

Hier schließt sich der weit gespannte Rahmen, indem wir diese natürlich entstandenen Strukturen mit unserem Gefühl als schön erkennen, weil im tiefsten Grund auch unser Geist von denselben Gesetzmäßigkeiten beherrscht wird, wie wir sie hier im Kleinsten bewundern.«

Mit den Diatomeen-Skeletten aus Kieselsäure hat die Natur im Grunde etwas höchst Sonderbares konstruiert. Technische Analoga, etwa Kuppel- und Spantenbauten, sind vielfach Minimalkonstruktionen. Das heißt, sie fangen die wirkenden Kräfte mit einem Minimum an Material ab. Etwas anders ausgedrückt: Sie erreichen eine denkbar hohe Stabilität mit einem denkbar kleinen Materialaufwand. Die kleinen, nur nach Zehntelmillimetern messenden Wunderwerke der Natur sind offensichtlich in gleicher Weise Minimalkonstruktionen. Auch sie scheinen dazu angelegt, hohen Drücken standzuhalten, ohne geschlossene Schalen bilden zu müssen und ohne durch hohen Materialaufwand schwer zu werden. Den Biologen irritiert aber nun gerade die Tatsache, daß die zu erwartenden hohen Drücke in der Umwelt der Diatomeen höchst selten vorkommen. Wenn eine solche Kieselalgen-Zelle im Wasser schwebt, ist sie überhaupt keinem einseitigen Druck ausgesetzt, weil der Innendruck gleich dem Außendruck ist. Gleiches gilt für die Myriaden von Radiolarien, die Strahlentierchen, die in den Weltmeeren schweben. Diatomeen besiedeln alle möglichen Biotope. Man findet sie in kleinen Wiesenbächen, wo sie im Frühjahr und Herbst bräunlich-schleimige Überzüge auf den Steinen bilden, man findet sie aber auch im Sandlückensystem der Ackerböden. Allenfalls dort mögen sie hohe Drücke auszuhalten haben, wenn sie einmal durch Bodenverlagerung zwischen Sandkörnchen eingeklemmt werden. Ackerboden-Diatomeen sind aber nicht prinzipiell anders gebaut als die übrigen Kieselalgen, erscheinen keinesfalls stabiler, dicker oder sonstwie raffinierter auf Druckbeanspruchung konstruiert. Hier ist einer der seltenen Fälle, wo der Naturforscher die beiden Enden nicht so recht zusammenbringen kann, die jedes biologische System aufzuweisen hat: die Struktur und die Funktion. Die Struktur ist sehr gut bekannt; Diatomeenschalen wurden bis in die feinsten Einzelheiten bei mehrzehntausendfacher Vergrößerung untersucht und beschrieben. Über die Funktion dieser Schalenstrukturen jedoch ist man sich immer noch im unklaren. Es sind ganz sicher stützende Außenskelette, und es sind ganz sicher Minimalstrukturen. Wenn die Funktion lauten würde ›Abfangen von hohen Außendrücken‹, wäre die Strukturierung einzusehen. So aber sind diese Miniaturskelette etwas rätselhaft.

Häufig aber gelingt es, einzusehen, wie die Querverbindungen zwischen Struktur und Funktion eines biologischen Systems laufen. Im allgemeinen nämlich konstruiert die Natur tatsächlich streng zweckgebunden. Das heißt, eine Struktur ist so gebaut, daß sie eine spezielle Funktion möglichst optimal erfüllt. Solche Einsichten übermitteln zum Beispiel die baustatischen Prinzipien des Knochenskeletts ebenso wie die Bestandteile der einzelnen Knochen. Hier geht es klar darum, wirkende Kräfte abzufangen, die durch das Körpergewicht, durch Beschleunigung beim Laufen, durch Abfedern beim Sprung und ähnliche Belastungen entstehen. In vielfältigen Untersuchungen haben die Biomechaniker nachweisen können, daß das Knochensystem tatsächlich in hohem Maße funktionell ist. Es ist präzise auf die jeweils herrschenden Belastungsverhältnisse hin ›konstruiert‹. Der Fachbiologe wird jetzt bedenklich den Kopf wiegen. Bekanntlich konstruiert die Natur nicht auf ein Ziel hin, in ihr wirkt kein nachweisbares teleologisches Prinzip. Durch Versuch und Irrtum, zufällig über Mutation und Selektion, entwickeln sich eine Vielzahl von Konstruktionen, von denen brauchbare übrigbleiben. Zuletzt sieht es dann so aus, als ob die Natur gezielt solche ›brauchbaren‹ Systeme entwickelt hätte. Aber es sieht eben nur so aus. Wir werden im abschließenden Kapitel über Evolutionsstrategie dieses Entwicklungsverfahren der Natur neueren technischen Methoden vergleichend gegenüberstellen.

Nochmals sei die Abb. I–1 vorgenommen. Es handelt sich um einen Längsschnitt durch den Oberarmknochen eines großen Vogels. Der relativ dickwandige Röhrenknochen ist innen ausgesteift mit Y-förmigen Verstrebungen aus kaum minder dicken Knochenbalken. Die Analogie zur Konstruktion der Holme von Flugzeugflügeln drängt sich auf (Abb. I–2). Um sie leicht zu halten, sind diese Holme nicht aus Vollmaterial aufgebaut; eine Konturleiste wird durch Y-förmige Innenverstrebungen stabilisiert. In Struktur und Funktion, ja auch in der konkreten Art der Anwendung finden wir hier ein überzeugendes Beispiel biotechnischer Entsprechung. Flugzeugflügel lassen sich wie die Oberarmknochen des Vogels statisch-dynamisch untersuchen und als Leichtbausystem analysieren. Als ideales Leichtbausystem dürften sie dann gelten, wenn sie kein Quentchen mehr an Material einsetzen, als zum Abfangen der wirkenden Kräfte nötig ist. Das würde bedeuten, daß sie das Material optimal verteilen. Mit der gleichen Materialmenge, die für die Y-förmigen Verstrebungen aufzuwenden ist, könnte der Vogel ja auch den Röhrenknochen innen belegen und damit ein klein wenig verdicken. Der Zuwachs an Stabilität wäre aber hier bei weitem geringer, als wenn das Material anders, eben in der angezeigten

Y-förmigen Verstrebung zur Anwendung kommt. Die Biomechaniker haben nach einem System gesucht, bei dem die Belastungsverhältnisse besonders gut darzustellen und zu beobachten sind. Gefunden haben sie es im Oberschenkelhals. Der Oberschenkelknochen des Menschen zieht bekanntlich unter halsartiger Einschnürung schräg nach oben zum Becken und verbreitert sich dann wieder zur Gelenkkugel, die in einer entsprechend geformten kugelförmigen Gelenkschale am Becken inseriert. Der Blick auf einen Längsschnitt durch den oberen Teil des Oberschenkelknochens (Abb. 7–19) macht sichtbar, daß dieser obere Teil keineswegs hohl ist wie der lange Oberschenkelschaft. Vielmehr ist er mit einem Netzwerk sehr feiner Knochenbälkchen ausgefüllt. Das Ganze sieht aus wie ein Schwamm, und in Anlehnung an das entsprechende lateinische Wort haben die Morphologen dieses Geflecht von Knochenbälkchen ›Spongiosa‹, das heißt ›Schwammsubstanz‹, genannt. Diese Ähnlichkeit ist allerdings nur äußerlich. Bei einem Schwamm ist das Stützgeflecht ganz zufällig verteilt. Die Spongiosa dagegen, mag sie auf den ersten Blick auch wie ein Zufallsgebilde aussehen, ist in Wirklichkeit ein höchst gerichtetes, streng funktionelles System. Um es vorweg zu sagen: sie ist eines der konsequentesten Leichtbausysteme, die die Natur verwirklicht hat.

Angesichts der Abb. 7–20, eines kleinen Ausschnitts aus dem Bälkchengeflecht, wird kein Betrachter den Eindruck gewinnen, daß da etwas gerichtet verlaufe. Der Eindruck ändert sich, wenn man das Bälkchengeflecht aus einiger Entfernung ansieht. Sobald das gesamte obere Ende des Knochens ins Blickfeld rückt, wird der Eindruck unabweisbar, daß sich die Bälkchen zu gerichteten Zügen zusammenschließen. Einer dieser Züge zieht an der Innenseite der Schenkelwand entlang (in der Abb. 7–19, rechts), strahlt dann schräg nach oben durch den kugeligen Oberschenkelkopf und endet unter geringer Verbreiterung an der oberen Kopfkontur. Ein anderes Bälkchensystem strahlt von der gegenüberliegenden Außenwand aus (in der Abb. links), zieht schräg bogenförmig nach oben durch den Oberschenkelhals, durchquert den Kopf unter leichter Abwärtsbiegung und endet an der rechten inneren Kopfkontur. Wer die Abbildung genau ansieht und die Bälkchenzüge durch Linien abstrahiert, die sich leicht vorstellen lassen, gewinnt den Eindruck, daß sich die Bälkchenzüge allenthalben rechtwinkelig schneiden.

Diese sogenannte ›Spongiosa-Architektur‹ ist schon den alten Anatomen aufgefallen. Es schien naheliegend, daß sie nicht rein zufällig ist, sondern eine bestimmte Bedeutung haben müsse. Sir John Herschel – der berühmte Astronom und Naturforscher – beschreibt sie 1830 als

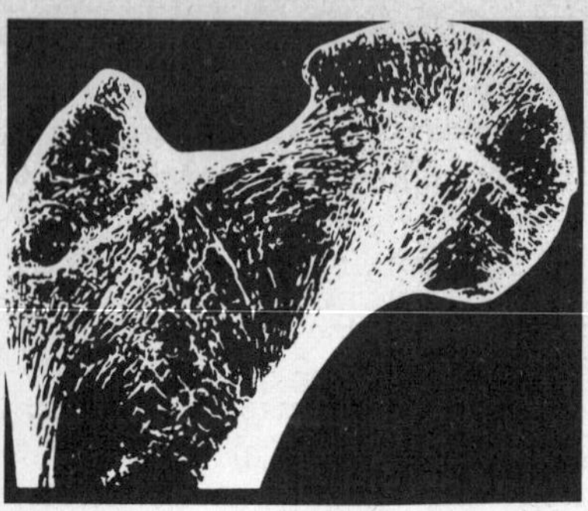

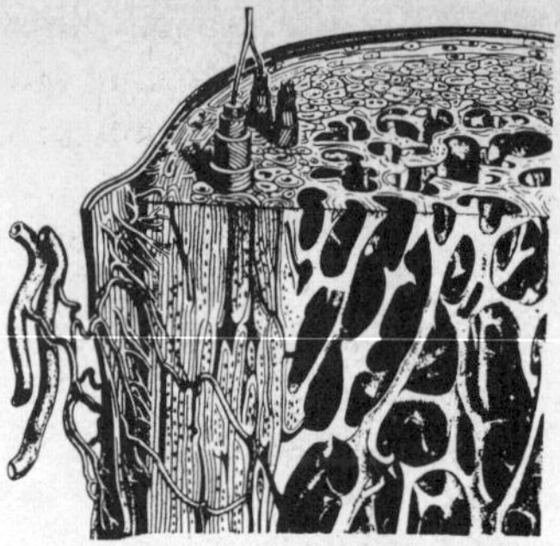

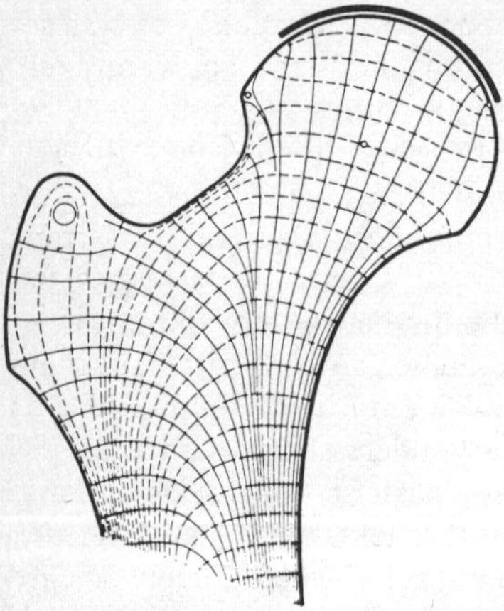

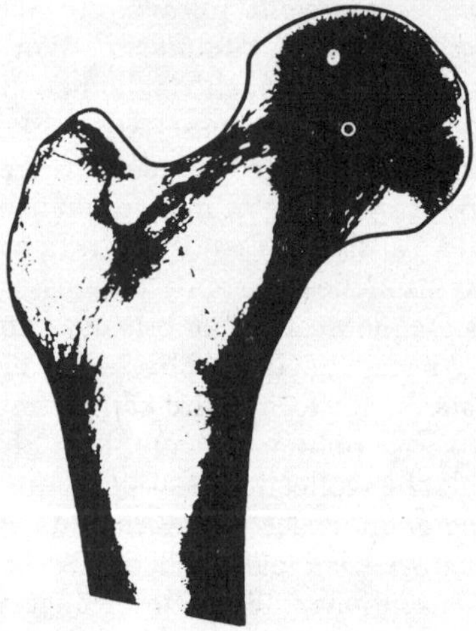

Abb. 7–19 (oben links) Fotogramm eines Längsschnitts durch den beckennahen Teil des Oberschenkelknochens eines Menschen

Abb. 7–20 (oben rechts) Ausschnitt aus einem Knochen mit Knochenhüllen, kompakter Schicht und Schwammsubstanz

Abb. 7–21 (unten links) Druckspannungstrajektorien (ausgezogene Linien) und Zugspannungstrajektorien (gestrichelte Linien) in der Oberschenkelhals-Region

Abb. 7–22 (unten rechts) Fotogramm einer Röntgenaufnahme der Oberschenkelhals-Region ein »Fachwerk der eigenartigsten Bauweise, bei dem nicht eine einzige gerade Linie noch irgendeine bekannte geometrische Kurve vorkommt, das aber insgesamt doch systemhaft erscheint und nach Gesetzen konstruiert ist, die sich unserem forschenden Bemühen entziehen«.

Offensichtlich ist der Knochen in erster Linie ein System, das Belastungen abfangen soll. So wird diese seltsame Spongiosa-Architektur wohl etwas mit dieser Aufgabe zu tun haben. Aber der Blick der Biologen und Mediziner war lange Zeit für solche Zusammenhänge nicht geschärft. Es bedurfte eines Technikers, eines Statikers, damit das Prinzip erkannt wurde, das hinter dieser geheimnisvollen Architektur versteckt ist.

Aus der Historie der Biotechnik stammt folgende amüsante Geschichte. K. Culmann, ein berühmter Ingenieur aus Zürich, Begründer der graphischen Statik, war in den sechziger Jahren des vergangenen Jahrhunderts damit beschäftigt, einen neuartigen, hochbelastbaren Kran zu konstruieren, der höchste Belastbarkeit mit geringstem Eigengewicht verbinden sollte. Culmann hatte einen guten Bekannten, den Anatomen H. v. Meyer, den er gelegentlich besuchte. Meyer war ein fähiger Dozent, der seine Studenten dafür begeistern konnte, in die Geheimnisse der Anatomie einzudringen. Zufällig besuchte ihn Culmann gerade während einer Vorlesungsstunde, als er am Beispiel des Oberschenkels den Bau des Knochens darlegte. Mit einem Blick sah der Ingenieur, daß die Spongiosa-Architektur als System zweier rechtwinkelig sich schneidender Hauptzüge ein verknöchertes Spannungstrajektorienfeld darstellte. Begeistert rief er: »Das ist mein Kran!« – eine Sternstunde der Biotechnik. Es gibt spannungsoptische Modellverfahren, mit denen sich die Züge der Spannungstrajektorien – der Linien gleicher Druck- oder Zugspannungen – analysieren lassen. Wie das im einzelnen vor sich geht, ist zwar methodisch hochinteressant, kann hier aber keine Berücksichtigung finden. Wir gehen einfach davon aus, daß eine brauchbare Methode existiert, die verläßliche Ergebnisse liefert.

In Abb. 7–21 sind diese Ergebnisse in die Zeichnung des Knochenumrisses eingetragen. Die ausgezogenen Linien sind die Trajektorien der Druckspannungen, die fein gestrichelten die Trajektorien der Zugspannungen. Nun ist ohne weiteres zu sehen, daß die Druckspannungstrajektorien mit dem aufsteigenden rechten Bündel von Knochenbälkchen, die Zugspannungstrajektorien mit dem zunächst aufsteigenden, dann nach schräg unten abbiegenden linken Bündel von Knochenbälkchen übereinstimmen. Die Übereinstimmung ist nicht auf den Punkt getreu, aber doch prinzipiell gegeben. Damit erfährt die

Hypothese eine starke Stütze, daß die rechten Bälkchenzüge tatsächlich die Druckspannungen abfangen, die linken die Zugspannungen. Der strenge Beweis setzt die Erfüllung einiger Randbedingungen voraus, die hier nicht näher diskutiert werden können. Immerhin ist er geführt worden, und so läßt sich sagen: das scheinbar wirre System der ›Schwammsubstanz‹ ist in Wirklichkeit ein hochgeordnetes System. Es ist ein ideales Leichtbausystem, weil die Bälkchen so verlaufen und sich gegenseitig so abstützen, daß jedes Einzelbälkchen entweder nur auf Druck oder nur auf Zug beansprucht wird. Das aber ist auch das Prinzip von technischen Fachwerkbauten, zum Beispiel von Eisenbahnbrückenkonstruktionen. Wenn solche Stützelemente schräg belastet, also auf Biegung beansprucht werden, müssen sie sehr viel dicker gewählt werden, als wenn sie nur Beanspruchung auf Druck oder Zug erfahren. Umgekehrt läßt sich sagen, daß die leichteste Bauweise, also eine Konstruktion unter Verwendung eines Minimums an Material, dann möglich ist, wenn die Einzelelemente rein trajektoriell angeordnet sind, das heißt, nur auf Druck oder Zug belastet werden. Diesen Beweis hat Friedrich Pauwels, der bekannte Orthopäde und Vorkämpfer der Biomechanik, im strengen Sinne führen können. Benno Kummer, Professor für Anatomie an der Universität Köln, entwickelt als Schüler von Pauwels diese Arbeitsrichtung weiter. Er hat unter anderem zu zeigen vermocht, daß diese Betrachtung nicht nur für die Schnittebene gilt, die wir hier in Abb. 7–19 dargestellt haben, sondern für eine jede Schnittebene. Insgesamt laufen die Bälkchen nicht auf getrennten Zügen, sondern diese Züge legen sich wieder zu schalenartigen Strukturen zusammen, die sich räumlich gekrümmt durch den Knochen ziehen (Abb. 7–23) – ein hochkomplexes, räumliches Netzwerk von einer geometrischen Schönheit, die sich dem flüchtigen Blick nicht erschließt.

Wem die Überlegungen zum Thema Zug- und Druckspannungen nicht ohne weiteres einsehbar wurden, der mache folgendes Gedankenexperiment. Er nehme die Gelenkkugel von Abb. 7–19 oder Abb. 7–21 in Gedanken aus der Zeichenebene heraus und klemme diese so zwischen Daumen und Zeigefinger, daß die Richtung seiner Druckkraft mit der durchgezogen gezeichneten Richtung der Druckspannungen zusammenfällt. Wenn er jetzt drückt, wird die Kugel zwischen oben und unten gestaucht, und dieser Druck läuft in Richtung der Druckspannungstrajektorien oder des rechts verlaufenden Systems von Knochenbälkchen. Diese werden also wirklich auf Druck beansprucht. Beim Druck weichen die Ränder der Kugel aber auch seitlich etwas auseinander. Das wird beim Knochen verhindert von dem gerade nun in dieser Richtung laufenden System zugbeanspruchter Knochenbälkchen. Im Gegensatz zu den erstgenannten wirken diese also so wie Drahtseile, die quer durch die Oberschenkelkugel gespannt sind. Und Drahtseile sind Elemente, die allein auf Zug beanspruchbar sind.

Die Abb. 7–22 zeigt den gleichen Sachverhalt nochmals dargestellt, diesmal als Fotogramm einer Röntgenaufnahme. Auch hier erblickt man die aufsteigenden, sich kreuzenden Bälkchensysteme. Da wo die Belastung groß ist, im Oberschenkelkopf, sind die Systeme stark ausgebildet. Da wo sie klein ist oder praktisch ganz fehlt, etwa in der Mitte des Oberschenkelhalses, fehlen die Knochenbälkchen – eine Entsprechung bis ins feinste, die klarer gar nicht vorstellbar wäre.

Abb. 7–23 Flächen gleicher Spannung in der Oberschenkelhals-Region

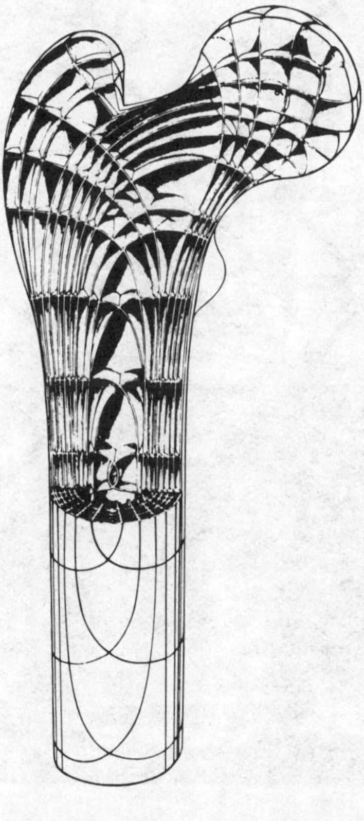

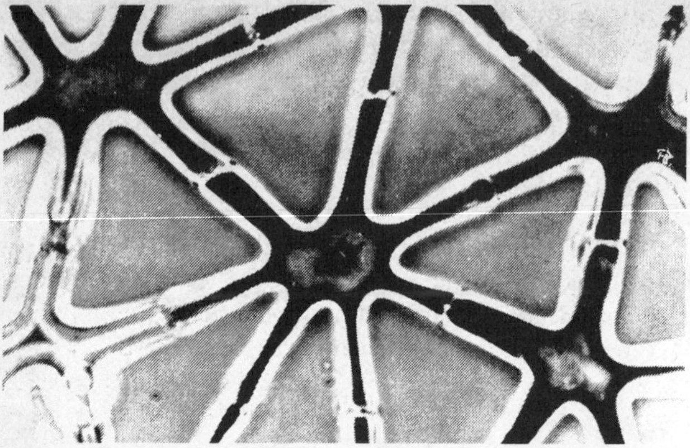

Abb. 7–24 Einige Stern-Zellen aus dem Mark einer Binse

Abb. 7–25 Binsenmark im histologischen Schnitt bei schwächerer Vergrößerung

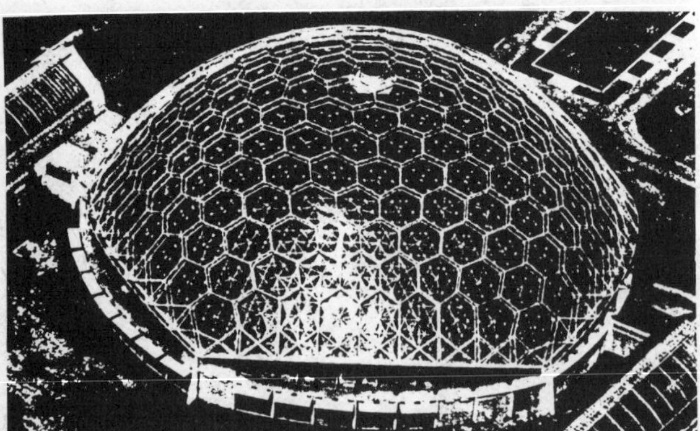

Abb. 7–26 ›Climatron‹ in St. Louis, eine Gewächshalle des Botanischen Gartens

Diese raffinierte Stützstruktur, wiewohl insgesamt genetisch programmiert, bildet sich indes in ihren Feinheiten erst unter der tatsächlich wirkenden Belastung heraus. Das bedeutet, daß ein solches System von zwei sich kreuzenden Zügen von Knochenbälkchen im Knochen zwar auf jeden Fall gebildet wird – also auch dann, wenn er überhaupt nicht belastet ist –, daß aber erst unter einer tatsächlichen Belastung, beim Gehen, Laufen, Springen usw. sich ein jedes Bälkchen durch Umwachsungsvorgänge auf die höchste wirkende Kraft einstellt. Nach einem Oberschenkelhalsbruch, wenn schließlich der Schenkelhals unter entsprechender Stützung neu zusammengeheilt ist, hat sich die Geometrie der Knochenbälkchen relativ zur Kraft verschoben. Nun erfolgen Umwachsungsvorgänge, und in wenigen Monaten haben sich die Bälkchen wieder ganz genau auf die neue Situation eingestellt: Ein lebendes, dynamisches System idealer Leichtbauweise!

Mit pflanzlichen Gebilden, Diatomeen als biologische Vorbilder für leichte Schalenbauten, hat dieses Kapitel begonnen. Ein weiteres Beispiel aus der Botanik mag es beenden: ausgeklügeltes Stabfachwerk rückt nunmehr in den Gesichtskreis bionischer Betrachtung.

Jedermann bekannt sind die Binsen, Pflanzen, die an feuchten Orten gedrängt in Bülten stehen und mit ihren drehrunden Stengeln von einigen Millimetern Durchmesser und bis zu einem halben Meter Höhe rasierpinselartig nach allen Seiten streben. Die Stengel sind mit lebendem Gewebe durchzogen und trotzdem überwiegend lufthaltig. Ein solches ›Luftgewebe‹ heißt in der Botanik ›Aërenchym‹. Das mikroskopische Bild erweckt zunächst den Eindruck, als ob gleichlange Stäbchen zu mehr oder minder regelmäßigen Sechseckmustern zusammengelegt seien (Abb. 7–25). Stärker vergrößert aber (Abb. 7–24), wird erkennbar, daß es sich hier um sternförmige Fortsätze der einzelnen Zellkörper handelt. Zählt man viele aus, so findet man meistens sechs an der Zahl, aber nicht immer. Mit entsprechenden Fortsätzen der Nachbarzellen verbinden sich diese Aërenchymzellen zu einem räumlichen Netzwerk, das wie aus Stäben und Knotenpunkten zusammengesetzt erscheint und den ganzen Binsenstengel schwammartig durchzieht. Es stützt die Außenwände gegeneinander ab und bewahrt dem Stengel seine drehrunde Form; auch nach relativ starken Eindellungen nimmt er seine alte Rundlichkeit wieder an.

Binsen sind Pflanzen, die Sumpf und Wasser und überschwemmtes Brachland lieben. Oft stehen sie ganz oder zum Teil unter Wasser. Da die Halme luftgefüllt sind, legen sie sich unter Wasser nicht auf den Grund, sondern bleiben stehen, ja richten sich gegebenenfalls von selbst wieder auf. Das mag ein ganz besonderer Vorteil dieser sternförmig angeordneten Aërenchymzellen sein. Zum anderen beanspruchen sie im Stengel bei wirksamer mechanischer Stützleistung nur wenig Platz und bieten so der durchströmenden Luft, die das zur Photosynthese nötige Kohlendioxyd mit sich führt, nur wenig Strömungswiderstand. Zwei Fliegen mit einer Klappe.

Kuppelbauten aus regelmäßigen, sechseckigen Stabfachwerken kommen immer mehr in Mode. Aus Holzlatten lassen sich halbkugelige Gebilde dieser Art leicht zusammenfügen. Mühelos sind Durchmesser von mehreren Metern zu erzielen. Als Schwimmbadüberdekkung eignen sich solche ›Halbkugeln‹ sehr. Man überzieht sie mit einer Kunststoffhülle, und das Ganze wird so stabil, daß es großen Winddruck oder beträchtliche Schneelasten aushalten kann.

In elektronenmikroskopischen Dimensionen finden wir die Kugel aus Sechseck-Elementen zum Beispiel bei der Diatomee Stephanopyxis turris (Abb. 7–9). Technologisch kann man die Knotenpunkte solcher Systeme durch eine Reihe einander zugebogener, an den Berührungsstellen verschweißter Eisenstäbe ›nachempfinden‹ (Abb. 7–10).

Im großen Maßstab wurden solche Hallen auch schon konstruiert. Die Abb. 7–26 zeigt das sogenannte Climatron des Botanischen Gartens in St. Louis, USA. Eine riesenhafte Kuppel von mehreren Dutzend Metern Durchmesser wird von einer Doppellage regelmäßiger Sechsecke aus fachwerkartig zusammengesetzten Stäben überspannt: dem tragenden System. Ihm angehängt ist ein Untersystem aus viel kleineren, regelmäßig miteinander vermaschten Dreiecken, die genauso aussehen wie die Stabfachwerke im Binsenstengel. In diese Dreiecke eingelegt sind schließlich Plexiglasplatten, die den eigentlichen Witterungsabschluß des Daches bilden.

Selten findet man in einer Konstruktionsidee so gute Entsprechungen zwischen Biologie und Technik. Zwar können natürliche Konstruktionen und Bauwerke des Menschen bis ins Detail gehende Gemeinsamkeiten zeigen. Doch ist dies immer noch ein Ausnahmefall, wenn auch kein Zweifel besteht, daß sich die Architektur der Zukunft in das große Formenreich der natürlichen Gebilde besser einpassen wird als die Architektur unserer Tage. Zunehmend lassen Architekten und Designer sich von biologischen Formen anregen, und es bleibt zu hoffen, daß gerade durch diese Annäherung an die Natur dem Bauen wieder seine humane Dimension zurückgegeben wird, die es gegenwärtig oft zu verlieren scheint. So hat zum Beispiel einer der kompromißlosesten und eigenständigsten Designer, die wir heute in Deutschland haben, Luigi Colani, als frappierendes Zukunftskonzept ein ›Hohlkugelstadion‹ entwickelt, dessen Prinzip er der Mohnkapsel entnommen hat (Abb. 7–27). Heutzutage kann man sich noch schwer vorstellen, daß ein solches Gebilde gebaut wird, daß wir Sport in einer ›künstlichen Blume‹ treiben und sehen werden. Aber es handelt sich ja um ein futuristisches Konzept. Wer weiß, ob es nicht eines Tages Verwirklichung findet.

Abb. 7–27 ›Mohnkapselstadion‹ der Zukunft. Ein Entwurf von Luigi Colani

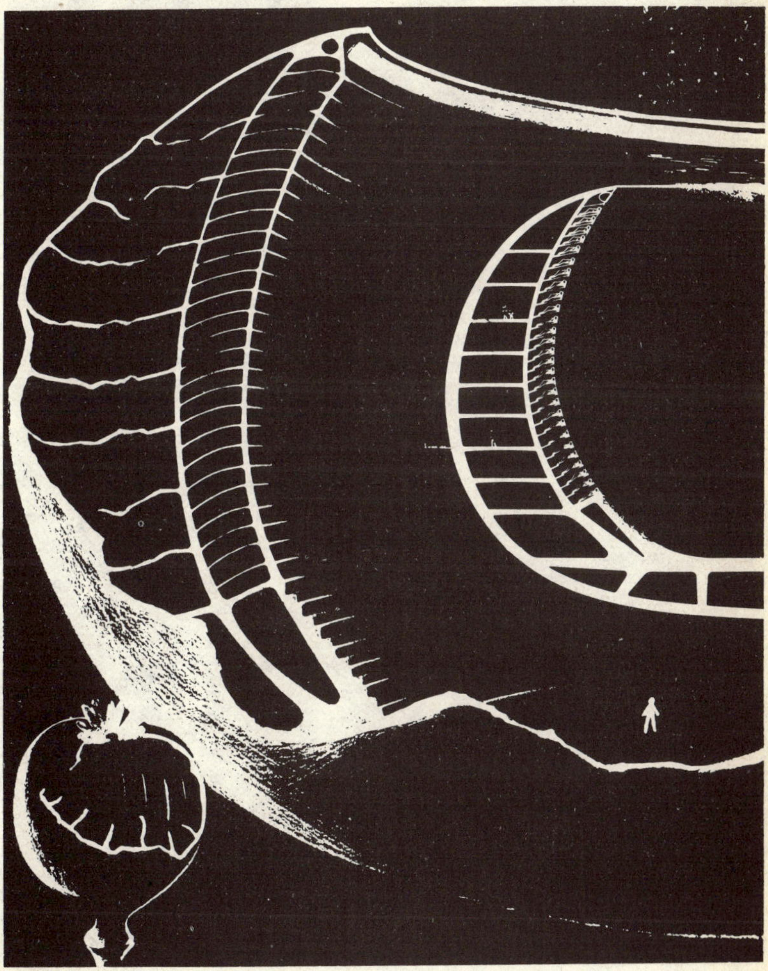

Abb. 7–28 Eine Aufnahme im elektronenmikroskopischen ›Durchlicht‹ vom Ansatzpunkt eines Stachels bei der Kieselalge Chaetoceros. Der Stachel verbreitert sich an der Ansatzstelle, ganz ähnlich wie sich ein Fernsehturm gegen die Basis verbreitert. Er bleibt aber ein graziles Spanten-Leichtbausystem. 15 000fach vergrößert.

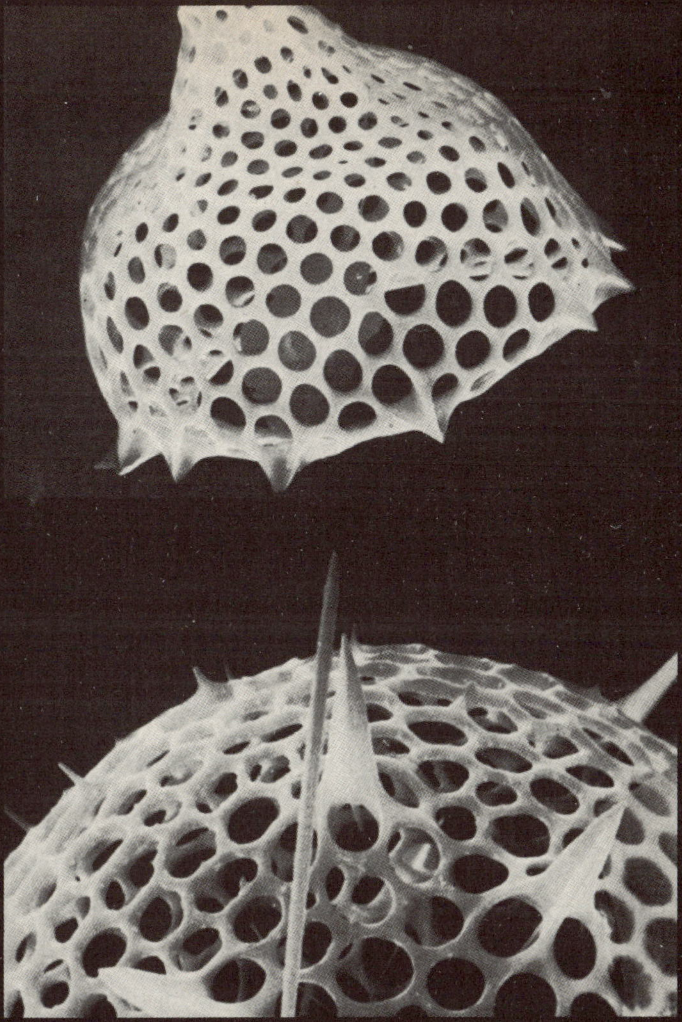

Abb. 7–29 Zwei rasterelektronenmikroskopische Aufnahmen von Strahlentierchen. Diese Radiolarien gehören zum schönsten, was die Mikrowelt dem empfänglichen Auge bieten kann. Sie wurden im elektronenmikroskopischen Labor von Professor Helmcke, Berlin, gemacht.

8
Unkonventionelle Materialien, Formen und Strukturen: Sandwichsysteme, Hochbaukonstruktionen und ›technische‹ Kompositbaustoffe in der Biologie

Ein Sandwich ist ein kulinarischer Begleithappen zu mehr oder weniger hochprozentigen Getränken, bestehend aus zwei Toastbroten mit etwas dazwischen – geräucherter Rentierzunge oder Trüffelpaste: ganz wie's beliebt. Technisch gesprochen stellt ein Sandwich ein Zweikomponentensystem dar. Die beiden Toastbrote bilden die eine Komponente, die oben und unten abschließende Struktur. Die köstliche Fülle repräsentiert die andere Komponente. Tatsächlich hat sich der Ausdruck ›Sandwich‹ im technischen Bereich eingebürgert. Auch hier handelt es sich um ein Zweikomponentensystem, bestehend aus zwei abschließenden, haut- oder membranartigen Strukturen und einer Zwischen-Füllschicht. Solche Zweikomponentensysteme haben sehr interessante Eigenschaften. Meist sind die beiden Komponenten im Sandwich-Verband statisch und dynamisch viel stabiler, als wenn sie einzeln beansprucht werden. Mit ein klein wenig Basteltalent kann man sich das schön klarmachen. Man schneide etwa 5 cm breite Streifen aus Schreibmaschinenpapier und rolle sie um einen Bleistift, so daß 5 cm hohe Röllchen entstehen. Die stelle man nun wie die Zinnsoldaten flächenfüllend auf einem Blatt Zeichenpapier auf und verklebe die Röhrchen an den Berührungsnähten gegenseitig mit Uhu. Über den ganzen Block wird schließlich oben und unten ein Zeichenblattpapier geklebt. Nun ist ein Sandwich fertig: eine Füllmasse aus Papierröllchen, abgedeckt von zwei begrenzenden Membranen. Nach dem Aushärten des Klebstoffs lassen sich ganz erstaunliche Lasten auf dieses System stellen, ohne daß es zusammenknickt. Es läßt sich auch in begrenztem Maße ziehen und biegen, ohne daß es gleich kaputtgeht. Sowohl die abschließenden Membranen wie die Füllschicht für sich hätte diese Eigenschaft nicht gezeigt. Selbst schwacher seitlicher

Druck auf die nicht überdeckten Papierröllchen hätten sie zum Knikken gebracht, und nur durch die deckenden Papiermembranen wird ein solches Zusammenknicken weitgehend verhindert. Auch die Membrane des Zeichenpapiers, einfach gespannt und zentrisch stark belastet, wäre sofort gerissen. Die aufrecht stehenden Papierröllchen nehmen indes diesen Druck leicht auf und verteilen ihn in ihrer Gesamtheit so, daß er nicht zerstörend wirkt. Es ist tatsächlich so: Das Ganze ist hier mehr als die Summe seiner Teile.

Eine solche Sandwich-Konstruktion aus Papier ist ein unkonventionelles ›Material‹. Doch derart raffiniert konstruierte Materialien hat die Natur in großer Fülle anzubieten. Auch der Mensch hat das Prinzip des Stabilitätsgewinns durch Schichtwechsel von Material gelegentlich früh genutzt: so beim berühmten Damaszenerstahl, bei dem Lagen weichen und harten Eisens verschmiedet wurden, oder bei den Kompositbögen asiatischer Reitervölker, die aus wechselnden Holz- und Hornschichten verleimt waren – oder beim Sperrholz neueren Datums. Seit einiger Zeit strebt jedoch die Technik danach, ungewöhnliche Materialien für die unterschiedlichsten Zwecke zu formen; in den letzten Jahren wurden sie in steigendem Maße in der Praxis benutzt. Mit solchen Materialien lassen sich neuartige Bauweisen verwirklichen, vor allem aber – und das ist neu – extreme Leichtbauten, die trotzdem gute Stabilitätseigenschaften haben. Der Flugzeugflügel ist das klassische Beispiel.

Allein durch die Verteilung des Materials in bestimmter Form kommt die Natur sehr häufig zu Strukturen, die der Techniker als unkonventionell bezeichnen würde. Es gibt viele Beispiele dafür, wie allein durch Verteilung des Materials ein Mehrkomponentensystem annähernd erreicht wird, obwohl es sich strenggenommen nicht um verschiedene ›Komponenten‹, also verschiedene Materialien, handelt. Das Papier-Sandwich war ja ähnlich: Sein Material war einheitlich Papier, nur die Art der Anordnung hatte funktionell einem Mehrkomponentensystem entsprochen.

Ein Beispiel bietet der Schwamm (Abb. 8–1). Sein Skelett besteht aus Kalk- oder Kieselnadeln, die sich in teils wirren, teils regelmäßig geordneten Zügen zusammenlegen. Ein System von verwundenen und vielverzweigten Gängen verbindet kleine Hohlräume, in deren Rändern eingesenkt Verbände von hochspezialisierten Zellen sitzen. Mit schwingenden Geißeln sorgen sie für den Wassertransport durch das Kanalnetz und fangen außerdem verwertbare Nahrungspartikelchen heraus. Andere Zellen bauen die Stützstrukturen auf. So gibt es vielfach etagenartige Plattformen, die durch röhren- oder kaminartige

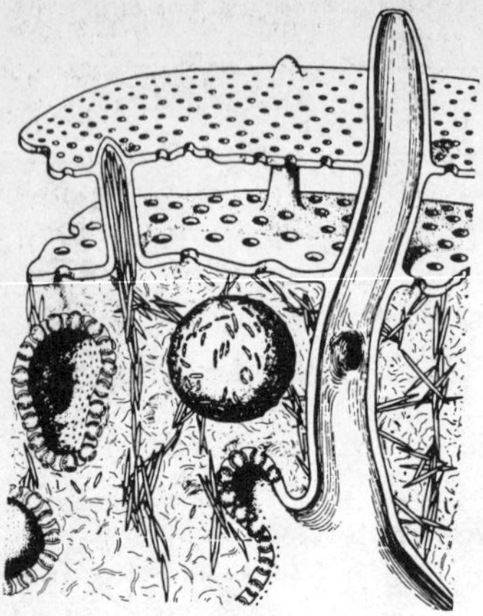

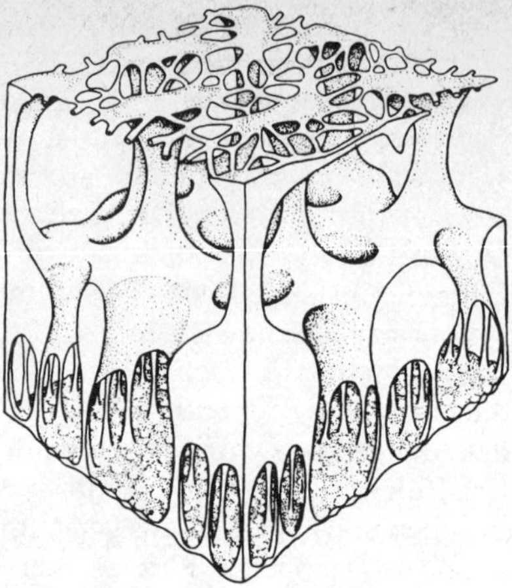

Abb. 8–1 (links) Schemazeichnung eines Oberflächenstücks des Süßwasserschwamms Spongilla lacustris

Abb. 8–2 (rechts) Blockdiagramm-Ausschnitt aus der Eischale der Schmeißfliege Calliphora

Auswüchse gegeneinander in Abstand gehalten werden. Mit dieser Plattformbildung mit einem Stützwerk von zwischengeschalteten stab- oder röhrenartigen Strukturen kann man sie als Vorstufen der Sandwichbauweise betrachten.

In Entzücken und Verwunderung versetzen den Biotechniker die Eischalen von Insekten. So ein Ei ist ja ein lebendes, stoffwechselaktives Gebilde. Die Eischale oder, besser gesagt, die äußere Eihülle soll dem Ganzen einen mechanischen Halt geben und muß die zarten, sich organisierenden Zellverbände gegen äußere Einflüsse schützen. Andererseits darf der Abschluß gegen die Außenwelt nicht vollkommen sein, weil das Zellinnere atmen soll; Sauerstoff muß hineingelangen und Kohlendioxyd ausdiffundieren können. Die Natur löst diese widersprechenden Forderungen auf folgende Weise: Hochspezialisierte Zellen bilden bäumchenartige Strukturen, die gegen das Eiinnere in eine Membran auslaufen, auf der sie aufsitzen wie eine Mangrove mit ihrem vielfältigen Wurzelwerk im Schlickboden der Meeresküsten. Nach oben zu verjüngen sich diese Zellen und verbreitern sich dann wieder in ein fein verteiltes Netzwerk von Spanten und Verbindungsstegen, das mit den Ausläufern der anderen Zellen vernetzt (Abb. 8–2). Die großen Zellkörper lassen zwischen sich Hohlräume frei, durch die der Gasaustausch stattfinden kann. Man nennt sie Lufttrakte oder Aëropylen. Das allerfeinste Netz, die äußere ›Abschlußmembran‹, wirkt wie ein Mikrofilter; es verhindert das Eindringen von Fremdkörpern und wegen spezieller wasserabstoßender Eigenschaften auch die Aufnahme von Feuchtigkeit. Die Gasdiffusion aber behindert es nicht. Auch hier haben wir also eine hochdifferenzierte Anordnung von einheitlichem Zell-›Material‹, das deutlich eine Dreischichtigkeit erkennen läßt: eine obere und untere Abschlußmembran, verbunden über ein Stützgewebe. Diese technisch ›unkonventionelle‹ Anordnung bildet einen ganz hervorragenden Kompromiß zwischen mechanischer Festigkeit, Gasdurchlässigkeit und der Fähigkeit, Wasser abzuweisen sowie das Eindringen von Fremdkörpern zu verhindern.

Wer sich Kanarienvögel hält, kennt sicher den Kalkschulp von Tintenfischen, den man – mit Vitamin angereichert – seinem Liebling in den Käfig hängt. Der Vogel pickt sich Stückchen nach Stückchen heraus und deckt so seinen Kalkbedarf. Es fällt ihm nicht schwer, den Schulp anzuknabbern, denn dieser stellt keinen dichten Kalkkörper dar, anders als etwa ein Stück Gestein. Ja, ganz im Gegenteil: Er ist leicht und locker – aber vergleichsweise doch stabil. So ein Schulp besteht aus einer Vielzahl zwiebelschalenartig übereinandergezogener Kalklamellen, die durch Zwischenstücke auf Abstand gehalten werden (Abb. 8–3). Ihr Aufbau ist außerordentlich ebenmäßig, und bei angemessener Schnittführung werden exakt parallel verlaufende Schichten sichtbar, die von sehr feinen, vorhangartigen Lamellen aus Kalksubstanz auseinandergehalten erscheinen. Dieses Wunderwerk der Feinstruktur dient zum einen dazu, dem Weichkörper des Tintenfisches einen mechanischen Halt zu geben: es ist ein Innenskelett. Zum anderen aber ist es ein hydrostatisches Organ, denn in die feinen Hohlräume zwischen den Lamellen kann Körperflüssigkeit eindringen, und wenn das der Fall ist, erzeugt der Schulp weniger Auftrieb – das Tier sinkt ab. Wenn es aufsteigen will, kann es über ein ganz raffiniertes System Wasser aus dem Schulp wieder heraussaugen: Es erhöht die Ionenkonzentration an den Grenzflächen. Nach den Gesetzen der Osmose strömt nun Wasser in Richtung auf die höhere Salzkonzentration, strömt also aus dem Schulp in die Umgebung ab. Effekt: Das Tier wird leichter und steigt auf. So kann der Tintenfisch über seinen Schulp das gleiche erreichen wie der Karpfen mit seiner Schwimmblase: Er kann langsam steigen oder fallen.

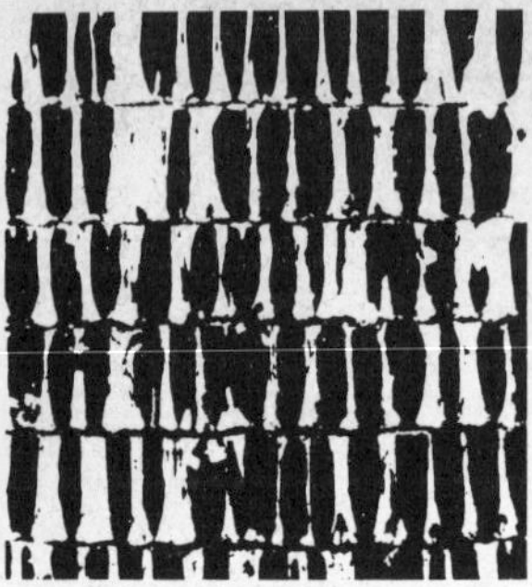 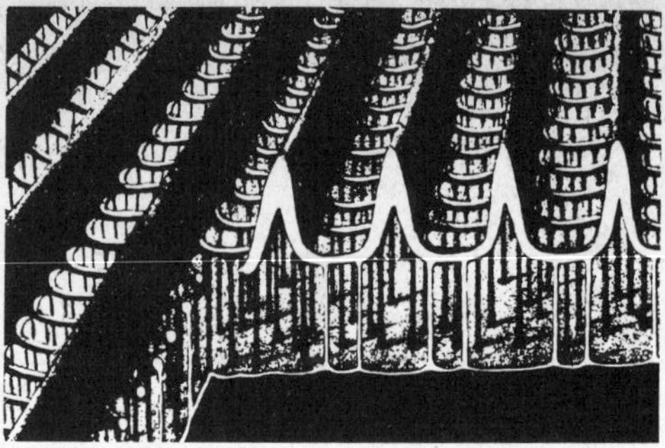

Abb. 8–3 (links) Schnitt durch den Schulp eines Tintenfisches

Abb. 8–4 (rechts) Rekonstruktionszeichnung einer Schmetterlingsschuppe

Ganz andersartig und ungleich ebenmäßiger ist jenes System aus abschließenden Membranen und verbindenden Stützstrukturen, welches die Schmetterlingsschuppen darstellen. Es gibt ›normale‹ Schuppen und Duftschuppen. So wie die vielfältig zu Mustern angeordneten ›normalen‹ Schuppen Farbsignale produzieren, geben die Duftschuppen Duftsignale ab. Beide Signale sind bisweilen sehr wesentlich bei der Partnerfindung und beim Vorspiel zur Kopulation. Duftschuppen finden sich nur bei den Männchen. Sie dienen dazu, die Weibchen zu stimulieren. Im einfachsten Fall sitzen die Duftschuppen vereinzelt zwischen den normalen Schuppen. Bisweilen aber gruppieren sie sich zu ganzen Schuppenfeldern. Sie bilden dann Bezirke, die sich von den großen Feldern der üblichen Deckschuppen bereits bei schwacher Lupenvergrößerung gut unterscheiden lassen.

Alle Schmetterlingsschuppen sind jedoch im Prinzip nach ganz ähnlichen Kriterien aufgebaut. Im Lichtmikroskop erscheinen sie deutlich längsgestreift, tragen zudem aber noch sehr feine Querstreifung. Die Längsstreifen auf der Schuppenoberseite sind tatsächlich hochgezogene, rippenförmige Lamellen, und die Querstreifung stellt ein System von Verbindungsstrukturen zwischen diesen Lamellen dar, die zwischen sich Löcher offen lassen. Das zeigt bereits das Lichtmikroskop. Im Elektronenmikroskop kann man dann ferner sehen, daß zwischen den groben Längs- und den feinen Querträgern noch eine vielfältige, allerfeinste, submikroskopische Stützstruktur angeordnet ist. Die Rekonstruktionszeichnung eines Ausschnitts aus einer typischen Schmetterlingsschuppe zeigt die Abb. 8–4. Ausgehend von einer basalen, sehr dünnen Chitinlamelle erhebt sich ein Wald von allerfeinsten Säulchen. Er trägt die beschriebene skulpturierte Oberlamelle. Die Abstände der einzelnen Elemente zählen nur nach hundertstel und tausendstel Millimetern, und gleichwohl handelt es sich um ein System von großer Regelmäßigkeit. Im Querschnitt sehen die skulpturierten Lamellen auf der Schuppenoberseite aus wie das Faltdach einer Fabrikhalle. Sie sind hochgezogen, innen hohl, offensichtlich auf größte Leichtigkeit, dabei aber auch auf gute Festigkeit ›konstruiert‹. Wäre es möglich, sich durch einen Zauberschlag auf knapp ein Millionstel menschlicher Körpergröße zu verkleinern, so könnte man in diesem Wald von feinen Säulen unter dem nun riesenhaft von Horizont zu Horizont sich spannenden Strukturdach spazierengehen. Vielleicht hätte man dann einen ähnlichen Eindruck wie in einer großen arabischen Moschee, deren Säulenwald als steinernes Nachbild eines ›unter Dach gestellten‹ Palmenhains erscheint. Wer einmal die Moschee von Cordoba gesehen hat, dieses zartgliedrige, ebenmäßige System aus feinen Säulen, wird den Vergleich verstehen.

Schmetterlingsschuppen sind stets zweischichtig gebaut; ein System von Abstandsbälkchen verbindet die homogene Unterschicht mit der überraschend markant strukturierten Oberschicht. Der Schulp der Tintenfische war ein im Prinzip ähnliches, allerdings mehrschichtiges System. Übergänge von einschichtigen zu mehrschichtigen bis schließlich vielschichtigen ›Etagenbauten‹ finden wir hingegen in der Feinstruktur des Schädels der Vögel. Höchst verschiedenartige Wege hat die Natur hier beschritten, die zu entsprechend vielfältigen Ergebnissen führten. Gemeinsam ist den einzelnen Konstruktionstypen, daß die Knochen auf wechselnde Weise ausgehöhlt sind, wobei die Hohlräume von einer gerichteten oder ungerichteten Schicht allerfeinster Knochenlamellen ausgefüllt werden. Eine ungerichtete ›Schwammsubstanz‹, ähnlich der Spongiosa im Oberschenkelhals des Menschen, ist die Regel. Bei kleineren Singvögeln findet sich ein einstöckiger Typ; eine obere und eine untere Abschlußlamelle sind von mehr oder minder senkrecht stehenden Knochenbälkchen gegeneinander abgestützt (Prinzip der Schmetterlingsschuppen). Bei größeren Singvögeln sind zwei solche Stockwerke übereinandergestellt, und bei den Eulen zum Beispiel finden sich nicht weniger als vier solcher Stockwerke. Im Schnitt sieht eine derartige Schädelkapsel dem in Abb. 8–3 dargestellten Tintenfischschulp ungemein ähnlich – so mag diesmal auf eine Abbildung verzichtet werden. Auch hier handelt es sich um eine typische Leichtbauweise, um eine Sandwich-Struktur, die geringes Gewicht mit großer Widerstandsfähigkeit gegen Flächenbelastungen

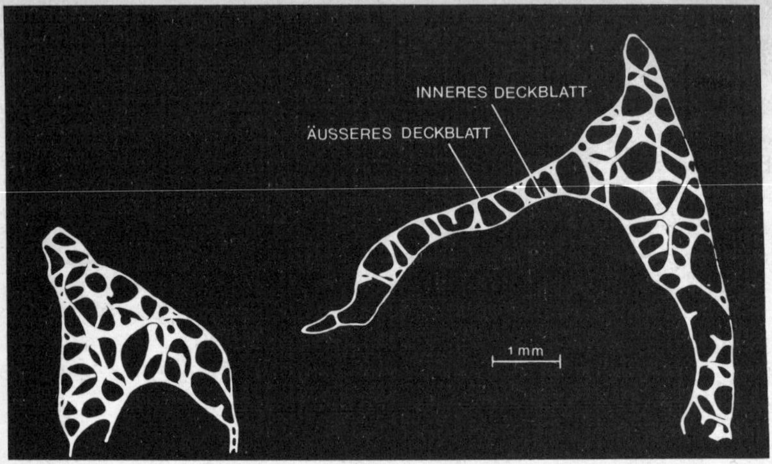

Abb. 8–5 Querschnitt durch einen Teil des extrem pneumatisierten Schädels des Ziegenmelkers (Caprimulgus ruficollis). Dicken (der Deckschichten) zwischen 20- und 75tausendstel Millimeter

verbindet. Man kann sich vorstellen, daß dies gerade beim Vogel, der einem außerordentlich hohen Evolutionsdruck zur Erzielung von Gewichtsersparnis unterliegt, von besonderer Bedeutung ist. Ein Extrem stellt wohl der Schädel der Nachtschwalben oder Ziegenmelker dar, der von Paul Bühler ausführlich untersucht wurde. Hier ist das Material so weit reduziert, daß zum Beispiel ein über 5 cm langer und 3 cm breiter Schädel der Nachtschwalbe Caprimulgus ruficollis (Abb. 8–5) zusammen mit dem Unterkiefer kaum noch ein halbes Gramm wiegt! Die Bälkchenstruktur bleibt außerordentlich locker, und die äußere Lamelle der Schädelkapsel ist stellenweise gerade ein 50stel Millimeter dick! Trotz dieser extremen Reduzierung des Festmaterials ist der Schädel erstaunlich stabil. Die Biologen bezeichnen diese Art der Knochenausbildung auch als ›Pneumatisierung‹, weil hier eine Menge großer, lufterfüllter Hohlräume geschaffen wurde.

Die Sandwich-Strukturen der Knochen sind wohl die bekanntesten derartigen Ausbildungen im Tierreich. Selbst dem Biologen weniger bekannt ist indes eine andere Gruppe von Leichtbausystemen: die Stacheln von Säugetieren. Verglichen mit der Knochenspongiosa (Abb. 7–20) sehen solche Stacheln im Querschnitt ganz anders aus. Man hat eher den Eindruck eines verhärteten Schaums, so wie er in der Welt der Botanik im Holundermark realisiert ist, in der technischen Welt etwa im ›Styropor‹. Aber diese Schaumstrukturen sind nicht einfach, sondern mehrfach geschichtet, und sie sind mit abschließenden Membranen umgeben. Zwei Beispiele werden in Abb. 8–6 und 8–7 vorgeführt. Der Aufbau solcher Säugetierstacheln ist nach den Gesichtspunkten der Histologie und der Statik mehrfach interessant. Stacheln sind weit verbreitet. Man findet sie bei primitiven Säugern, den Kloakentieren, so etwa beim Ameisenigel. Sie kommen aber auch bei Insektenfressern vor, zu denen unser Igel gehört, und eine geradezu spektakuläre Ausbildung zeigen sie bei den zu den Nagetieren zählenden Stachelschweinen. Otto Plugfelder hat solche Stacheln vor einiger Zeit beschrieben und auf ihre ›moderne‹ Konstruktionsweise aufmerksam gemacht.

Die Abb. 8–6 gibt den Schnitt durch einen Stachel des Ameisenigels, dessen Durchmesser rund 4 mm beträgt. Im gezeigten Ausschnitt ist eine äußere sogenannte Rindenschicht aus feinen, bläschenartigen Strukturen, dann aber eine innere Markschicht aus gröberen Bläschenstrukturen zu erkennen. Die Rindenschicht besteht aus massiv verhornten kleineren Zellen, die sich gegen die äußere Hülle stark abplatten, während die Markschicht sehr viel zarter gebaut ist. Die Rinde umschließt das Mark wie eine Klammer. Insgesamt ist der Stachel des Ameisenigels trotz des Fehlens einer derben Außenmembran erstaunlich stabil und dabei verblüffend leicht.

Abb. 8–6 (links) Schnitt durch den Stachel des Ameisenigels

Abb. 8–7 (rechts) Schnitt durch den Stachel des Igeltanrek

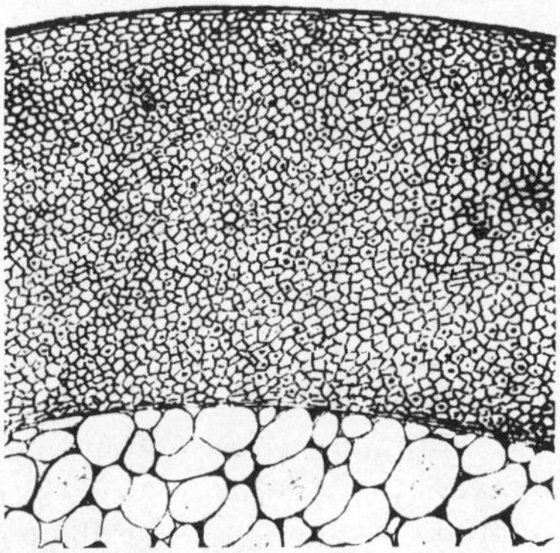

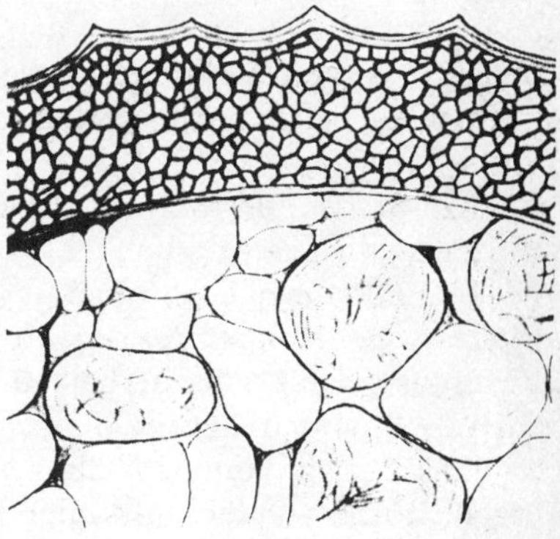

Zu den Insektenfressern gehören nicht nur unsere Igel, sondern auch die Borstenigel mit dem Igeltanrek (Centetes ecaudatus). Diese Tiere besitzen vergleichsweise sehr zarte Stacheln. Auch sie sind gekennzeichnet durch eine Rindenschicht aus kleinen Zellen, die nach außen eine derb strukturierte, homogene Abschlußhaut bilden. Eine solche Oberfläche sieht aus wie gehämmertes Kupfer: sie ist von vielen kleinen, unregelmäßigen Dellen bedeckt und erscheint im Querschnitt gebuchtet (Abb. 8–7). Nach innen ist die Rindenschicht ebenfalls mit einer Art Membran gegen das zentrale Mark abgegrenzt. Dieses besteht nun aus geradezu riesigen, außerordentlich dünnwandigen, luftgefüllten Markzellen. Die massive Rinde mit ihren beiden derben Abschlußmembranen bildet das eigentliche Stabilisierungselement. Die Stacheln sind außerordentlich spitz und stellen wirkungsvolle Waffen dar, die sich beim Eindringen in die Haut des Gegners zwar elastisch verformen, aber kaum brechen können.

Die auffälligsten Stacheln finden sich freilich bei den Stachelschweinen. Jeder kennt diese in gedämpft klirrender Rüstung sich voranschiebenden Gesellen aus den Zoos. Der Stachel eines Stachelschweins kann ein Viertelmeter lang und knapp zentimeterdick sein. Trotz erstaunlicher Stabilität ist er federleicht. In Abb. 8–8 ist der Querschnitt durch einen solchen Stachel aufgezeichnet. Das Prinzip wird sofort ersichtlich: eine – hier schwarz gezeichnete – Rinde aus stark verhornten, dicht gepackten Zellen sendet Septen bis ins zentrale Mark hinein. Es lassen sich Hauptsepten unterscheiden, die fast bis zur Mitte ziehen, und Nebensepten, die nach kurzer Erstreckung an den Markzellen enden. Aber auch diese großvolumigen, sehr dünnwandigen Markzellen senden Septen nach außen. Sie nähern sich der Rinde, erreichen sie aber nie ganz. So bestehen zwei Septensysteme, die, gegeneinanderlaufend, sich vielfältig verschachteln. Auf Abstand gehalten werden diese tragenden Septen von den feinen Wänden der Markzellen, umschlossen vom stabilen Ring der Rindenschicht. Auch hier wieder biologischer Leichtbau in Perfektion.

Mit dem Stachel des Stachelschweins hat der Schädel des Elefanten wahrhaftig nicht sonderlich viel zu tun. Beim Vergleich der Abb. 8–8 und 8–9 fällt aber doch eine erstaunliche strukturelle Ähnlichkeit zwischen dem Feinbau des genannten Stachels und der Stirnregion des Elefantenschädels auf. In beiden Fällen handelt es sich um eine deutliche Pneumatisierung, also um die Bildung großer Lufträume, die mit einer feinen, lamellenartig vernetzten, ›schaumartigen‹ Struktur ausgefüllt und von Abschlußmembranen umgeben sind. Das Prinzip

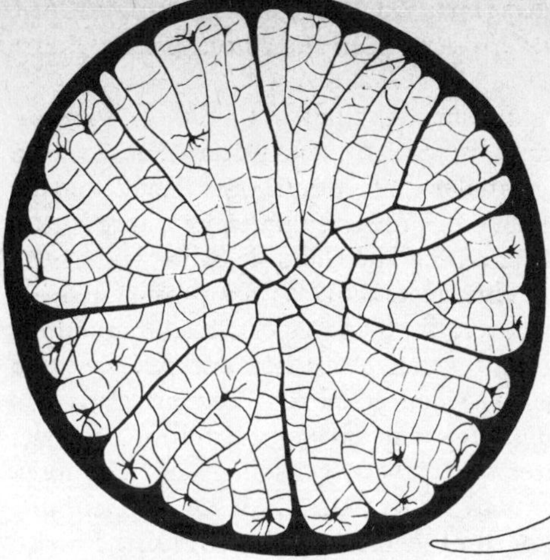
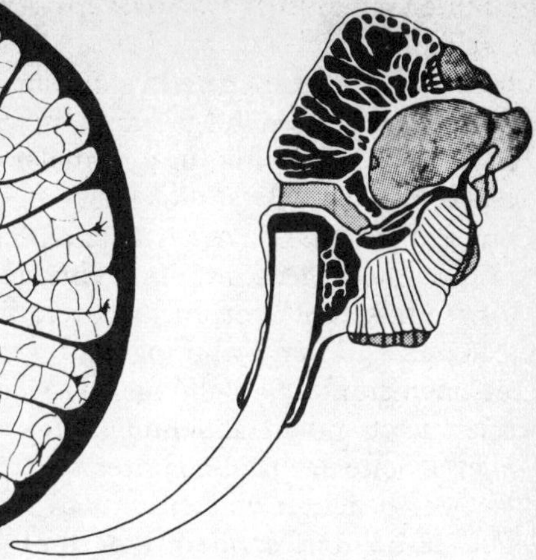

Abb. 8–8 (links) Schnitt durch einen Stachelschwein-Stachel

Abb. 8–9 (rechts) Elefantenschädel im sagittalen Schnitt

der Pneumatisierung scheint demnach übergreifend zu sein; es tritt in den verschiedenartigsten, einander keineswegs homologen (also nach ihrer entwicklungsgeschichtlichen Herkunft vergleichbaren) Körperbildungen auf. Man kann über den Daumen berechnen, daß der Elefant seinen Kopf nur noch mit Mühe oder gar nicht heben könnte, wenn die Schädelkapsel massiv verknöchert wäre. Trotz der Pneumatisierung seines Schädels vermag der Elefant ganz erstaunliche Druckkräfte auszuüben, wenn er zum Beispiel einen kräftigen Baum zum Umfallen bringt, um an das zarte Blattwerk heranzukommen. Selbst die massiven und oft hoher Belastung ausgesetzten Stoßzähne sind in pneumatisierte Regionen des Oberkiefers eingelassen. Offenbar ist das Konstruktionsprinzip folgendes: Es wird in jenen Zonen Material gespart, wo keine oder nur geringe Belastungen auftreten. Material wird hingegen dort angehäuft, wo die Belastungen groß sind. Durch ›gezieltes Weglassen‹ kann eine Menge Gewicht gespart werden, ohne daß die Stabilität merklich leidet. Sehen wir uns unter diesem Gesichtspunkt noch einmal den Querschnitt durch den Stachelschwein-Stachel (Abb. 8–8) an: Die stützenden Strukturen, die schwarz gezeichnete, massive Rindenschicht mit den breit ansetzenden Septen, finden sich ganz außen. Demgemäß sollte man erwarten, daß die größten und besonders zerstörerischen Kräfte an der Peripherie auftreten. Trifft das aber auch wirklich zu?

Ein Gedankenexperiment soll Klärung schaffen. Eine Weichgummisäule, in die linke Hand genommen, wird mit dem Daumen der rechten Hand einmal nach links und einmal nach rechts gebogen. Wie sehen die Belastungen aus? Biegt die Hand die Säule nach links, wird ihre rechte Seite gedehnt, die linke gestaucht. Biegt die Hand sie nach rechts, wird die linke Seite gedehnt, die rechte gestaucht. Wird nun imaginär ein Horizontalschnitt von links durch die Säule gelegt, so durchläuft er Regionen größter Dehnung und gelangt auf der anderen Seite in Regionen größter Stauchung. Das bedeutet, daß die Biegungskräfte von außen nach innen abnehmen und jenseits der Mittellinie auf der anderen Seite nach außen unter Vorzeichenwechsel wieder zunehmen. Das aber bedeutet wiederum, daß in der Mittellinie weder Dehnung noch Stauchung, sondern eine Biegebelastung gleich Null herrscht. Wenn hier aber keine Biegekräfte herrschen, wird das Material an dieser Stelle auch nicht beansprucht. Also kann es dort wegfallen: eine Vollsäule ist nicht nötig, die Röhre tut's auch. Die Technik macht ausgiebigen Gebrauch von diesem Prinzip. Außen herrschen die größten Biegebelastungen. Hier also muß Material dicht gepackt sein.

Innen Material sparen und weit außen an der Peripherie möglichst dehnungs- und stauchungsunempfindliches Material anzuordnen, das ist der Kunstgriff aller biologischer Stütz- und Trägerstrukturen, und nicht nur an den Sandwich-Leichtbauten der Säugetierstacheln wurde er verwirklicht – jeder Pflanzenstengel ist nach dem gleichen Gesichtspunkt konstruiert. Paradebeispiel: die Taubnessel. Ihr im Querschnitt etwa quadratischer Stengel ist an den äußersten Ecken verdickt und trägt dort durchgehende Versteifungszüge. Noch ein Paradebeispiel: der Strohhalm. Im Inneren ist er völlig hohl, und die durchlaufenden ›drahtartigen‹ Strukturen aus hartem, dehnungsunempfindlichem pflanzlichen Material sind in die Matrix etwas weicheren Materials eingebettet, die diese Versteifungselemente auf Abstand hält. Ganz ähnlich sind ja Fernsehtürme konstruiert; die Zugbewehrung im Stahlbeton ist dort auch peripher besonders stark ausgebildet.

Die Abb. 8–10 vergegenwärtigt einen Querschnitt durch Casuarina stricta, eine trockenheitsliebende australische Holzpflanze. Auch hier erscheinen wieder eine Art zentraler Markstruktur und – sofort ins Auge springend – ganz außen angesetzte, sehr seltsam geformte Verstärkungsleisten. Das Mark (gekennzeichnet durch die Zahl 1 in Abb. 8–11, die einen Ausschnitt aus Abb. 8–10 darstellt) besteht aus einem

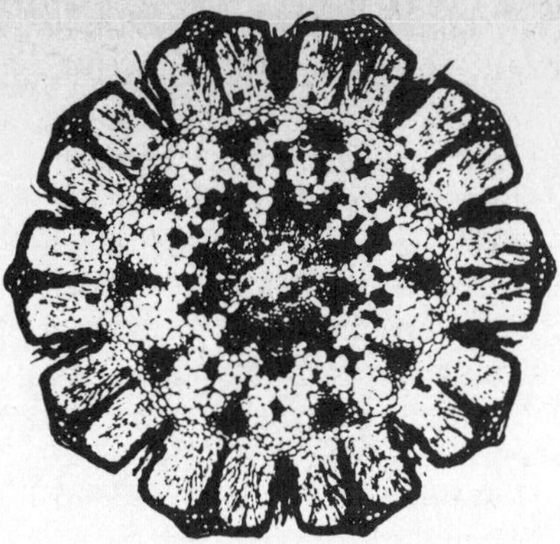

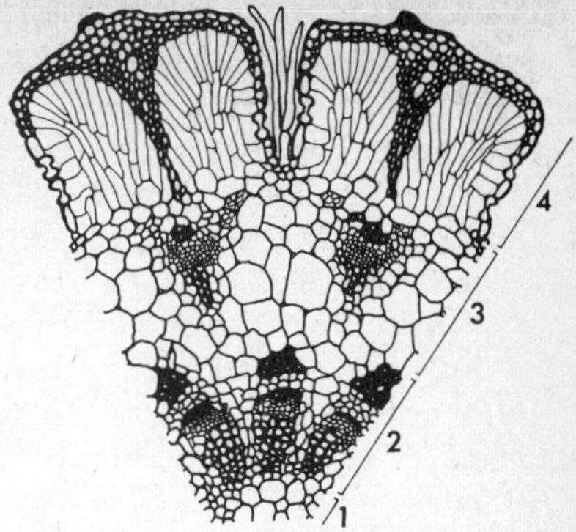

Abb. 8–10 (links) Querschnitt durch Casuarina stricta, ein Holzgewächs

Abb. 8–11 (rechts) Ausschnitt aus der Peripherie von Casuarina stricta. Erläuterung der Zahlen im Text

lockeren System großer, dünnwandiger Zellen, in das die sogenannten Stengelleitbündel (2) zentral und die sogenannten Blattspurstränge (3) peripher eingebettet sind. Ganz außen sitzen die Stengelrippen (4) auf. Im Querschnitt erscheinen sie T-förmig, und die Enden der horizontalen Balken des ›T‹ sind wieder nach innen gezogen und vereinigen sich. Diese schienenartig ausgebildeten, an der extremen Peripherie sitzenden Gebilde bestehen aus sehr harten, verdickten, abgestorbenen Zellen. Die Septenbildung, wie sie hier auftritt (und wie sie bereits analog beim halbzentimeterdicken Stachelschwein-Stachel auffiel), ist ganz typisch für solche außenliegenden Stützstrukturen. Alle diese Septen weisen radiär, also gegen den Mittelpunkt des Systems. Damit ist eine besonders wirksame Schutzeinrichtung gegen Verbiegung aus allen nur denkbaren Richtungen geschaffen. Kleinere Stengel, Halme, Stacheln können auf solche Septen verzichten. Bei größeren Strukturen bilden sie sich aber notwendig aus. Wir kennen sie aus der Technik ja auch; das vertikale Element des Doppel-T-Trägers ist nichts anderes als ein solches Septum. Die feinen Stacheln des Igel-Tanrek besaßen keine solchen Septen. Die größeren und massiveren Stacheln des Igels dagegen zeigen die Septen wohl ausgebildet – ein ganz allgemeines Prinzip! Es läßt sich also festhalten: Systemleichtbau durch Sandwich-Bauweise und Materialeinsparung im Zentrum, verbunden mit der Anordnung zug- und druckfesten Materials weit außen an der Peripherie sind zwei oft gekoppelte Tricks, mit denen die Natur ihre verblüffend widerstandsfähigen und dabei oft federleichten Hochbaukonstruktionen aufführt.

In dieser Bauweise steht die Technik der Natur nicht nach. Fernsehtürme sind schlanker gebaut als die höchsten Bäume. Das Märchen von dem Strohhalm, der, wäre er so hoch wie ein Fernsehturm, nur ein Meter breit wäre – ist eben nur ein Märchen. Aus statischen Gründen müssen turmartige Bauwerke mit größerer Absolutlänge zunehmend plumper werden. Das heißt, ihr Verhältnis zwischen Breite und Höhe wird immer größer. Wäre die Natur fähig, einen Riesenstrohhalm von der Größe eines mehrere hundert Meter hohen Fernsehturms hervorzubringen, so würde er keineswegs nur 1 m breit sein können, sondern breiter werden müssen als die technischen Gebilde. Das liegt daran, daß technische Versteifungssysteme aus hochwiderstandsfähigen Stählen den natürlichen Bauelementen überlegen sind. Unerreicht ist die Natur freilich in der feinen Abstimmung aller möglichen Konstruktionsprinzipien, etwa in der gekonnten Art, wie sie Sandwich- und Rippenbauweise kombiniert.

Zu den erlesensten biologischen ›Hochbaukonstruktionen‹ gehören die Stacheln der Seeigel. Sie sind aus Kalkelementen aufgebaut, die radiär und konzentrisch angeordnet sind, so daß sich feinstes Rippenwerk aus senkrecht aufeinanderstehenden Lamellen ergibt. Die Abb. 8–12 zeigt links einen Querschnitt durch einen Primärstachel des

Abb. 8–12 Querschnitt durch den Stachel des Seeigels Echinometra lucenter (links), verglichen mit einer gotischen Fensterrosette (rechts)

Seeigels Echinometra lucenter. Auf den ersten Blick erinnert er verblüffend an eine gotische Fensterrosette. Die radiären und die ringförmig-konzentrischen Elemente sind gut zu erkennen. Allerdings muß man sie in Gedanken räumlich ergänzen. Es handelt sich nicht um Ringe und Linien, sondern um konzentrische Röhren und senkrecht dazu verlaufende Septen. Ein Blick auf das Schema des dreidimensionalen Maschenwerks der Spongiosa-Architektur im Oberschenkelhals des Menschen in der Rekonstruktion von Benno Kummer (Abb. 7–23) gibt die Möglichkeit zur Hand, aus dem ebenen Schnitt durch den Seeigelstachel das hochkomplexe und dabei so zauberhafte räumliche Gebilde gedanklich zu ergänzen.

Seeigelstacheln sind sehr unterschiedlich gebaut; es gibt weniger komplexe und es gibt enorm komplizierte. Manche besitzen einen zentralen Hohlraum und dafür sehr kräftige, periphere, radiär gestellte Septen, wie sie das Beispiel von Casuarina zeigt. Andere sind ebenmäßiger aufgebaut, etwa wie die von Echinometra. Bei ganz genauer Untersuchung findet sich auch hier eine Rindenschicht und die zentrale Füllmasse der ›Kalkspongiosa‹. Solche Stacheln sind in ihrem Feinbau sehr deutlich auf die Lebensweise ihres Trägers abgestimmt. Da gibt es sehr lange, glasharte Wehrstacheln – und im Gegensatz dazu borstenartige, eleastische Stacheln bei sandbewohnenden Seeigeln. Seeigel können aber auf ihren Stacheln auch laufen, und umgewandelte, kräftige Stacheln dienen sogar als Werkzeuge beim Einbohren in Kalkfelsen, in Sandstein, ja selbst in stählerne Hafenbauten (kein Zoologenlatein!). Andere Stacheln wiederum stehen mit Giftdrüsen in Verbindung – gefährliche Giftlanzen, aber ästhetisch so vollkommen geformt wie Juweliersarbeit.

Unerschöpflich scheinen die Varianten der Natur bei der Konstruktion besonders stabiler und dabei leichter Gebilde aus Mehrkomponenten-Werkstoffen. Eine der kompliziertesten und zugleich fast allgegenwärtigen Ausbildungen dieser Art findet sich beim Deckpanzer der Insekten, der sogenannten Kutikula. Abb. 8–13 vergegenwärtigt in Form eines Blockdiagramms eine solche Kutikula. Mit einem Blick läßt sich ihre mehrschichtige Konstitution erkennen; die einzelnen Schichten setzen sich aus ähnlichem, aber in der Feinstruktur unterschiedlich gelagertem Chitinmaterial zusammen. In ihren Festigkeitseigenschaften sind sie verschieden und ergeben zusammenwirkend einen Mehrkomponenten-Werkstoff höchster Raffinesse. Bei näherer Betrachtung lassen sich nützliche Einblicke in die hier verwirklichten Aufbauprinzipien gewinnen.

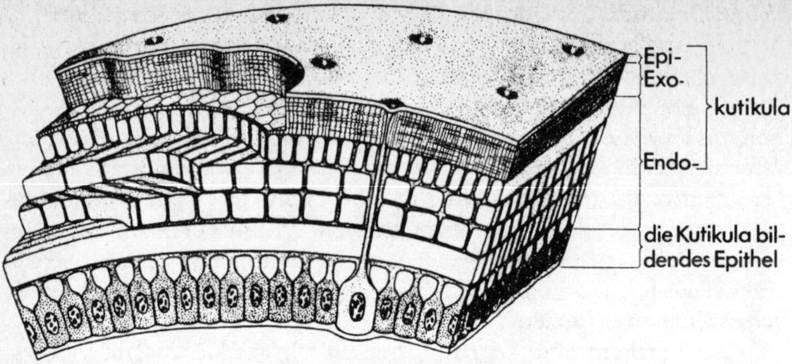

Abb. 8–13 Blockdiagramm der Insektenkutikula

Während der Insektenentwicklung bildet sich auf der Oberseite des Embryos eine zusammenhängende Zellschicht aus, die sogenannte Epidermis. Diese ist ›polarisiert‹, das heißt, man unterscheidet eine physiologische Außen- und Innenseite. Nach innen bilden diese wie Bienenwaben lückenlos nebeneinanderstehenden Zellen ein dünnes, doch festes Häutchen, die sogenannte Basalmembran. Nach außen aber formen sie ein hochkomplexes System aus mehreren Schichten, die sogenannte Kutikula. Zoologen haben sich daran gewöhnt, die Kutikula in drei Elemente zu unterteilen: in eine innere, eine äußere und eine auf ihr lagernde feine Abschlußschicht – in Endokutikula, Exokutikula und Epikutikula. In ihrer Gesamtheit zeichnen sich diese Schichten durch eine hervorragende Druck- und Reißfestigkeit aus. Chemische Agentien können der Kutikula wenig anhaben. Sie ist so wasserabstoßend wie eine Regenhaut, und als Verdunstungsschutz ist sie schlechthin unübertroffen. Das erst ermöglicht es den Insekten, auch in trockenen Gebieten zu leben. Selbst gegen Gase ist die Kutikula wenig durchlässig.

Hauptbestandteil dieses perfekten Verkleidungsmaterials ist das Chitin, ein stickstoffhaltiges Polysaccharid. In seinem Aufbau ist es der Zellulose des Holzes gar nicht so unähnlich. Es bildet lange Ketten. Diese Chitin-Kettenmoleküle sind nun durch Querverbindungen zu einem räumlichen Maschenwerk vernetzt. Eine solche größere Einheit aus vielen vernetzten, langkettigen Molekülen nennt man eine ›Mizelle‹. Viele solcher Mizellen lagern sich zu Strukturen zusammen, die bereits lichtmikroskopisch erkennbar sind und als ›Balken‹ bezeichnet werden. Die Balken ihrerseits liegen wieder geschichtet, so daß lamellenartige Bildungen entstehen. Diese Chitinlamellen können parallel zueinander liegen, aber auch abwechselnd unter verschiedenen Winkeln gegeneinander versetzt sein. Beim Hirschkäfer ist dieser Versetzungswinkel untersucht worden; er beträgt in seinen Deckflügeln genau 60°. Die idealen Festigkeits- und Elastizitätseigenschaften des Chitins gehen hauptsächlich auf die raffinierte Lagerung der Chitinmizellen in den Lamellen zurück: Sie treten häufig aus einer solchen Lamelle aus, krümmen sich in Richtung zur nächsten und treten in diese spiegelbildlich ebenso ein, wie sie aus der ersteren herausgelaufen sind. Auf diese Weise wird eine Art Blattfedersystem angelegt, das die sich bildende Kutikula hochelastisch macht.

Noch ist jedoch ihre Bildung nicht abgeschlossen. Aus Stoffwechselvorgängen wird Orthochinon, ein äußerst reaktionsfähiger Stoff, freigesetzt. Er geht mit den Chitinmizellen Verbindungen ein und verknüpft die benachbarten Kettenmoleküle miteinander, so daß ein grobes, räumliches Maschenwerk entsteht: das Sklerotin. Was hier abläuft, ist durchaus eine Art Gerbungsvorgang. Nur die äußerste Schicht der Kutikula wird dabei vollständig skleoritisiert und damit als harte Schutzschicht funktionsfähig: die Exokutikula. Ihr lagert schließlich die Abschlußmembran auf, die Epikutikula. Sie kann außerordentlich dünn sein; im extremen Fall erreicht sie Dicken von 4tausendstel Millimeter. Chitin suchen wir in der Epikutikula vergebens, dafür findet sich ein anderes Material, das sogenannte Kutikulin. Auf der Kutikulinschicht wiederum ist eine feine Wachsschicht ausgebreitet, gemischt aus verschiedenen Paraffinen und Estern. Diese Wachsschicht wird schließlich von einer zarten aufliegenden Zementschicht geschützt, einer dünnen Lage aus unregelmäßigen, groben Partikelchen, die allerdings bei manchen Arten, besonders den Wasserinsekten, nicht ausgebildet wird.

Zweifellos ist die Insektenkutikula einer der komplexesten und funktionsmorphologisch interessantesten Mehrkomponenten-Baustoffe der Tierwelt. Die dicke Endokutikula mit ihren Blattfeder-Chitinlamellen ist im wesentlichen ein hochelastisches Stoßdämpfer-System. Die dünnere, vollständig ausgehärtete Exokutikula mit ihrem räumlich vernetzten Maschenwerk aus Sklerotin bildet die eigentliche Schutzschicht. Die auf ihr lagernde Epikutikula formt die Abschlußlamelle und sorgt für Wasserundurchlässigkeit.

Von den Epidermiszellen laufen kleine Kanäle durch diese vielschichtige Kutikulaschicht. Manchmal sind sie recht groß, manchmal auch submikroskopisch fein und kommen dann in unerhörter Vielzahl vor. Ungewiß noch, welches ihre Hauptaufgabe ist; sicher sind sie an vielen Vorgängen beteiligt. Beispielsweise wird durch sie Wachs in die Wachsschicht abgegeben, die sich zwischen zwei Häutungen erneuern muß. Aber auch noch eine andere Mutmaßung wurde angestellt. Diese Porenkanäle sind vielfach mit Chitinfäden erfüllt, die eine besonders hohe mechanische Festigkeit aufweisen. Es könnte nun sein, daß die vielen hunderttausend allerfeinsten Chitinfäden, die sich auf einen jeden Quadratmillimeter durch die Kutikula ziehen, insgesamt wie ein stützendes Palisadengerüst wirken – Trägerstrukturen in einem der raffiniertesten Verbundwerkstoffe, die die Natur entwickelt hat. Auch hier fallen technische Raffinesse und ästhetischer Reiz häufig zusammen. Gleiches gilt für die Schalen der Vogeleier und Muschelschalen, die ebenfalls mikroskopisch und submikroskopisch interessante Eigenschaften zeigen. Nicht nur ist Form und Anordnung des Baumaterials bei diesen natürlichen Schalenkonstruktionen optimal, sondern auch das Baumaterial selbst. Muschelschalen bestehen zum Beispiel aus mehreren Schichten, die man grob in eine äußere und eine innere Schale zusammenfassen kann – also auch hier Kompositbauweise, bestehend aus organischen und anorganischen Komponenten. Die anorganischen Kalziumkarbonatkristalle liegen in einer proteinhaltigen organischen Fraktion eingebettet, Conchiolin genannt, und zwar in jeder der beiden Schichten in charakteristischer Anordnung. Die Außenschicht besteht aus parabelartigen Bögen von Kristallen, die sich somit ganz ähnlich zusammenlagern wie die Chitinmizellen in der Kutikula der Insekten!

Das ist ein Paradebeispiel biologischer Analogie: Schalen und ›Formteile‹ der Insekten und Schalen der Mollusken sind ganz unterschiedliche Gebilde, die entwicklungsgeschichtlich und verwandtschaftlich nichts miteinander zu tun haben. Aber – der prinzipiell ähnliche Aufbau läßt eine ähnliche Funktion vermuten. Es scheint, daß die anorganischen Komponenten in der Muschelschale innerhalb ihrer organischen Matrix bei starker Belastung etwas gegeneinander gleiten können. Schalen sind zwar glashart, brechen aber nicht bei Punktbelastungen; sie sind zwar hart, doch elastisch. Es gibt bekanntlich Bohrmuscheln, die sich in Gestein, weiches und hartes, einbohren können, und mancher antike Tempel, der durch Küstensenkungen teilweise unter Wasser geriet, später aber wieder trocken fiel, sieht heute in seinen Fundamenten so löcherig aus wie Schweizer Käse. Einige Bohrmuscheln benutzen chemische Substanzen zur Anätzung von Kalkstein, andere erzielen die kreisrunden Bohrlöcher allein durch den mechanischen Abrieb ihrer sich hin und her bewegenden Schalen.

Kompositbaustoffe bringt die Natur vorwiegend da zur Anwendung, wo starke mechanische Belastungen – Druck und Reibung etwa – abzufangen sind und wo das Material laufend nachgebildet werden muß, wie bei ›organischen Schneiden‹. Ein recht gutes Beispiel sind die Zähne der verschiedenen Seeigel. Konrad Märkel hat sie vergleichend untersucht.

Seeigelzähne bestehen in der Hauptmasse aus Kalzit, einem relativ harten, aber brüchigen Mineral. Sie sind jedoch nicht einheitlich gebaut – schon gar nicht stellen sie etwa einen großen Kalzit-Kristall mit einem durchgehenden, regelmäßigen Kristallgefüge dar. Ihr Material strukturiert sich in zwei Komponenten, im Prinzip sind sie also gleich gebaut wie technische Verbundsysteme oder Kompositwerkstoffe. Handelt es sich hier um verschiedene Materialien mit unterschiedlichen Eigenschaften – und ähnliches haben wir ja am Beispiel der Muschelschale kennengelernt –, so bestehen die Seeigelzähne allein aus magnesiumhaltigem Kalzit. Und beide Komponenten dieses Minerals unterscheiden sich nur im Magnesiumgehalt. Ein seltsamer Verbundwerkstoff also, der aus zwei Phasen chemisch nahezu gleichen Materials besteht! Der Kunstgriff ist der, daß das Material in zwei unterschiedlichen ›Ausführungen‹ vorliegt, die entwicklungsgeschichtlich auf verschiedene Weise entstehen. So unterscheidet man ein primäres Zahnskelett, die sogenannten Zahnelemente, und ein sekundäres Zahnskelett, die sogenannten Kalkscheiben. Diese sekundären Kalkscheiben aber verkitten erst die primären Zahnelemente zum funktionsfähigen Ganzen, zum Zahn. Man darf sich's zwar nicht so vorstellen, als wenn übereinandergeschichtete Papierblätter mit einer Klebepaste zusammengepappt wären. Eher läßt sich ein Bild des Zahnfeinbaus gewinnen, wenn man Spitztüten ineinandersteckt, eine in die andere, die vorher mit Klebstoff bestrichen wurden. Die Abb. 8–14 zeigt die mikroskopische Anatomie eines Seeigelzahns im Schema: hier die tütenförmigen Zahnelemente, dort die sie verkittenden, gestrichelt gezeichneten Zahnscheiben. Übrigens wachsen die Zahnscheiben von außen nach innen nach, sie sind mit zunehmend sich verkleinernden ›Odontoblastenkanälen‹ durchsetzt, die die Blutversorgung des wachsenden Gewebes und andere stoffwechselphysiologisch wichtige Aufgaben übernehmen. Um die Tütenenden herum sitzen zahlreiche feine, langgezogen prismenförmige Kalkstrukturen, die sogenannten ›Prismen‹.

Legt man nun durch den Zahn längs der in das Zahnelement der Abb. 8–14 eingezeichneten gestrichelten Linie einen Schnitt, so bietet sich ein Bild wie zum Beispiel in Zeichnung 8–15. Der Zahn ist nicht etwa

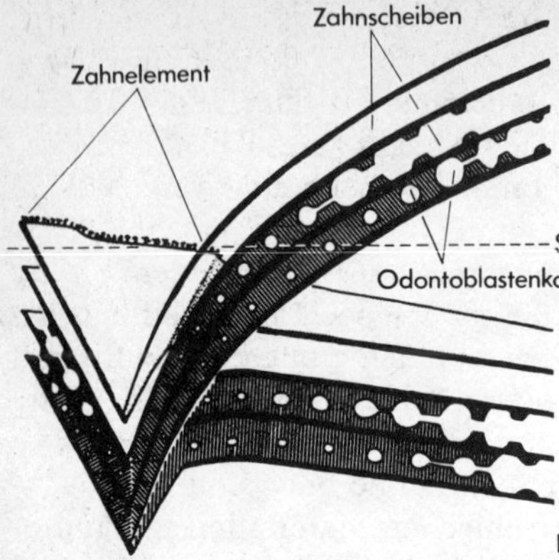

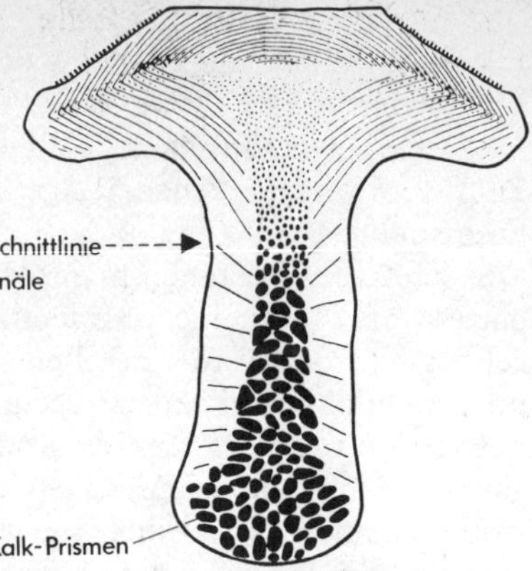

Abb. 8–14 (links) Tütenförmig ineinandergesteckte Zahnelemente im Zahn des Seeigels Echinarachnius parma

Abb. 8–15 (rechts) Querschnitt durch den Zahn des Seeigels Parasolenia gratiosa

drehrund, sondern T-förmig – aus statischen Gründen. Wegen der Schrägbelastung beim Kauen treten starke Biegekräfte auf, die von solchen T- oder Doppel-T-förmigen Trägerstrukturen am besten abgefangen werden können. Vergleichen lassen sich hier die T-förmigen Stützstrukturen an der Peripherie des Casuarina-Stammes (Abb. 8–11). Da die Zahnelemente tütenförmig oder zwiebelschalenartig ineinandergesetzt sind, kommt das konzentrische Strichmuster im Querbalken des ›T‹ zustande. Die abstreichenden Prismen werden nach oben zu immer dicker und sammeln sich mehr im Stil des ›T‹ an. Beide Elemente sind auf dem Querschnitt der Abb. 8–15 deutlich präsentiert.

Die Analogie der Seeigelzahn-Struktur zu technischen Verbundwerkstoffen läßt sich noch weiter ziehen. Solche Verbundwerkstoffe oder Kompositbaustoffe sind zum Beispiel Stahlbeton, bestehend aus Stahlarmierungen und einer Betonmatrix, oder glasfaserverstärkte Kunststoffe, bestehend aus feinen, mehr oder minder parallel laufenden Glasfasern, eingebettet in eine verhärtete Kunstharzmasse. Die Eigenschaften solcher Mehrkomponentenwerkstoffe sind bekanntlich andere als die Summe der Einzeleigenschaften der Bestandteile. Der Techniker unterscheidet bei diesen Werkstoffen Laminate und faserverstärkte Werkstoffe. Die Laminate sind besonders druckfest, die faserverstärkten Werkstoffe besonders zugfest. Druckfesten Laminaten entspricht vor allem der ›Tütenbereich‹ der Seeigelzähne. Dieser Bereich fängt die Druckkräfte ab, die beim Kauen entstehen. Der Prismenbereich des Seeigelzahns entspricht indes einem faserverstärkten Kunststoff. Dieser Bereich fängt offensichtlich die Zugkomponenten der Biegekräfte ab, die ebenfalls beim Kauen auftreten und recht beträchtlich sind.

So ist der Seeigelzahn also ein höchst komplexes und auf verschiedenartige Weise durchaus raffiniert gebautes System. Er ist zum einen ein Zweikomponentenwerkstoff von besonders großer Härte, zum anderen ein System, das in räumlich getrennter Orientierung teils überwiegend druckfest, teils überwiegend zugfest ist! Sehen wir uns einige rasterelektronenmikroskopische Aufnahmen von Seeigelzähnen an. Auf der Abb. 8–16 sieht man in ein solches Tütensystem der primären Zahnelemente mit den innen ansetzenden und schräg nach außen und oben unter Verbreiterung auslaufenden Prismen hinein. Der Innenraum scheint leer zu sein. Doch das ist nur ein Präparationseffekt; die verbindende Substanz wurde herausgelöst. Die Abb. 8–17 zeigt einen Ausschnitt aus der druckfesten Zone, dem Plattenbereich. Die dünnen Linien sind Querschnitte durch die primären Zahnelemente; die schwammartige Verbindungssubstanz entspricht den sekundären Zahnplatten. Besonders im unteren Teil der Aufnahme sind einige Odontoblastenkanäle im Querschnitt zu sehen. Weitere Information enthält die Abb. 8–18: Hier sind die zugfesten Kalkprismen quergeschnitten, und deutlich ist zu erkennen, wie sie in ihrer Matrix liegen, als ob sie verklebt wären. Sie haften übrigens nicht sehr gut an dieser Matrix, denn beim Bruch splittern sie aus der Verbindungs-Kittsubstanz heraus; die Aufnahme zeigt einen solchen Bruch. Ganz ähnlich aber sieht nun die Bruchfläche eines glasfaserverstärkten Kunststoffes aus. Auch hier gibt es Stoffe als Matrix, in denen die Glasfasern gut oder schlecht haften. Die Abb. 8–19 zeigt den Bruch durch einen Kunststoff schlechter Haftung, der dem Seeigel-Prismensystem verblüffend ähnlich ist.

Noch viel wäre über biologische Baustoffe zu erklären, etwa über den Wunderstoff Resilin, der eine geradezu unglaubliche, technisch unerreichte Elastizität aufweist, und in den Flügelgelenken der Insekten, in den Bändern der Pferdehufe und überall da auftritt, wo durch Dehnung elastischer Strukturen Energie gespeichert wird, die später möglichst vollständig wieder zur Verfügung stehen soll. Selbst der Floh besitzt ein Resilinligament. Es wird durch langsame Muskelkontraktion richtiggehend aufgezogen, unter Spannung gesetzt.

Rasterelektronenmikroskopische Aufnahmen von Seeigelzähnen und Kunststoff

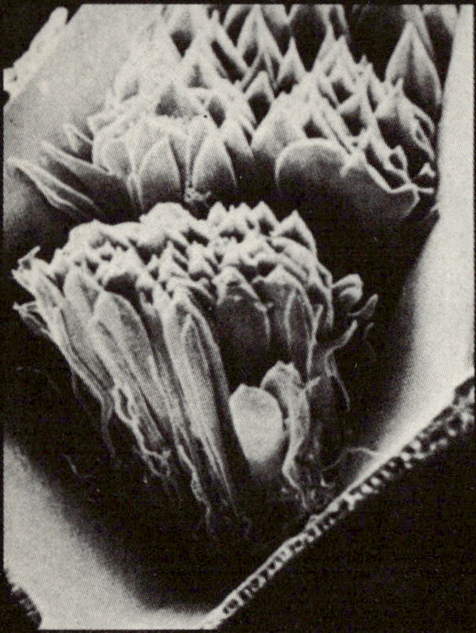

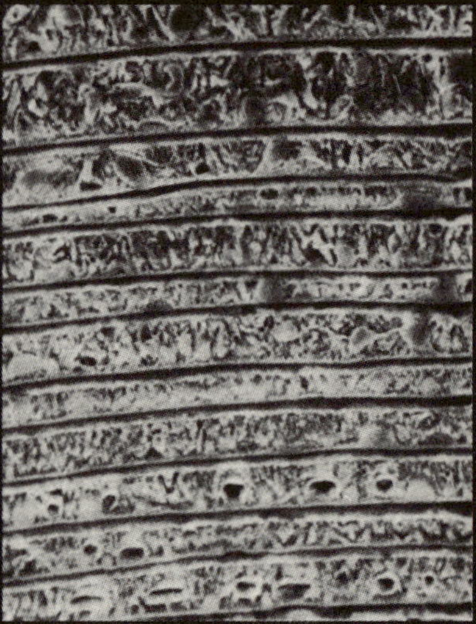

Abb. 8–16 (links) Echinarachnius parma

Abb. 8–17 (rechts) Sphaerechinus granularis

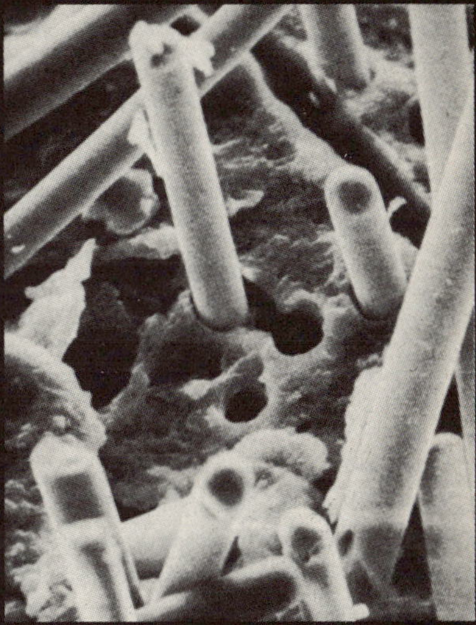

Abb. 8–18 (links) Echinus acutus

Abb. 8–19 (rechts) Glasfaserverstärkter Kunststoff

Ein Hilfsmuskel desarretiert kurz vor dem Sprung dieses Ligament; es schnurrt nun zusammen wie eine Feder und katapultiert den Floh weit hinaus. Das Geheimnis des verblüffend hohen Flohsprungs ist also eine ›Feder‹ aus diesem biologischen Wundermaterial.

Vom Floh zur Seerose – nicht zur Blume des Jugendstils, sondern zu der Aktinie gleichen Namens, einem zu den Niederen Tieren gehörenden Lebewesen: Ihre Körperwand besteht aus einem System von Muskelfasern, die flüssigkeitserfüllte Hohlräume umschließen. Auch hier handelt es sich um eine Art Verbundmaterial; ohne die Flüssigkeit würde das System zusammensacken, und ohne die Muskelfasern wären die druckfesten Flüssigkeitsräume nutzlos. Man kommt wahrlich ins Staunen, wenn man sich in dieses so variantenreiche Teilgebiet der biologischen Materialien etwas näher einarbeitet. Und immer wieder fällt die Analogie zur Technik ins Auge. Die Stacheln des Igeltanrek und Styropor-Kunststoff, Seeigelzähne und glasfaserverstärkte Kunststoffe gleichen sich in der ›Konstruktionsidee‹, in der biotechnischen Gestaltung und ihrer Funktion zum Verwechseln. So lassen sich anhand mikroskopischer oder rasterelektronenmikroskopischer Aufnahmen geradezu Ratespiele veranstalten, ob hier ein Beispiel aus der Biologie oder aus der Technik vorliege (Abb. 8–18 und 8–19!). Zum Verständnis der Eigenschaften biologischer Komposit-Werkstoffe hat das technische Wissen über diese neuartigen Mehrkomponentenbaustoffe allerdings außerordentlich viel beigetragen. Für jene aber, denen weniger Detailforschung als allgemeine Erkenntnis der im Kosmos wirkenden Kräfte am Herzen liegt, geben solche Parallelen die anschaulichste Illustration, daß sich Seeigel wie Homo technicus nach der gleichen Decke naturgesetzlicher Realität zu strekken haben, wenn sich der Mensch auch stets mit hochfliegenden Träumen darunter rekelt – und auch nicht aufhören sollte, es zu tun.

Teil IV

Mechanismen in Biologie und Technik

Wer gern auf sommerlichen Wiesen liegt, hat öfters Gelegenheit, zu beobachten, wie eine dicke Hummel Nektar aus der Blüte des blauen Wiesensalbeis saugt. Wie ferngesteuert senkt sich dabei ein goldgelber Staubbeutel aus der ›Oberlippe‹ der Blüte heraus und tupft der Hummel den Blütenstaub auf den Rücken. Näheres Zusehen entdeckt im Inneren der Blüte einen Mechanismus, einen ungleicharmigen Hebel, der von dem ausgestreckten Saugrüssel des Insekts betätigt wird.

Wer sich den Weihnachtskarpfen vom Händler zeigen läßt, kann beobachten, daß er auf eigenartige Weise nach Luft schnappt, sobald er in der Hand oder im Kescher zappelt. Er schiebt das Maul richtiggehend vor und verlängert es zu einer langen Röhre. So nimmt er auch seine Beute auf. Ein miteinander vernetztes System von Knochenspangen bildet diesen automatisch wirksamen Mechanismus im Karpfenmaul.

Nach einem Tête-à-tête im Gebüsch am Seeufer bemerkt ›Er‹ (oder ›Sie‹) zu Hause als unfreiwilliges Mitbringsel eine Zecke, die ihren Rüssel in die Haut gebohrt hat. Mit raffinierten Einrichtungen verankern sich diese ›Holzböcke‹ in kurzer Zeit so kräftig, daß sie kaum mehr zu entfernen sind (es sei denn mit einem Tropfen Öl).

Hinter dem Fensterflügel hat sich eine kleine Mausohrfledermaus versteckt. Am hellen Tag läßt sie sich ohne weiteres mit der Hand greifen, wird dann munter und krabbelt herum. Wenn jemand dieses possierliche Tierchen etwas ungeschickt angreift, beißt es zu und schlägt dabei seine allerfeinsten Zähne ohne weiteres durch die Haut. Auch die Giftzähne der Kreuzotter sind extrem scharfe und feine Durchdringinstrumente; sie wirken bekanntlich als gefährliche Injektionsspritze. Unangenehm sind die Brennhaare der Brennessel. Sie tragen kleine ›Glaskuppen‹, die bei der geringsten Berührung abbrechen, und die entstehende schräge Bruchkante von geradezu mikroskopischer Feinheit durchdringt mit Leichtigkeit auch zähe Haut.

Eine Springspinne sitzt im Gezweig. Im nächsten Augenblick springt sie ein Beutetier an, eine Fliege, die vielleicht 10 cm weit von diesem Lauerjäger entfernt gesessen hatte. Ihre Hinterbeine strecken sich für einen solchen Sprung in wenigen tausendstel Sekunden aus. Sie besitzt aber keine Muskeln für diesen Zweck, sondern pumpt die Beine blitzartig mit Körperflüssigkeit voll, die sie unter hohen Druck setzt – ein hydraulisches Katapult.

Apparate, Mechanismen, technische Gebilde, wohin der Blick reicht in der belebten Welt. Eine überwältigende Vielzahl von Abertausenden von Konstruktionen. Dringen wir ein wenig ein in dieses faszinierende Reich. Natürlich sind es nur die Patent-Patente der Natur, die hier gezeigt werden sollen – und auch davon noch längst nicht alle.

9
Vollautomatische Rastapparate und ein seltsames Doppelwesen: Koppelmechanismen in Raumfahrt und Zoologie

»Langsam treibt Collins nun das Raumschiff mit der Spitze voran auf die trichterförmige Kupplungsöffnung im ›Dach‹ der Mondlandefähre zu. Eine Zielvorrichtung auf dem Oberteil der ›Spinne‹, die er mit dem Richtfernrohr anvisiert, erlaubt ihm dabei, die für den Dockvorgang erforderliche Fluglage um Neige-, Schwenk- und Rollachse einzuhalten. Das Ziel ist ein T-förmiges Kreuz, auf einer etwa 40 cm langen Stange montiert, das mit einem darunter auf der Außenwand der Landefähre in Schwarz und Weiß aufgemalten ringförmigen Muster von 44 cm Durchmesser in Deckung gebracht werden muß. T-Kreuz und ›Zielscheibe‹ des Musters sind mit runden, selbstleuchtenden ›Leuchtperlen‹ aus in Keramik eingesetzten radioaktiven Isotopen besetzt – wie übrigens auch die Kontrollschalter in der Kabine der Landefähre –, um sie gut sichtbar zu machen.

Beim Dockvorgang muß eine an der Spitze des Raumschiffs befindliche Aluminiumsonde in den Fangtrichter am Mondlander eingeführt und in eine Öffnung am Ende des Trichters geschoben werden, worauf drei federgetriebene Riegelbolzen am Sondenkopf zuschnappen und sich über einen Flansch am Fangkegel legen. Das Problem hierbei ist, die beiden Kupplungsglieder so behutsam und zielgenau zusammenzuführen, daß die Verriegelung stattfindet, bevor die durch den ersten Anstoß in den Pufferfedern der Vorrichtung gespeicherte Energie die beiden Raumfahrzeuge wieder auseinandertreiben kann. Der Fangtrichter ist dabei nur 45 cm weit und 33 cm tief.

Doch das Manöver verläuft gut. Als die drei Vor-Bolzen eingerastet sind, drückt Collins auf einen Kontakt, der eine in der Kupplungssonde eingebaute Pneumatik betätigt. Ein Druckgaskolben bewegt sich etwa 25 cm, verkürzt damit den Sondenzylinder und zieht die beiden Raumfahrzeuge zusammen, so daß eine hermetisch sichere Dichtung hergestellt wird. Ein zweites Signal löst zwölf weitere Riegelbolzen am

Kupplungsring des Mutterschiffes aus, die hinter einem entsprechenden Flansch an der LM-Kupplung einklinken und die drucksichere und biegesteife Verbindung zwischen den beiden Raumfahrzeugen damit vollenden.

Es ist 12.57 Uhr, 3 Stunden und 25 Minuten Bordzeit, als das Kupplungsmanöver erfolgreich abgeschlossen ist!«

So beschreibt Jesco von Puttkamer in seinem Buch ›Columbia, hier spricht Adler!‹ das Dockmanöver. In dieser kritischen Phase war das Mondlandemanöver ganz auf das gute Funktionieren der Einrastmechanismen zwischen Raumschiff und Mondlandefähre gestellt. Im Grunde funktionieren diese Mechanismen wie ein Druckknopf, und wie ein solcher verbinden sie auch zwei Systeme zu einer Einheit. Sie sind nicht prinzipiell kompliziert gebaut, aber sie müssen doch in allen Einzelheiten sorgfältig ausgeführt sein, damit sie selbsttätig und absolut sicher einrasten: Das Leben der Besatzung hängt davon ab.

Nahe liegt der Vergleich zwischen diesem Rastmechanismus und dem Auftanken von Abfangjägern in der Luft. Das Tankflugzeug zieht einen Schlauch hinter sich her, der in einen endständigen Trichter mündet. Der Abfangjäger trägt am Bug eine röhrenförmige Verlängerung mit Einrastvorrichtung, und der Pilot muß seine Maschine nun so gegen das Trichterstück steuern, daß die Spitze in den Trichter eindringt, nicht zu langsam und nicht zu schnell, und sich automatisch in ihm verriegelt. Dann ist die Verbindung zwischen den beiden Leitungssystemen geschlossen, und Flugbenzin kann vom Tankflugzeug in den Jäger gepumpt werden.

Und noch ein weiterer Vergleich läßt sich beibringen: die geradezu verblüffende Analogie zwischen diesen Rastmechanismen und den Begattungsorganen von Mücken, die im Fluge kopulieren. Auch hier herrscht prinzipiell das gleiche Problem: die Verbindung zweier getrennter Systeme zu einer Einheit. Und wie beim lufttankenden Abfangjäger müssen zwei Röhrensysteme automatisch und fest geschlossen werden, nämlich der Samenausführgang des Männchens und die Vagina des Weibchens. Und diese Einrastvorgänge müssen absolut sicher und präzise vor sich gehen, nahezu zwangsläufig und vollautomatisch gesteuert. Denn bei der Mücke ist die sichere Spermapassage für die Erhaltung der Art ebenso wichtig wie die sichere Koppelung der beiden Raumfahrzeuge für die Erhaltung des Lebens ihrer Insassen.

Gleiche Problemstellung wird meist gleiche oder ähnliche Lösungswege erwarten lassen. Auf welche Weise im einzelnen Technik und Natur diese Anforderung gelöst haben, wird sichtbar im Vergleich des

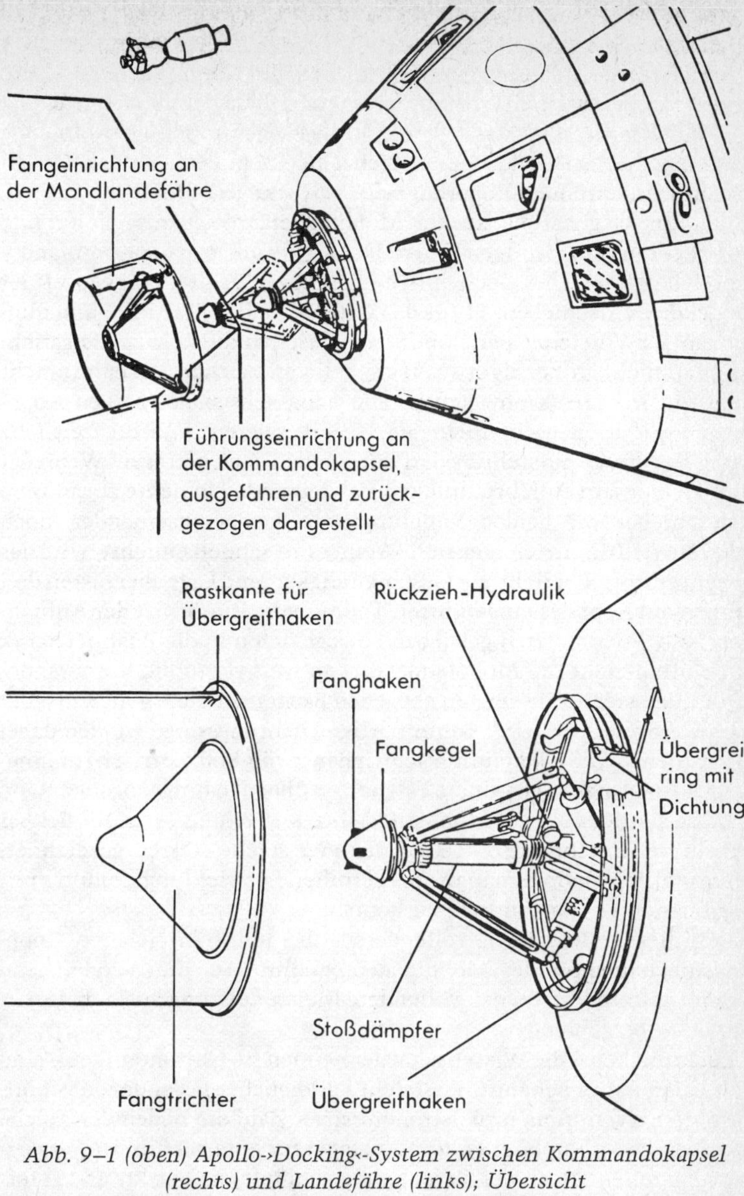

Abb. 9–1 (oben) Apollo-›Docking‹-System zwischen Kommandokapsel (rechts) und Landefähre (links); Übersicht
Abb. 9–2 (unten) Apollo-›Docking‹-System; Details stärker vergrößert

Dockingsystems der Apollokapsel und des ›Docking‹-Systems luftkopulierender Zuckmücken.

Wie die Abb. 9–1 und 9–2 zeigen, trägt die Kommandokapsel am vorderen Spitzenteil ein ausfahrbares, ›männliches‹ Einrasteglied. Die Mondlandefähre trägt das trichterförmige, nach innen sich öffnende ›weibliche‹ Gegenstück. Wie die Eichel an einem Penis ist das Vorderende des einfahrenden Kopplungsteils verdickt gestaltet und hat einen Rand. Das Gegenstück an der Mondlandefähre ist ausgehöhlt und besitzt einen randförmigen Wulst. Der Pilot muß nun die Kommandokapsel langsam, aber doch mit einiger Kraft in die Fangkapsel der Landefähre einschieben. Er tut das unter visueller Kontrolle und muß mit einiger Vorsicht operieren. Seine Geschwindigkeit in Längsrichtung darf nicht größer als etwa 30 cm/sek sein, seitlich darf er mit nicht mehr als 15 cm/sek abweichen. Die Längsachsen der beiden Kopplungsteile dürfen nicht mehr als 10° divergieren, und die zeitliche Änderung dieser Einstellung darf höchstens 1°/sek betragen. Wenn der Pilot zu langsam einfährt, drücken sich federnde Elemente zusammen und schieben die beiden Kopplungsteile wieder auseinander, noch bevor sie richtig eingerastet sind. Wenn er zu schnell einfährt, wird das System gestört. Bei richtiger Geschwindigkeit und Lage aber rasten drei Dornen am Kopf des eingeführten Teiles in die Ringwulst der Aufnahmeschale. Pneumatisch getrieben bewegt sich nun die Rastmechanik zurück und zieht die Mondlandefähre so weit gegen die Kommandokapsel, daß sie mit ihrem aufgebogenen Fangrand in den Ringwulst der Kapsel eingedrückt wird. Gummiartige Dichtungsringe werden dabei zusammengepreßt. Daraufhin schnappen zwölf konzentrisch im Inneren des Fangrings angeordnete Falgbolzen über den umgebogenen Rand des Gegenstücks an der Mondlandefähre und halten es unverrückbar fest. In der Zeichnung 9–2 sind nur vier solche Rasten gezeichnet; offensichtlich glaubte man in einem frühen Entwicklungsstadium mit vier Elementen auskommen zu können.

Von diesem technisch vollendeten und funktionssicheren Kopplungsmechanismus des Mondlandeprogramms sei nun vergleichend auf eine zumindest ebenso vollendete Meisterleistung aus dem Insektenreich übergeblendet.

Zuckmücken – die Wissenschaftler nennen sie Chironomiden – sind dem Laien kaum bekannt. Vielleicht hat mancher Leser davon gehört, daß ihre Larven in nahezu astronomischer Zahl die Böden der Teiche und Seen bedecken können und Anzeiger für eine bestimmte Wassergüte darstellen. Nach der Verpuppung schlüpft das Insekt, und sofort versuchen die Geschlechtspartner sich zu begatten. Es gibt nun Arten, bei denen die Begattung in der Luft eingeleitet und am Boden vollendet wird. Andere sind ganz auf Luftbegattung eingestellt. Man muß sich einmal vorstellen, was das für die nur wenige Millimeter langen und trotzdem sehr rasch fliegenden Tiere bedeutet. Die Partner müssen sich erst einmal finden – schon dies ist ein Problem. Wenn sie in Körperkontakt sind, hat das Männchen seinen Penis in das weibliche Begattungsorgan einzuführen. Beide Organe sitzen aber an der Spitze des schmalen, langgezogenen Hinterleibs, und die Partner sehen sie nicht. Sie können also keine visuelle Kontrolle ausüben wie der Pilot der Kommandokapsel beim Docking. Außerdem sind die Tiere keineswegs ruhig. Sie schwingen im Rhythmus der Flügelschläge, also mehrere hundertmal pro Sekunde hin und her, auf und ab. Die beiden tanzenden und schwirrenden Hinterleibsspitzen müssen sich nun finden und ineinanderrasten – vollautomatisch, höchstens unter der Kontrolle bestimmter mechanischer Sinnesorgane –, sie müssen die beiden Röhrensysteme zur Spermapassage absolut sicher verbinden und eine Zeitlang halten, bevor sie sich wieder lösen können. Reis hat den Begattungsmechanismus unter anderem bei der Mücke Limnophyes pusillus untersucht, die wie die meisten Mücken die Spermaübertragung vom Anfang bis zum Ende im freien Flug durchführt. Er hat nicht weniger als vier Kontaktzonen gefunden, die in den Abb. 9–3 und 9–4, in der biologischen Skizze sowie im Schema, dargestellt sind. Sie alle seien hier aufgezählt, und es empfiehlt sich, den Text mit den Bildern genau zu vergleichen:

Kontaktzone 1:

Die Endglieder (Egl) eines zentralen Teils des männlichen äußeren Begattungssystems (die Biologen nennen es ›Hypopyg‹) sind mit ihren Basalgliedern (Bgl) gelenkig verbunden und werden gewöhnlich eingeschlagen getragen. Bei der Begattung verankern sie sich durch ›Einkneifen‹ mit ihrem endständigen starren Griffel (Gr) sehr kräftig am Rückenschild des achten weiblichen Rückenleibsegments (VIII. Tgt). Dieses wird dadurch seitlich eingedrückt und an Bauch und Rückenseite hochgewölbt.

Kontaktzone 2:

Die inneren Lappen (Il) am männlichen Basalglied (Bgl) und die weiblichen seitlichen Lappen (Ll) verzahnen sich mit ihrer doppelten konvex-konkaven Passung sehr genau und sicher.

Kontaktzone 3:

Die Spitze des männlichen Hypopygs schiebt sich in die weibliche ›Fangregion‹ ein. Sie wird im wissenschaftlichen Sprachgebrauch Subgenitalbucht genannt. In der Zeichnung 9–3 ist das zur besseren

Übersicht nicht dargestellt, in der Schemaskizze 9–4 jedoch mit dünnen, hellen Linien verdeutlicht. Zwischen den männlichen Basalgliedern (Bgl) kommen die Hinterleibsanhänge oder ›Cerci‹ des Weibchens (Ce) zu liegen.

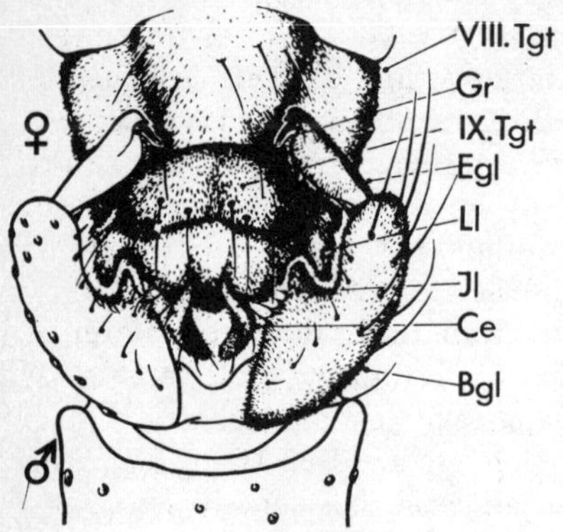

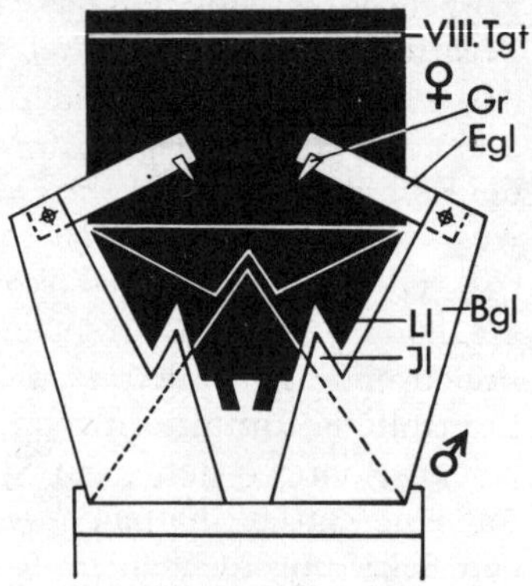

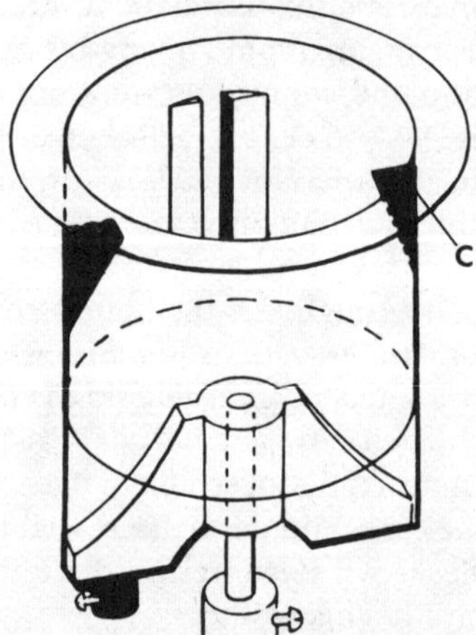

Abb. 9–3 (oben links) Hinterleibenden der Zuckmücke Limnophyes pusillus bei der Kopula. Von oben nach unten ist das Weibchen orientiert, von unten nach oben das Männchen

Abb. 9–4 (oben rechts) Schemaskizze zu 9–3, in gleicher Orientierung

Abb. 9–5 (unten links) Schuko-Stecker

Abb. 9–6 (unten rechts) Führungseinrichtung der Schuko-Steckdose

Kontaktzone 4:

Die Penisspitze legt sich auf die Mündung der Zuleitungsgänge der Samenbehälter. Auch dies ist in den Zeichnungen nicht dargestellt. Nun pumpt das Männchen Sperma in den weiblichen Genitaltrakt ein, bis die Samenbehälter prall gefüllt sind.

Wenn wir diesen biologischen Kopplungsmechanismus mit dem zuvor beschriebenen technischen Apparat in Analogie setzen wollen, können wir folgendes sagen: Das Hypopyg mit dem Penis entspricht dem ausfahrbaren Mechanismus der Kommandokapsel. Der konusförmige Fangtrichter der Mondlandefähre entspricht der Subgenitalbucht des Mückenweibchens. Der aufgebogene Ring an der Mondlandefähre ist funktionell identisch mit den eindrück- und ausbeulbaren Seitplatten des weiblichen Hinterleibs, und die zwölf Greifhaken der Kommandokapsel, die sich an diesem auswärts gebogenen Ring nach innen verhaken, werden durch die Endglieder und Basalglieder des Hypopygs dargestellt. Bei der Mücke sind es jedoch nur zwei Elemente, und sie drücken auch nicht von innen nach außen, sondern von außen nach innen. Wird im technischen Bereich der genaue Sitz durch die entsprechenden Rundleisten und Fangringe an den beiden Elementen gewährleistet, so im biologischen durch zapfenförmige Verzahnung: den männlichen und den weiblichen Seitlappen. Dem hydraulisch gesteuerten Heranziehen der Landefähre an die Kommandokapsel entspricht das Heranziehen des Weibchens durch das Männchen mittels der mit Muskelkraft gegen die Basalglieder eingebogenen Endglieder des Hypopygs. Und die ersten drei Fangelemente an der eichelförmigen Spitze der Kommandokapselsonde finden ihr Gegenstück in den dornförmigen Enden der Endglieder, die sich als erste an bestimmten vorgeformten Dellen des weiblichen Hinterleibs verankern.

Zusammenfassend läßt sich der biologische Mechanismus vielleicht so charakterisieren: Die exakte Lage der eigentlichen Verbindungszone wird durch die zwei Kontaktzonen 2 und 3 eingestellt und durch eine Klammereinrichtung gesichert. Die Kontaktflächen 2 und 3 bilden vorzügliche Passungen und verhindern jede Verschiebung in der Längs- und Seitrichtung. Die eingenommene Stellung wird durch die Kneifzangen der Zone 1 fixiert.

Insgesamt ist dieser Verbindungstyp der vollständig auf Luftbegattung eingestellten Mücken weitgehend automatisiert. Es müssen nur zwei steckerartige Elemente ineinandergeschoben werden, die über eine Innenpassung (Zone 3) und eine Außenpassung (Zone 2) zwangsgekoppelt sind. Der Kontaktschluß ist also ein »passiver Einrastmechanismus in Gestalt einer doppelt gesicherten Zwangslaufstrecke«. Nach

Schluß der Verbindung wird das gesamte System mit der äußeren Zange (Zone 1) verriegelt. Die Kopulationsorgane der Zuckmücken lassen sich auch treffend mit einer zugfesten Kabelverbindung etwa vom Typ eines Tuchelsteckers oder auch schlicht mit einem Schuko-Stecker (Abb. 9–5 und 9–6) in Analogie setzen.

Die Ähnlichkeiten sind offensichtlich:

- Übertragungsorgane: Stecker und Dosenkontakte – Penis und Genitalkammer (Zone 4).
- Innenpassung: Steckkontaktführung im Dosenkontakt – Hinterleibsspitze in der Subgenitalbucht (Zone 3).
- Außenpassung: Führungsnocken f in Paßnuten – Innenlappen in den Seitlappen.
- Zusätzliche Außenpassung: Steckeraußenfläche r in Doseninnenfläche – Innenfläche des Basalglieds auf der Außenfläche des achten Hinterleibssegments.
- Verriegelung: Steckerklemmbügel über Dosennocken c – Außenglieder der Hypopygzange über vorstehende oder eindrückbare Elemente des achten Hinterleibssegments.

Bei den verschiedenen Arten einer Gattung zeigen sich sehr geringfügige Unterschiede in der Gestaltung der Geschlechtsorgane. Diese Unterschiede aber reichen völlig aus, um eine genaue Kontakt-Paarung und damit eine Kopulation von Individuen verschiedener Arten unmöglich zu machen. Nur die in allen feinsten morphologischen Einzelheiten zusammenpassenden äußeren Geschlechtsapparate der gleichen Art schließen die Verbindung. In schönster Ausgestaltung finden wir hier im Bereich der Biologie das Schlüssel-Schloß-Prinzip der Technik verwirklicht.

Übrigens hätte es mich nicht gewundert, wenn der Apollo-Kopplungsmechanismus noch etwas anders ausgefallen wäre, sofern ein Biomechaniker im Konstruktionsbüro vorher einen Vortrag über die Luftbegattung von Zuckmücken gehalten hätte!

Vor einiger Zeit ging das Bild einer automatischen Waggonkupplung für Eisenbahnwagen durch die Zeitungen, recht klein und nicht gerade auf der ersten Seite. In der Legende zum Bild war etwa folgendes zu lesen: »Eine automatische Kupplung sollen bis 1976 250000 Güterwagen, 25000 Personenzugwagen und 8000 Triebwagen der Bundesbahn erhalten. Die automatische Mittelpufferkupplung wird derzeit in einem Versuchszug der Bundesbahn gezeigt, der durch die ganze Bundesrepublik fährt. Die neue Kupplung soll vor allem dazu beitragen, Rangierunfälle zu vermeiden.«

Sie soll nicht nur das, wenngleich die erschreckende Zahl von Rangierunfällen den Eisenbahnverwaltungen allen Anlaß gab, nach automatischen Kupplungen zu suchen. Sie soll und wird auch den gesamten Güterumschlag beschleunigen, die Zeit für die Zusammenstellung von Güterzügen verkürzen und mit einem geringeren Stamm an Bedienungspersonal auskommen.

Es ist vielleicht nicht uninteressant, einmal anhand dieser Frage einen kleinen technisch-historischen Rückblick zu versuchen. Wie häufig in der Technikgeschichte liegt ein Thema über Jahrzehnte ›in der Luft‹, wird hier und da zu einer gewissen Reife entwickelt, erfüllt aber doch nicht alle Ansprüche. Es dauert weitere Jahrzehnte, bis ein solches nicht gerade unlösbares Problem durch stets erneute kleine und große Veränderungen und Verbesserungen sich so weit evolutioniert hat, daß es auch im harten Alltagsgebrauch sozusagen selbstverständlich läuft. In gewisser Weise finden wir hier eine Parallele zur Evolution der belebten Welt. Auch die Natur arbeitet mit Versuch und Irrtum, mit abertausend neuen Varianten, die einmal zur Anwendung kommen, sich aber häufig nicht durchsetzen und schließlich verworfen werden. Und wie in der technischen Entwicklung, so bleiben auch in der Evolution manche halbreife Lösungen erst einmal ›liegen‹, bis neue Herausforderungen ihre volle Verwirklichung erzwingen.

Beobachten wir, wie zwei Eisenbahnwagen miteinander verkuppelt werden: Der Rangierer steigt zwischen die Wagen, läuft zwischen den Puffern herum, hängt den Haken einer Kette in die Öse eines anderen Wagens, zieht eine Spindel an, schiebt die kombinierten Schläuche für Druck und Dampf bzw. Elektroanschlüsse zusammen, klettert unter den Puffern wieder auf die Bahnsteigkante zurück, während sich der Zug nicht selten schon wieder ein Stück weiterbewegt. Daß diese Arbeit nicht ohne Risiko ist, versteht sich von selbst. In den Vereinigten Staaten von Nordamerika wurde im Jahre 1893 eine Statistik aufgestellt: Beim Kuppeln wurden 433 Bedienstete getötet und 11277 verletzt. Im gleichen Jahr verabschiedete der Kongreß ein Gesetz – rasch und präzise, wie die Amerikaner manchmal handeln können –, in dem die Umstellung der handbetriebenen Kupplungen auf vollautomatische Kupplungen in einem Zeitraum von sieben Jahren verlangt wurde. Die Industrie lief zunächst einmal Sturm dagegen, weil das Problem als unlösbar galt. Tatsächlich mußte die Frist um drei Jahre verlängert werden, aber in einem knappen Jahrzehnt hatte die konzentrierte Anstrengung der Ingenieure und Mechaniker tatsächlich eine zufriedenstellende automatische Pufferkupplung zustande gebracht. Unter entsprechendem äußeren Druck geht eben alles.

Kaum war die selbsttätige Kupplung in den Vereinigten Staaten eingeführt, hatte die Zahl der Unfälle auch schon abgenommen. Trotz erhöhten Verkehres waren rund 20 Jahre nach dem denkwürdigen Gesetzesbeschluß ›nur‹ noch 171 Getötete und 2692 Verletzte zu beklagen. Im Jahre 1926 wies die Statistik noch 64 Tote und 1591 Verletzte auf.

Und was hatte sich inzwischen in Europa getan? Auch hier war man nicht müßig geblieben und hatte in einer Reihe von Sitzungen grundlegende Forderungen für eine ›europäische‹ automatische Kupplung ausgearbeitet. Es waren bestimmte Bedingungen gestellt worden, zum Beispiel sollte der Arbeiter nicht mehr zwischen die Wagen steigen müssen. Alle eingehenden Vorschläge erwiesen sich aber in der Praxis als unbrauchbar. Wie sich das für gründliche Menschen gehört, wurde vom Verein deutscher Eisenbahnverwaltungen ein Unterausschuß gegründet und mit der Prüfung dieser Fragen beauftragt. Im Jahre 1900 wurden die ersten Ergebnisse der praktischen Versuche vorgetragen, im Jahre 1903 fuhren die ersten Versuchswagen mit selbsttätigen Kupplungen. So zog sich das eine Weile hin, bis zum Jahre 1909. Dann aber wurden die Versuche abgebrochen, nachdem es sich herausgestellt hatte, daß alle vorliegenden Entwürfe den praktischen Anforderungen nicht genügten. Internationale Wettbewerbe in den Jahren 1905, 1908 und 1912 sollten neuartige Lösungen schaffen, die für alle europäischen Eisenbahnverwaltungen akzeptabel sein sollten. Aber auch diese Ergebnisse waren negativ.

Der Erste Weltkrieg hatte die Arbeiten unterbrochen, aber im Jahre 1923 wurden sie wiederaufgenommen. Erfahrungen nach Versuch und Irrtum, Ausschüsse des internationalen Eisenbahnverbandes, Erhebungen, Empfehlungen zur technischen Durchführbarkeit, Planungen einer Einführungsstrategie, Fragen der Wirtschaftlichkeit – so zog sich das Problem ›automatische Kupplungen‹ in die Länge. Dann kam der Zweite Weltkrieg, und die Entwicklungen wurden erneut eingestellt. Im Jahre 1948 wurde die Frage der Einführung einer selbsttätigen Kupplung durch den Binnenverkehrsausschuß der Europäischen Wirtschaftskommission wiederaufgenommen. Sonderlich zügig gingen die Arbeiten allerdings nicht voran, denn man war zunächst einmal der Meinung, daß die Beseitigung der unerhörten Kriegsschäden Vorrang haben sollte. Unter neuen Gesichtspunkten nahmen die Arbeiten nach einigen Jahren des Zuwartens, ab 1956, neuen Aufschwung.

Es macht nachdenklich, daß von da an zwar Fragen der Sicherheit des Kupplungspersonals immer noch eine große Rolle spielten, aber offensichtlich nicht mehr länger die treibende Kraft der Entwicklung waren:

Fragen der Personaleinsparung, der Arbeitserleichterung für die Bediensteten, der Beschleunigung des Rangiergeschäftes und damit der Verkürzung der Wagenumlaufszeit wurden mehr und mehr bedeutsam. Von allen vorgeschlagenen Modellen hat der internationale Eisenbahn-Verband (UIC; Union International de chemin de fer) nur drei Typen in die engere Wahl genommen. Nach einer Unzahl von Abänderungen und Versuchsbauten, die insbesondere von einigen Kupplungsfirmen, aber auch von französischen, italienischen und deutschen Bahnen getragen wurden, war man endlich so weit, im März 1965 ein System vorschlagen zu können, das die europäischen Verhältnisse berücksichtigte und alle Vorteile der in Betracht genommenen Systeme in einem neuen vereinigte, dabei aber deren Hauptnachteile vermied. Das Ei des Kolumbus war die UIC-Synthese-Kupplung, deren Konstruktion am 10. September 1965 im Prinzip akzeptiert wurde. Nun war man endlich so weit, eine technisch verwertbare, praxisorientierte europäische Einheitskupplung in Angriff nehmen zu können – ein dreiviertel Jahrhundert nachdem das Problem sich erstmals gestellt hatte!

Der Außenstehende wird das mit Verwunderung und Kopfschütteln zur Kenntnis nehmen. In dieser Zeit haben wir fliegen gelernt, die Erde mit einem Netz von Verkehrsverbindungen überzogen, von Grund auf neue Technologien entwickelt, haben ein wahrhaft bemerkenswertes Waffensystem gebaut, mit dem sich die Menschheit selbst ausrotten kann, und sind auf dem Mond gelandet. Aber eine funktionierende vollautomatische Eisenbahnkupplung hat sich in Europa nicht durchsetzen können. Rußland und Japan dagegen haben das Kunststück fertiggebracht. In Japan wurde der Beschluß zur Einführung einer selbsttätigen Kupplung im Jahr 1918 gefaßt. Nach siebenjähriger Vorbereitungszeit wurden im Jahr 1925 schlagartig sämtliche Kupplungen an sämtlichen Eisenbahnfahrzeugen gewechselt. Das war an nicht weniger als 3205 Lokomotiven, 8544 Reisezugwagen und 52000 Güterwagen! Rußland hat seine Umstellung im Jahre 1957 beendet. Von ihrem Beginn bis zu ihrer Beendigung ging in Rußland die Zahl der Verletzten auf ein Fünftel zurück – die Zahl der Kupplungsbrüche auf 500, gegenüber früher 35000 im Jahr. Durch Zeiteinsparung beim Rangiergeschäft konnte die runde Summe von 600 Mill. Rubel eingespart werden. 17000 Rangierer wurden frei; dem entsprechen Einsparungen von 170 Mill. Rubel im Jahr.

Die gar nicht so uninteressante Geschichte der automatischen Eisenbahnkupplungen ist hier nach Aufzeichnungen von Erich Schmidt einmal etwas ausführlicher geschildert worden, weil sie so recht geeignet ist, den Blick zu öffnen für die unerhörten Anstrengungen, die in die Entwicklung eines Geräts von der ersten Reißbrettskizze bis zum verläßlichen Gebrauchsstück investiert werden müssen.

Und wie sieht nun das Ei des Kolumbus aus, die zukünftige europäische Einheitskupplung, an deren Entwicklung so viele Arbeitsgruppen in so vielen Ländern jahrzehntelang gearbeitet haben? Wie alles technisch Geglückte ist sie von verblüffender Einfachheit. Systematisch betrachtet ist sie eine Abwandlung des sogenannten ›Willison-Profils‹.

Christoph Ernst leitet dieses Profil sehr überzeugend von einer Verbindung des Tischlerhandwerks ab, dem sogenannten ›gefederten Hakenblatt mit Verkeilung‹. Hier hat man zwei Balkenenden mit gegenläufig ausgefrästem Profil (Abb. 9–7). Sie werden ineinandergeschoben und dann gegeneinandergedrückt. Nun entsteht in der Mitte ein schlitzförmiger Zwischenraum. Dieser Zwischenraum wird mit zwei gegenläufigen Keilen ausgefüllt, und damit ist die Verbindung

Abb. 9–7 (oben links) Gefedertes Hakenblatt mit Verkeilung

Abb. 9–8 (unten links) Vorstufen zum Willison-Profil

Abb. 9–9 (oben rechts) Schematisiertes Willison-Profil

Abb. 9–10 (unten rechts) Willison-Profil, von oben gesehen

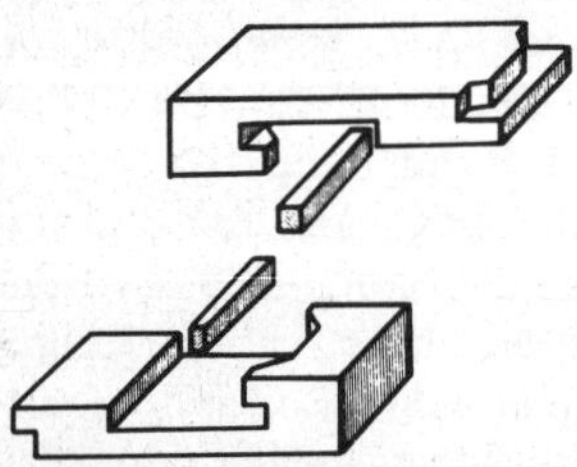

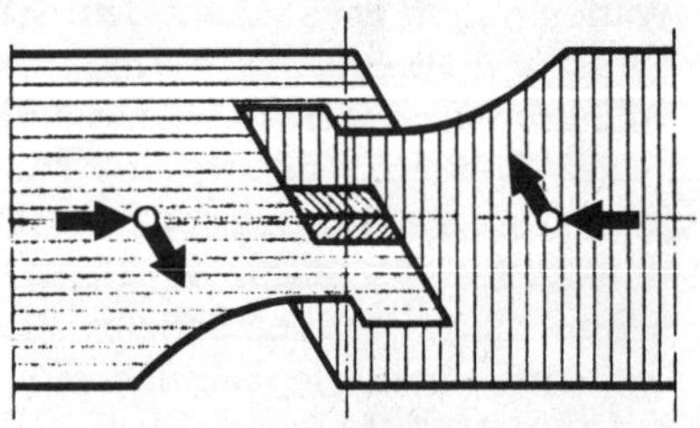

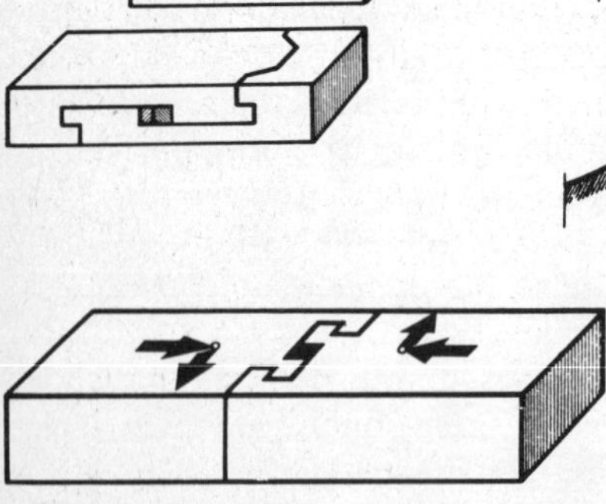

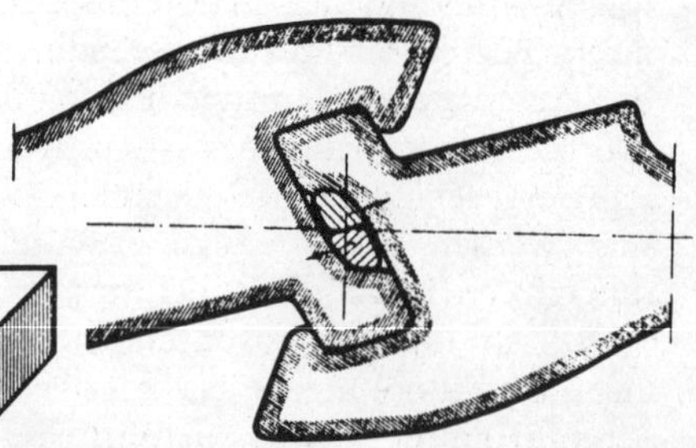

›kraftschlüssig‹ geschlossen. Ein weiterer Denkschritt: Das Profil wird quer zur Längsachse der zu verbindenden Stücke angeordnet. Zwei solche Balken wären nun nach Art der Abb. 9–8 aneinanderzuschließen. Die Balken werden entsprechend dem Pfeilverlauf erst entlang ihrer Längsachse gegeneinandergeführt und dann senkrecht zu ihr bewegt. Damit haben sich die Profile ineinandergeschoben, und der entstehende Zwischenraum wird auch hier mit Keilen ausgefüllt. Für eine mehr oder minder automatische Ineinanderführung sind die Stöße der Balken abzuschrägen (Abb. 9–9). Werden sie nun längs zusammengedrückt, so gehen sie bei Berührung automatisch durch Schrägführung in die Verschlußlage über. Das Zentrum wird wieder verkeilt. Das eigentliche Willison-Profil ist eine technologisch sinnvolle Abwandlung des zuletzt genannten Prinzips (Abb. 9–10). Die Keile sind Teile der beiden Kupplungsköpfe und können in diese zurückweichen, damit die Kupplung geschlossen und wieder gelöst werden kann. Unnötig auch, daß die Teile dieser Kupplung beim automatischen Einkuppeln einander genau gegenüberstehen: Sie rasten ebenfalls sicher ein, wenn sie seitlich ein wenig gegeneinander verschoben sind. Wenn die Lokomotive anzieht, berühren sich nur die mit einigem Spielraum gegeneinander verschiebbaren Backen der eigentlichen Kupplung; die Keile, allgemeiner als ›Riegel‹ bezeichnet, halten nur die Kupplungselemente auf. Sie übertragen weder Druck- noch Zugkräfte. (Die Abb. 9–11 zeigt eine versuchsweise an ein Waggonpaar angebaute Willison-Kupplung.)

Soweit also das Prinzip der Willison-Kupplung, das nach russischem Vorbild auch der neuen europäischen Mittelpufferkupplung zugrunde gelegt wird.

Interessant wäre jetzt, zu sehen, wie die Natur das Problem gelöst hat, zwei Elemente zusammenzukuppeln. Ein typisches Beispiel sind die Kupplungsmechanismen zwischen den Vorder- und Hinterflügeln vierflügeliger Insekten. Die Evolution ist hier einen höchst eigenartigen Weg gegangen. Die meisten Insekten tragen zwei Flügelpaare, an der Mittelbrust eines und an der Hinterbrust eines. Bei den ursprünglichen Insekten, etwa den Heuschrecken, Schaben und Libellen, schlägt jedes Flügelpaar für sich. So kann sich der Hinterflügel durchaus in der Aufwärtsbewegung befinden, während der Vorderflügel gleichzeitig abwärts schlägt. Bestimmte phasische Beziehungen herrschen zwar vor, aber wesentlich ist doch, daß die zwei Schlagflügelpaare im Prinzip getrennt arbeiten. Jedes hat seine eigene Antriebsmaschinerie und ist mit dem anderen nicht direkt gekuppelt.

Ganz anders hat sich der Flügelmechanismus bei den höheren Insekten im Verlauf der Stammesgeschichte entwickelt. Sehr häufig geht die Tendenz dahin, die Hinterflügel in ihrer Größe zu reduzieren und Vorder- und Hinterflügel mit Haken-Ösen-Mechanismen zu einer funktionellen Einheit zusammenzukoppeln. Obwohl sie getrennt angelegt sind und obwohl beide Flügelpaare ihre eigenen Muskelmaschinen besitzen, wirken doch die Vorder- und Hinterflügel einer Körperseite wie ein einziger Flügel – eine ›funktionelle Einheit‹! Ganz auffallend ist das bei der Honigbiene. Wer sie kurz vor dem Abflug genau beobachtet, sieht deutlich, wie der große, dreieckige, lange Vorderflügel und der kleine, weniger langgestreckte Hinterflügel zusammengekoppelt sind. Der Koppelmechanismus ist hier überaus fein ausgebildet. Am Vorderrand der Hinterflügel ist eine bestimmte Ader in eine einzeilige Reihe allerfeinster Häkchen ausgezogen. Alle diese Häkchen liegen streng nebeneinander, wie die Zähne eines Kammes. Und alle greifen über eine einzige, leicht unterschnittene Leiste am Hinterrad der Vorderflügel. Im Prinzip ähnliche Konstruktionen sind bei vielen Wanzen, Blattläusen, Schnabelhaften, Köcherfliegen und Schmetterlingen verwirklicht.

Abb. 9–11 Willison-Kupplung, für einen praktischen Fahrversuch zwischen zwei Waggons eingebaut

Zu fragen ist, warum die Natur solche Koppelmechanismen entwickelt hat. Ein Grund könnte folgender sein: Der einzelne Insektenflügel kann seine Wölbung wenig verändern. Er kann zwar durch starke Windkräfte leicht abgebogen werden und durch die Art der Gelenkführung manche Adern gegeneinanderkippen und sich so in kleinem Umfang verspannen. Er kann aber seine Wölbung keineswegs in dem Maße verändern, wie dies etwa beim Flügel eines großen Verkehrsflugzeugs vor der Landung möglich ist, bei dem die Nasenklappen an der Vorderseite abgekippt und die Landeklappen an der Hinterseite ausgefahren werden. Die Wölbung der Flügel wird damit erheblich größer, und das bewirkt mehr Auftrieb, der bekanntlich beim Landen besonders wesentlich ist. Wenn nun aber die zwei Insektenflügel durch Haken-Ösen-Verbindungen zusammengekoppelt sind, so können sie längs der Verbindungslinien leicht gegeneinander bewegt werden, somit entweder in einer gemeinsamen Ebene liegen oder aber sich leicht im Winkel zueinander stellen und damit die Wölbung vergrößern! Auch für die Steuerung kann diese Beweglichkeit bedeutsam sein. Hochfrequenzaufnahmen von fliegenden Bienen haben gezeigt, daß diese kleinen Meister der Flugtechnik sich dadurch um ihre Hochachse drehen, daß sie links und rechts am Flügel (durch Muskelzug) unterschiedliche Wölbungen einstellen.

Wer das Wort ›Wanze‹ hört, denkt an die Bettwanze und wendet sich von dieser doch so hochinteressanten Insektenordnung von plötzlichem Juckreiz befallen ab. Dabei ist die Bettwanze nur eine der Zehntausenden von Wanzenarten, die die Erde bevölkern, und diese eine Art hat – wie ungerecht! – alle übrigen in Verruf gebracht.

Zur Familie der Schildwanzen gehört die Gattung Palomena. Wie viele Wanzen können auch ihre Vertreter recht gut fliegen, wobei sie vor dem Abflug die häutigen Hinterflügel mittels eines zuggesicherten Einschnappmechanismus an die Vorderflügel kuppeln (Abb. 9–12). Diese Vorderflügel weisen am Hinterrand einen grubenartigen Längsspalt auf, an dem beidseits Elemente sitzen: An der einen Längsseite trägt der Spalt einen kräftigen, bürstenartigen Haarsaum, an der gegenüberliegenden Seite einen mehrzeiligen Saum kurzer Borstenstümpfe. Die Vorderkante der Hinterflügel wiederum ist verdickt, im Querschnitt geknickt und hammerartig verbreitert. Diese langgezogene Leiste wird nun in den Grubenspalt der Vorderflügel eingedrückt. Dabei federn die Haarsäume und die Borstenstümpfe zur Seite und halten die Leiste des Hinterflügels an der Hinterseite der ›Hammerstruktur‹ wie Sicherungsflügel fest! Ein klein wenig kann sich die Leiste in der Grube verdrehen, so wie ein Scharniergelenk an der Tür, aber eben nur ein bißchen, dann stoßen die Hammerköpfe an seitlichen Vorsprüngen an.

Nach dem Flug werden die Flügel zusammengelegt, zuerst die Hinterflügel. Dann decken sich die lederharten Vorderflügel der Wanze wie eine Faltgarage darüber. Dazu aber müssen die Kopplungselemente erst einmal ausgekoppelt werden, und das geschieht durch den Zug eines bestimmten Muskels. Dies alles ist so raffiniert konstruiert, daß die beträchtlichen Luftkräfte während des Flugs die Verbindung keineswegs lösen können – im Gegenteil, sie versteifen sie sogar. Die viel

Abb. 9–12 (oben links) Flügelkoppelungsmechanismus bei der Schildwanze Palomena. Oben Längsspalt am Hinterrand des Vorderflügels, unten Einrasten des Vorderrands des Hinterflügels in diesen Längsspalt

Abb. 9–13 (oben rechts) Flügel-Koppelungsmechanismus bei der Schildwanze Graphosoma

Abb. 9–14 (unten links) Flügel-Koppelungsmechanismus beim Blattfloh

Abb. 9–15 (unten rechts) Flügel-Koppelungsmechanismus bei einer Blattlaus

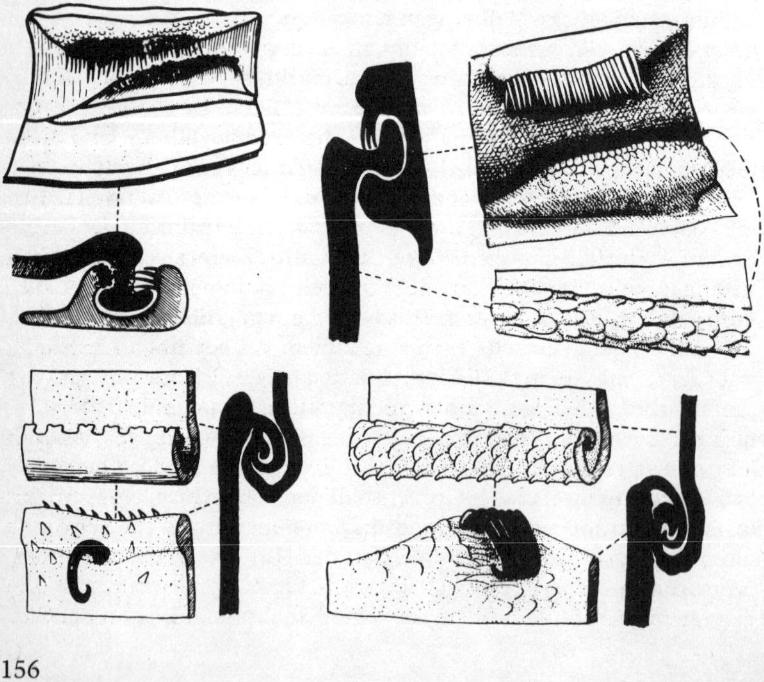

schwächeren, aber anders gerichteten Zugkräfte des Öffnungsmuskels dagegen können die Verbindung leicht lösen.

Eine etwas einfachere, im Prinzip aber gleiche Hakeneinrichtung besitzt die Wanze Graphosoma, die ebenfalls zur Familie der Schildwanzen gehört. Statt eines Saums von Borstenstümpfen trägt sie eine übergreifende plattenartige Längskante (Abb. 9–13). Die Blattflöhe wiederum besitzen eine kräftige, halbkreisförmig gebogene Borste oben am Vorderrand des Hinterflügels, die in einer der ›Schießscharten‹ des umgebogenen Vorderflügel-Hinterrands eingreifen (Abb. 9–14). Blattläuse tragen an der gleichen Stelle sogar ein ganzes Bündel halbkreisförmig gebogener Borsten (Abb. 9–15). Die Leiste, in die diese Borsten einrasten, ist schuppig-rauh beschaffen. Somit können die Haken gut eingreifen und sich verankern.

Welches sind nun die technischen Fragen des automatischen Einrastens zweier ›Kupplungspartner‹? Fragen, die zwei aneinandergehängte Eisenbahnwaggons ebenso betreffen wie Mücken, die sich bei der Begattung zu einer funktionellen Einheit zusammenkoppeln. Der Kopulationsmechanismus der Zuckmücken ließ deutlich werden, wie außerordentlich wesentlich es ist, daß trotz heftiger Körperbewegungen beim Flug eine sichere Spermapassage gewährleistet wird. Recht ähnliche Probleme treten bei der Begattung der Vogelmilben auf. Diese nur millimetergroßen Tiere leben im Gefieder der Vögel und schieben sich langsam von Federstrahl zu Federstrahl mit winzigen, aber kräftigen klammertragenden Beinchen. Dennoch: Wenn der Vogel fliegt, werden sie mächtig hin und her geschüttelt. In diesem Chaos der Bewegungen nur hundertstel Millimeter feine Begattungsorgane ineinanderzuführen und fest zu verankern, das verlangt schon mehr als die Präzision eines Uhrmachers. Manche Vogelmilben lösen dieses Problem einfach dadurch, daß sie sich mit Drüsen vor der Begattung zu einem einzigen Stück fest zusammenkleben. Andere wiederum haben raffinierte Doppelkupplungen ausgebildet.

Eine solche Doppelkupplung ist bei der Vogelmilbe Pterophagus strictus zu beobachten. Die Abb. 9–16 und 9–17 zeigen eine Übersichtsskizze der beiden kopulierenden Tiere und eine halbschematische körperhafte Rekonstruktionszeichnung der Verbindungsorgane. Die Schemazeichnung 9–18 verdeutlicht das Ineinandergreifen der Rastorgane. Bei den heftigen Bewegungen während des Flugs der Wirtstiere können die zarten Kopulationsorgane Penis (p) und Vagina (v) selbst den Zusammenhalt der kopulierenden Milben nicht gewährleisten. Es muß vielmehr eine unverrückbare und mechanische stabile Passung eingestellt werden, bevor die Spermapassage überhaupt begin-

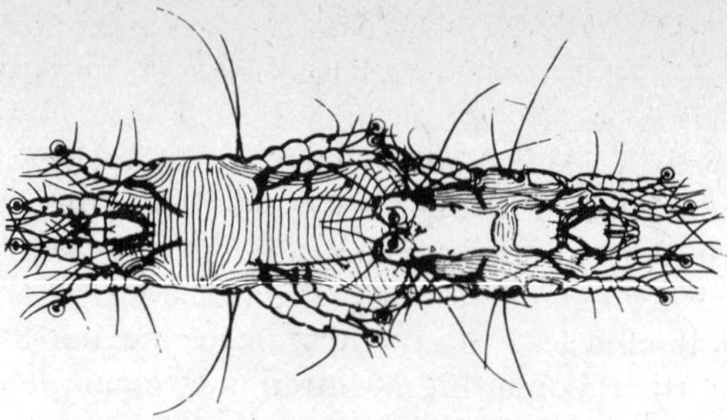

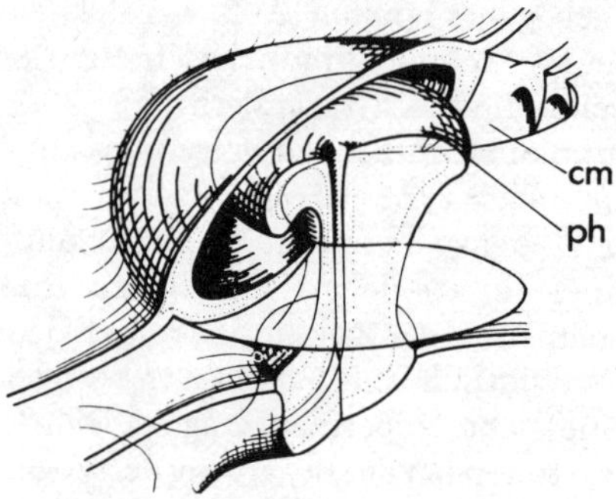

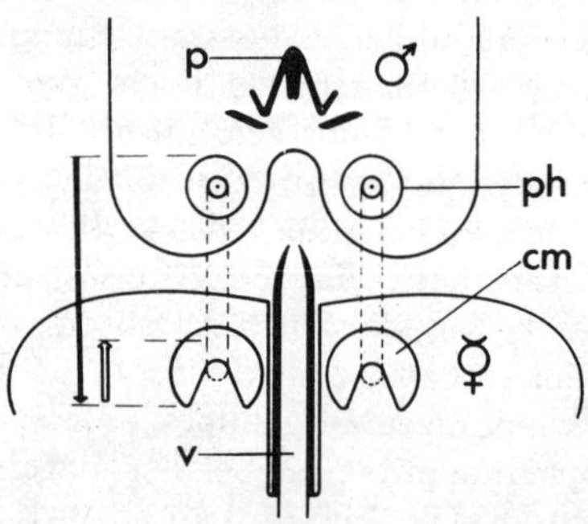

Abb. 9–16 (oben) Zusammengekoppelte Kopulationspartner von Pterophagus strictus. Die ›augenförmigen‹ Elemente in der Bildmitte sind die beiden Rastmechanismen

Abb. 9–17 (Mitte) Ein Elementpaar eines Rastmechanismus im Blockdiagramm dargestellt und in starker Vergrößerung herausgezeichnet

Abb. 9–18 (unten) Schemaskizze zum Ineinanderrasten der Kopulations- und Halteorgane bei Pterophagus. Erklärung im Text nen kann. Und die Biomechanik dieser Passung muß in Einklang stehen mit den Lebensgewohnheiten der Milben und mit ihren sinnesphysiologischen Fähigkeiten.

Die kleinen Schmarotzer bewegen sich langsam schiebend entlang den Federstrahlen ihrer Wirtsvögel und schenken ihrer Umgebung nur wenig Aufmerksamkeit. Demgemäß ist die Kontaktpassung automatisiert. Wenn das Männchen zufällig ein Weibchen trifft, schiebt es sich von hinten über das Weibchen weg. Das Männchen trägt zapfenbeziehungsweise pollenartige Auswüchse (ph) an der hinteren Bauchseite, und das Weibchen besitzt dreieckig ausgeschnittene Kapseln (cm) auf der hinteren Rückenpartie (Abb. 9–18). Schieben sich nun die Tiere übereinander, so gleiten die Elementenpaare zwangsläufig ineinander und rasten ein! Das Ganze dauert nur wenige Sekunden. Der weite V-förmige Ausschnitt in den Kapseln des Weibchens wirkt dabei als Führung für die Engstelle des männlichen Zapfens (Abb. 9–17). Und die Schlitzrichtung ist funktionell richtig, das heißt, die Verbindung versteift sich selbständig, wenn das vorauskriechende Weibchen das Männchen nachzieht. Soll sie gelöst werden, so muß das Männchen eine Strecke rückwärts kriechen, danach das Hinterende anheben und dann wieder vorwärts laufen.

Ganz ähnliche Fangeinrichtungen finden sich an mittelalterlichen Türschlössern. Man kann sich vorstellen, wie schwierig es bei den damaligen Beleuchtungsverhältnissen war, mit dem Schlüssel das Schlüsselloch zu finden. Feuer zu schlagen und eine Kerze anzuzünden mochte bei Wind gut und gern fünf bis zehn Minuten dauern. Die gotischen Türschlösser sind deshalb auf automatisches Einrasten konstruiert: sie tragen auf der Außenseite ein V-förmiges, meist recht kunstvoll geschmiedetes vorspringendes Element. Im unteren Knick des ›V‹ befindet sich das Schlüsselloch. Es genügt also, daß ein nächtlicher Heimkehrer den Schlüssel an irgendeiner Stelle aufsetzt und nach unten bewegt. Dieser fängt sich im Bügel und wird automatisch ins Loch geführt. Ein Beispiel mehr, wie verblüffend übereinstimmend Konstruktionen der Natur und Technik sein können, wenn es gilt, eine bestimmte mechanische Aufgabe zu lösen! In jedem einzelnen Fall hat die Natur den Feinbau eines Verbindungsmechanismus auf seine spezielle Funktion genau abgestimmt. So kann das Aufspüren von Analogien zwischen technischen und biologischen Konstruktionsprinzipien und Konstruktionselementen nicht nur zu einem besseren Verständnis der mechanischen Funktionen bei Organismen verhelfen – es kann auch die Technik auf bisher noch nicht genutzte Möglichkeiten aufmerksam machen.

Den Abschluß in dieser Parallelvorführung biologischer und technischer Kupplungsmechanismen möge eine wahrhaft verrückte biologische Konstruktion bilden, ein Tier, das – äußerlich betrachtet – ein einziges lebendes System von Kopplungseinrichtungen zu sein scheint: das Doppeltier Diplozoon.

Ja, es gibt ›Doppelindividuen‹ in der systematischen Gruppe der Plattwürmer. Zwei junge Tiere koppeln sich zusammen und bleiben nun zeitlebens vereint. Wieder scheint der Zwang zur Fortpflanzung, dem sich in der belebten Welt alles unterzuordnen hat, die treibende Kraft für die Bildung solcher seltsamen Doppellebewesen zu sein.

Die Diplozoon-Arten und verwandte Gattungen leben auf den Kiemenbüscheln der Fische, wo sie sich an beliebiger Stelle in dem feinverzweigten Blättchennetz festkrallen und nun zeitlebens im Rhythmus der Atembewegungen des Fisches hin und her gebeutelt werden. Hier sind die Bedingungen für eine erfolgreiche Begattung wohl noch erheblich schwieriger als bei den Vogelmilben. Wenn aber zwei Tiere zusammenwachsen, ein männliches und ein weibliches, und sich dann erst im Kiemengewebe niederlassen, ist das Problem vorwegnehmend gelöst! Im Fall der Diplozoon-Arten aber gewinnen die Verhältnisse insofern noch an Komplexität, als die Partner Zwitter sind. Der Samenleiter des Partners 1 muß also mit der Vagina des Partners 2 zusammenwachsen, und der Samenleiter des Partners 2 mit der Vagina des Partners 1. Das geschieht auf höchst raffinierte Weise. Jedes Einzeltier hat einen Rückenzapfen und auf der Bauchseite eine Sauggrube. Die Tiere legen sich nun so aneinander und verdrehen sich dabei so geschickt, daß jeder Rückenzapfen eines Einzeltieres in die Bauchgrube des anderen Tierchens wie ein Druckknopf einrastet! In die Grube mündet der Samengang, und auf dem Rücken beginnt der sogenannte Laurersche Kanal, in den der Samen einwandern muß. Durch diese außerordentlich raffinierte kreuzweise Verwachsung der beiden Organismen entsteht ein Doppelindividuum, dem der Samenaustausch nun keine Schwierigkeit mehr macht – selbst wenn das 10 mm lange Tier noch so stark im Kiemenwald des Wirtsfisches hin und her gerissen wird.

Diese doppelte Druckknopfverbindung ist der erste raffinierte Verbindungsmechanismus, den Diplozoon entwickelt hat. Außerdem aber können auch die Hinterenden der beiden verwachsenen Tiere eislöffelartig gegeneinander gedrückt werden, mit ihren Rändern Kiemenmaterial einschließen und sich so verankern. Ein Einzeltier vermag dieses Kunststück nicht fertigzubringen; erst nach der Verwachsung bildet sich ein funktionierender ›Doppellöffel‹. Auf diesen Eislöffelhälften

Abb. 9–19 (links) Der Plattwurm Diplozoon rutili, ein ›Doppellebewesen‹, das im Kiemengewebe der Plötze parasitiert

Abb. 9–20 (rechts) Haftklappen von Diplozoon rutili, stärker vergrößert

sitzen nicht nur kleine Larvenhaken, die dem Tier in seinen Jugendstadien zum Festhaften dienen, sondern in arttypischer Anordnung Reihen von Haftlappen.

Eine neue Art dieser Gattung hat Gläser 1967 beschrieben: Dilpozoon rutili. Auch das gibt es also noch – in Deutschland werden Tierarten entdeckt, die bisher nicht bekannt waren. Der Artname ist im übrigen nach dem Wirtstier gewählt, der Plötze Rutilus rutilus. Das Doppelindividuum ist in Abb. 9–19 dargestellt, und die Haftklappen sind in Abb. 9–20 noch einmal stärker vergrößert ins Bild gerückt. Sie bestehen aus einem System von Spangen, ähnlich wie eine der – heutzutage Gott sei Dank verbotenen – auseinanderklappbaren Bügelfallen für Füchse und Bären. In bestimmter Weise können diese Spangen gegeneinander geklappt werden und schließen so Kiemenmaterial ein, ähnlich wie die Fangbügel der Falle das Bein eines in sie hineintretenden Fuchses.

Das Leben in der heftig durchspülten und durchgewirbelten Kiemenregion prägt nicht nur die Form der Larven oder fertig ausgebildeten Tiere dieser seltsamen Plattwürmer, sondern auch die Gestalt der Eier. ›Normale‹ Eier würden im Moment des Ablegens aus der Kieme herausgespült. Die Eier aller einheimischen Diplozoon-Arten besitzen Haftfäden – aufgeknäuelte, lassoartige Systeme –, die sich beim Entknäulen im Kiemenmaterial verfangen und das Ei dort festhalten. Somit sind diese Tiere tatsächlich als lebende Haftapparate zu bezeichnen: Saugnäpfe, Druckknopfverbindungen, eislöffelartige Klemmechanismen, fallenartige Haftklappen, dazu Haftschnüre an den Eiern erlauben es ihnen, in den durchstrudelten Kiemen der Fische zu leben und dort auch ihren Lebenszyklus zu vollenden.

Selten wohl ist im Tierreich mit so einseitiger Konsequenz die Ausrichtung einer Reihe von Organfunktionen auf nur ein einziges simples Ziel erfolgt: auf das Sichfestklammern in bewegter Umwelt. Für diese Würmer strömt das Wasser durch die Kiemen des Wirtsfischs mit der Gewalt eines Deichbruchs. Das absolute Gebot für das auf seinen Wirt angewiesene Tier lautet daher: nicht lockerlassen!

10
In Wehr und Waffen: Angriffs- und Schutzwaffen, Zerstörungseinrichtungen und Mechanismen der Nahrungsaufnahme in der belebten Welt

›Jedes Mittel erzwingt sein Gegenmittel‹ – bis zur Erfindung der Atombombe zumindest galt dieser Satz für die Geschichte der Waffensysteme. Auf wenige Dinge hat der Mensch mehr Erfindergeist und Überlegung angewandt als auf Instrumente, mit denen er andere umbringen kann: auf Waffen. Wo es Angreifer gibt, bleibt stets zu überlegen, wie man sich gegen ihre Angriffe schützen könne. Indes: der Angreifer entwickelt nun seinerseits neue Mechanismen, mit denen er die Schutzwaffen zu brechen vermag. Also muß der Schutz nochmals verbessert werden – die Spirale waffentechnischer Eskalation schraubt sich höher und höher.

Wer die Natur unter diesem Gesichtspunkt ansieht, wird starr vor Staunen angesichts der Fülle der Erfindungen. Es ist tatsächlich so, daß Mechanismen zum Beuteerwerb auf der einen Seite und Mechanismen zum Schutz vor dem Gefressenwerden auf der anderen Seite in unübersehbarer Vielfalt konkurrieren. Fressen und Gefressenwerden, das bedeutet auf die Dauer: Überleben, also die Art erhalten – oder aussterben. Auch für den Menschen haben in seiner Frühzeit solch harte Gesetze gegolten – kein Grund allerdings, sie heute noch auf das Verhalten menschlicher Gruppen anwenden zu wollen. Tiere müssen ja (wie der Mensch auch) Tiere anderer Art fressen, um nicht auszusterben. Bei diesen wird also ein bestimmter Prozentsatz der Nachkommen – meist ein sehr hoher Prozentsatz – auf jeden Fall gefressen. Die Schutzmechanismen sollen aber zumindest doch so hoch entwickelt sein, daß nicht mehr Individuen geopfert werden, als für die Arterhaltung nötig sind. So hat sich ein höchst differenziertes System von Schutz- und Angriffselementen herausgebildet.

Die ungeheure Fülle der Beispiele zwingt zu schärfster Auswahl; nur einige wenige typische oder besonders interessante Mechanismen lassen sich hier vergleichend in den Blick fassen. Auf zwei Seiten kann das allerdings nicht geschehen. Wer also seine Post heute noch auf den Weg bringen will, der fange dieses Kapitel lieber erst zu lesen an, wenn er wieder zurück ist.

Die ideale Verteidigungswaffe scheint ein Kugelpanzer zu sein. Die Kugel zeichnet sich dadurch aus, daß sie bezogen auf ein gegebenes Volumen von allen geometrischen Körpern die kleinste Oberfläche hat. Wenn sich Tiere besonders schützen wollen, kugeln sie sich häufig ab; zwei Beispiele sind in Abb. 10–8 und 10–9 dargestellt. Es gibt aber nur wenige Organismen, die zeitlebens Kugelgestalt einnehmen. Näherungsformen jedoch sind keineswegs selten.

Gerade Tiere, die ›wasserschlüpfrig‹ sein müssen, wie schnell schwimmende Wasserkäfer – oder ›erdschlüpfrig‹, wie das Heer der unterirdischen Wühler: Maulwurf, Maulwurfsgrille, Blindmaus, Blindmull –, besitzen eine glatte Panzerung. Sie kann aus vielfach übereinander geschichteten Haaren oder, bei den Insekten, aus Chitin-Formteilen bestehen. Der große Wasserkäfer Dytiscus marginalis, der Gelbrandkäfer, ist ein gutes Beispiel. Sein Chitinpanzer ist längsoval geformt, absolut glatt, ja schlüpfrig durch ein öliges Sekret. In der Draufsicht erscheint Dytiscus länglich-eiförmig, mit der größten Breite im letzten Drittel (Abb. 10–1). In der Seitansicht sieht er aus wie eine Art U-Boot-Rumpf (Abb. 10–2). Die sechs Beine des Käfers wurden bei diesen Aufnahmen vorher entfernt, damit der Rumpf besonders übersichtlich zur Geltung kommt. ›Autokarosserie‹ mag mancher Betrachter angesichts dieses Käferrumpfes denken.

Auf der Abb. 10–3 ist eine Phantomzeichnung des Mercedes 300 SL abgedruckt, die das Herstellerwerk freundlicherweise zur Verfügung stellte. Ich bin persönlich kein engagierter Freund schneller und teurer Autos – trotzdem kann ich mich dem Eindruck einer gewissen Vollkommenheit in der äußeren Linienführung dieses Wagens, die aerodynamische Anpassung mit Eleganz im ›Styling‹ verbindet, nicht verschließen. Ebenso, und wohl in noch höherem Maße, begeistert mich der Dytiscus-Rumpf als scheinbar ›einfaches‹, in Wirklichkeit aber höchst raffiniert gestaltetes System eines Außenpanzers. Diese Panzerung verhindert nicht nur das Gefressenwerden, sondern umschließt die inneren Organe auch als strömungsoptimale Form. Was hat es damit auf sich?

Den Rumpf des Delphins und des Thunfisches als ideale Strömungskörper werden wir noch diskutieren. Autorümpfe, Wasserkäfer, Fische,

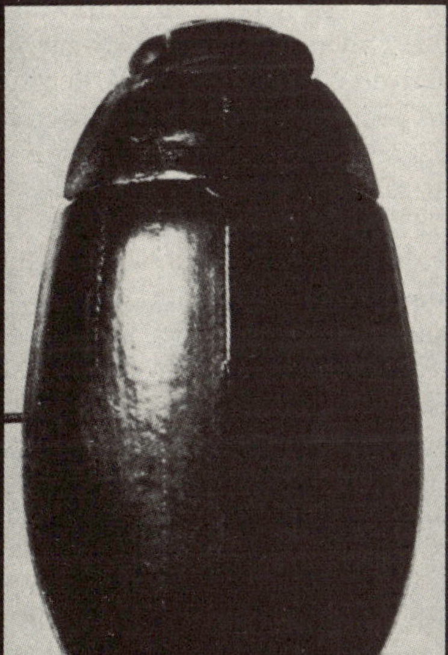

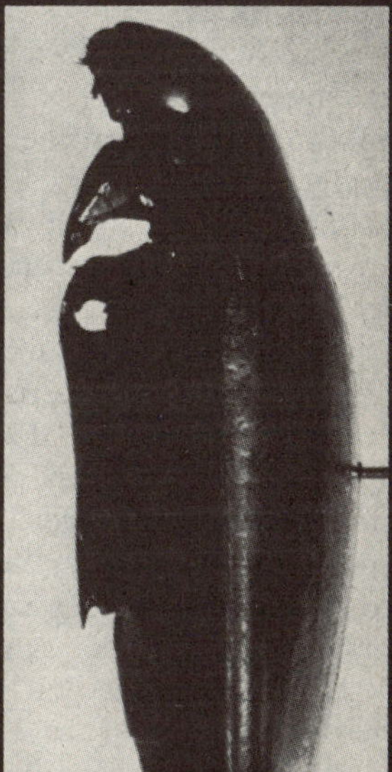

Abb. 10–1 (links unten) Gelbrandkäfer Dytiscus marginalis: Rumpf von oben gesehen

Abb. 10–2 (rechts unten) Gelbrandkäfer Dytiscus marginalis: Rumpf in Seitansicht

Abb. 10–3 (oben) Phantomzeichnung des Mercedes 300 SL

Vogelrümpfe, Unterseeboote, Raketen müssen gute Strömungsanpassung zeigen, wenn sie als technisch vollendete Konstruktionen gelten sollen. In den Abb. 10–4 stehen gute und schlechte Strömungskörper zum Vergleich. Setzen wir den Widerstand, den eine senkrecht angeströmte Kreisscheibe erfährt, gleich 100%; abgesehen von der nach vorne offenen Halbkugel, der Fallschirmform, ist sie derjenige Körper, der den höchsten Widerstand erzeugt. Dieser nahezu reine Form- oder Druckwiderstand ist darauf zurückzuführen, daß sich die Strömung hinter dem Körper nicht so schließt, wie sie sich vor ihm geöffnet hat; sie reißt vielmehr an seinen scharfen Kanten in riesigen Wirbelschleppen ab. Autos älterer Bauart, kastenförmige Typen, wie etwa die seinerzeit berühmte Ford-Lizzy, sind strömungstechnisch nicht sehr viel besser als solche Kreisscheiben. Auch sie haben zahlreiche Kanten, an denen die Strömung abreißt. Besonders gut strömungsangepaßte Formen dagegen können sich rund drei Viertel dieses Widerstands ersparen! Eine gute Stromlinienverkleidung, wie sie etwa der Mercedes 300 SL zeigt, wie sie beim großen Citroën und vor allem in strömungsoptimal umkleideten Rennwagen realisiert ist, verringert also den Widerstand drastisch bis auf etwa 25%. Nicht ganz so effektiv wie diese Karosserien, aber dennoch sehr widerstandsmindernd ist der Körperpanzer von Dytiscus. Wir haben eine Herabsetzung auf 30% bis 35% gemessen, und zwar in Experimenten, in denen wir den Wasserkäferrumpf in einem Wasserkanal angeströmt und seinen Widerstand mit hydrodynamischen Waagen direkt gemessen haben. Ein optimaler Strömungskörper, der viel gerühmte ›Tropfenkörper‹ (der allerdings gar nicht die Form eines fallenden Tropfens hat), läßt die Stromlinien hinten fast genauso wieder zusammenschließen, wie sie sich vorne geöffnet haben. Sein Widerstand beträgt nur noch 5% des Widerstands einer Kreisscheibe von gleicher Stirnfläche! Aber – solche reinen Tropfenkörper sind als Fahrzeugrümpfe ungeeignet. Sie sind absolut instabil; der kleinste Seitenwind kann sie zum Trudeln und Umkippen bringen. Interessant nun, daß gerade die scharfen Seitenkanten am Rumpf von Dytiscus, die den Widerstand merklich heraufsetzen, andererseits als Stabilisierungsflossen gegen ein Schwingen um die Längsachse fungieren. Eine technische Konstruktion wie eine biologische ist also immer ein Kompromiß, ist nie einseitig auf ein Ziel hin ›optimiert‹. Die Natur kann einen Wasserkäfer nicht auf beste Strömungsanpassung hin anlegen, weil er sich sonst beim Schwimmen überschlagen würde. Fast noch mehr als beim Wasserkäfer aber ist der Kompromiß zwischen Schnittigkeit der Form und Stabilität der Lage beim Auto die Voraussetzung seiner Existenz. Ob in der Technik oder in der Natur: Nahezu stets bedingt der Pluralismus der gegebenen naturgesetzlichen Rahmenbedingungen samt den funktionalen Zielen des Systems eine ›ausbalancierte‹ Lösung, bei der die Tendenzen sich wechselweise überlagern und modifizieren. Und noch etwas anderes gilt: Selten hat ein Element nur eine einzige Funktion, denn Mehrwertigkeit im Funktionellen erlaubt es, möglichst viel unter einen Hut zu bringen. Wir befassen uns hier ja zunächst mit Wehrtrachten und Schutzelementen. Äußere Rumpfhüllen haben diese Funktion, aber

Abb. 10–4 Relativer Widerstand verschiedener umströmter Körper, bezogen auf den Widerstand der senkrecht angeströmten ebenen Kreisplatte

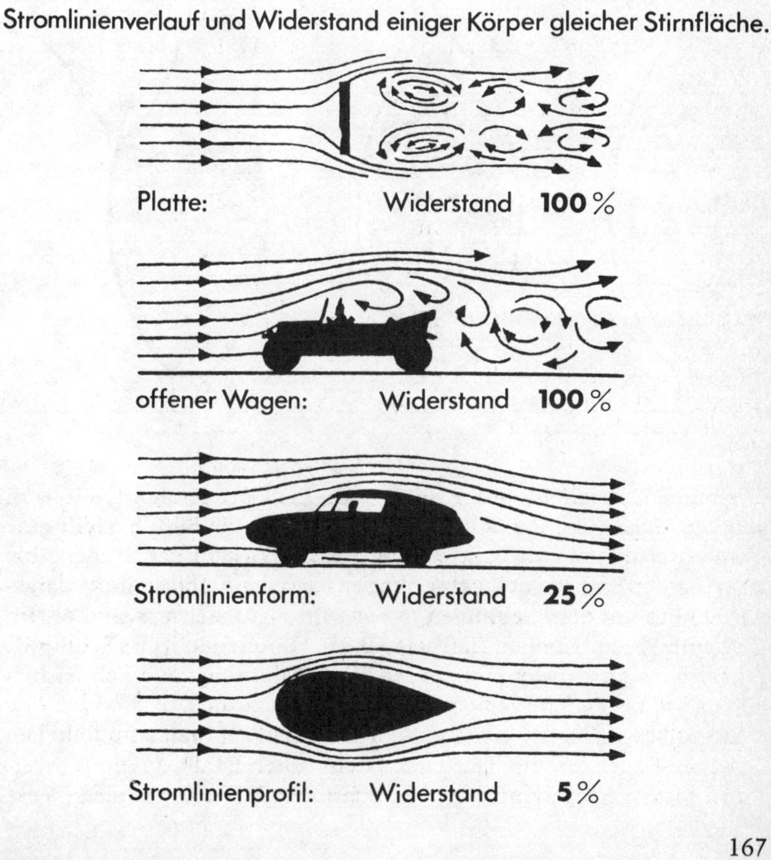

niemals nur diese allein; und man kann nicht sagen, daß die Schutzfunktion wichtiger sei als die Fortbewegung, die ja oft genug gleichfalls ›Schutz‹ ist.

Eine ausschließliche Abschlußfunktion und damit Schutzwirkung dürften indes die Eischalen haben. Das Hühnerei als statisches Optimum aus Kalk ist fast schon ein Symbol. Es gibt aber viele Tausende Formen kleiner und kleinster Eihüllen, die nicht weniger raffiniert konstruiert sind. Diplozoon tetragonopterini zum Beispiel ist eines der

Abb. 10–5 Ei von Diplozoon tetragonopterini in drei verschiedenen Entwicklungsstadien

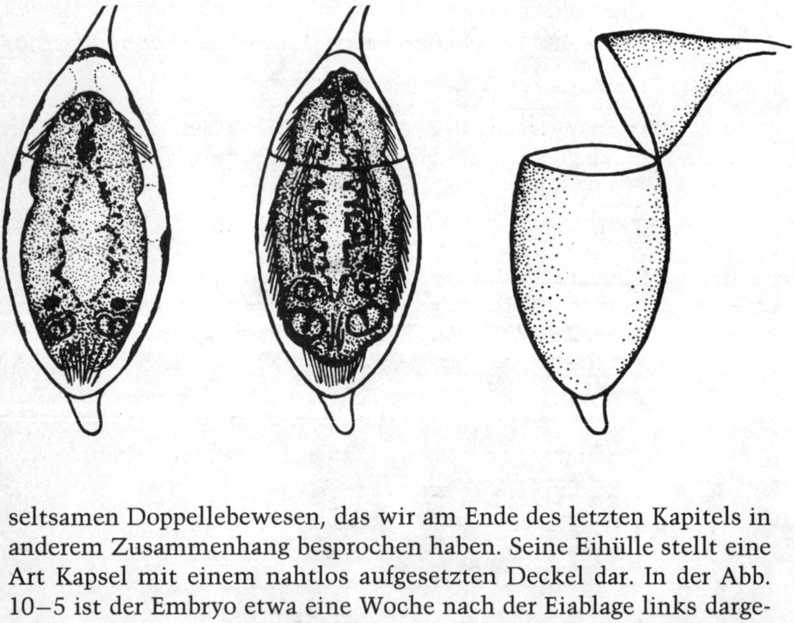

seltsamen Doppellebewesen, das wir am Ende des letzten Kapitels in anderem Zusammenhang besprochen haben. Seine Eihülle stellt eine Art Kapsel mit einem nahtlos aufgesetzten Deckel dar. In der Abb. 10–5 ist der Embryo etwa eine Woche nach der Eiablage links dargestellt, kurz vor dem Schlüpfen in der Mitte (gut sichtbar sind die im Vorkapitel besprochenen Haftklappen am Hinterende!). Das Schlüpfen geht so vor sich, daß der Embryo den Deckel absprengt und sich seitlich herausdrückt. Die ausgediente Eihülle bleibt zurück.

Einrollbewegungen als Schutz vor Angriffen gehören zum üblichen Defensiv-Repertoire im Tierreich. Nicht selten ist die äußere Körperwand sogar geringelt und mit schildartig sich überlappenden Deckelementen besetzt. Die Abb. 10–6 zeigt eine Aaskäferlarve. Jedes Segment trägt eine halbkreisförmig gebogene Deckplatte, die seitlich in aufstehenden Spitzen ausläuft. Die Aaskäferlarve kann sich wegen dieser gelenkigen Verbindung der schützenden Platten sehr behende bewegen, um scharfe Ecken kriechen und in feine Ritzen eindringen. Das technische Analogon, die Ritterrüstung des Mittelalters (Abb. 10–7), mag damit verglichen eher bewegungshindernd wirken. Tatsächlich aber sind die Prinzipien hier wie dort die gleichen: Eine Gesamtüberdeckung der zu schützenden Fläche würde zur Unbeweglichkeit führen. Infolgedessen muß der Schutz sich in einzelne Einheiten auflösen, und diese müssen sich spaltfrei untereinanderschieben und überlappen, damit keine Blöße gegeben wird.

Gleiche Anforderungen – gleicher Lösungsweg in Natur und Technik, wobei es hier mehr um die prinzipielle Analogie geht, unbeschadet, daß ein Ritter neben der agilen Aaskäferlarve reichlich unbeholfen wirken müßte.

Vollkommen zur Kugel schließen kann sich allerdings weder der Mann in der Ritterrüstung noch die Aaskäferlarve. Wohl aber kann dies die Rollassel Armadillidium. Abb. 10–8 zeigt sie im eingerollten Zustand. Die obere Hälfte ist der Vorderkörper samt Kopf – die untere Hälfte, nach unten geschlagen, schließt nahtlos an. Eine solche Armadillidium-Assel (ihr Gegenstück wäre der Rolltausendfüßler Glomeris) kann man auf die Hand legen und hier hin- und herrollen. Sie schließt sich sofort zu einem erbsengroßen Kügelchen, absolut unangreifbar für Freßfeinde ihrer eigenen Größe. Wenn eine große Ameise mit ihren Zangen hineinzwicken will, rutscht das Kügelchen bloß zur Seite.

Von ganz verblüffender Ausgestaltung ist auch das Kugelgürteltier; ›Tolypeutes‹ nennen die Wissenschaftler diese Gattung, ›Aparas‹ die eingeborenen Südamerikaner. Von Schnauzenspitze bis Schwanzspitze mißt dieses kleine Gürteltier nur knapp 40 cm. Bei Gefahr rollt es sich zu einer Kugel zusammen. Halsausschnitt und Schwanzausschnitt ergeben insgesamt eine langgezogene Öffnung. In die paßt nun der Kopf und der Schwanz wie ausgemessen hinein. Der Kopf muß etwas schräg gedreht werden, damit ein dreieckiger Spalt übrigbleibt, in den dann das Schwanzstück eingelegt wird – die ideale Kugel ist fertig (Abb. 10–9).

So wie das Rollgürteltier mit seinem Kopf den Ausschnitt seines Panzers verschließt, so können auch bestimmte Ameisen und Termiten mit dem Kopf den Nesteingang verschließen. Andere Tiere vollbringen das gleiche Kunststück mit dem hinteren Körperende, etwa die Spinne Cyclosoma. Ein Soldat der Termitengattung Paracryptocerus

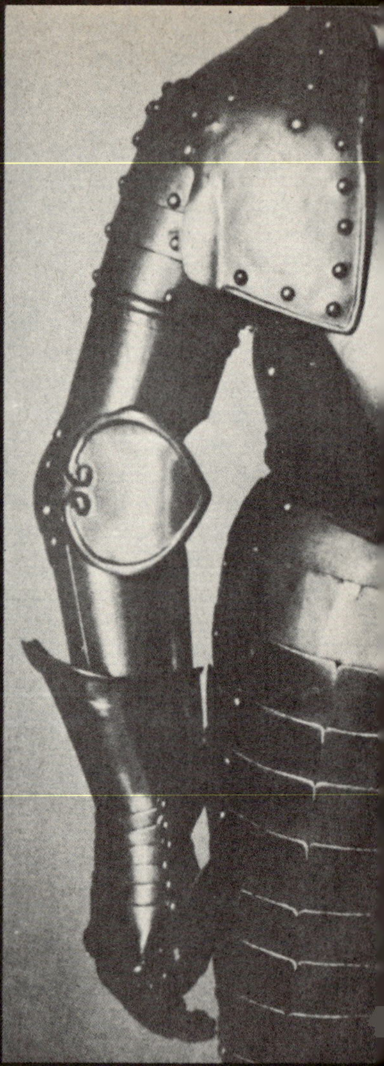

Abb. 10–6 (links) Aaskäferlarve
Abb. 10–7 (rechts) Mittelalterliche Ritterrüstung: Sich überlappende und beweglich verbundene Formteile in Natur und Technik

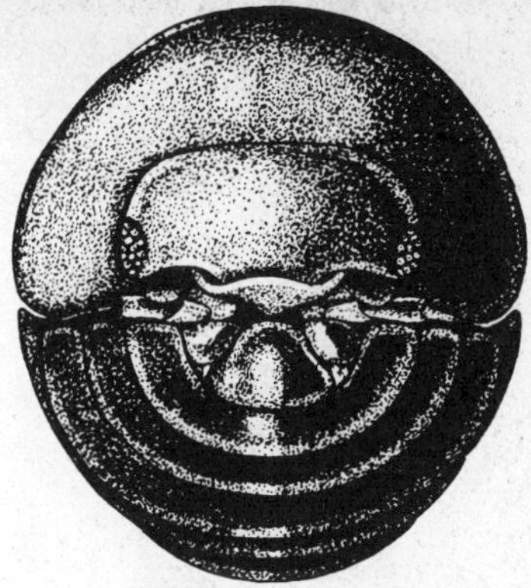

Abb. 10–8 (rechts) Rollassel Armadillidium vulgare, vollständig eingerollt

Abb. 10–9 (links) Kugelgürteltier Tolypeutes, vollständig abgekugelt

texanus ist auf Abb. 10–10 dargestellt: Sein Kopf ist weit nach unten abklappbar und auf der Oberseite ungefähr schlüsselförmig. Er paßt genau in die Nestöffnung hinein! Ähnliches läßt sich auch bei einheimischen Ameisen beobachten, nämlich bei der Roßameise Camponotus truncatus. Die Soldaten blockieren die Nesteingänge mit ihren Köpfen, und gemeine Arbeiter müssen hier mit den Antennen ›anklopfen‹, bevor sie hereingelassen werden (Abb. 10–11). Wenn sich Soldaten dieser Gattung in Spalten und Zwischenräumen verschanzen, so versuchen sie ebenfalls stets die ganze Spalte mit ihren Köpfen auszufüllen. Meistens stehen sie dann in Linien, manchmal auch in Reihen übereinander (Abb. 10–12). Bei diesen Ameisen und Termiten wird der Kopf also tatsächlich als Stöpsel benutzt oder besser: als Panzertür, die den Nesteingang sichert und verschließt.

Eingangs war davon die Rede, daß die Idealform für einen Verteidigungspanzer die Kugel ist. Im Vergleich zu ihrem umschlossenen Volumen bietet sie die kleinste Oberfläche, also auch weniger Angriffsfläche. Es gibt Fische, die sich bei Gefahr zu einer Kugel aufblasen oder doch zu kugelähnlichen Gebilden. Der Kofferfisch ist solch ein Fisch; besonders auffällig ausgeprägt aber zeigt dieses Verhalten der gefleckte Igelfisch Diodon maculatus. Im allgemeinen sieht dieser Fisch ganz ›normal‹ aus (Abb. 10–13). Er ist zwar mit vielen kräftigen Stacheln bedeckt, aber diese Stacheln legen sich alle nach hinten übereinander

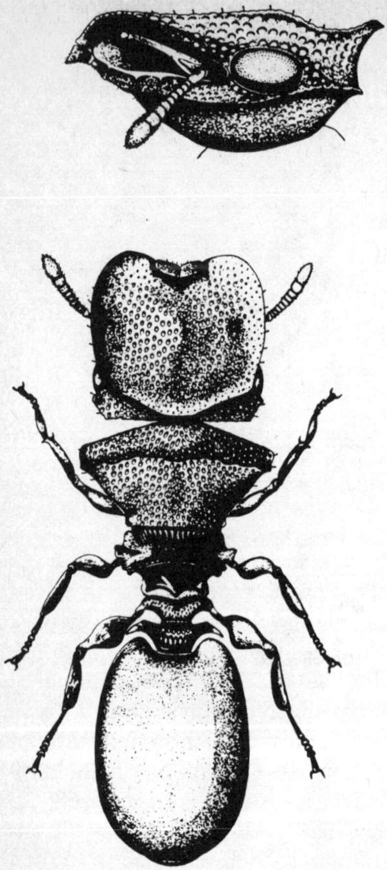

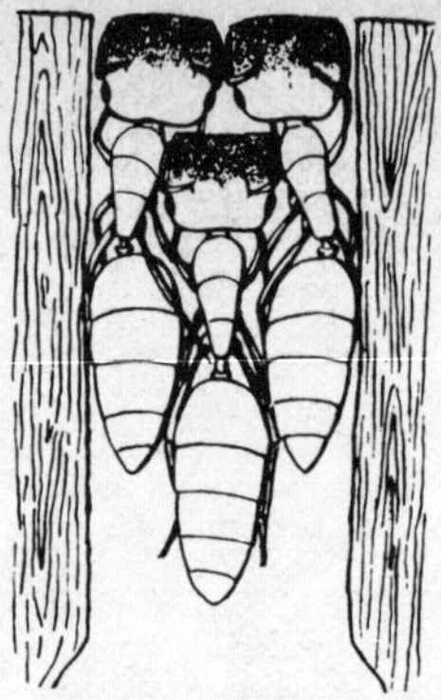

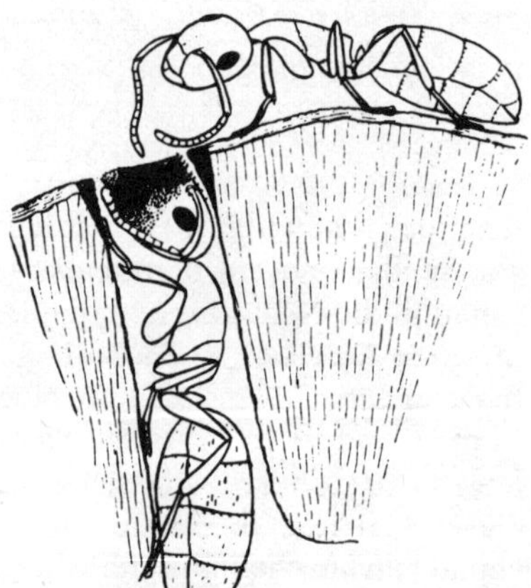

Abb. 10–10 (links oben und unten) Soldat der Termite Paracryptocercus texanus mit schildförmigem Kopf, oben in Seitansicht, unten in Draufsicht

Abb. 10–11 (rechts unten) Blockierung des Nesteingangs durch einen Soldaten der Roßameise Camponotus truncatus

Abb. 10–12 (rechts oben) Blockierung von Spalträumen durch Camponotus-Soldaten

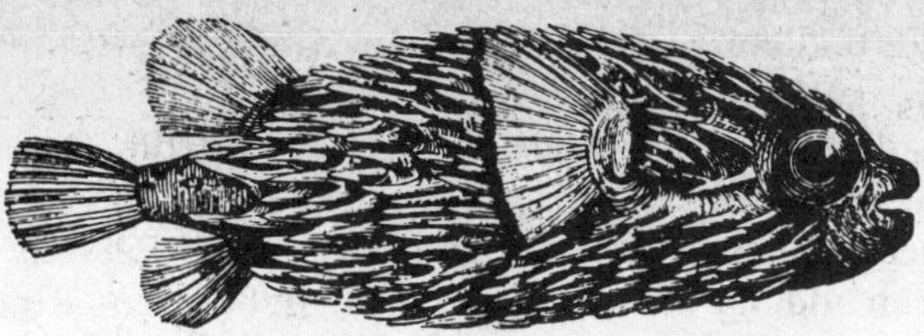

Abb. 10–13 (oben) Kugelfisch Diodon maculatus im Normalzustand

Abb. 10–14 (unten) Diodon zur Schutzkugel aufgeblasen

und bilden insgesamt doch eine ziemlich glatte Oberfläche. Bei Gefahr jedoch bläst sich der Igelfisch auf, indem er Luft schluckt. Dabei kippt er um und schwimmt bauchoben. Die Stacheln haben sich nun gespreizt, so daß tatsächlich eine fast unangreifbare Schwimmkugel entstanden ist (Abb. 10–14). An der Bauchseite allerdings sind die Stacheln schwächer ausgeprägt als am Rücken. Weil aber der Fisch nach dem Aufblasen umkippt und mit der Bauchseite aus dem Wasser ragt, braucht er am Bauch auch keine starken Stacheln zu haben: Freßfeinde werden sich ohnehin an der Unterwasser-Halbkugel die Nase einrennen: Es sind Fische, die von unten her anbeißen.

Von der Verteidigung zum Angriff. Kein Panzer ist so gut, keine Oberfläche so hart, kein Stachelschutz so kräftig, als daß er nicht doch von einigen Feinden überwunden werden könnte. Sind Körperpanzer die typische Verteidigungswaffe, so sind die Zähne in ihrer vielfältigen Ausbildung die typische Angriffswaffe.

Sechs Ordnungen zählt die Klasse der Säugetiere: die Fledermäuse; die Insektenfresser mit Spitzmäusen, Igeln und Maulwürfen; die Nagetiere mit Hasen, Mäusen, Schläfern und Hörnchen; die Raubtiere mit Katzen, Hunden und Mardern; die Paarhufer mit Schwein, Rind, Schaf, Ziege, Hirsch; die Unpaarhufer mit Pferd und Esel – um nur jeweils einige charakteristische Vertreter zu benennen. Wenn man einen präparierten Schädel eines Tiers dieser Ordnungen in die Hand nimmt, kann man in jedem Fall die Ordnungszugehörigkeit, oft auch die Familie, ja nicht selten selbst Gattung und Art an der Bezahnung bestimmen. Zähne gehören also zu den typischsten Merkmalen, und alle Bestimmungsbücher arbeiten mit der sogenannten ›Zahnformel‹.

Ein Blick auf das Gebiß eines einzigen Vertreters dieser Reihe: des Maulwurfs. Talpa europaea nennen ihn die Wissenschaftler, den 15 cm langen, schwarzgrauen Wühler mit seinem feinsamtenen Pelzchen. Mit geradezu staubsaugerhafter Geschwindigkeit verschlingt er Regenwürmer, kleine Insekten oder Larven, die er mit den hochempfindlichen Sinnesorganen seiner Nase aufstöbert. Bei einem Blick in einen Maulwurfsrachen fallen die quer stehenden Gaumenleisten auf, die beim Transport der zerkauten Nahrung in die Speiseröhre eine Rolle spielen. Vor allem aber stechen die nadelscharfen Fangzähne hervor. Vergleichend anatomisch betrachtet sind es die Eckzähne. Die Schneidezähne, kleiner als sie, stehen mehr in einer Reihe, dienen aber ebenfalls dem Festhalten der Beute. Die Vorbackenzähne und die Backenzähne (auch ›Lückzähne‹ und ›Mahlzähne‹ genannt) sind so an Ober- und Unterkiefer angeordnet, daß sie lückenlos scherenartig ineinandergreifen. Einerseits verhindern sie, daß die gefangene Beute beim Kauvorgang herausrutscht, andererseits zerkleinern und zerkauen sie die Beute, wobei ihre kantigen Eckflächen wie Schneidzangen wirken. In jeder Kieferhälfte, oben und unten, trägt der Maulwurf drei Schneidezähne, einen langen, scharfen Eckzahn, vier Vorbackenzähne und drei Backenzähne. Insgesamt umfaßt sein Gebiß $11 \times 4 = 44$ Zähne. Der Mensch dagegen besitzt mit jeweils zwei Schneidezähnen, einem Eckzahn, zwei Vorbacken- und drei Backenzähnen nur $4 \times 8 = 32$ Zähne. Mit Ausnahme einiger Zahnwale, bei denen alle Zähne recht gleichförmig gestaltet sind, finden wir so bei den Säugetieren ganz unterschiedliche Zahnformen, denen verschiedenartige Funktionen zukommen.

Nicht nur die Zähne sind häufig auf die Art des Beuteerwerbs spezialisiert, sondern auch die Kiefer, in denen sie sitzen. Auf den

Unterkiefern eines Hais stehen die Zähne in vielen Querreihen, wobei jeweils nur die vordersten Reihen ›im Dienst‹ sind. Das gesamte Zahnbett umwächst von hinten nach vorn den Unterkiefer, schiebt also die Zähne um die Kieferkante herum maulauswärts. Sie klappen dabei auf, arbeiten, schaben sich ab und werden im Laufe der Zeit durch neue, weiter nach vorn wandernde Zahnreihen ersetzt. Ein solcher Zahnwechsel kann einige Wochen dauern. Betrachtet man diesen Vorgang mit ›Zeitlupenaugen‹, so läßt sich gut vorstellen, wie das Zahnbett um den Kiefer herumwandert, ganz ähnlich wie die Raupe um die vorderen Räder eines Raupenschleppers oder Panzers. Im Prinzip ergibt sich etwas Ähnliches wie ein rasch sich drehender Fräser; nur die Zeitkonstante ist sehr viel größer.

Zähne und Kiefer bilden in gewisser Weise eine funktionelle Einheit. Der Unterkiefer des Menschen und einiger Wirbeltiere, auch der Unterkiefer einiger Vögel ist nach biostatischen Gesichtspunkten mit den für die Erforschung der Knochenstruktur so nützlichen Methoden der Spannungsoptik untersucht worden. Man hat auch hier ein Bauoptimum festgestellt. Die Knochenbälkchen verlaufen so im Kiefer, daß sie den Zahndruck optimal abfangen und ohne allzu hohe lokale Spannungsspitzen ableiten. Dabei verwenden sie nicht mehr Baumaterial als unbedingt nötig. Auch die Kieferarchitektur zeigt also eine biologische Idealbauweise, ganz ähnlich wie die Architektur im Oberschenkelhals des Menschen und einiger anderer Wirbeltiere.

Kiefer sind bisweilen verblüffend beweglich. Die Abb. 10–15 gibt dafür ein Beispiel: die afrikanische Eierschlange Dasypeltis atra. Solche Eierschlangen verschlingen größere Vogeleier unbeschädigt, und die Eier können sehr viel dicker sein als der Schlangenrumpf, ja viel größer als die gesamte Kieferspalte! Wie schaffen die Schlangen solche Happen? Wie folgt: Das Maul wird extrem weit geöffnet, und das Munddach wird auf das Ei gelegt. Nun schieben sich die oberen und unteren Mundränder abwechselnd langsam über das Ei – eine im Prinzip ähnliche Überstülpungsweise wie beim Strümpfeanziehen. Vom spitzen oder vom stumpfen Eipol her kann diese Überstülpung geschehen. Während der Oberkiefer dabei als Ganzes über das Ei weggeschoben wird, werden die beiden Unterkieferäste jeweils unabhängig voneinander von der Seite her vorgeschoben. Die Unterkieferhaut wiederum ist stark und in sich selbst dehnbar. Während des Eiverschlingens weichen die beiden Quadratbeine weit auseinander. Stark vereinfachend läßt sich sagen, daß die Kiefer sozusagen ausgehängt werden. Die Mundschleimhaut ist sehr stark, aber doch nicht stark genug, als daß die winzigen Zähne auf den hinteren Abschnitten der Kieferhälften nicht gerade noch durchtreten könnten. Sie sind schräg nach hinten gerichtet und wirken als Widerhaken. Wenn das Ei einmal gefaßt worden ist, kann es bei den Parallelverschiebungen der Kiefer also nur noch nach hinten wandern, nicht mehr nach vorne.

Sobald das Ei verschlungen worden ist, gelangt es in die Speiseröhre (Abb. 10–15, unten). In diese ragen von oben die unteren Fortsätze

Abb. 10–15 Eischlange Dasypeltis scabra beim Verschlingen eines Hühnereis: Aufnehmen, Schlingakt und Position vor dem Zerdrücken des Eis

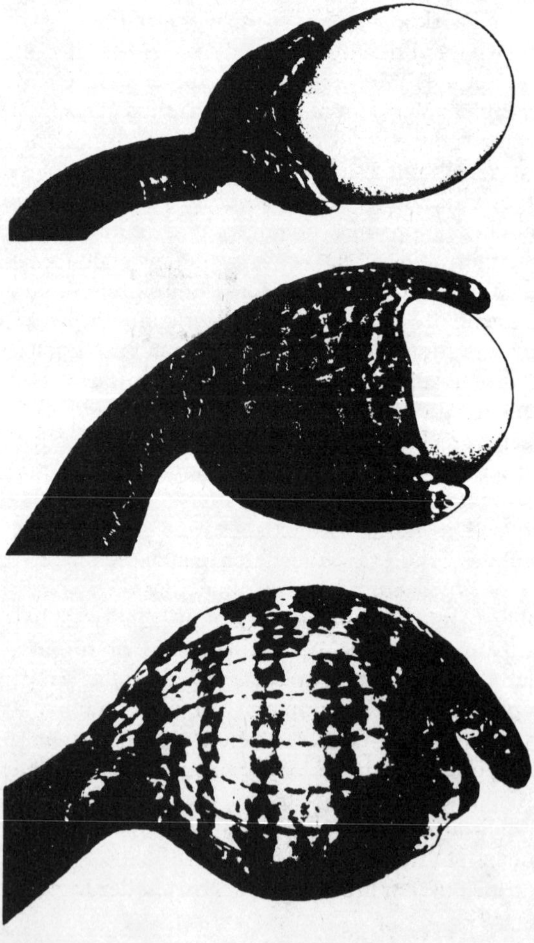

einiger Halswirbel hinein, die messerscharf ›geschliffen‹ sind. Sie wirken wie eine Säge; allerdings werden sie nicht bewegt – das Ei wandert vielmehr an dieser feststehenden Säge entlang und schlitzt sich dabei selbst auf. Die kräftige Speiseröhrenmuskulatur drückt die angebrochene Schale nun leicht zusammen, und der Inhalt wird ausgepreßt.

Einen nicht minder raffinierten Mechanismus haben die Nachtschwalben entwickelt. ›Ziegenmelker‹ nennt man sie auch im Volksmund – nein: nannte man sie, denn in Deutschland sind sie nahezu ausgerottet, diese scheuen Bodenbrüter der Heidelandschaften, Kiefernforsten und Moorflächen. Sie fliegen geisterhaft durch die Dunkelheit, geben langgezogen schnurrende Laute von sich und wirken in jeder Hinsicht unheimlich. Alte Schäfer in der Lüneburger Heide sollen noch heute Stellen meiden, wo früher die Ziegenmelker nachts mehrmals zur Jagd ausgeflogen sind, während sie in den Ruhepausen wie fortgezaubert schienen. Ihr Flug ist ziemlich lautlos, und ab und zu mag jemandem in der Finsternis ein weicher Flügel ins Gesicht geklatscht worden sein – Grund genug, diese feinfiedrigen Vögel mit den riesigen Mäulern unheimlich zu finden.

Nachtschwalben fangen Insekten im Flug. Sie sperren dabei das Maul auf, ähnlich den Schwalben. Abstehende, randständige Borsten bilden zusammen mit dem Maul einen richtiggehenden Fangtrichter. Bühler hat die Mechanik dieses Maulsperrens untersucht. Es ist kein einfaches Spreizen; vielmehr werden einige Knochenelemente mehrmals auseinandergelegt. Im Prinzip geht das so ähnlich vor sich wie das Spreizen eines mehrfach zusammengelegten faltbaren Insektennetzes. In der Abb. 10–16 sind diese Vorgänge aus Natur und Technik einander gegenübergestellt.

Eine sehr eigenartige Form der Nahrungsaufnahme findet sich bei vielen Schnecken. Sie besitzen eine Reibezunge, eine sogenannte Radula. Diese lassen sie um ein festes Zungenbein vor- und zurücklaufen, während die Zunge auf die Unterlage gepreßt wird. Die Radula ist bezahnt, ist mit Reihen sehr feiner, außerordentlich regelmäßiger, arttypischer Zähnchen besetzt, deren Schneiden alle in einer Richtung stehen. Wird nun die Radula über die Kante gezogen, so reißen die Zahnreihen Partikelchen von der Unterseite ab, und diese gelangen in die aufsteigende Speiseröhre der Schnecke und werden verschluckt. Die Abb. 10–17 und 10–18 zeigen die Bewegungsweise der Radula und einen Ausschnitt aus diesem wunderbar regelmäßigen Reibeapparat der Schlammschnecke Limnaea stagnalis. Während die Radula vor- und zurückläuft und bei jedem Vorholen den Untergrund abraspelt,

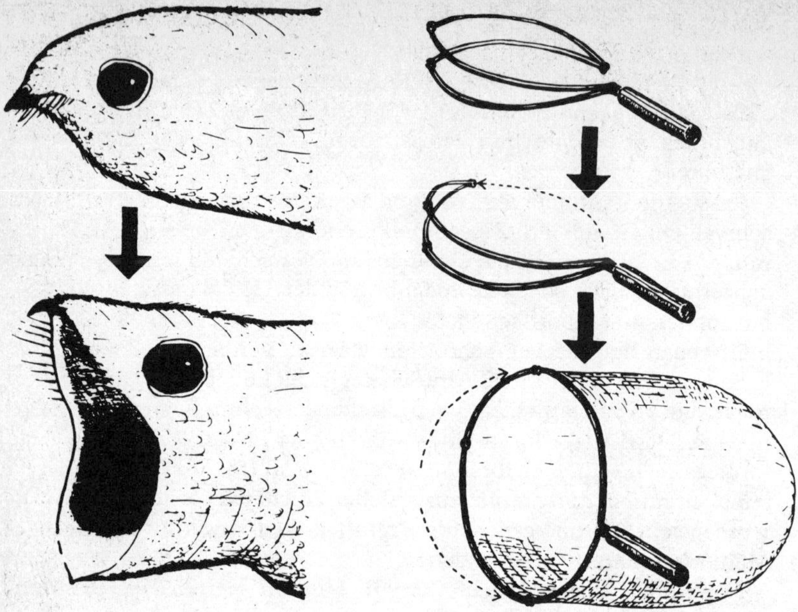

Abb. 10–16 Maulmechanik der Nachtschwalbe Caprimulgus, verglichen mit der Klappbügel-Einrichtung eines Schmetterlingsnetzes

bewegt die Schnecke den Kopf hin und her und kriecht gleichzeitig vorwärts. Auf Grund dieser einander überlagernden Bewegungen entsteht ein mäanderförmiges Fraßband, bei dem jede Phase des Vorholens der Radula als Zacke erscheint. Läßt man eine Schlammschnecke an einer stark veralgten Aquariumwand kriechen, kann man solche Fraßbänder sehr leicht beobachten und gegen durchfallendes Licht als helle Bänder fotografieren (Abb. 10–19). Insgesamt ähnelt die Radula in ihrer Konstruktion und der Art ihrer Bewegung stark der Raupe eines Kettenfahrzeugs, etwa von Panzern (Abb. 10–20), die ja auch bekanntlich dort, wo sie fahren, Asphalt oder Ackerboden ›aufzurauhen‹ pflegen.

Systematiker unterscheiden die Schnecken an ihren Radula-Zahnformen. Da gibt es einfache spitze Zähne, es gibt mehrlappige, es gibt breite Platten, schmale Stifte. Auf ein und derselben Radula müssen die Zähne keineswegs gleichartig aussehen; sie können sich gegen den

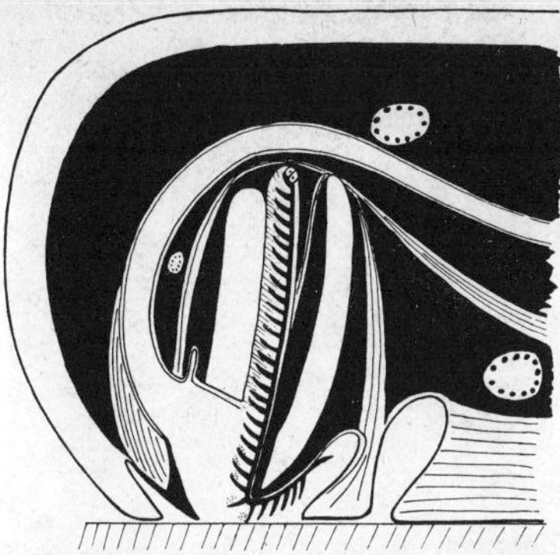

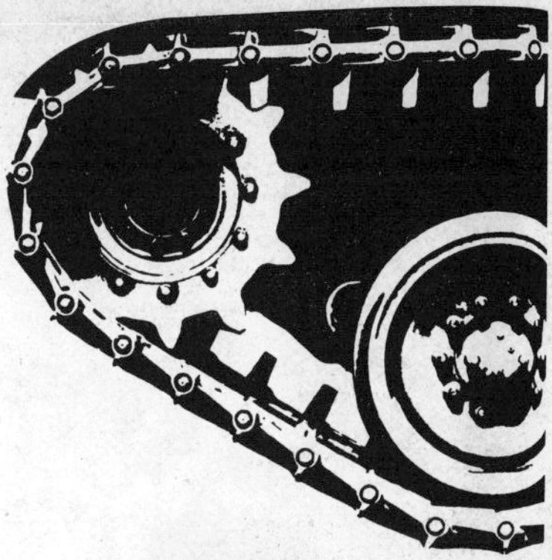

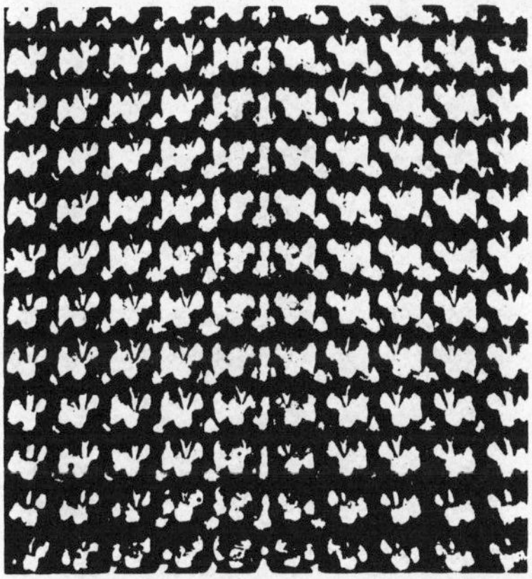

Abb. 10–17 (links oben) Schematisierter Längsschnitt durch die Kopfregion einer Schnecke mit der Radula. Pfeilrichtung: Die abgekratzten Nahrungsteilchen werden in die aufsteigende Speiseröhre bewegt

Abb. 10–18 (links unten) Mikroaufnahme eines Teils der Radula der Schlammschnecke Limnaea

Abb. 10–19 (rechts unten) Fraßspur der Schlammschnecke

Abb. 10–20 (rechts oben) Vorderende eines Kettenfahrzeugs

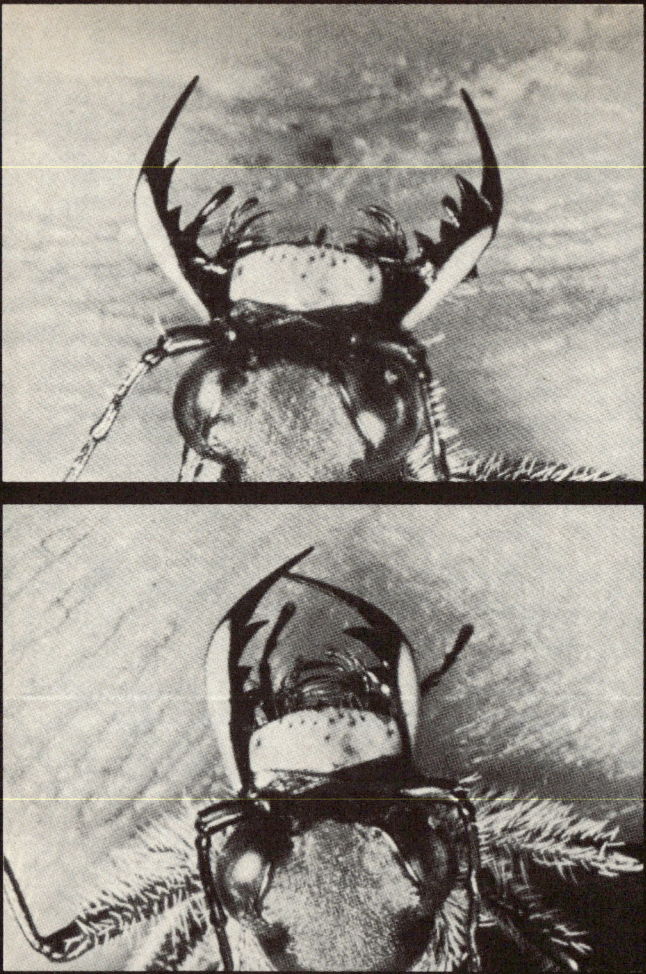

Abb. 10–21 Kopf des Sandlaufkäfers Cicindela mit geschlossenen und zupackbereit geöffneten Kiefern

Rand zu stark verändern, beispielsweise verbreitern oder verlängern. Mikroaufnahmen von solchen präparierten Reibeplatten aus dem Mund der Schnecken ergeben oft die zauberhaftesten Strukturen.

Zu den mächtigsten und am höchsten spezialisierten Angriffswaffen gehören zweifellos die Kiefer oder auch die Vorderbeine von Gliedertieren, speziell von Insekten. Kräftige, spitze, dolchartige Kiefer-Klauen, die sich nach hinten zu verbreiten und in gesägte Halteriefen auslaufen, trägt der Sandlaufkäfer Cicindela. Auf der Abb. 10–21 ist der Kopf eines solchen Exemplars in Makroaufnahme dargestellt; ich halte das Tier zwischen Daumen und Zeigefinger. Oben hat es die Kiefer geschlossen, unten zum Beißen geöffnet. Mit diesen fürchterlichen Instrumenten dringt es zwar nicht ganz durch die Haut des Fingers, kann aber merklich zwicken. Der grünlich marmorierte Käfer mit den hellgelben Flecken auf den Kaukiefern und dem Stirnschild ist etwa 1½ cm lang und kommt, wie der Name sagt, auf Sandböden vor. In Sandgruben wird man ihn gelegentlich finden. Wenn man ihn belästigt, läßt er als Abwehrreaktion einen Tropfen Verdauungssaft austreten.

›Mandibel‹ nennen die Zoologen diese kräftigen Kauwerkzeuge der Insekten, auf deutsch ›Oberkiefer‹. Zu den Mundwerkzeugen der Insekten gehören aber noch drei weitere Strukturen: die Oberlippe, die beiden Unterkiefer und die Unterlippe. Alle diese Strukturen sind oft vielfältig verändert und umgebildet. Beispielsweise kann die Mandibel eine richtige Greif- und Kaubacke darstellen, wie sie eben am Beispiel des Sandlaufkäfers geschildert worden ist oder wie sie bei Laubheuschrecken oder Hornissen noch drastischer ausgebildet erscheint. Sie kann aber auch Teil eines langen Saugrüssels sein, kann schließlich, wie bei manchen Schmetterlingen, ganz oder fast ganz funktionslos werden und verschwinden. Die vergleichende Darstellung der Mundwerkzeuge von Insekten ist eines der an Kuriosa reichsten Kapitel aus dem an Überraschungen wahrlich nicht armen Gebiete der Entomologie oder Insektenkunde.

Spinnen sind keine Insekten, aber doch Gliedertiere. Oft haben sie so viele Augen wie Beine: acht an der Zahl. Wer Spinnenporträts mit der Makrokamera einfängt, erschrickt immer wieder ein wenig, wenn die mächtigen Greifklauen oder Cheliceren auf der Mattscheibe scharf erscheinen. Diese unerhört kräftigen Gebilde bestehen aus zwei Gliedern, einem dicken, muskulösen, mit Greifzacken und Borsten versehenen Basalglied, und einem dünnen, halbmondförmigen, taschenmesserartig gegen das Basalglied einklappbaren Endglied. Die kräftigen Muskeln, die das Endglied bewegen, lassen das Basalglied so stark aufgetrieben erscheinen. Eine Spinne in Frontalansicht zeigt Abb.

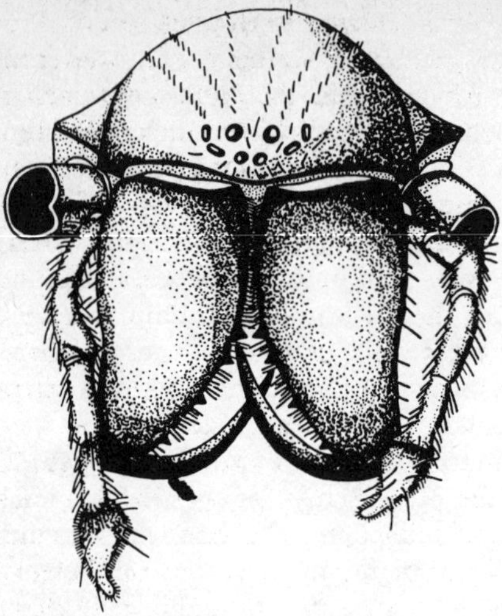

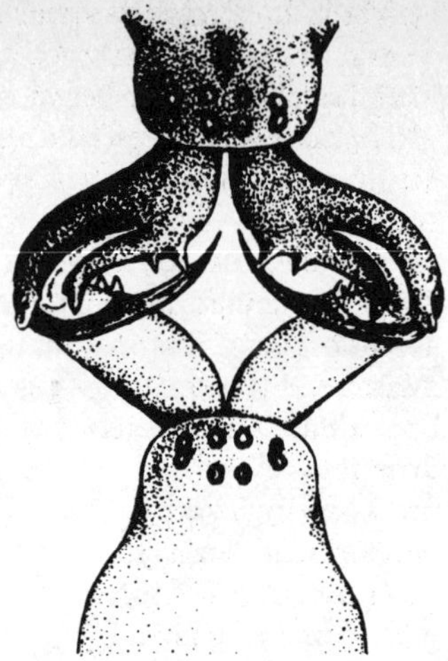

Abb. 10–22 (links) Frontalansicht eines Spinnenkopfes mit den massigen Cheliceren

Abb. 10–23 (rechts) Immobilisierung der weiblichen Cheliceren durch die männlichen Cheliceren bei der Spinne Pachygnatha clerckii

10–22. Die beiden in der Zeichnung abgeschnittenen Röhren stellen die Taster oder Pedipalpen dar.

Spinnenmännchen leben bekanntlich gefährlich. Wenn sie sich bei der Kopula nicht sehr vorsichtig verhalten, nicht ein streng vorgeschriebenes, meist arttypisches Annäherungszeremoniell befolgen und anschließend nicht blitzartig wieder verschwinden, werden sie vom Weibchen ohne Hemmung gepackt und aufgefressen. Gleiches gilt für die Gottesanbeterin, die Mantis. Die Weibchen einer bestimmten Spinnenart, Pachygnatha clerckii, lassen das Männchen gar nicht so ohne weiteres nahen, bedrohen es zunächst mit ihren kräftigen Cheliceren. Der Freier aber hat einen Trick entwickelt. Er immobilisiert die Cheliceren des Weibchens mit seinen eigenen! Wie das aussieht, zeigt die Abb. 10–23. Das Männchen (oben) umgreift die äußeren Glieder der weiblichen Cheliceren mit dem eigenen Basalglied. Sie rasten da in einer Nische zwischen zwei Dornfortsätzen ein. Dann legt das Männchen die eigenen Endglieder an, und nun sind die weiblichen Cheliceren wie in zwei Schraubstöcken festgespannt und können keinen Schaden mehr anrichten.

Ähnliche Umgreifvorrichtungen finden sich an Beinen von Arthropoden in verschiedener Ausbildung. Beispielsweise trägt die waffenfüßige Narzissenfliege Lampetia armipes eine solche Höhlung zwischen Oberschenkel, Schenkelring und Unterschenkel am Hinterbein. Bienen besitzen bekanntlich eine Putzscharte am Vorderbein, eine halbkreisförmige Aussparung in der Schiene, die von einem Dorn des Schenkels auf der anderen Seite abgeschlossen werden kann. Hier hinein legen sie die Fühler, dann schließen sie den Mechanismus, und der Dorn drückt die Fühler sacht an die scharfe Kante. Nun werden die Fühler vorsichtig herausgezogen. Das Ganze wirkt wie eine Rundbürste und dient zur Reinigung dieser empfindlichen Vielfachinstrumente.

Vorderbeine als Rauborgane sind vor allem bei Wanzen wirkungsvoll ausgebildet. So tragen die bis zu handtellergroßen Belostomatiden – das sind flachgedrückte, räuberische Wasserwanzen aus Nordamerika und Südostasien – mächtige Vorderbeine. Sie können die zarte Schiene gegen den kräftigen Schenkel pressen und damit Beutetiere einklemmen (Abb. 10–24). Bei uns leben diese Tiere nicht, dafür aber andere Wasserwanzen, etwas kleinere, an denen man diesen Vorgang auch beobachten kann. So trägt der mehrere Zentimeter lange, unscheinbar bräunlich gefärbte und oft mit Stückchen verwesenden Pflanzenmaterials getarnte Wasserskorpion Nepa mächtige Rauborgane in Gestalt seiner Vorderbeine (Abb. 10–25). Die äußersten Enden der taschenmesserartig einklappbaren Außenklauen laufen etwas versetzt gegen Dornfortsätze an der Basis der Innenklauen: eine präzise Führung, die so leicht nicht seitlich verrutschen kann. Alle diese taschenmesserartigen Gebilde bestehen aus zwei Elementen, einem feststehenden, muskulösen und einem einklappbaren, zarteren Gebilde.

Die perfektionierteste Konstruktion dieser Art stellt zweifellos das Vorderbein der Gottesanbeterin Mantis religiosa dar. Surrealistisch, wie aus einem Gemälde Salvador Dalis, wirkt dieses 6–7 cm lange, grasgrüne Geschöpf mit dem dreieckigen Kopf, den riesigen Facettenaugen und den bedrohlichen Fangbeinen. Früher war es in wärmeren Gegenden unserer Heimat nicht selten. Jetzt findet man es meines Wissens nur noch in einzelnen Exemplaren am Kaiserstuhl, auf extrem warmen Lößhängen. In den Tropen leben größere Verwandte unserer Mantis, die stark verbreiterte, reich skulpturierte Vorderbeine von auffälliger Färbung besitzen. Sie halten sich in blühendem Gesträuch auf und wirken, wenn sie mit ausgebreiteten Vorderbeinen dasitzen, wie eine Blüte unter Blüten. Es mag sein, daß auffliegende Insekten die Mantis mit einer Blüte verwechseln, auf ihr landen und bei dieser

Gelegenheit gefangen und gefressen werden. Sicher bestätigt ist diese Vermutung indes noch nicht.

Unsere einheimische Mantis verhält sich etwas anders. Sie sitzt zwar auch mit nach oben gerichteten, hoch gehaltenen Vorderbeinen in Lauerstellung im Pflanzengewirr – auf diese Beinhaltung ist ihr Name ›Gottesanbeterin‹ zurückzuführen –, ahmt aber keine Blüten nach. Wenn ein Insekt in ihre Nähe kommt, schlägt sie nach ihm mit gezielten Bewegungen, wobei die zusammengeklappten Fangbeine auseinanderklappen, sich um das Beutetier schließen und das Opfer dann kräftig einklemmen. Dieser Bewegungsablauf ist ein berühmtes Beispiel für einen biologischen Regelkreis; die Mantis schätzt nämlich Entfernung und Richtung des Beutetiers genau ab, bevor sie ihren

Abb. 10–24 (unten links) Vorderende einer großen Belostomatide, der Art Belostoma cordofanum, mit den Raubbeinen

Abb. 10–25 (oben links) Der ›Wasserskorpion‹ Nepa

Abb. 10–26 (rechts) Eine Pedicillarie des Seeigels Echinus esculentus

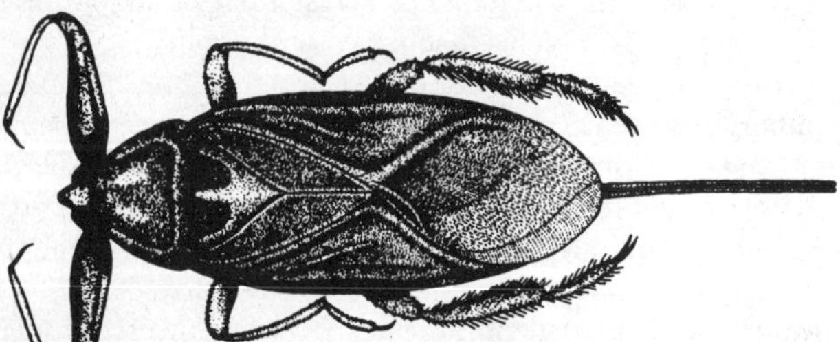

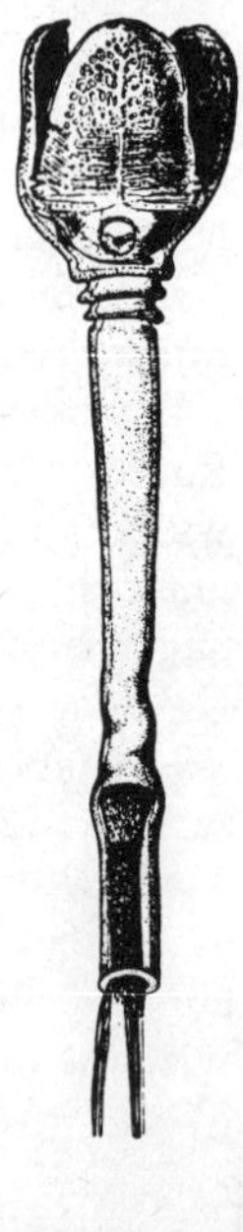

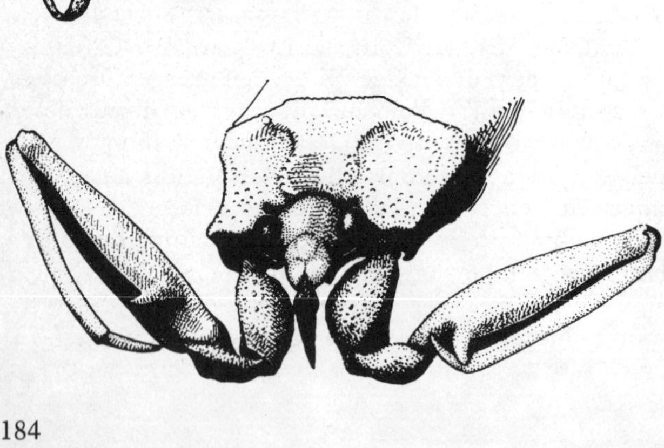

Fangapparat losschnappen läßt. Dieses Schnappen geschieht nach vorangegangener Einstellung automatisch, und der Ablauf kann während des Zuschlagens nicht mehr verändert werden, so wie ein Flugzeugabwehrgeschütz vor dem Schuß programmiert werden muß, danach aber keinen Einfluß mehr auf das Geschoß hat. Die Trefferwahrscheinlichkeit der Mantis ist mit rund 85% außerordentlich hoch.

Abb. 10–27 (oben) Fuß des Steinadlers Aquila chrysaëtos; Ständer behaart

Abb. 10–28 (unten) Fuß des Fischadlers Pandion haliaëtus; Ständer glatt beschuppt

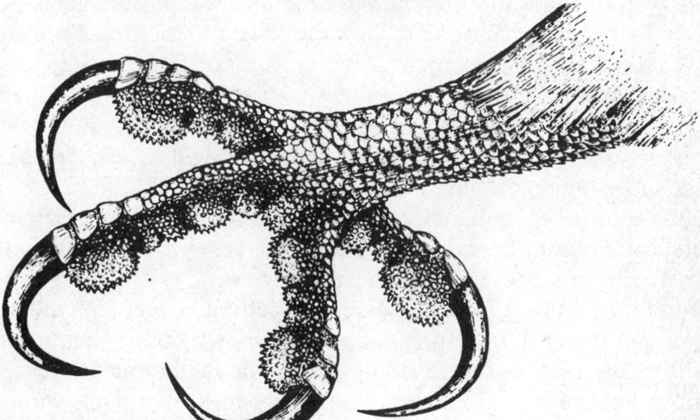

Fangbeine der geschilderten Art sind zweiklappige Systeme. Es gibt aber auch dreiklappige in der Natur – so etwa die sogenannten Pedicillarien der Seeigel. Das sind gestielte Gebilde, an deren Ende drei bewegliche Greifzangenblätter sitzen. Mit solchen Pedicillarien wird Nahrung gehalten und gefangen, wird die Körperoberfläche von Parasiten gesäubert, werden bei manchen Arten ausschließlich Schmutz- und Pflanzenteile herantransportiert und als Tarnung zwischen den Nadeln befestigt. Eine Pedicillarie des eßbaren Seeigels Echinus esculentus ist in Abb. 10–26 dargestellt.

Nicht nur Mundwerkzeuge dienen also dem Beutefang, sondern auch Beine. Eulen und Tagraubvögel (heute vermeiden Ornithologen den diskriminierenden Namen und sagen lieber ›Greife‹) besitzen in ihren messerscharfen Klauen höchst effiziente Fang- und Tötungsapparate (Abb. 10–27 und 10–28). Wenn der Fischadler einen Karpfen fängt, peilt er ihn aus größter Höhe an und stürzt dann mit zusammengelegten Flügeln und weit vorgestreckten Fängen direkt auf ihn herab (Abb. 10–29). Er stößt dem Karpfen die Klauen tief in die Rückenmuskulatur, wobei er nicht selten samt seiner Beute ganz unter Wasser verschwindet. Dann wuchtet er sich hoch – aber nicht immer gelingt dieses Manöver. Und wenn er sich jetzt schnell vom Fisch losmachen wollte, um leichter zu sein, ginge das nicht. Hat sich der Adler also verschätzt, ist der Karpfen für ihn zu groß, so wird er unweigerlich von diesem unter Wasser gezogen und ertrinkt. Man hat gelegentlich Riesenkarpfen gefangen, denen zwei Ständer des Fischadlers aus dem Rücken hervorschauten – Zeichen für einen dramatischen Kampf, der vielleicht schon Jahre zurücklag. Der Adler war ertrunken, unter Wasser verfault, und nur die Knochen der Ständer waren übriggeblieben und die Fänge, eingewachsen im Gewebe längst verheilter Wunden.

Ist der Karpfen aber nicht allzu groß, hebt ihn der Adler aus dem Wasser. Während er abstreicht, wechselt er den Griff, so daß der Fisch, der mit beiden Beinen hochgehoben wird, nun mit dem Kopf vorausschaut und somit beim Flug weniger Fahrtwiderstand erzeugt. Eine solche Beutefanghaltung ist in Abb. 10–29 skizziert.

Viele Tiere gebrauchen klauenartige Haft- und Fangvorrichtungen nicht allein zum Schlagen der Beute; sie verwenden sie auch als eine Art Werkzeug, etwa um Beute festzuhalten und in geeigneter Lage zum Munde zu führen, wobei Lösungen gefunden werden, die nur bei oberflächlicher Einfühlung ›unpraktisch‹ wirken mögen. Der Ohrwurm Chelisoches morio etwa packt seine Beute mit den Zangen des Hinterleibsendes, führt sie schräg über den Körper nach vorne in die Kopfregion und hält sie auf diese Weise den Mundwerkzeugen vor

Abb. 10–29 Beutefanghaltung beim Fischadler Pandion haliaëtus. Zustoß, Abstreichen und ›Griffwechsel‹

(Abb. 10–30). Ein Werkzeuggebrauch im strengen Sinne ist das allerdings nicht, denn das ›Werkzeug‹ ist dem Tier ja angewachsen. Werkzeuggebrauch liegt hingegen vor, wenn ein Tier mit Hilfe eines aufgenommenen Elements ein weiteres Element bearbeitet. Es gibt nicht allzu viele Beispiele für Werkzeuggebrauch im Tierreich. Der ostafrikanische Schmutzgeier zum Beispiel nimmt Steine in den Schnabel, um damit Straußeneier aufzuknacken. Das ist echter Werkzeuggebrauch. Schimpanse und Gorilla, also hochentwickelte Menschenaffen, dürften Werkzeuge noch häufiger verwenden. Kaum glaublich, wenn es ein Film nicht dokumentiert hätte: daß Schimpansen mit aufgelesenen Holzprügeln auf ausgestopfte Leoparden einschlugen, die zu Studienzwecken in ihrem Revier aufgebaut worden waren. Der kalifornische Meerotter knackt sich mit aufgenommenen Werkzeugen Schalentiere, während er bauchoben auf der Wasseroberfläche dahinpaddelt, und der Galapagosfink zieht sich mit abgerissenen Kakteenstacheln nahrhafte Würmer aus ihren Borgängen heraus. Ähnlich wie er stochert der Mangrovefink nach Appetithappen.

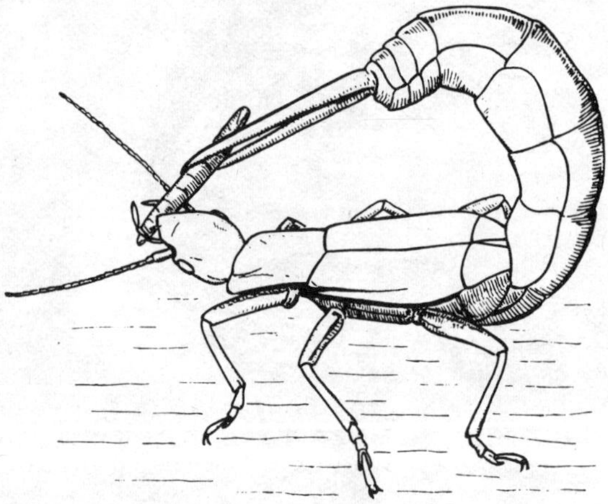

Abb. 10–30 Der Ohrwurm Chelisoches morio beim Beuteverzehr

Warum aber ist echter Werkzeuggebrauch im Tierreich so selten? Allein am Grad der Entwicklung des Gehirns kann es nicht liegen, denn ein Schmutzgeier, auch wenn er mit Steinen Straußeneier ›knackt‹, ist einem Hund an Intelligenz unterlegen. Der eigentliche Grund für die Seltenheit des Werkzeuggebrauchs bei Tieren dürfte daher sein, daß der hohe Grad funktionaler Anpassung bei den meisten Arten einen Werkzeuggebrauch im strengen Sinne erübrigt. Eben deshalb, weil den meisten Tieren ihre ›Werkzeuge‹ angewachsen sind und weil deren Funktion optimal mit den Zwecksetzungen übereinstimmt, sind ihnen vom Boden aufgelesene Behelfsmittel gar nicht nötig. Überspitzt ließe sich also sagen: Werkzeuge sind Kompensation für eine Lücke in der natürlichen Ausstattung. In der Regel aber trägt jedes Tier seine technische Ausrüstung auf dem Leibe. Dem einzelnen Lebewesen bleibt so die Sorge um das passende Werkzeug erspart; die Zwecktauglichkeitsprüfung seiner Ausstattung ist längst abgelegt und bestanden vor der gestrengen Jury der Evolution. Und wenn der Mensch aus seiner Not an Hauzähnen und Krallen, an Grabfüßen und gefederten Springbeinen die Tugend seiner Technik machte, so bleibt in seinem Bewußtsein doch immer noch ein Rest von Erinnerung, daß es sich hier um Notbehelf handelt. Denn Hand aufs Herz: wer flöge nicht selber lieber leicht und schnell wie eine Seeschwalbe, als sich in die Economy-Klasse eines technisch noch so perfekten Düsenriesen zu drängen? Und ist das Immer-Schneller, Immer-Höher, Immer-Größer, das doch so offensichtlich wider alle Vernunft in manchen technischen Bereichen die Richtung bestimmt, nicht bloß die Überkompensation eines nagenden Gefühls des Ungenügens, das der Mensch, in biotechnischer Leistung auf gutes bis schlechtes Mittelmaß (allerdings bei großer Vielseitigkeit) festgelegt, angesichts tierischer Spitzenleistungen empfindet? Die Unspezialisiertheit unserer Art, ihre Chance wie ihre Gefahr im Jahrmillionentest der Evolution, hat es überhaupt erst möglich gemacht, biotechnische Leistungen anderer Lebewesen zu sehen – und dann als Vorbild zu nehmen. Wäre der Mensch des frühen Quartärs so perfekt auf das Töten von Beutetieren spezialisiert gewesen wie eine Raubkatze – biotechnisch und in den zugehörigen Wahrnehmungs- und Steuerungsmechanismen ist ja ein Leopard als Ganzes ein geradezu phantastisch organisierter und zweckentsprechender Beutegreif-Apparat –, dann wäre vielleicht er über das Stadium des Selbst-Werkzeug-Seins gar nicht hinausgekommen: es hätte gar keine Notwendigkeit dazu bestanden.

Doch kehren wir zurück zu Lebewesen, die insgesamt derart dominierend auf bestimmte Mach-Zwecke hin organisiert sind, daß sie selbst schon fast wie ein einziges lebendiges Werkzeug erscheinen. Ein Holzwurm, der unter der Rinde oder im Kernholz seine Gänge zieht, verfügt über extrem hochspezialisierte Mundwerkzeuge, und auch sein übriger Körper scheint so gebaut zu sein, als ob er in vieler Hinsicht nur dazu funktioniere, um diese Mundwerkzeuge optimal zur Anwendung zu bringen. Die Mandibeln der Holzinsekten sind unter dem Gesichtspunkt ihrer Zwecktauglichkeit von Schmidt und anderen vergleichend untersucht worden. Die meisten Holzbohrer dieser Tierklasse sind Larven von Bockkäfern. Es gibt aber auch holzbohrende Termiten, es gibt ferner Ameisen, die sich ihre Gänge im Holz graben – etwa die

Roßameisen; und es gibt schließlich die Holzbohrkäfer (Bostrychidae), die als Imagines und Larven im Holz minieren. Außer diesen leben viele Larven anderer Käfer und die Larven der Holzwespen im gleichen Material.

Die Mandibeln aller dieser Holzfresser und ›Holzbohrer‹ sind übereinstimmend dreikantig, sehr dick und sehr hart. Die Härte kommt dadurch zustande, daß die Kutikula besonders stark sklerotisiert ist – in Kapitel 8 ist dies ausführlich beschrieben worden. Je dunkler solche Mandibeln aussehen, desto härter sind sie als Material. Stark sklerotisiertes Chitin ist in der Lage, nicht nur in härtestes Holz einzudringen, sondern auch in weichere Metalle wie zum Beispiel Blei und Kupfer. Teils tragen diese Kaukiefer zahnartige Vorsprünge, teils einen ganz glatten und scharfen Rand, der dann als ›Kauschneide‹ zu bezeichnen ist. Manche Mandibeln sehen wie Stemmeisen aus. Die Muskeln, die solche ›Werkzeuge‹ bewegen, sind extrem dick und kräftig. Beim Holzbohrer werden die Mandibeln mit geöffneten Schneiden auf die Holzfläche gedrückt. Damit die Larve dabei nicht zurückrutscht, verkeilt sie sich mit ihren Kriechwülsten auf der Rücken- und auf der Bauchseite im Bohrgang. Soll dieser verschlossen werden, so schälen die Schneiden der Mandibeln kleine Holzstückchen ab, und die übrigen Mundwerkzeuge helfen dabei, die feinen Späne zu einem Knäuel zu formen und ihn als Pfropfen wegzuschleudern.

Anders macht es die Larve des Hausbocks. Sie zerkaut die Späne. Bei mehrfachem Durchkauen mit hochspezialisierten Mandibeln werden die Spänchen immer feiner und feiner. Ein Teil dieses ›Fraßmehls‹ wird in den Verdauungskanal gestopft.

In gewisser Weise kann man diese Holzminierer oder auch die Muscheln, die sich in Steinen einbohren, mit den automatischen Bohrköpfen der Streckenvortriebsmaschinen vergleichen. Diese Apparate, die sich selbst ihren Tunnel graben, sind neuerdings bei der Anlage von U-Bahnen in den deutschen Großstädten recht bekanntgeworden. Eine solche Maschine der Firma Eickhoff, die EV-100, ist zum Beispiel 12,5 m lang, wiegt 35 Tonnen und benötigt eine Leistung von rund 200 kW. Sie schabt sich durch Seitwärts-, Auf- und Abbewegungen ihrer Schrämmwalze einen Gang von 5–6 m Durchmesser. Ein anderes derartiges Gerät, die Streckenvortriebsmaschine der Firma Wohlmeyer, bohrt sich eine Röhre von 3 m Durchmesser. Sie ist 9 m lang, wiegt 40 Tonnen und benötigt eine Leistung von 120 kW. Im Monat kann sie sich 600 m oder mehr voranwühlen.

Tiere vermögen zwar in härtestem Holz und im weichen Gestein, ja selbst in Metall Gänge zu bohren. Verglichen mit der sehr hohen Zahl

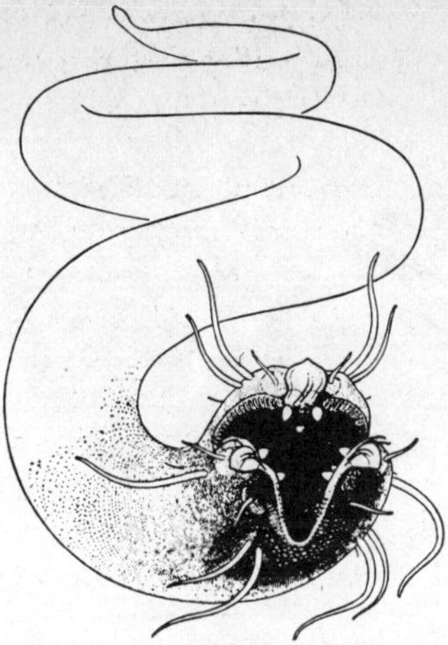 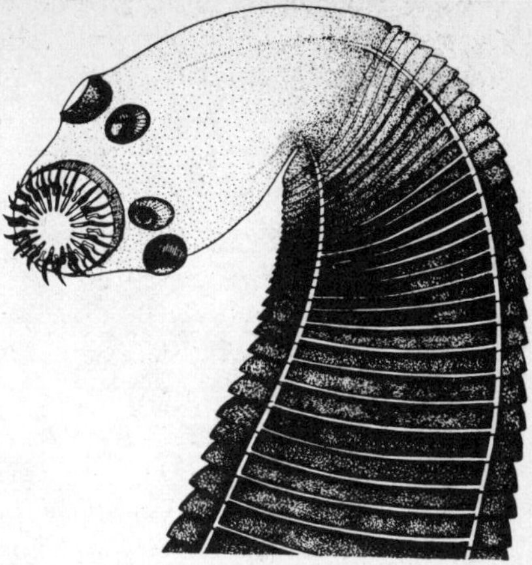

Abb. 10–31 (links) Parasitischer Wurm (?) mit riesenhafter Mundöffnung

Abb. 10–32 (rechts) Vorderende eines Bandwurms mit Saugnäpfen und Hakenkranz zur Verankerung

von Parasiten, die sich in den Körper von Wirtstieren einbohren oder einfressen, sind diese ›Hartbohrer‹ aber Sonderfälle.

Neunaugen sind urtümliche Fische, drehrunde Langsamschwimmer, die an ihrem Vorderende mit einem geradezu fürchterlichen Reibegebiß ausgestattet sind. Sie bohren, hobeln und fräsen sich in die Haut von Wirtsfischen, von deren Körpersäften und Geweben sie leben. Bei starkem Befall können sie den Wirt töten. Fischer sind denn auch schlecht auf diese Parasiten zu sprechen.

Bisweilen bestehen solche parasitischen Fische – oder auch parasitischen Würmer: Fadenwürmer zum Beispiel – am Vorderende nur aus ›Maul‹. Das ist dann ein riesenhaftes Gebilde, das mit mehreren Gruppen von Reißinstrumenten versehen ist. Die Abb. 10–31 zeigt ein solches, offensichtlich parasitisches Tier, dessen systematische Zugehörigkeit zu bestimmen ich hiermit dem Spezialisten überlasse – ich selbst muß zugeben, daß ich's einfach nicht weiß.

Bandwürmer (Abb. 10–32) tragen an ihrem Kopf die verschiedenartigsten Haftorgane, bestehend aus scheibenförmig angeordneten Munt-haken und einer Reihe von Saugnäpfen. Sie bohren sich nicht eigentlich in das Wirtsgewebe ein, vielmehr heften sie sich oberflächlich im

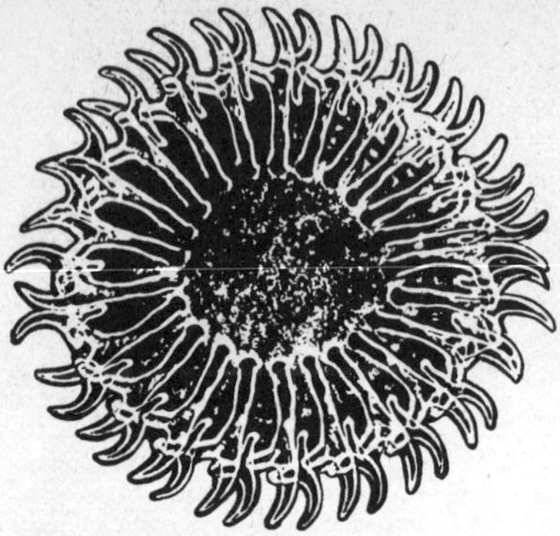 

Abb. 10–33 (links) Fotogramm des Hakenkranzes des Bandwurms Taenia pisiformis

Abb. 10–34 (rechts) Querschnitt durch den Kaumagen der Gelbrandkäferlarve

Darmepithel fest. Die Haken werden dabei ausgefahren, umgestülpt und seitlich an den Rand gelegt, wobei sie Darmzotten umfassen. Die Saugnäpfe saugen sich dann in der Nachbarschaft fest. Auf diese Weise verhindert der parasitische Wurm, daß er mit der Darmperistaltik langsam gegen den Enddarm getrieben und schließlich aus dem nahrhaften Schlaraffenland ausgestoßen wird. Bandwürmer sind ›ganz Mund‹ – das heißt: brauchbare Stoffe nehmen sie mit der ganzen Oberfläche ihrer zahlreichen, als ›Proglottiden‹ bezeichneten Segmente auf. Natürlich ließe sich auch sagen, sie seien ›ganz Darm‹ – jedenfalls werden unsere gewohnten Bezeichnungen hier hinfällig; denn die an der Spitze des Bandwurms gelegenen Elemente sind keine Organe der Nahrungsaufnahme, sie dienen allein dem Festheften. Und diese Hakenmechanismen am Kopf der Bandwürmer gehören zu den feinsten und grazilsten Skelettstrukturen im Tierreich. Die Abb. 10–32 kann davon nur eine schwache Vorstellung geben.

In stärkerer Vergrößerung und leichter graphischer Verfremdung ist auf Abb. 10–33 der Kranz von Verankerungshaken des Bandwurms Taenica pisiformis reproduziert. Dieses Gebilde aus gegeneinander abgestützten, hakenförmig gebogenen Einzelelementen ist nicht streng rotationssymmetrisch aufgebaut. Im Querschnitt rotationssymmetrisch sind dagegen viele biologische ›Mahlmühlen‹, zum Beispiel die Kaumägen von Käferlarven. Sie sorgen dafür, daß durch die Kontraktion mächtiger Muskeln eine Reihe von Mahlbacken gegeneinander bewegt werden. Diese bestehen aus einer außerordentlich kräftigen Chitinkutikula, sind gerieft und zerreiben nun das aufgenommene Futter in lauter kleine Partikel. In Abb. 10–34 ist der Kaumagen der Larve des großen Gelbrandkäfers Dytiscus marginalis im Querschnitt anzuschauen: Man sieht die äußere Lage von mächtigen Muskelsträngen und, auf ein Epithel aufgesetzt, die innere Lage von 2 mal 4 Kauelementen. Die Chitinkutikula ist schwarz gezeichnet.

Abb. 10–35 (links oben) Ausschnitt aus einem ›Sägeblatt‹ des medizinischen Blutegels
Abb. 10–36 (rechts oben) Spitze des – zerlegten – Stechrüssels von Aphrophora salicis
Abb. 10–37 (rechts unten) Weibchen der Wespe Inostemma mit Legebohrer-Scheide
Abb. 10–38 (links unten) Querschnitt durch den körpernahen Teil einiger Eilegeapparate von Insekten: a Brachyntheisogryllacris abbreviata, b Dolichopoda palpata, c Tettigonia viridissima (das große, grüne Heupferd), d Acheta domestica (das ›Heimchen‹)

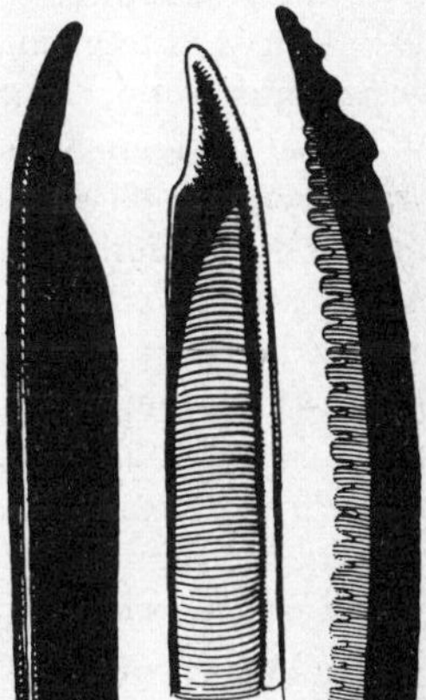

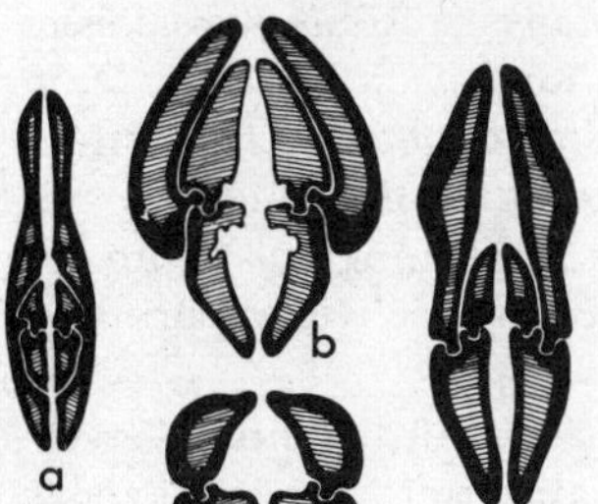

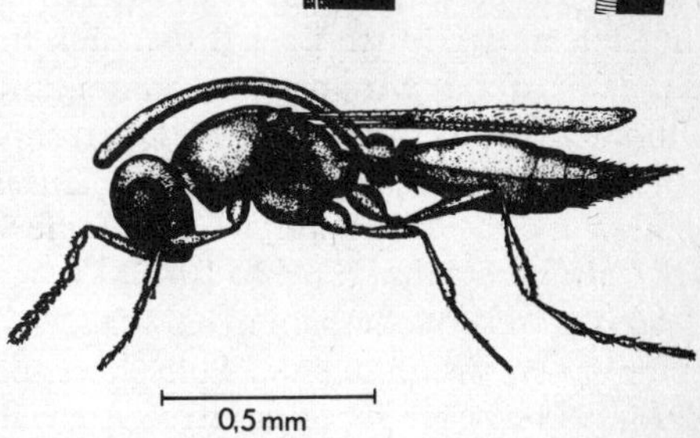

Die Werkzeuge, die die Natur zu dem ›Zweck‹ entwickelt hat, das Eindringen in Wirtstiere zu ermöglichen, sind sehr häufig verblüffend wirkungsvoll und nicht selten recht kompliziert gebaut. Das bestätigt ein Blick auf Abb. 10–35. Was Sie sehen, ist nicht der Ausschnitt aus einem Kreissägeblatt menschlicher Fertigung, sondern der Ausschnitt eines Sägesegments von der Art, wie sie der medizinische Blutegel zu drei Stück besitzt. Durch Muskeln werden diese ›Kreissägeblätter‹ in wiegende Bewegung versetzt und sägen sich rasch durch die Haut. Sie bestehen aus einem sehr harten, anorganischen Material. Ein Vergleichsblick auf Abb. 10–36: Hier sind drei Elemente vom Stechrüssel eines Schnabelkerfs abgebildet, der Art Aphrophora salicis. Diese Wanze gehört zu den sogenannten Stirnzirpen, den Cercopiden. Die einzelnen Elemente des dreiteiligen Stechapparats sind etwas auseinandergelegt, damit man ihre Konturen deutlich sehen kann. Sie sind in Form eines Rohrausschnitts konstruiert und enden in sehr feinen, gebogenen, mit leichten Widerhaken versehenen Stacheln. Untereinander sind sie mit Gleitbahnen gekoppelt und können so, mittels paralleler Schiebung, vorgetrieben werden.

Ähnlich wirkungsvoll und komplex sind die Legebohrer mancher Wespen ausgebildet. Sie dienen dazu, Eier tief in Wirtstiere oder ins Holz einzubringen. Schlupfwespen und Holzwespen besitzen die kompliziertesten Apparate dieser Art. Die Stacheln der Wespen und Bienen sind nichts anderes als umgebildete derartige Eilegeapparate. Zum Eilegen werden sie nicht mehr gebraucht – die Eierstöcke sind bei der Bienenarbeiterin bekanntlich verkümmert; nur noch die Königin legt Eier. Dafür stehen sie mit einer Giftdrüse in Verbindung und wirken, wie jeder weiß, als Giftinjektionsspritze. Eilegeapparate, speziell die Legebohrer der Schlupfwespen und Holzwespen, sind oft geradezu abenteuerlich lang. Bei der Riesenholzwespe können sie bis zu 5 cm ausgefahren werden! Die Miniaturwespe Inostemma, selbst nur etwa 1,5 mm lang, verstaut ihren langen Legebohrer auf ganz absonderliche Weise. Das erste Segment des Hinterleibs ist in eine Röhre ausgezogen, die sich in der Mitte über Bruststück und Kopf nach vorne zieht. In dieses ›Futteral‹ wird der Legebohrer zurückgeschoben, wenn er nicht gebraucht wird (Abb. 10–37). Querschnitte durch den Eilegeapparat verschiedener Insekten zeigen die Zusammensetzung aus mehreren Scheiden und Hüllen, die sich über feine Schwalbenschwanzführungen beweglich verzahnen (Abb. 10–38).

Saugrüssel-Mechanismen bei Wanzen dürfen natürlich nicht vergessen werden, wenn aus der Fülle hochspezialisierter Mundwerkzeuge bei Insekten eine repräsentative Auswahl zu treffen ist. Abb. 10–39 gibt eine leicht schematisierte Längsschnittzeichnung durch den Kopf der Wanze Aradus wieder, nach einer Originalzeichnung des Altmeisters der vergleichenden Insektenmorphologie, Hermann Weber. Es fällt nicht schwer, sich ein wenig in diese Zeichnung einzudenken, wenn etwas Zusatzinformation die Anschauung unterstützt. Die Rin-

Abb. 10–39 (oben) Schematisierter Längsschnitt durch die Kopfregion einer Rindenwanze der Gattung Aradus. Nebenzeichnung: Aufwickel-Schema des Stechborstenbündels

Abb. 10–40 (unten) Speichelpumpe einer Baumwanze der Gattung Palomena

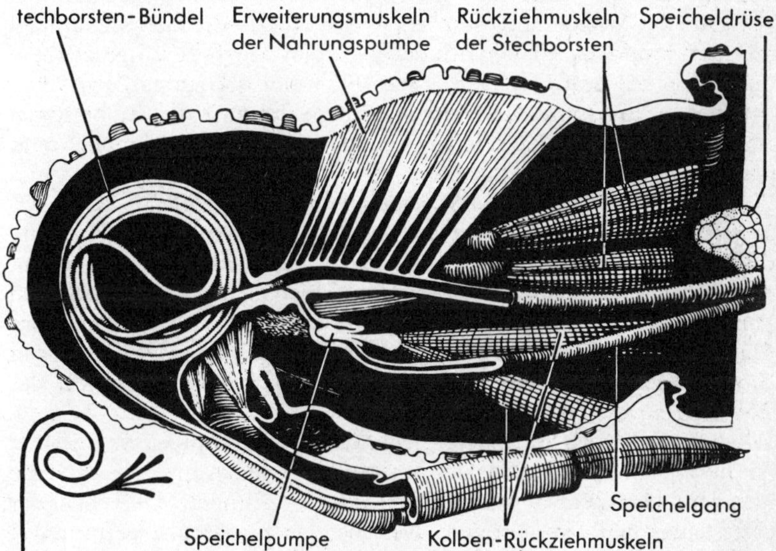

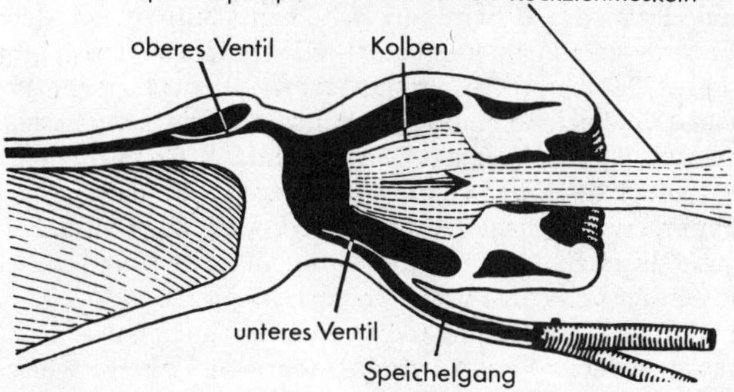

denwanze Aradus kommt mit etwa 20 Arten bei uns vor. Ihr Rüssel ist ziemlich lang und wird der Bauchseite entlang angelegt getragen. Durch den Rüssel zieht sich ein langes Stechborstenbündel, das etwa in der Augenregion mehrmals in sich geschlungen aufgerollt ist und schließlich im langgezogenen Gang der Speiseröhre endet. In der Einschaltzeichnung, links unterhalb der Kopfregion, ist die Art der Lagerung noch einmal herausgehoben. Man sieht, daß das Rohr nicht direkt aufgerollt, sondern in gegenläufige Schleifen gelegt ist. Am Ende spaltet es sich in vier Fortsätze auf. Tatsächlich handelt es sich um vier Einzelteile, die dieses Rohr zusammensetzen, und die endständig plattenförmig verbreitert sind. An diesen Endplatten setzen Muskeln an, die jeden einzelnen Teil für sich vor- und zurückbewegen können.

Wenn die Wanze eingestochen hat, wird das Stechborstenbündel ausgerollt und durch den Rüssel in die Wundstelle eingeschoben. Sobald es an eine Quelle flüssiger Nahrung gelangt ist, tritt eine Saugpumpe in Aktion. Die obere Wand des Schlunds wird von kräftigen Muskeln angehoben (12 solcher parallel laufender Muskelbündel zeigt die Abbildung). Beim Anheben vergrößert sich der Hohlraum, und Flüssigkeit strömt über den Stechborstengang ein. Läßt der Zug nach, so geht das Volumen des Schlunds infolge seiner Eigenelastizität und mittels ringförmiger Hilfsmuskeln zurück; Stauklappen verhindern, daß die flüssige Nahrung in den Stechborstengang zurückfließt. Sie kann deshalb nur durch die Speiseröhre nach hinten in Richtung des Magens befördert werden – eine richtiggehende Pumpe! Entomologen sprechen daher von der Nahrungspumpe oder ›Pharynxpumpe‹ der Wanzen.

Es gibt aber noch ein anderes, recht raffiniertes Pumpensystem. Das ist die Speichelpumpe. Speziell für blutsaugende Wanzen besteht die Notwendigkeit, ein Gerinnen des Blutes zu verhindern, weil sonst der zarte Saugkanal verstopft wird. Der Speichel enthält also gerinnungshemmende Fermente. Er wird mit Hilfe eines sinnreichen Mechanismus dem Blut zugeführt. Die Abb. 10–40 zeigt die Speichelpumpe der Baumwanze Palomena. Im Prinzip sehen alle derartigen Pumpen ähnlich aus; die Speichelpumpe der Wanze Aradus, etwa in der Mitte der Zeichnung 10–39, mag die Gemeinsamkeit verdeutlichen.

Was bei jeder klassischen technischen Pumpe zu finden ist, haben die Wanzenpumpen aufzuweisen: einen Zylinder, einen Kolben, zwei Ventile und die zugehörigen Dichtungen, ein Zufluß- und ein Abflußrohr und schließlich den Antriebsmechanismus.

Zwei kräftige Muskeln, die Kolbenmuskeln, ziehen den Kolben der Speichelpumpe rückwärts. Aufgrund der anatomischen Lage schließt sich dabei das als oberes dargestellte Ventil, das untere öffnet sich. Speichel kann aus den Speicheldrüsen über den Ausführgang in den Pumpenraum einfließen. Erschlaffen nun die Rückziehmuskeln, so rutscht der Kolben infolge der Eigenelastizität des Zylinders wieder nach vorn. Nun schließt sich das untere Ventil, das obere öffnet sich, und Speichel wird am Eingang der Speiseröhre der Nahrung beigemischt.

Es bliebe noch nachzutragen, wie das Stechborstenbündel vorgeschoben wird. Auch dieser Mechanismus variiert bei den einzelnen Mitgliedern der großen Wanzenordnung im Detail, ist im Prinzip aber immer ähnlich ausgebildet. Betrachten Sie die Abb. 10–41: Hier ist der Vorgang an nur zwei Borsten dargestellt, leicht schematisiert, von links nach rechts zu betrachten. In der ersten Phase sind die beiden Rückziehmuskeln der beiden Stechborsten kontrahiert. In der zweiten

Abb. 10–41 Stechborsten-Vorschieben bei einer Wanze. In der Reihenfolge a–d zu betrachten

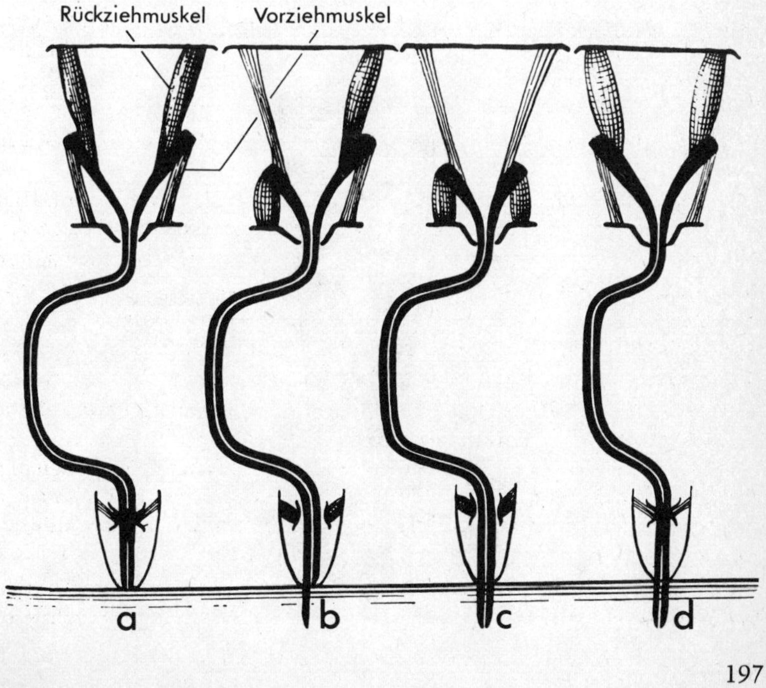

Phase ist der rechte Rückzieher und der linke Vorschieber kontrahiert. Entsprechend schiebt sich die linke Stechborste in das Wirtsgewebe ein. In der dritten Phase ist nun auch der rechte Vorzieher kontrahiert, das Stechborstenpaar ist vollständig eingedrungen. In der vierten Phase schließlich werden wieder beide Rückzieher kontrahiert. Zu erwarten wäre jetzt, daß die Stechborsten wieder zurückgezogen werden. Da sich aber ein Haltemechanismus mit kleinen Haltemuskeln an der Spitze des Rüssels um die Stechborsten gelegt hat, werden sie dort gebremst. Als Folge davon muß sich die ausgebogene Schlaufe der Stechborsten etwas verkleinern. Nun läuft der Vorgang mit Phase 2 bis 4 wieder von vorne ab. Die Folge ist, daß sich die einzelnen Stechborsten, gegeneinander gleitend, schrittweise tiefer ins Gewebe hineinarbeiten.

Und nun ein Blick auf die Bohnenblattlaus Aphis fabae: hier sind die beteiligten Chitinelemente nochmals in Form eines Blockdiagramms zusammengestellt (Abb. 10–42). Zunächst die untere Hälfte: Getrennt von einer Führungsleiste laufen hier vier Elemente parallel. Außen sind es die beiden Oberkiefer oder Mandibel, in der Mitte die beiden Unterkiefer oder Maxillen, die zwischen sich zwei parallele Gänge

Abb. 10–42 Blockdiagramm der Gaumenregion mit den Stechborsten der Blattlaus Aphis fabae

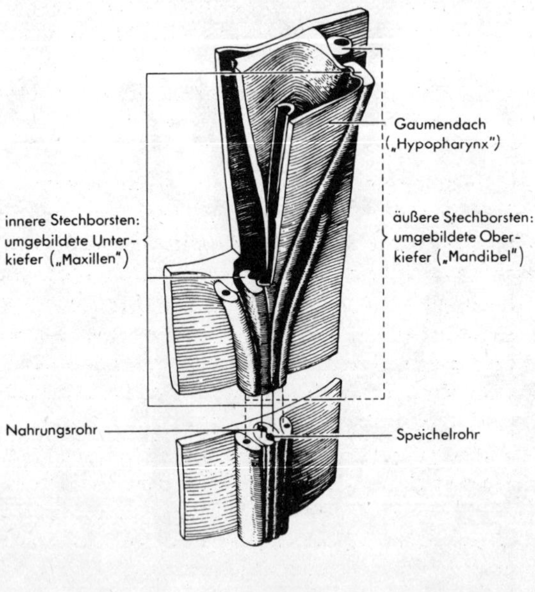

freilassen. Das eine ist der Nahrungsgang, durch den mit Hilfe der eingangs besprochenen ›Pharynxpumpe‹ Nahrung eingesaugt wird. Das andere ist der Speichelgang, durch den mit Hilfe der Speichelpumpe die Speichelflüssigkeit bis zur Rüsselspitze und weiter ins ›angepumpte‹ Gewebe hinausgedrückt wird. Weiter oben zu schiebt sich eine andere Struktur keilförmig zwischen die paarigen Stechborsten, eine sich erweiternde Falte des Mundbodens. Ganz oben rechts sind noch einmal die Querschnitte durch die auf der Zeichnung rechts zu findenden Stechborsten gegeben, vorne die innere, hinten die äußere Borste. Noch weiter oben (in der Zeichnung nicht dargestellt) verflachen sich dann diese Borsten in die genannten Platten, an denen die Rückzieh- und Vorziehmuskeln ansetzen. Ausstülpungen des Gaumendachs führen die Stechborsten im unteren Bereich.

Wer sich diese Region ganz genau im mikroskopischen Bild ansieht, bemerkt, daß sich die Borsten mit zahlreichen Schwalbenschwanzführungen auf feinstausgebildete Weise ineinander verfalzen und so parallel verschieben lassen. Die beiden äußeren Stechborsten, die umgebildeten Oberkiefer, leisten beim Eindringen die Hauptarbeit. Sie sind gezähnt, sie schlitzen den Stechkanal auf und verbreitern ihn. In die entstandene Spalte werden dann die inneren Stechborsten, umgewandelte Teile der Unterkiefer, vorgeschoben. Bei räuberischen Wanzen dringen die gezähnten Oberkieferborsten allerdings nicht sehr weit in die Haut vor, nur gerade so weit, daß sie sich mit ihren Widerhaken darin verankern können. Die Unterkiefer-Stechborsten arbeiten sich dann alleine in die tiefere Region der Haut vor. Bei den pflanzensaugenden Wanzen verläuft der Stechvorgang im allgemeinen etwas anders. Hier beteiligen sich alle vier Elemente etwa in gleicher Weise am Vordringen.

Soweit also die etwas detailversessene Besprechung eines besonders raffinierten Typs der Insektenmundwerkzeuge. Generell gesehen bilden die Stechborstenpaare der Wanzen, Mücken und Stechfliegen eine mikroskopisch feine Injektionsspritze, bisweilen sogar mit Doppelkanal für Nahrungs- und Speichelfluß. Der Speichel verzögert die Blutgerinnung, wirkt aber im allgemeinen nicht oder nur wenig giftig. Andere Tierordnungen sind nicht immer so harmlos. Jedermann kennt den Giftzahn der Kreuzotter, dessen raffinierte Aufrichtmechanik im nächsten Kapitel vorzuführen sein wird.

Gift-Injektionsapparate werden als Angriffs- und Verteidigungswaffen benutzt. Bei manchen Tiergruppen dienen sie nur einem der beiden Zwecke, bei anderen beiden. Beispielsweise sind die giftigen Nesselkapseln des Süßwasserpolypen Chlorohydra reine Angriffswaffen. Die

Brennhaare mancher Schmetterlingsraupen, die Giftstachel oder Giftzangen der Seeigel, die giftinjizierenden Flossenstrahlen und Kiemendeckelstacheln der Drachenfische und anderer Knochenfische sind hingegen reine Abwehrwaffen. Angriffs- und Abwehrwaffen je nach Bedarf sind die Nesselzellen der Nesseltiere sowie die Stechapparate, Giftzähne oder Giftklauen im Mundbereich der Hundertfüßler, Insekten, Spinnen, Mücken, Kegelschnecken, Krustenechsen und Giftschlangen. Schließlich gehören die Giftstachel am Körperende der Stechimmen und der Skorpione ebenfalls zu jenen Instrumenten, die sowohl dem Angriff als auch der Verteidigung dienen.

Nicht alle giftigen Tiere besitzen freilich Vorrichtungen zur Verwundung ihrer Feinde. Beispielsweise geben die Giftdrüsen mancher Tausendfüßler, vieler Insekten und Lurche die Giftsubstanz einfach auf die Körperoberfläche ab. Andere Tiere sind ›passiv‹ giftig; sie besitzen entweder eine giftige Körperflüssigkeit (›Haemolymphe‹), wie viele Insekten, oder giftige Gewebe und Organe wie zum Beispiel die Kugelfische. Die Wissenschaft von den tierischen Giften ist recht interessant und vielfältig, und sie gibt den Biochemikern manche Rätsel auf. Beim einen Tier kommt die gifthaltige Flüssigkeit aus Drüsen, die im Kopf, beim anderen aus Drüsen, die im Hinterleib oder im Bruststück liegen. Solche Drüsen können umgewandelte Speicheldrüsen oder Drüsen am Darmausgang sein. Und was die Gifte angeht, so finden sich Terpene oder Benzochinone, Ameisensäure oder eiweißauflösende Fermente; auch Alkohole, Caprylsäure, Mercaptane und viele andere chemische Substanzen erscheinen in den Giftschränken des Tierreichs. Doch dies gehört schon zu Biochemie – ein anderes weites Feld.

Gifte werden bisweilen nicht in den Körper des Beutetieres oder Feindes injiziert, sondern über ziemlich weite Entfernungen recht zielsicher auf den Feind gespritzt. Kleine Termiten können nur wenige Millimeter weit spritzen, manche Ohrwürmer, Gabelschwanzraupen und Raubwanzen dagegen 10–30 cm. Geißelskorpione und gewisse Schaben sollen gar über eine Reichweite von knapp einem Meter verfügen. Der unerreichte Meister allerdings ist der amerikanische Skunk, der seine übelriechenden und leicht giftigen Sekretstoffe über fast 5 m dem Angreifer ins Gesicht spritzt, wodurch er selbst Großraubtiere auf Distanz hält.

An Zielgenauigkeit steht ihm die Speischlange nicht nach. Diese seltsame Schlange, Naja nigricollis genannt, spritzt ihr Proteine und Hyaluronidasen enthaltendes Giftsekret bis 2,5 m weit! Dabei trifft sie mit großer Sicherheit die Augen des Ruhestörers. Es ist klar, daß solche

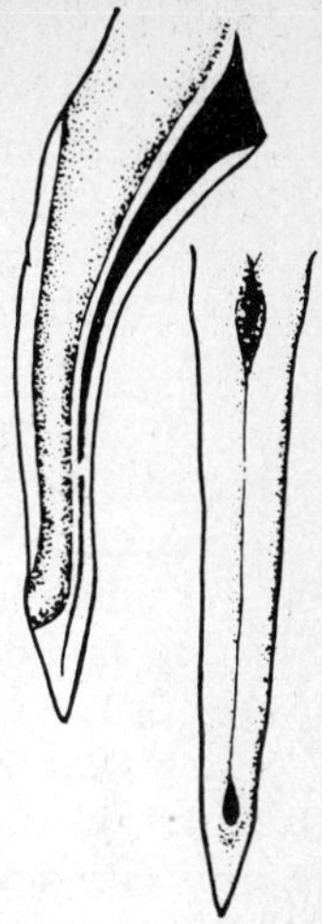

Abb. 10–43 (rechts) Giftzahn der speienden Ringhalskobra Haemachatus haemachatus im Längsschnitt und in der Draufsicht

Abb. 10–44 (links) Giftspeiende Speischlange Naja nigricollis, nach einer fotografischen Aufnahme gezeichnet

Treffsicherheit höchst speziell ausgebildete Giftzähne voraussetzt. Normalerweise läuft ein Giftkanal ja dem Zahn entlang und endet genau an der Zahnspitze. Bei den Speischlangen dagegen biegt dieser Kanal kurz oberhalb der Zahnspitze nach vorne um und verjüngt sich dabei zu einer Düse (Abb. 10–43). Damit können die Schlangen gezielt spritzen, auch ohne den Vorderkörper aufzurichten, wie das zum Beispiel in Abb. 10–44 gezeigt ist. Sie müssen nur das Maul leicht öffnen und den Feind genau anvisieren. Die afrikanische Ringhalskobra beherrscht das Kunststück im übrigen ebenfalls.

Von den zahlreichen Injektionsmechanismen, die die Natur hervorgebracht hat, seien hier nur einige wenige herausgegriffen. Die abstrakten Kunstwerken gleichenden Kegelschnecken, Bewohner tropischer Meere, besitzen Injektionsapparate, denen bisweilen eine tödliche Wirkung auf Taucher nachgesagt wird. Die Miniaturspritze einer immerhin 7,5 cm großen Conus-Art ist nur 12 mm lang und Millimeterbruchteile dick. Solche Stilette tragen Widerhaken und können dem Beutetier in ganzen Bündeln ins Fleisch gerammt werden.

Die Giftklauen der Hundertfüßler wiederum sind zangenartige Instrumente, zu denen sich die Beine des ersten Rumpfsegments umgebildet haben. Daß die Giftapparate der Stachelimmen umgebildete Eilegeröhren darstellen, habe ich schon erwähnt. Skorpionsgiftstachel, die Schwanzstachel der Stachelrochen, die Rückenstachel des Dornhais, der ebenfalls giftige Hinterfußsporn des männlichen Schnabeltiers sind interessante biomechanische Untersuchungsobjekte. Wir kämen allerdings vom Hundertsten ins Tausendste, wenn wir sie hier vergleichend betrachten wollten.

Klingt für viele Leser vielleicht schon die Schilderung der Speischlange wie Zoologen-Latein, so werden sie noch weniger glauben wollen, daß im Tierreich sogar Explosionsmechanismen als Abwehrwaffen entwickelt worden sind. Da gibt es den sogenannten Bombardierkäfer der Gattung Brachynus. Der Heidelberger Biochemiker Schildknecht hat seinen ›Bombardiermechanismus‹ ausführlich untersucht.

Dieser seltsame kleine Käfer, den man in Spanien nicht selten finden kann, schleudert chemische Abwehrstoffe in Form eines feinen Sprays gegen den Feind. Das geschieht im Prinzip auf folgende Weise: In einer Vorratskammer speichert der Käfer ein Explosionsgemisch, in einer anderen Vorratskammer, die später zur ›Brennkammer‹ wird, Enzyme, die dieses Gemisch schlagartig zersetzen, das heißt: zur Explosion bringen können. Im Moment des ›Schusses‹ wird der Explosionsstoff mit den Enzymen in der Brennkammer vereinigt. Sofort erfolgt nun die Selbstzündung, und eine ganze Salve des Gemischs schießt davon. Sie entwickelt eine Temperatur von nicht weniger als 100° C und besteht zum Teil aus Wasserdampf, zum Teil aus mitgerissenen feinen Sekrettröpfchen. Eine geradezu frappierende Ähnlichkeit mit einer Flüssigkeitsrakete! Aus getrennten Behältern werden zwei chemische Stoffe in eine Brennkammer geführt, die sich beim turbulenten Vermischen schlagartig von selbst entzünden – gleiches Prinzip hier wie da! Bei der Apollo-Mondlandefähre hatte es sich um Sauerstoff und Hydrazine gehandelt (Abb. 10–46).

Die chemischen Vorgänge beim ›Schießen‹ des Bombardierkäfers sind dank den Untersuchungen der Arbeitsgruppe um Schildknecht und amerikanischen Autoren so gut wie aufgeklärt (Abb. 10–45). Demnach speichert der Bombardierkäfer in seinem einen Reservoir Hydrochinone in einer 28%igen Wasserstoffperoxid-Lösung. An der

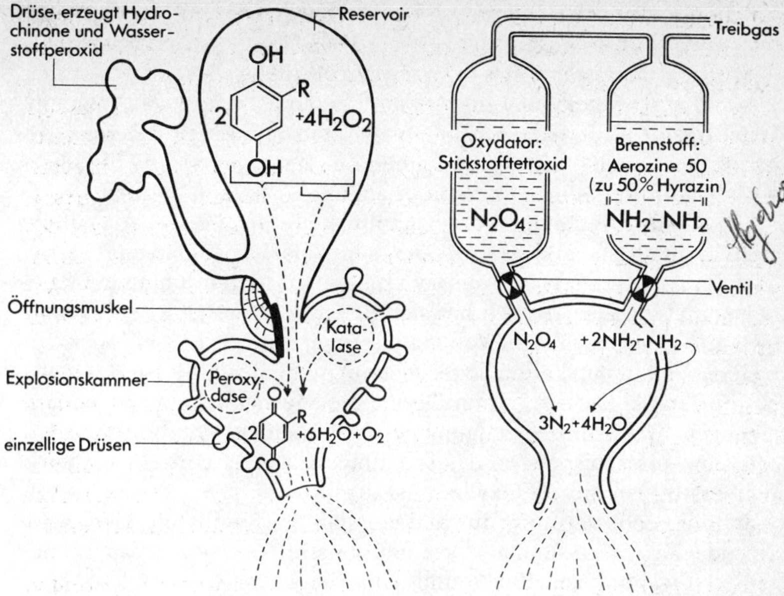

Abb. 10–45 (links) Reaktionsstoffe, Behälter und ›Brennkammer‹ des Bombardierkäfers Brachynus crepitans, Schema

Abb. 10–46 (rechts) Reaktionsstoffe, Behälter und Brennkammer des Aufstiegsteils der Apollo-Mondlandefähre, Schema

Innenwand der ›Brennkammer‹ bewahrt er zwei Enzymgruppen auf, nämlich Katalasen und Peroxydasen, die von einzelligen Drüsen des Kammerepithels geliefert werden. Wenn er nun schießen will, führt er die beiden Flüssigkeiten in der Brennkammer dadurch zusammen, daß ein Muskel den Verbindungsweg zum Reservoir öffnet. Nun laufen innerhalb von tausendstel Sekunden lebhafte Reaktionen ab. Die Katalase spaltet das Wasserstoffperoxid zu Wasser und gasförmigem Sauerstoff. Die Peroxydase wandelt mit Hilfe des Wasserstoffperoxids das an sich harmlose Hydrochinon in das außerordentlich reaktionsfähig-aggressive Chinon um. Explosionsartig schießt das Gemisch aus der Düse der Reaktionskammer, und wo die extrem heißen, aggressiven Chinone auftreffen, erzeugen sie brennende Verletzungen. Selbst der Mensch spürt das, trotz seiner relativ dicken Haut.

Schon im Jahre 1752 wird diese Kriegführung des Bombardierkäfers von einem Entomologen beschrieben. 1798 vermerkt Pastor Wilhelm: »Zwölfmal kann man diesen Käfer zum Schießen reizen, wenn man ihn mit einer Stecknadel hinter den Flügeln kitzelt, wobei man eine Feuchtigkeit fühlt. Allein mit dem zwölften Schusse sind seine Patronen verschossen; er muß eine Stunde Zeit haben, um sein Pulverhorn wieder zu füllen, und nun kann er abermals zwölfmal puffen.«

Der Bombardierkäfer ist das bekannteste Beispiel dieser Art, aber er steht nicht allein. Andere Laufkäfer, zum Beispiel der Gattung Metrius oder der Ameisengast Paussus favieri, können auch mit heißen Chinonen schießen. Der Mensch hat sich neuerdings des gleichen Prinzips bedient: Der verwöhnte Wohlstandsbürger, soweit er sich noch naß rasiert, schätzt den kalten Seifenschaum nicht, der aus Rasiercremebehältern quillt. Da gibt es nun Dosen, die angenehm warmen Schaum erzeugen. Die Wärmeerzeugung beruht auf einem katalytischen Prozeß, der beim Auspressen des Schaumes aktiviert wird. Dabei wirkt Wasserstoffperoxid als Oxydationsmittel.

Schildknecht vermutet im übrigen, daß der Bombardierkäfer seine ätzende Gaswolke auch als Desinfektionsmittel benutzt, das ihn und seine Umgebung von Pilzen und Bakterien freihält.

Das Benutzen chemischer Stoffe für absonderliche Zwecke ist gar nicht so selten im Insektenreich. Der Bombardierkäfer schießt damit Schrapnells auf seine Feinde, andere Käfer schießen sich damit selbst vorwärts! Da gibt es kleine Kurzflügler der Gattung Stenus. Diese nur wenige Millimeter langen, schwarzen Kerle können auf der Wasseroberfläche daherkrabbeln. Sie können aber auch, mit viel höherer Geschwindigkeit, blitzartig über die Oberfläche gleiten, ohne auch nur ein einziges Bein zu rühren. Der Trick dabei ist folgender. Aus einer Drüse spritzen sie als Sekret ein Entspannungsmittel nach hinten, das oberflächenaktive Terpene enthält. Eine solche Lösung breitet sich auf der Wasseroberfläche sehr rasch aus, bis sie einen großen Bereich in allerdünnster Schicht bedeckt – oft besteht diese Flüssigkeitslamelle nur aus einer einzigen Molekülschicht; dünner geht's nicht mehr. Während sich der Tropfen zur monomolekularen Schicht ausbreitet, schiebt er leichte Hindernisse aus dem Weg, so auch den Käfer, der die Flüssigkeit abgegeben hat. Auf diese Weise saust das Tier etwa einen halben Meter weit über die Wasseroberfläche. Wasserläufer der Gattung Velia können das übrigens auch. Sie spritzen mit ihrem bauchseits angelegten und nach hinten gerichteten Stechrüssel wohl ein Sekret der Speicheldrüse aufs Wasser, das sich in ganz ähnlicher Weise verhält wie die oberflächenaktiven Terpene von Stenus und das Tier weit über die Wasseroberfläche reißt. Velia ist eine Wanze. Wie? Wanzenrüssel haben wir doch eben zuvor als hochspezialisierte Saugorgane kennengelernt – und nun fungieren sie auch als Spritzdüse für das vorantreibende Sekret! Man sieht, daß die Natur mit ein und demselben Organ häufig verschiedene Zwecke verbindet. Velia kann mit ihrem Rüssel nicht nur Beute aussaugen, sondern sich sogar vorwärtskatapultieren!

Sich vorwärtskatapultieren – das können auch die Springspinnen, wenn sie auf Beutefang gehen. Mit ihren vergleichsweise riesigen Augen fixieren sie die Beute, schätzen offensichtlich die Entfernung und springen dann gezielt auf sie zu. Dabei ziehen sie eine Sicherheitsleine, einen am Hinterleibsende austretenden Spinnfaden, hinter sich her. Wenn sie die Beute verfehlen, bleiben sie an der Leine hängen, ohne über einen Mauervorsprung oder sonst eine Steilflucht hinunterzustürzen. Im übrigen hat dieser Sicherheitsfaden auch statische Funktion. Er bewirkt, daß der schwere Hinterleib beim Sprung auch immer schön hinten bleibt. Reißt aber der Faden, so dreht sich die Spinne in der Luft um ihre Querachse und landet, wenn sie Pech hat, auf dem Rücken. Der englische Forscher Parry hat den Mechanismus dieses Schleudersprungs näher untersucht. Von ihm stammen auch die bemerkenswerten Phasenaufnahmen der Abb. 10–47.

Springspinnen springen nicht mit Muskelkraft. Sie haben ja überhaupt keine Muskeln, mit denen sie ihre Beine ausstrecken können! Wohl gibt es Muskeln, mit denen sie sie zu beugen vermögen, aber zum Ausstrecken bedienen sie sich eines anderen, außerordentlich seltsamen Mechanismus: Sie verwenden eine Hydraulik.

Wenn sie ein Bein strecken wollen, pressen sie Körperflüssigkeit in die Beinröhre hinein. Wie ein eingerollter Gartenschlauch, der unter Druck gesetzt wird, streckt sich das Bein nun. Wenn sie es beugen wollen, öffnen sie ein Ventil, so daß sie den Druck ausgleichen können, und bewegen dann die Beinglieder mit Hilfe von Muskeln gegeneinander. Die Drücke zur Streckung sind ziemlich hoch, 0,5 Atmosphären Überdruck wurden gemessen – mehr als bei allen bisher untersuchten Gliedertieren. Wie diese hohen Drücke zustande kommen, kann an dieser Stelle nur in einem Nebensatz angedeutet werden; es gibt spezielle Muskelflechtwerke, die flüssigkeitsgefüllte Körperhöhlen umschließen und bei ihrer Kontraktion unter Druck setzen. Primär aber ist der Bewegungsvorgang selbst Gegenstand des Interesses. Seinen Zeitablauf vergegenwärtigt Abb. 10–47. Sie zeigt Phasenbilder vom Absprung der Springspinne Sitticus pubescens. Zwischen zwei Einzelbildern liegen sechs tausendstel Sekunden. In wenigen tausendstel Sekunden werden also die Hinterbeine unter Überdruck gesetzt und strecken sich blitzschnell – das Tier wird nach vorn weggeschleudert. Daß dies so ist, läßt sich an den Originalfotografien, die diesen Reproduktionen zugrunde lagen, deutlich sehen. Die Gelenkmembranen zwischen den einzelnen Gliedern der Hinterbeine werden kurz vor dem Absprung aufgeblasen, und haarartige Fortsätze, deren feine Hohlräume mit der Beinröhre in Verbindung stehen, richten sich auf –

Abb. 10–47 Vier Absprungstadien der Springspinne Sitticus pubescens. Bildabstand 16tausendstel Sekunden. Das rechte Hinterbein ist in seinen verschiedenen Streckungsphasen schematisch herausgezeichnet.

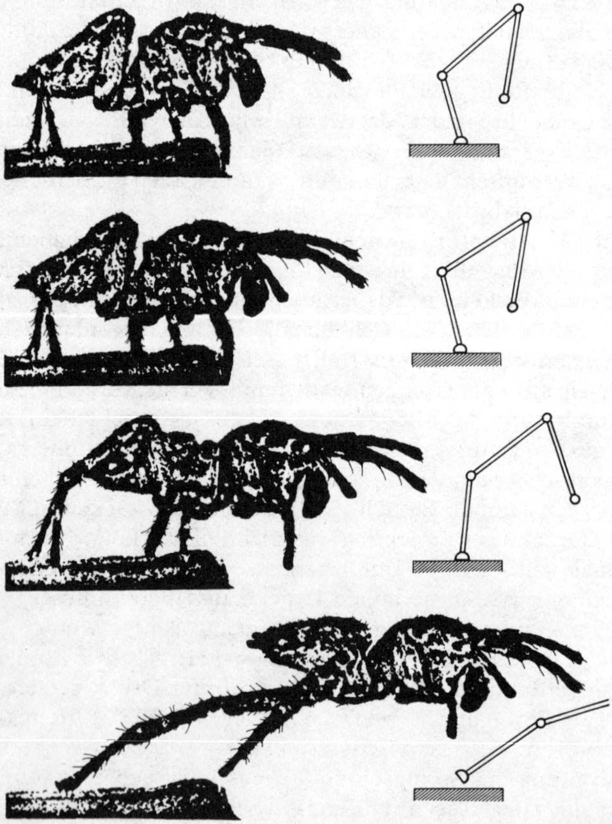

ein deutliches Zeichen für internen Überdruck. Neben den Abbildungen ist die Lage des rechten Hinterbeins mit seinen verschiedenen Gelenkregionen in einer Strichskizze schematisch wiedergegeben. Zu sehen ist, daß es auf drei voneinander abgesetzten Elementen beruht – ja, im Grunde auf mehr, doch nur jene drei sind deutlich sichtbar. Das erste dieser Elemente ist mit der Körperwand verbunden, das letzte wird gegen den Boden gestemmt. Diese drei Elemente sind somit durch vier gelenkige Verbindungen zueinander beweglich – vier deshalb, weil auch zwischen dem Boden und dem letzten Element eine solche Verbindung besteht. Beim Absprung ändern sich die Winkel zwischen diesen einzelnen Beinteilen in charakteristischer Weise; das Bein wird immer flacher gestreckt, bis es fast eine gerade Linie darstellt.

Ein Bein ist also eine Kette miteinander verbundener mechanischer Elemente. Die Kette der Beinglieder läuft nicht in sich zurück, ihr Endpunkt ist nicht identisch mit dem Anfangspunkt. Ein solches System heißt darum ›offene Kette‹, genauer (denn Kinematik ist mit im Spiel): ›offene kinematische Kette‹. Diese kinematische Ketten sind das mechanische Prinzip vieler Bewegungsabläufe im Tierreich. Sie sind wirksam beim automatisch vorschnellenden Giftzahn der Otter wie beim Sprung des Zehnkämpfers. Der folgende Abschnitt faßt sie genauer ins Auge.

Am Ende dieses Kapitels aber schießt der Bombardierkäfer eine Salve von Fragen ins Problembewußtsein seiner menschlichen Untersucher: Wie könnte ein so komplexer chemisch-physikalischer Vorgang in der Evolution sich nach und nach entwickelt haben? Kein Zweifel, daß er sich stufenweise herausgebildet hat. Aber wie? Der Käfer kann seine Salve nur schießen, wenn all die genannten chemischen Komponenten zusammenwirken. Für sich genommen reicht keine aus. Einen Evolutionsvorteil konnte indes doch wohl nur der fertige Apparat mit seiner Explosionsfunktion bieten. Oder hatten dessen Vorstufen andere Vorteile von kleinerem Kaliber? Man muß dies wohl annehmen. Auch die Mörser menschlicher Artillerie hatten friedfertigere Vorbilder in Apotheke und Haushalt. Bis eines Tages ein Schwarzkünstler darauf kam, daß sie, mit einem Gemisch aus Kohle, Salpeter und Schwefel gefüllt, auch noch ganz anderen Zwecken dienen könnten.

11
Maschinenbau im Schlangenschädel: Bewegungsmechanik und Tierkonstruktionen

Wo die Wiesen nicht nur aus Futtergräsern bestehen, blüht der blaue Wiesensalbei. Tief brummend kommt eine große Hummel geflogen und setzt sich auf die Unterlippe einer Salbeiblüte; sie fährt den langen Rüssel aus und steckt ihn tief in die Blütenröhre, um den Nektar zu saugen, der als süßes Sekrettröpfchen im äußersten Ende der Röhre verborgen liegt.

Nun geschieht etwas Seltsames: Wie durch einen Automaten bewegt erscheint aus der Höhlung der Oberlippe ein Staubbeutel an langem, weißlichem Stil, schwenkt nach unten und tupft auf die pelzige Oberseite der Hummel. Ein wenig Blütenstaub bleibt hängen. Rasch hat das Tier das Nektartröpfchen aufgenommen und macht Anstalten, zur nächsten Blüte weiterzufliegen. Sofort verschwindet auch der Staubbeutel und klappt in die schützende Höhlung der Oberlippe zurück. Des Betrachters Neugierde ist geweckt, und er verfolgt die Hummel bei einigen weiteren Blütenbesuchen. Häufig ist die gleiche seltsame Erscheinung zu beobachten. Kaum stößt die Hummel ihren Rüssel vor, schon schwenkt der Staubbeutel herunter und pudert das Insekt ein. Bei einigen Salbeiblüten allerdings wechselt das Bild. Die Staubbeutel sind vertrocknet, aber der Griffel mit der Narbe ist vorgewachsen, und die Narbe steht nun an der Stelle, die der Staubbeutel früher beim Heruntertupfen eingenommen hat. Kommt die Hummel von einer Blüte mit funktionierender Staubblattmechanik zu einer solchen, etwas älteren Blüte mit ausgewachsener Narbe, so berührt sie ganz zwangsläufig mit der vorher eingepuderten Stelle die Narbe. Blütenstaub der einen Blüte wird auf die Narbe einer anderen Blüte übertragen – die Bestäubung ist vollzogen; das Insekt war der Vermittler, der Bestäuber, der Blütenstaubüberträger.

Meistens ist der besuchte Salbei – Salvia pratensis nennen die Botaniker diesen Lippenblüter – ein Zwitter. Zunächst reift der Blütenstaub; die Pflanze ist männlich. Dann vertrocknen die Staubblätter, und vom Fruchtknoten aus wächst der Griffel mit der endständigen Narbe weiter vor: die Pflanze wird weiblich. Es gibt aber auch Blüten, die allein weiblich sind. Sie sind darauf angewiesen, daß sie von einer Hummel besucht werden, die sich vorher von einer Zwitterblüte im männlichen Stadium den Blütenstaub geholt hat. Auf der Narbe keimen die Blütenstaub- oder Pollenkörner aus, wachsen schlauchförmig durch den Griffel, und im Fruchtknoten verschmelzen die Kerne aus den Samenlagen mit Kernen des Pollenschlauchs. Erst mit einer bestimmten solchen Verschmelzung wird die Befruchtung vollzogen, das Endglied in der langen Kette des Wachsens, Blühens und Pollenübertragens. Tausende vergleichbarer und oft nicht weniger raffinierter Bestäubungsmechanismen hat die Natur entwickelt, und alle sind auf ein einziges Ziel gerichtet: die Bestäubung als Voraussetzung für die folgende Befruchtung. Danach geht das pflanzliche Leben in Myriaden von Individuen seinen Gang: Aus dem Fruchtknoten entwickelt sich die Frucht, und die im Fruchtknoten ausgebildeten Samenanlagen werden zu Samen. Nach einer Zeit der Ruhe keimen aus den Samen neue Pflanzen, und der Kreislauf beginnt von vorn.

Was aber hat der Salbei mit der etwas ominösen Kapitelüberschrift zu tun: ›Maschinenbau im Schlangenschädel‹? Wenn eine Otter beim Zustoßen das Maul öffnet, so klappen die Giftzähne ganz automatisch in Stoßrichtung nach vorne, ohne daß hierfür irgendwelche besonderen Stellmuskeln vorhanden wären. Sie tun das über ein Hebelgestänge, das vom Unterkiefer aus gesteuert wird: Öffnet sich der Unterkiefer, klappen die Giftzähne heraus, schließt er sich, klappen sie gegen den Gaumen zurück. Grundsätzlich ähnlich funktioniert ein Hebelgestänge in der Salbeiblüte. Drückt der eingefahrene Hummelrüssel auf eine bestimmte Platte, so schwingt der hebelartig angelenkte Staubbeutel herunter, läßt er los, so klappt das System aufgrund seiner Eigenelastizität wieder hoch. Hebel im Schlangenschädel, Hebel in der Salbeiblüte, Hebel in Tausenden von technischen Mechanismen: gleichartige Mechanismen in Biologie und Technik, wenn es gilt, zu bewegen, Kraft oder Weg zu übersetzen.

Im einzelnen funktioniert die Salbeiblüte so (Abb. 11–1): An der Unterlippe sitzt ein Stielchen an, das sich nach oben in einen langen, gebogenen Auswuchs mit endständigem Staubbeutel, nach unten in einen kurzen Fortsatz mit einer endständigen Platte verzweigt. Zwei solche Systeme sitzen in der Blüte nebeneinander; die Staubbeutelfortsätze sind unverbunden, die unteren Platten jedoch an der Berührungsstelle verschmolzen. Die untere Platte versperrt der Hummel den Weg

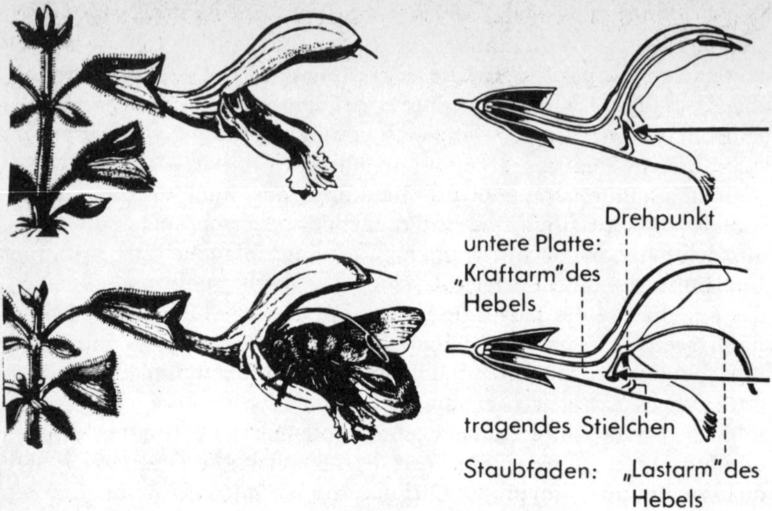

Abb. 11–1 Salbeiblüte: oben Staubbeutel-Hebel eingeklappt, unten ausgeklappt

zum süßen Nektartropfen. Sie muß vom kräftigen Rüssel nach hinten weggedrückt werden, bevor sie einen Schlitz zur Blütenröhre freigibt. Sobald die Hummel Druck ausübt, verkippt sich das ganze Staubbeutelsystem um einen (nicht genau zu fixierenden) Drehpunkt in der Gegend der Ansatzstelle an der Unterlippe. Da funktioniert also ein Hebel; der Abstand Platte-Ansatzstelle ist der ›Kraftarm‹, der Abstand Ansatzstelle-Staubbeutel ist der ›Lastarm‹. Es ist kein gleicharmiger Hebel, wie etwa bei einem Balken einer Apothekerwaage, sondern ein ungleicharmiger; der ›Lastarm‹ ist viel länger als der ›Kraftarm‹. Wird der letztere um eine bestimmte Strecke bewegt, so verschwenkt sich dadurch der erstere um eine viel größere Strecke. Wenn die Hummel die Platte nur ein klein wenig nach hinten drückt, reicht das schon aus, die Staubbeutel in großem Bogen weit herabschwenken zu lassen.

Weil der Kraftarm so kurz bleibt, ist ein nicht unbeträchtlicher Druck auf die untere Platte nötig – aber den kann die kräftige Hummel mit ihrem Rüssel anstandslos ausüben. Das Prinzip der Salbeiblüte ist also folgendes: Ein zweiteiliges, basal verbundenes System aus ungleicharmigen Hebeln ist darauf ausgerichtet, eine kleine, doch mit großer Kraft erfolgende Bewegung der einen Seite (basale Platte) in eine große Bewegungsstrecke auf der anderen Seite (Staubbeutel) umzusetzen.

Wer eine Salbeiblüte abpflückt und von schräg oben in die Unterlippenregion hineinblickt, wird eine Platte erkennen, die sich mit einem spitzen Bleistift, einer Nadel oder einfach einem abgerissenen Grashalm abwärts drücken läßt: der Staubbeutel schwenkt hierauf weit aus der Oberlippe heraus. Mit dem Taschenmesser oder mit einer Rasierklinge läßt sich die Blüte längs durchschneiden, auch kann man sie einfach zwischen Daumen und Zeigefinger auseinanderreißen, wobei die Unterlippe allerdings ganz bleiben soll. Die Hebelmechanik liegt nun frei: zu sehen ist die zarte Anwachsungsstelle (ein ›natürlicher Drehpunkt‹), die ungleichartigen Armlängen, die zarte, technisch simple und im Grunde doch so raffinierte Konstruktion, mit der die Pflanze das Tier ›überlistet‹.

Wie häufig im Bereich der belebten Welt, sind für diese Konstruktion nicht neue Teile entwickelt, sondern ursprüngliche Teile umgewandelt worden. Ein typisches, ursprüngliches Staubblatt sieht so aus: ein langes Filament verzweigt sich in zwei Konnektive, und an jedem der beiden Konnektive sitzt endständig eine sogenannte Theka, die in ihrer Gesamtheit die Staubbeutel darstellt. Das Ganze gleicht also einer zweiästigen Gabel, an der endständig kleine Kartoffeln stecken. In Gedanken sei diese Gabel nun horizontal gehalten, auch stelle man sich den Stiel und die untere Zinke verkürzt vor. Die obere Kartoffel an der langen Zinke wird zum Staubbeutel erklärt, die untere, verkürzte, zur basalen breiten Platte. Durch diese ›Umkonstruktion‹ ist der Blütenmechanismus des Salbei im Prinzip nachgeahmt. Die untere Platte ist nichts anderes als der Rest der einen Hälfte des ursprünglichen Staubblatts; sie ist ein umgewandelter Staubbeutel, der entwicklungsgeschichtlich seine Herkunft nicht verleugnen kann, nun aber ganz andere Aufgaben erhält. Er produziert keinen Blütenstaub mehr, sondern wirkt als Widerlager für den Hummelrüssel! Die eine Hälfte des Systems wird also umgebaut, ›geopfert‹, wenn man so sagen will, damit die andere Hälfte wirkungsvoller arbeiten kann!

Technische Zeichner heißen die Leute in weißen Mänteln, die an großen Zeichenmaschinen hantieren. In Architektenbüros stehen solche Zeichenapparate in wahren Fluchten. Das Prinzip ihres Mechanismus liegt darin, daß sich ein Winkel über der Zeichenfläche hin- und herschieben läßt, dessen Strecken einander stets parallel bleiben. Wird also der Winkel so ausgerichtet, daß das eine Lineal zur vertikalen Kante des Zeichenbretts, das andere zur horizontalen parallel ist, so bleibt diese Justierung, wohin man den Winkel auch schiebt. Eine zweiteilige Parallelführung bewirkt dies. Im einfachsten Fall besteht eine Parallelführung aus jenen zwei Elementen, die einander parallel bleiben sollen, und zwei gleichlangen Verbindungen zwischen beiden, die drehbar befestigt sind. Der Klemmechanismus in Abb. 11–2 zeigt das Prinzip nach einer alten Darstellung. Es geht darum, den quadratischen Block auf der Unterlage festzuklemmen. Durch Anziehen der Schrauben bewegen sich die Blöcke vorwärts und abwärts; man kann den Block zum Beispiel links von oben her festklemmen und rechts unter Druck nach links rücken. Basisplatte und Blöcke bleiben einander parallel, aber wegen der Art der Lagerung ändert sich bei der Verschiebung nicht nur der vertikale Abstand; der Block wandert auch in horizontaler Richtung.

Dieses klassische Prinzip einer Parallelführung verwirklicht in klarer Ausbildung der Brustkorb des Menschen (Abb. 11–3). Das knorpelige Brustbein mit seinen Rippenansatzstellen und die Wirbelsäule stehen ungefähr parallel. Beide werden durch die Rippenbögen verbunden, allerdings nicht starr: An den Ansatzstellen zum Brustbeinsystem und zur Wirbelsäule sind die knöchernen Rippen mit gelenkigem Bewegungsspielraum angesetzt. Diese wiederum stehen nicht genau horizontal, sondern sinken von hinten nach vorne etwas ab.

Allerlei Gedanken kommen dem in den Sinn, der mit einer erklärenden Skizze in der Hand vor dem Knochengerüst eines Menschen meditiert. Zoologische und anatomische Institute verwenden solche Knochenmänner im Lehrbetrieb. Wer den unvermeidlichen melancholischen Gedankenanflug über Sinn und Zweck des Lebens überwunden hat, der jeden Betrachter eines Menschenskeletts befällt, findet vielleicht angesichts der unerhörten Zweckmäßigkeit dieser Knochenkonstruktion etwas vom Sinn des Lebens wieder. Drückt man zum Beispiel das Brustbein in Richtung auf die Wirbelsäule, so erspürt man selbst noch am ausgetrockneten Präparat sehr deutlich die hohe Elastizität des Brustkorbs. Er wirkt als schützender ›Korb‹, ja geradezu als Stoßdämpfer für die empfindlichen inneren Organe. Dazu muß er in sich elastisch sein, muß federn können. Die Rippen mitsamt dem vorderen Brustkorbschluß wirken tatsächlich wie Blattfedern, und die Parallelführung ist ein Teil dieses Federsystems. Beim Verkippen ist zu beobachten, wie sich bei dieser Art von Bewegungen das Volumen des Brustkorbs ändert. Die Rippen hängen ja etwas nach vorne durch. Wird nun das Brustbein gedrückt, so senken sie sich noch mehr. Das Brustbein bewegt sich nach unten und zugleich nach hinten, das umfangreiche Volumen nimmt ab.

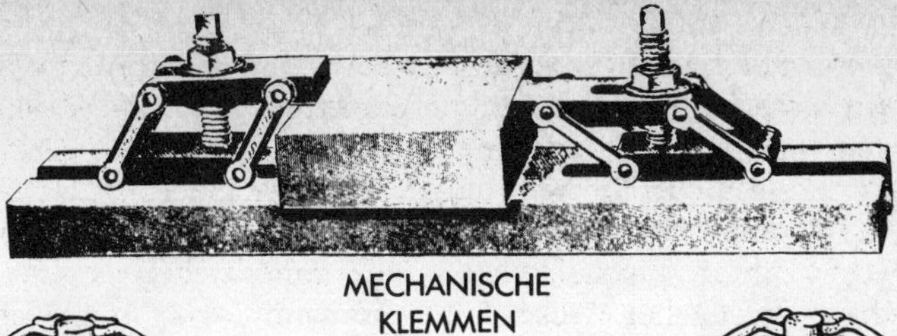

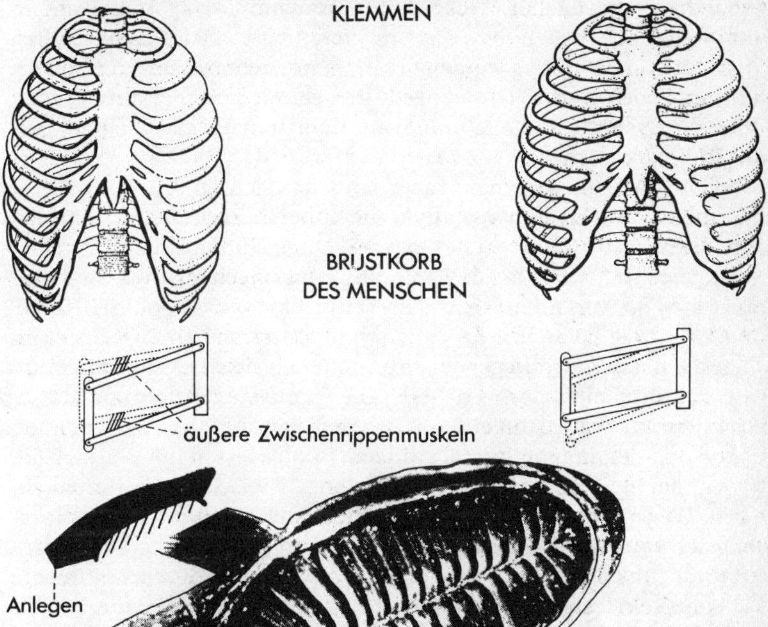

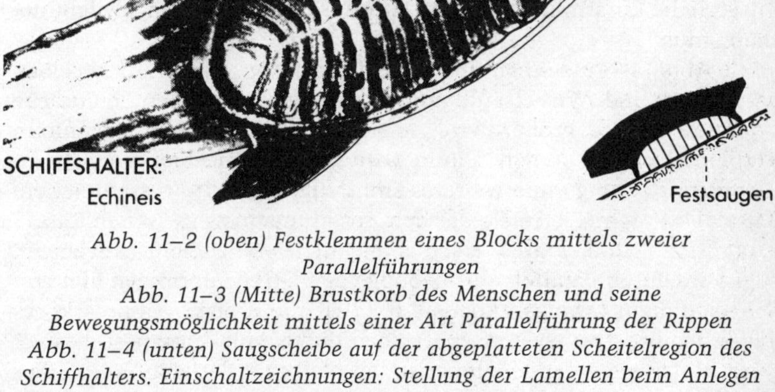

Abb. 11–2 (oben) Festklemmen eines Blocks mittels zweier Parallelführungen
Abb. 11–3 (Mitte) Brustkorb des Menschen und seine Bewegungsmöglichkeit mittels einer Art Parallelführung der Rippen
Abb. 11–4 (unten) Saugscheibe auf der abgeplatteten Scheitelregion des Schiffhalters. Einschaltzeichnungen: Stellung der Lamellen beim Anlegen und nach dem Festsaugen

Die Natur hat diese Parallelführung auf wahrhaft raffinierte Weise für die Atemmechanik ausgenutzt. Bei der Atmung muß sich die Lunge ja zusammenziehen und ausdehnen. Eine Muskulatur für diese Aufgabe besitzt sie nicht. Sie wird durch Volumenänderung des Brustraums ›mitgenommen‹, gedehnt und dann wieder entlastet, so daß sie sich wegen ihrer Eigenelastizität zusammenziehen kann. Das geschieht in zweifacher Weise: Einerseits wird das Zwerchfell beim Einatmen nach unten bewegt und vergrößert allein dadurch den Brustraum; andererseits werden die Rippen angehoben und vergrößern ihn somit noch weiter. Die Lunge füllt sich mit Luft. Beim Ausatmen gehen die Systeme, die alle in bestimmten Grenzen elastisch sind, in ihre Ruhelage zurück.

Welche Muskeln sorgen nun aber dafür, daß sich der Brustraum beim Einatmen hebt? Es sind vor allem die äußeren Zwischenrippenmuskeln, die Musculi intercostales externi. Diese sind in außerordentlich zweckgerechter Weise in den Parallelführungsmechanismus der Rippe integriert. So verlaufen sie nicht senkrecht von Rippe zu Rippe, sondern schräg nach vorne – unten vom Unterrand einer Rippe zum Oberrand der darunterliegenden. Kontrahieren sie sich, so werden ihre Ansetzpunkte einander genähert. Die geringste Entfernung dieser beiden Punkte wäre dann erreicht, wenn die an sich abwärts geneigten Rippen parallel und horizontal stünden. Infolgedessen müssen sich die Rippen bei der Kontraktion der äußeren Zwischenrippenmuskeln heben. Wegen der Parallelführung schiebt sich dabei die Brustbeinregion nach vorn und erweitert so den Brustraum: Einatmung. Das Ganze kann nur funktionieren, wenn die obersten Rippen durch bestimmte Haltemuskeln festgehalten werden und so eine Art Aufhängung bilden. Zusätzliche Einatmungs- und Ausatmungsmuskeln ergänzen den Mechanismus.

Die Abb. 11–3 macht anschaulich, daß der Zwischenraum zwischen Basisplatte und Wirbelsäule und damit auch das eingeschlossene Volumen um so größer wird, je steiler die drehbar eingelenkten Verbindungshebel stehen. Damit wird die Atemmechanik der Brustraumvergrößerung ohne weiteres sinnfällig. Zur Seite gestellt sei ein Beispiel aus dem Tierreich, das den Zusammenhang zwischen Raumvergrößerung und Parallelverschiebung nicht weniger lehrreich belegt. Hier wird durch Parallelverschiebung von plättchenförmigen Elementen – die nicht zwangsgekoppelt sind wie die Rippen des Brustkorbs durch das Brustbeinsystem, aber doch durch Muskelkraft so bewegt werden, daß sie einander stets parallel bleiben – der Hohlraum eines Saugorgans vergrößert.

An Saugnäpfen und anderen Festheftemechanismen ist im Tierreich wahrhaftig kein Mangel. Es gibt nicht nur Dutzende – es gibt Hunderte verschiedener Systeme und Beispiele. Was im folgenden zur Sprache kommen soll, gehört zu den kompliziertesten und raffiniertesten Festsauge-Strukturen in der belebten Welt: die Saugplatte am Kopf der Schiffshalter. Die Gattung Echineis ist hier zu nennen. So bezeichnen die Wissenschaftler jene kleinen Fische, die sich scheinbar todesmutig an Riesenhaie (oder Rochen) heranmachen und sich dann blitzartig an der Haifischhaut festsaugen. Der Hai ist ziemlich machtlos gegen diese unerwünschten blinden Passagiere, denn mit seinem fürchterlichen Fanggebiß kann er sie nicht erreichen, und Verhaltensweisen, mit denen er sie an scharfen Felskanten abfegen könnte, scheint er nicht entwickelt zu haben.

Der Echineis-Saugapparat ist eine vergleichsweise riesenhafte Struktur, die auf der Kopfseite des Fisches ausgebildet ist und fast die halbe Körperlänge einnehmen kann. Im abgebildeten Beispiel (Abb. 11–4) besteht er aus 18 um die Mittellinie symmetrisch angeordneten Doppelplättchen, die sich übereinandergelegt haben wie die Seiten eines dicken, aufgeschlagenen Telefonbuchs. Sie liegen schräg, zueinander parallel. Wenn sie nun durch Muskelzug aufgerichtet werden, bleiben sie einander parallel, wie die rechte Einschaltfigur zu Abb. 11–4 zeigt. Da das Volumen eines Quaders jedoch stets größer ist als das Volumen eines Rhombus gleicher Basisfläche, ist das eingeschlossene Volumen zwischen zwei Blättern nach dem Aufrichten größer als vorher.

Der Schiffshalter, wie Echineis auch genannt wird, saugt sich nun wie folgt an: Er schwimmt ziemlich rasch von unten gegen die Bauchseite des Hais, stößt mit der glatten Kopffläche an und stellt die Sauglamellen auf, wobei er etwas nach hinten rutscht. Der Hohlraum des Saugapparats vergrößert sich, und ein Druckausgleich wird dadurch verhindert, daß der randständige Wulst dieses ellipsenförmigen Organs dicht an der Haifischhaut ansitzt. Die Lamellen gehen ein klein wenig über die senkrechte ›Totstellung‹ hinaus, bis sie an Knochenrasten anstoßen und so arretiert bleiben. Nun ist der Schiffshalter festgesaugt, und sein Träger, ein Hai oder ein Rochen (oder auch ein Schiffsrumpf), wird ihn nicht mehr los, es sei denn, Echineis stirbt oder löst sich aktiv, um den Wirt zu wechseln. Dazu zieht er die Knochenspangen, die die Saugplatten abstützen, mit bestimmten Muskeln zurück und rutscht dabei ein wenig auf der Haifischhaut nach vorne. Das System klappt zusammen, die Dichtung löst sich, und die Verbindung ist damit geöffnet.

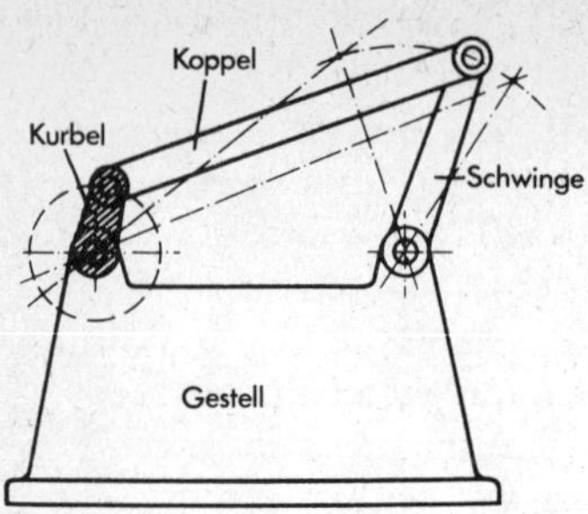

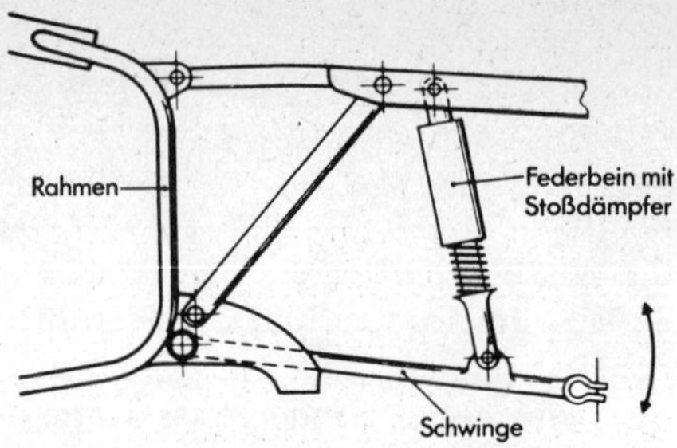

Abb. 11–5 (rechts) Schwinglagerung mit Stoßdämpfer bei einer Radaufhängung
Abb. 11–6 (links) Prinzip einer kinematischen Viergelenkskette zur Umwandlung einer Rotation in eine Schwingung

Im technischen Bereich sind Parallelführungen sehr häufig verwirklicht. Die Zeichenmaschine war nur ein Beispiel. Ein anderes wären Schwingarme von Radachsen. Bei Abb. 11–5 ließe sich vorstellen, daß der schräge Verbindungsstab nicht vorhanden ist. Über das Kuppelstück des Stoßdämpfers könnte sich nun die Schwinge und die dazu parallele obere Stütze so verdrehen, daß der Stoßdämpfer gegen den Rahmen nahezu parallel geführt wird. Das ist nun allerdings nicht die Absicht des Konstrukteurs; der eingeführte Schrägstab verhindert gerade diese Bewegung. Der obere horizontale Holm bleibt fest, und die Schwinge kann über den Stoßdämpfer gegen das System Rahmen-Oberholm-Schrägverstrebung schwingen.

Was ist hier technisch geschehen? Die Schrägverstrebung hat ein insgesamt bewegliches System verfestigt. Ein Teil des Rahmens und des oberen Holms bildet zusammen mit der Schrägstrebe ein Dreieck. Auch wenn die Systeme über Drehachsen verbunden sind, bleiben ›kinematische Ketten‹ aus drei verbundenen Elementen starr: Fachwerkbau! Erst durch Einführung eines vierten Elements werden sie wieder beweglich, und das ist in Abb. 11–6 am Beispiel des Prinzips eines Kurbelgetriebes gezeigt. Hier liegt eine ›kinematische Viergelenkkette‹ vor, bestehend aus vier Elementen: dem Gestell, der Kurbel, der Koppel und der Schwinge. Wäre eines dieser Elemente nicht vorhanden, würde zum Beispiel die Kurbel fehlen und wäre die Koppel direkt am Gestell befestigt, so bliebe diese Maschinerie starr und könnte allenfalls als tragendes Fachwerk, als Abstützstruktur benutzt werden. So aber ist sie beweglich, und wenn sich die Kurbel, angetrieben von einem Motor, dreht, so bewegen sich Koppel und Schwinge in ganz gesetzmäßiger Weise mit. Sie drehen sich aber nicht, sondern pendeln hin und her: Umsetzung der Rotation in eine Schwingung!

Kinematische Ketten bieten manche Überraschung, und es lohnt sich, auf ihre Prinzipien näher einzugehen. Es fällt dann leichter, auch kompliziertere technische Systeme zu verstehen und die biologische Bewegungskonstruktion eines Schlangenschädels, eines Vogelschädels oder eines Fischmauls zu erklären. Technische kinematische Ketten sind tatsächlich der einzig vernünftige Ausgangspunkt für ein näheres Verständnis dieser biologischen Konstruktionen. Natürlich: man kann sie beschreiben, kann festlegen, welche Muskeln und Knochen vorhanden sind und wie sie bewegt werden – aber verstanden hat man sie deshalb nicht. Die Maulmechanik eines Karpfens hat der Biologe erst dann verstanden, wenn er die zugrunde liegenden Prinzipien durchschaut hat, und diese Prinzipien sind eben kinematische Ketten! Dabei ist es sekundär, daß so ein Maul aus Knochen und Muskeln gebaut ist, nicht aus Stahl und Federn; die Prinzipien sind absolut gleich.

Nun kann man natürlich etwas hinterhältig fragen: Was hätte denn der Biologe gemacht, wenn es die Technik nicht gäbe? Dann könnte er ja solche Naturkonstruktionen gar nicht ›verstehen‹. Warum nicht, wäre da zu entgegnen; er hätte dann eben das Prinzip kinematischer Ketten aus biologischen Mechanismen selbst ableiten müssen, anstatt sie aus der Technik zu übernehmen. Das wäre nicht undenkbar und eigentlich auch nicht zuviel verlangt, denn kinematische Ketten sind tatsächlich erst dann als solche erkannt worden, als es längst komplizierteste Maschinen gab, nämlich in der Mitte des vergangenen Jahrhunderts.* Der genialische Berliner Professor Franz Reuleaux hatte sie aufgrund der vergleichenden Betrachtung und Beschreibung vorliegender Maschinen ›abstrahiert‹. Nachdem er die Prinzipien erkannt hatte und ihre Elemente systematisieren konnte, war es erstmals möglich, Maschinen nicht nur zu ›pröbeln‹, sondern tatsächlich zuerst als kinematisch abstrahiertes Bewegungsschema zu entwerfen und dann – darauf aufbauend – sie im Rahmen des technisch Möglichen zu konstruieren. Im Grunde war Reuleaux hier in derselben Lage wie ein Biologe. Auch der Biologe hat Tausende von Erfindungen, Mechanismen und Konstruktionen vor sich liegen und muß nun durch Analyse Prinzipien erkennen und herausarbeiten, um zu ›verstehen‹, wie die Tiere gebaut sind und funktionieren. Im allgemeinen geht der Techniker zudem ganz anders vor, als Reuleaux dies tat. Seine Untersuchungen geben das seltene Beispiel analytisch-synoptischen Denkens. Reuleaux war sich im übrigen bewußt, daß er hier auf allumfassende, übergreifende Prinzipien gestoßen war. Deshalb hielt er es keineswegs für unter seiner Ingenieurswürde, eine Abhandlung zu schreiben über ›Kinematik im Tierreich‹! Es ist außerordentlich reizvoll und technikgeschichtlich interessant, diesen alten Beschreibungen nachzuspüren. Nach guter Art des 19. Jahrhunderts sind die Arbeiten mit prachtvoll exakten Stahlstichen illustriert. Doch ehe hier einige Beispiele vorgestellt werden, seien anhand der Abb. 11–7 und 11–8 grundlegende Prinzipien verdeutlicht.

Abb. 11–7 Papierstreifenmodell einer ›offenen‹ zweigliedrigen kinematischen Kette (A), einer geschlossenen, festen Dreigelenksstruktur (B) und einer zwangsläufigen kinematischen Viergelenkskette (C)

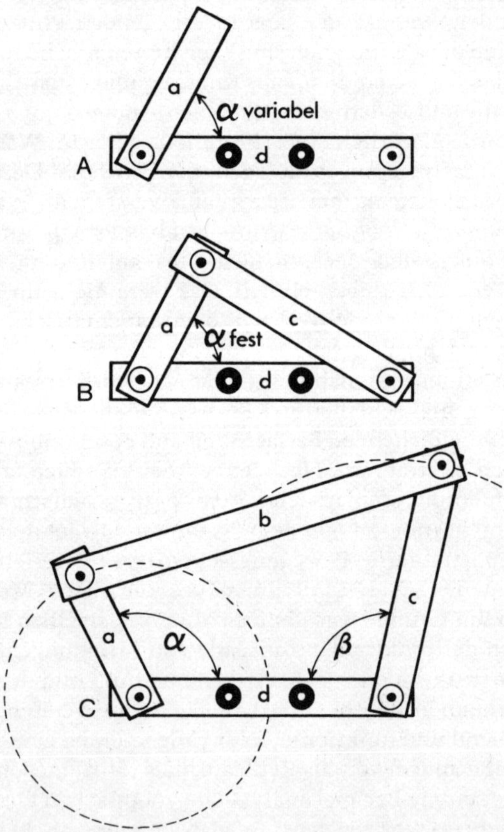

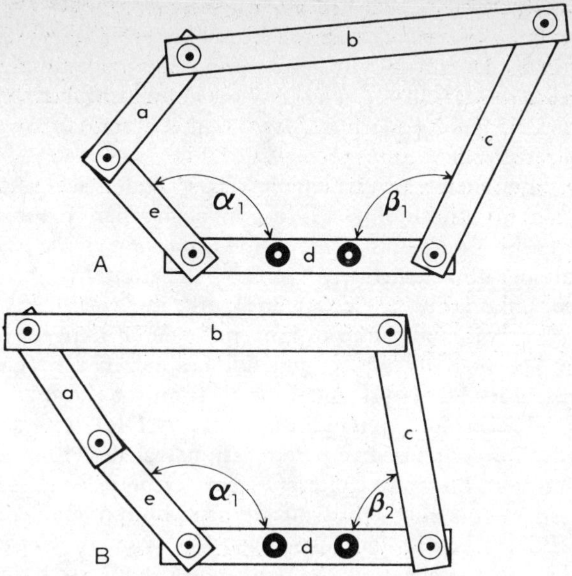

Abb. 11–8 Papierstreifenmodell einer nicht zwangsläufigen kinematischen Fünfgelenkskette

Mit Papierstreifen, Reißzwecken und einer Papp- oder Styroporunterlage lassen sich schöne kinematische Ketten bauen. In den Abbildungen sind Reißzwecken, deren Stift nach oben weist und mit einem Papierscheibchen gesichert ist, weiß gezeichnet, andere, die den Papierstreifen gegen die Unterlage heften, schwarz ausgefüllt. Ausgegangen sei von einem Glied d, das fest gegen die Unterlage gepinnt ist (Teilbild A, Abb. 11–7): Es trägt links ein Glied a, das sich unter jedem beliebigen Winkel α gegen d einstellen läßt. Werden nun die Endpunkte von a und d durch ein drittes Glied c verbunden, so ergibt sich, wie schon bekannt, eine feste Dreieckstruktur. Diese ›kinematische Dreigelenkskette‹ ist also gar nicht mehr ›kinematisch‹, sondern absolut stabil (Teilbild B). Wird nun zwischen a und c das Glied b eingeführt, so entsteht eine kinematische Viergelenkskette (Teilbild C), für die schon das Kurbelgetriebe (Abb. 11–6) ein Beispiel gab. Diese Kette ist ›zwangsläufig‹, wie der Techniker sagt, und sie ist eindeutig. Das heißt: Wird ein gewisser Winkel α eingestellt, so sind damit auch alle anderen

Winkel im System, zum Beispiel der Winkel β zwischen d und c, festgelegt. Bei günstiger Längenwahl der Glieder läßt sich a konzentrisch durchdrehen, und der Verbindungspunkt von b und c beschreibt dabei den Sektor einer Kreisbahn. Je nach der Stellung der ›Kurbel‹ a ist der Verbindungspunkt zwischen der ›Koppel‹ b und der ›Schwinge‹ c eindeutig festgelegt.

Solche kinematischen Viergelenksketten finden weithin Anwendung in Technik und Biologie. In der menschlichen Technik – allerdings nur in ihr – werden mit ihrer Hilfe Rotationen in Schwingungen umgesetzt oder umgekehrt; wir finden sie in Schreibmaschinen, Fernschreibern, Lokomotiven, Gestängen, Werkzeugmaschinen, Zeichengeräten, Filmprojektoren und in tausend anderen Dingen, bei denen sich Teile gegeneinander bewegen. Oft besteht in der Technik das Erfordernis, einen Punkt auf einer ganz bestimmten Kurve zu bewegen, zum Beispiel beim Greifer eines Filmprojektors. Die Greiferspitze muß während der Dunkelphase in ein Perforationsloch des Films eingreifen, um den Film ein Bildchen weiterzuziehen. Dabei bewegt sie sich auf einer Geraden. Anschließend läuft sie nach hinten aus dem Perforationsloch hinaus, beschreibt einen Bogen weit vom Film entfernt, fährt hoch und greift im nächsthöheren Perforationsloch ein: Nun wird das nächste Bild durchs Fenster gezogen. Im Kino erfolgt dieser Vorgang 24mal in der Sekunde. Dabei ist noch ein anderes technisches Problem zu lösen. Zur Gewährleistung einer möglichst günstigen Helligkeitsausnutzung des Projektors muß das Bild während eines solchen, $\frac{1}{24}$ Sekunde währenden Zyklus möglichst lange stehen und in möglichst kurzer Zeit vorbeibewegt werden. Während der Durchzugsphase bewegt sich die Greiferspitze deshalb schnell auf ihrer Bahn, während der Rückkehrphase, wenn nämlich die Blende offen ist und das Filmbild auf der Leinwand erscheint, relativ langsam. Der Konstrukteur hat also zwei Probleme zu bewältigen: Einmal die Führung der Spitze auf einer bestimmten Bahn; zum anderen die Führung mit ungleicher Geschwindigkeitsverteilung auf dieser Bahn. Durch ein günstig abgestimmtes System von kinematischen Ketten läßt sich diese und theoretisch auch eine jede andere Bewegungsweise richtiggehend ›synthetisieren‹, und so können Punkte auf Kreisausschnitten, auf Ellipsen, in Achterbahnen und in tausend anderen Weisen bewegt werden. Es gibt noch andere Arten von Zwangsführungen in der Technik – Kurvenscheibengetriebe etwa –, aber die Zwangsführung durch kinematische Ketten ist immer noch eine der wichtigsten.

Was geschieht nun, wenn wir unser Modell erweitern (Teilbild A, Abb. 11–8) und ein weiteres Glied c einführen? Wir erhalten nun eine kinematische Fünfgelenkskette, die nicht mehr zwangsläufig ist. Das heißt: Stellen wir einen bestimmten Winkel α_1 zwischen d und e ein, so sind die übrigen Winkel im System nicht mehr zwangsläufig davon abhängig, weil die übrigen Glieder a, b und c sich zusätzlich verstellen können. So läßt sich zum Beispiel ein Winkel vgl. β_1 zwischen c und d einstellen (Teilbild A), aber auch ein Winkel β_2 (Teilbild B) und ein dritter, vierter und soundsovielter Winkel. Fünfgelenksketten sind also für Zwangsführungen ungeeignet. Wenn eine Viergelenkskette für eine bestimmte Bewegungsweise nicht ausreicht, müssen mehrere solcher zwangsläufiger Ketten kombiniert werden, wie weiter unten gezeigt wird.

Bisher blieb noch alles Theorie. Nun sollen zwei tatsächlich ausgeführte ›Konstruktionen‹ verglichen werden: eine Stoßvortriebsmaschine und der Schädel einer großen räuberischen Eidechse, eines Warans.

Manchmal wird der Technik die Aufgabe gestellt, ein Werkstück periodisch vorwärts zu schieben – etwa bei Hobelmaschinen, die eine größere Metallfläche glatthobeln sollen. Solange der Hobel den Span abhebt, muß das Werkstück ruhig liegen. Wenn er zurückläuft, muß es sich um eine bestimmte Strecke weitergeschoben haben, bevor er wieder aufsetzt. Zweckmäßigerweise ist diese ruckweise Vorwärtsbewegung des Werkstücks und der Ablauf des Hobels synchronisiert, so ähnlich wie der Greifer des Filmprojektors mit der Sektorenblende synchronisiert ist.

Motorenwellen rotieren. Diese Wellenrotation in eine stoßweise ablaufende, geradlinige Bewegung umzusetzen, kann wie folgt gelöst werden (Abb. 11–9): Die Antriebswelle treibt ein Rad, auf dem ein Exzenter läuft. Von dieser Kurbel a wird die Koppelstange b bewegt, die nun über ein Abstandsstück c eine Welle hin- und herdreht. Auf der gleichen Welle sitzt ein Klinkenrad g, und auf dem Abstandsstück befindet sich eine Ratsche f, die in die Klinken eingreift. Bei jeder Umdrehung von a geht c einmal hin und her; dabei wird g um eine Klinke weitergedreht. Über ein zusätzliches Abtriebsrad wird eine zweite Welle h auf diese Weise ruckartig weitergedreht, und mit ihr ist der Werktisch gekoppelt. Das Gestell d bietet die gemeinsame Basis der Viergelenkskette a–b–c–d.

Warane sind räuberische Echsen. Sie schnappen ihre Beute rasch mit weit aufgerissenem Maul und kauen sie dann zu kleinen Klumpen, bevor sie sie hinabwürgen. Die Kaumuskeln bewegen alleine den Unterkiefer auf und ab. Warane besitzen nun aber ein Viergelenksgetriebe, über das zur gleichen Zeit auch der Oberkiefer bewegt wird: wenn sich der Unterkiefer senkt, hebt sich der Oberkiefer automatisch an und umgekehrt. Der Vorteil dieser Bewegungsweise liegt darin, daß der Bissen sehr viel besser gehalten werden kann, als wenn nur der Unterkiefer allein arbeiten würde. Wenn Sie ein Blatt Papier mit der Schere schneiden, bewegen Sie auch die beiden Scherenhälften gegen-

Abb. 11–9 (oben) Technische Prinzip-Schnittzeichnung einer Stoßvortriebsmaschine mit integrierter kinematischer Viergelenkskette

Abb. 11–10 (unten) Viergelenkskette im Schädel eines Warans; Prinzipschema

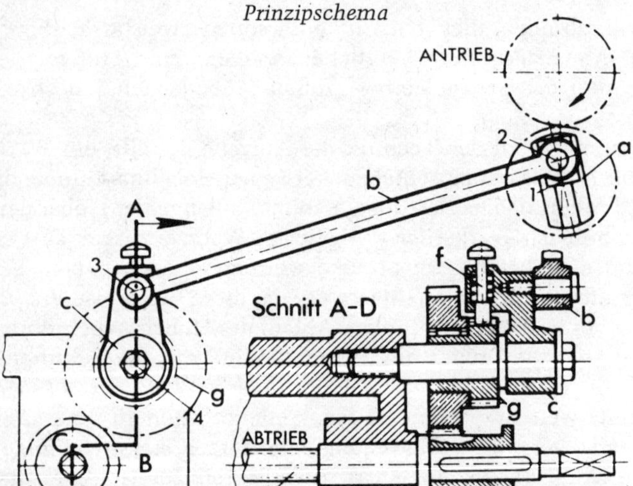

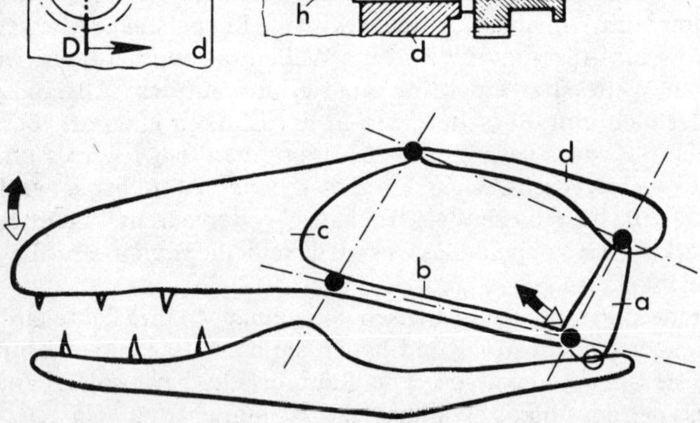

einander; auf diese Weise wird das Papier beidseitig eingeklemmt und kann nicht abrutschen. (Es sei einmal versucht, ein Scherenglied festzuhalten – etwa indem die Spitze gegen die Tischkante gestemmt wird – und nur mit dem hängenden Scherenglied zu schneiden. Das geht auch, aber deutlich schwieriger: Papier und erst recht Stoff rutschen leicht weg.)

Beim Waran (Abb. 11–10) hängt die vordere Schädelhälfte samt dem Oberkiefer über eine Art Scharniergelenk, eine verdünnte, elastische Fuge, mit dem Hinterhauptsdach zusammen. An diesem massiven, hinteren Schädelteil setzt ein Knochen beweglich an, das Quadratbein oder Quadratum. Über ein stielartiges Flügelbein oder Pterygoid ist das Quadratum mit dem vorderen Teil der Oberkieferregion verbunden. Die Kaumuskeln sind nun so angeordnet, daß das Quadratum nach vorne oben geschwenkt wird, wenn der Unterkiefer sinkt. Über den Pterygoid-Hebel wird der Oberkiefer gleichzeitig gehoben: die Schere öffnet sich. Klappt der Unterkiefer hoch, so geht der Oberkiefer automatisch in die Ruhelage zurück, aufgrund seiner Eigenschwere, der Elastizität der verbindenden Elemente und bestimmter Muskeln. Wir haben also eine ganz klare, zwangsläufige Viergelenkskette, die sich mit der eben besprochenen Stoßmaschine unschwer in Analogie setzen läßt:

Antriebsglied oder Kurbel a – Quadratum
Koppelglied oder einfach Koppel b – Pterygoid
Abtriebsglied oder Schwinge c – Vorderschädel mit dem Oberkiefer
Gestell d – Hinterhauptsdach

Wie läßt sich nun beweisen, daß der Waran wirklich in der beschriebenen Weise kaut? Die Untersuchung eines toten Tieres oder eines Schädelpräparats gibt ja immer nur einen starken Hinweis, niemals einen eindeutigen Beweis. Den gewünschten Beweis erbringen Filmaufnahmen. Wird der Waran beim Fressen von der Seite gefilmt, so kann die Bewegung durch Zeitlupe sichtbar gemacht werden. In der Umzeichnung 11–11 ist sie so dargestellt, daß aufeinanderfolgende Filmbilder mit durchgehenden Linien gezeichnet sind, und daß in jedem Bild die Konturen des folgenden Bildes punktiert zusätzlich eingezeichnet sind. So läßt sich in jeder einzelnen Teilzeichnung die Bewegung von Ober- und Unterkiefer abschätzen. Die Kiefer bewegen sich von der ausgezogenen in die punktierte Stellung. Deutlich wird das geschilderte Scherenprinzip, in dem der kinematische Kunstgriff einer zwangsgesteuerten Viergelenkskette steckt.

Am 19. Jahrhundert wird gerne gerühmt, daß man damals noch mehr Zeit und Ruhe gehabt habe als heute. Blättert man in den Bibliotheken in alten Wälzern der Naturwissenschaft und Technik, so ist man geneigt, dem zu glauben. Wie schön einfach war doch damals die Wissenschaft! Wie ausführlich und liebevoll hat man sich mit Details abgegeben; wie sorgfältig sind die Illustrationen in Stahl gestochen, wie ›handwerklich‹ sieht doch alles noch aus!

In Berlin lebte Franz Reuleaux (1829–1905), Professor für Kinematik und Direktor der Königlichen Industrieakademie. Er beschäftigte sich systematisch mit Maschinenelementen und ihrem Zusammenspiel und untersuchte alle Mechanismen, die es damals gab, auf Gemeinsamkeiten. Nach Vorabdrucken in den Jahren 1871–1874 erschien 1875 sein grundlegendes Buch ›Theoretische Kinematik: Grundzüge einer Theorie des Maschinenwesens‹. Bereits 1876 lag eine englische Übersetzung vor, Beweis genug für die Bedeutung des Werkes. Reuleaux war ein genialischer Geist, ein Virtuose der technischen Abstraktion und der systematischen Zusammenschau.

Sein Buch, ein Werk für Spezialisten, in klarer wissenschaftlicher Sprache geschrieben, liest sich gleichwohl außerordentlich spannend. Auf Reuleaux geht der wichtige Begriff des ›kinematischen Paars‹ zurück: Maschinenelemente arbeiten nie einzeln, sondern immer paarweise zusammen. Wahrhaft besessen von der Bewegungslehre, hat Reuleaux die gesamte technische Welt nach kinematischen Me-

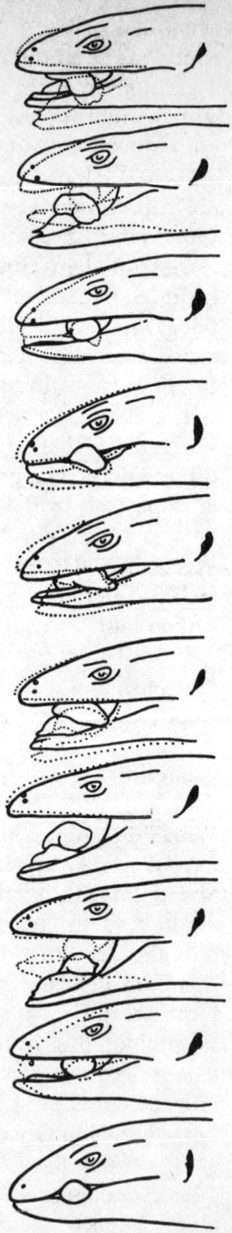

Abb. 11–11 Ein Waran (Gerrhonotus) beim Fressen. Erklärung der nach Filmaufnahmen hergestellten Konturenskizzen im Text

chanismen durchforscht, hat Hunderte von Modellen bauen lassen und auch biologische Konstruktionen in seine Untersuchungen mit einbezogen. Er hat gezeigt, daß der Begriff des kinematischen Paars auf Technik und Biologie in gleicher Weise zutrifft. ›Kinematik im Tierreich‹ benannte er seine Studie, in der er eigene Beobachtungen und Literaturzitate zusammenfaßte. Die Illustrationen sind ganz köstlich anzusehen: sie zeigen natürliche Konstruktionen mit dem Blick des Technikers dargestellt in technischen Grundrissen, Aufrissen und Schnittzeichnungen. Augenfällig wird an den Abb. 11–12 und 11–13, wie ›technisch‹ Reuleaux etwa Gelenke am Käferbein gesehen hat. Der Oberschenkel inseriert gegen die Bauchplatten der Brustkapsel bisweilen in einer Art Schraubgelenk; eine schraubenartige Verlängerung umgreift einen Zapfen. Mit dem Unterschenkel ist der Oberschenkel nicht selten auf eine Weise gelenkig verbunden, die Reuleaux als ›Halbmondgelenk‹ bezeichnet hat. Dieses Gelenk ist bei vielen Insekten ein reines Scharniergelenk, besitzt also nur eine Drehachse und unterbindet alle Bewegungen bis auf die Drehung um gerade diese Achse. Durchgehende Achsen sind im Reich des Lebendigen allerdings bekanntlich nicht ausgebildet – kein Tier rollt auf Rädern. Auch beim ›Käferbein‹ (eine unangemessene Vereinfachung, ›den Käfer‹ gibt es ja nicht) ist keine Achse vorhanden, aber infolge der seltsamen Einlenkung wirkt die Verbindung so, als ob eine vorhanden wäre: Zweimal zwei halbkreisförmige Schleifflächen sind konzentrisch ineinandergeschachtelt (Abb. 11–13).

Reuleaux ist auch damals schon auf Probleme des Zusammenspiels mehrerer Ketten gestoßen, die erst später von Alexander und anderen Forschern im Detail gelöst worden sind. Wenn der ›Lippenfisch‹ Beute fängt, fährt er ein durch Knochenspangen gestütztes Mundrohr aus und saugt sie ein. Die Knochen bewegen sich dabei zwangsgesteuert. Reuleaux hat das sehr präzise illustriert (Abb. 11–14). Wir wollen später darauf zurückkommen.

Wer sich nicht gerade Kreuzottern hält, hat kaum je Gelegenheit zu beobachten, wie diese Schlange ihre Beute fängt. Am Anfang dieses Kapitels ist die Aufstellmechanik ihres Giftzahns geschildert worden. Das Auge des Menschen sieht beim Beutefang dieses Reptils allerdings nicht sehr viel, so blitzartig erfolgt die Zustoßbewegung, und das Maul öffnet sich vollständig erst gegen Ende dieser Bewegung (Abb. 11–15). Mit einiger Übung lassen sich Kreuzottern aus Terrarien herausfangen und in der Hand halten. Hält man sie im Genick fest – aber nicht zu fest: Ottern sehen gefährlich aus, sind aber sehr zarte Geschöpfe – und drückt vorsichtig, so können sie wiederholt das Maul öffnen, und nun

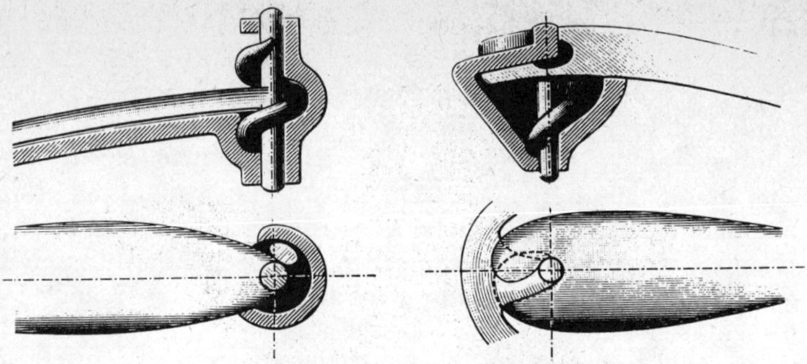

HÜFTGELENK EINES KÄFERS

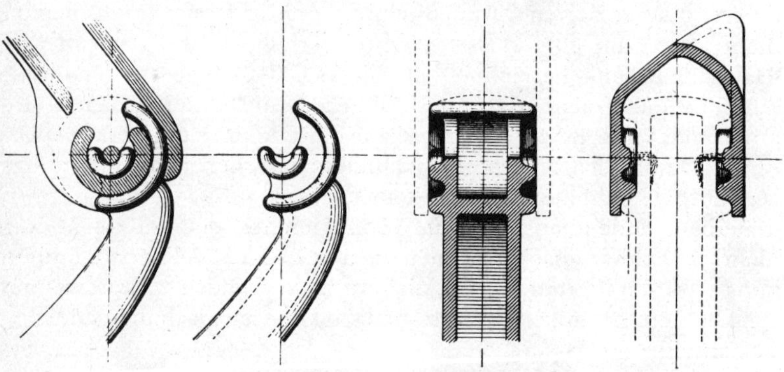

KNIEGELENK EINES KÄFERS

VORSTRECKBARE MUNDREGION EINES LIPPFISCHES

Abb. 11–12 (oben) Reuleaux' Darstellung des Hüftgelenks eines Käfers als ›Schraubengelenk‹

Abb. 11–13 (Mitte) Ein ›Halbmondgelenk‹ verbindet Ober- und Unterschenkel eines Käfers

Abb. 11–14 (unten) Lippfisch ohne und mit ausgestrecktem Mundtrichter

Abb. 11–15 Zustoßende Otter mit aufgestellten Giftzähnen

sieht man in der Seitenansicht ganz genau, wie sie die Giftzähne aufstellen. Dieser Mechanismus funktioniert wie folgt.

Am Schädeldach sitzt, drehbar, ein Knochen, der bei den übrigen höheren Wirbeltieren fast stets unbeweglich in die Seitregion eingefügt ist: das Schuppenbein oder Squamosum (Abb. 11–16). Am unteren Ende ist es mit dem Quadratbein oder Quadratum verbunden, das wir beim Waran schon kennengelernt haben. Der Oberkieferknochen oder das Maxillare sitzt ebenfalls am Schädeldach an, in der vorderen Region; er ist – wie kaum sonst bei Tieren – auch gelenkartig beweglich. Senkt sich der Unterkiefer zum Biß, so wird das Quadratum nach vorne unten geschoben. Ähnlich wie beim Waran überträgt sich seine Bewegung über ein Gestänge auf den Oberkiefer. Dieses besteht im Fall der Kreuzotter aus drei mehr oder minder verschmolzenen, langgestreckten Knochenelementen (die Biologen nennen sie Palatinum, Pterygoid und Transversum). Über dieses Hebelgestänge wird der kleine Oberkieferknochen weit nach vorne gekippt. An ihm sitzt der mächtige, gebogene Giftzahn an. Für gewöhnlich ist er gegen das Daumendach gekippt; beim Öffnen des Maules aber wird er weit ausgefahren (Abb. 11–17). Wie Elektronenblitzaufnahmen zeigen, kann das Maul der Otter extrem weit aufgerissen werden, so daß seine Hälften fast in einer Linie liegen. Der Giftzahn weist nun genau nach vorne. (In der Phase der Abb. 11–15 ist das Maul noch nicht maximal gespreizt.) Wieder liegt eine kinematische Kette vor, diesmal eine Fünfgelenkkette:

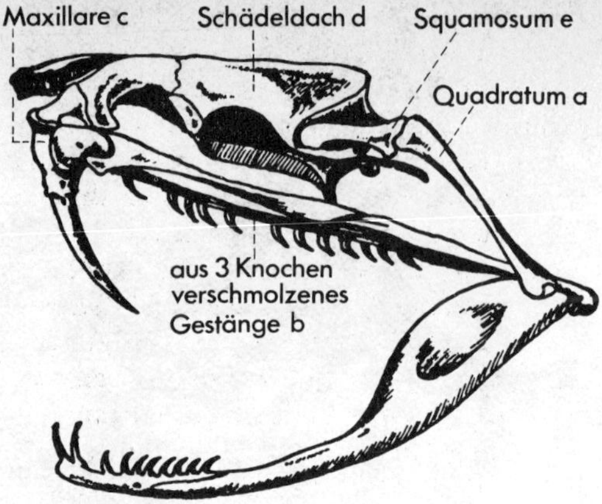

Abb. 11–16 Schädel der Kreuzotter; angegeben sind die für die automatische Giftzahnaufrichtung wesentlichen Knochen.

e = Squamosum
a = Quadratum
b = Palatinum/Pterygoid/Transversum-Gestänge
c = Maxillare
d = Schädeldach

Die Analogie zur Technik ist genau von der Art, wie sie am Beispiel des Warans geschildert wurde. Nur noch ein zusätzlicher Knochen ist vorhanden, das seltsam bewegliche Squamosum. Als Fünfgelenkkette kann dieser biologische Mechanismus allerdings nicht zwangsläufig arbeiten, wie anhand theoretischer Überlegungen abzuleiten ist. (Vergleichen Sie die Abb. 11–16 mit dem Teilbild A von 11–8, das Sie diesmal auf den Kopf gestellt betrachten!) Trotzdem funktioniert er. Wie das im einzelnen geht, ist noch unbekannt. Anzunehmen bleibt, daß während des Vorstoßens Squamosum und Quadratum, die ja durch Muskeln verbunden sind, gegeneinander fixiert werden. Dann reduziert sich die Fünfgelenkkette auf eine Viergelenkkette, und diese ist bekanntlich zwangsläufig.

Die Schlange kann durch diese Art Umschaltung offensichtlich feinfühliger ›steuern‹. Nicht bei jedem Maulöffnen muß sich der Giftzahn zwangsläufig aufstellen, sondern nur, wenn durch Muskelkontraktion auf Zwangssteuerung ›umgeschaltet‹ wird. Auch der Grad des Aufstellens könnte sich so verstellen lassen – aber, wie gesagt, Sicheres weiß man darüber nicht.

Kaum hat die Wissenschaft ein Prinzip herausgearbeitet, wird es durch die Vielfalt der Natur schon wieder verwässert. Umgekehrt macht es diese Vielfalt schon zuvor nicht leicht, Prinzipien überhaupt aus ihr zu gewinnen. Viergelenksketten, die einfachsten zwangsgesteuerten Ketten, sind in reiner Ausführung daher selten in der Natur – bei komplizierteren technischen Mechanismen allerdings auch. Wie funktioniert zum Beispiel eine Schreibmaschine?

Drückt der Finger eine Buchstabentaste auch nur ein wenig herunter, so schlägt der entsprechende Buchstabenhebel sehr weit vor. Diese große Wegübersetzung ist mit einer einfachen Viergelenkkette nicht zu erreichen. In manchen Schreibmaschinentypen wird sie mit einer Verbundgelenkkette praktiziert. Diese besteht aus zwei Viergelenkketten, die jeweils zwei Glieder gemeinsam haben. Insgesamt trägt die Kette dann $2 \times 4 - 2 = 6$ Glieder. Man kann auch sagen, an eine Viergelenkkette sei eine weitere Zweigelenkkette angekoppelt. Die beiden Ketten lassen sich mit den Klein- und Großbuchstaben des Alphabets kennzeichnen: a–b–c–d und A–B–C–D. Zwei Glieder sind gemeinsam, nämlich die Glieder c = A und d = D (Chassis). Durch günstige Wahl der Abmessungen in den Kettengliedern schnellt der Typenhebel C weit vor, wenn der Tastenhebel a auch nur wenig herabgedrückt wird.

Abb. 11–17 Schädel der Klapperschlange Crotalus durissus mit geschlossenem und geöffnetem Maul. Der Giftzahn und der bewegliche Oberkieferknochen (Maxillare) sind schwarz gezeichnet.

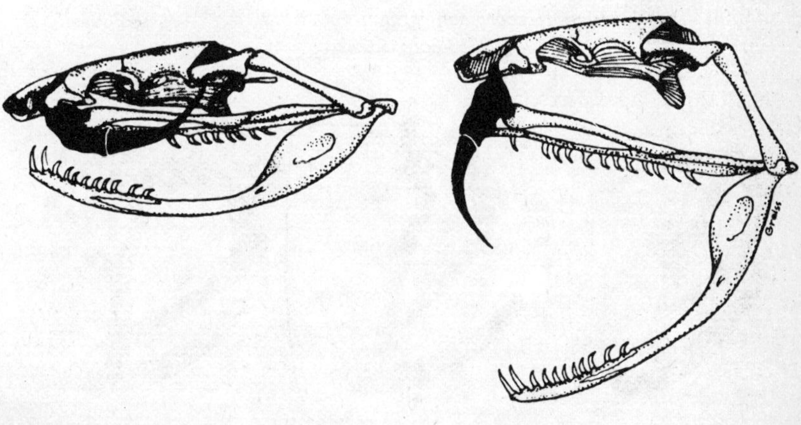

Prinzipiell gleichartig stellt sich die kinematische Kette im Maul mancher karpfenartigen Fische dar, die bei der Futteraufnahme den Mund vorstrecken. Wie das von außen aussieht, hat Reuleaux mit seinen beiden hübschen Stahlstichen vom Lippfisch skizziert (Abb. 11–14). Die innere Mechanik darf hier beiseite bleiben, weil sie doch zu sehr in die Einzelheiten führt; man kann aber sagen, daß jedes Glied in der Schreibmaschinen-Kette im Karpfenmaul sein funktionelles Analogon hat. In Abb. 11–18 ist das Karpfenmaul mit einiger graphischer Freiheit symbolisiert, wenn auch nicht erklärt. So ganz stubenrein wäre eine wissenschaftsjournalistische Kapitelüberschrift ›Die Schreibmaschine im Karpfenmaul‹ also doch nicht, aber ›Maschinenbau im Schlangenschädel‹ trifft wohl durchaus den Kern. Und darauf kommt es hier eigentlich an: Keine biotechnische Vorlesung über biologische Kinematik soll gehalten werden; vielmehr sei versucht, ein Gefühl dafür zu wecken, daß es übergreifende Strukturgesetzlichkeiten gibt, deren sich die Technik bedient und auf denen auch die großen Konstruktionen der belebten Welt beruhen. Ein Nachtrag noch zur ›Schreibmaschine im Karpfenmaul‹: Der Typenhebel der Maschine entspricht einem bezahnten Teil des Oberkiefers, dem Praemaxillar-Knochen. So wie der Typenhebel als Endresultat der kinematischen Hebelverknüpfung vorschnellt, senkt sich das Praemaxillare automatisch von oben nach unten, wenn der Fisch das Maul ganz geöffnet und seine Fangtüte ausgefahren hat. Wie das Visier am Helm einer Ritterrüstung schließt es die Mundhöhle gegen die Außenwelt ab, solange die

Abb. 11–18 Zwangsläufiges Absenken der Praemaxillar-Visierklappe im Maul eines karpfenartigen Fisches nach vollständigem Ausstrecken der ›Fangtüte‹

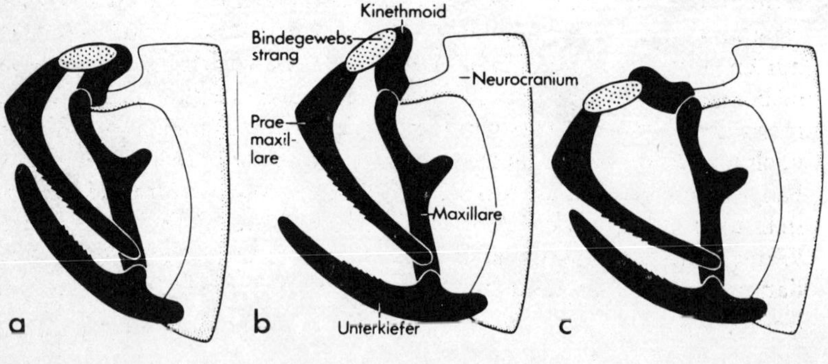

Beute nicht geschluckt ist. Warum das der Fall sein muß, ist leicht einzusehen: Beim Einsaugen entsteht Unterdruck, deshalb gelangt die Beute in den Mundraum. Beim Schlucken aber entsteht ein Überdruck, und die Beute könnte leicht wieder ausgestrudelt werden und ins freie Wasser geraten, statt in den Schlund. Das wäre zweifellos nicht im Sinne der Konstruktion. Wenn aber die Visierklappe den Weg zur Außenwelt abschließt, müssen die Beutestücke zwangsläufig in den Schlund gelangen – ein raffinierter Kunstgriff.

Wir haben gesehen, daß bei den bisher besprochenen kinematischen Ketten das Anfangsglied wie das Endglied durch eine gemeinsame Basis – die Technik spricht von einem ›Gestell‹ – verbunden ist. Die Kette ist deshalb ›geschlossen‹. Außer den geschlossenen kinematischen Ketten gibt es aber auch noch ›offene‹. Unser Arm zum Beispiel stellt eine offene Kette dar. Während mein Körper stillhält, kann ich meine Hand im Raum in alle möglichen Lagen bringen. Ein Dirigent vermag so auf sehr differenzierte Weise seinen Informationsfluß zum Orchester zu nuancieren. Die Kette besteht aus vier Teilen: Rumpf, Oberarm, Unterarm und Hand. Alle Teile sind gelenkig verbunden, nur – die Hand läuft nicht zum Rumpf zurück. Wir haben damit eine offene kinematische Viergelenkskette, und diese ist nicht zwangsläufig. Der ›handelnde‹ Mensch kann damit in einiger Entfernung um sich herum jeden Punkt des Raumes erreichen, beispielsweise auch Nase bohren oder sich am Rücken kratzen, während er stillsitzt. Wären Schultergelenk, Ellbogengelenk und Handgelenk reine Scharniergelenke, und stünden die Gelenkachsen alle parallel, so könnte er nicht mehr jeden Punkt im *Raum* erreichen; der ganze Armapparat wäre nur in einer *Ebene* aktiv.

Genau das ist nun aber der Fall bei der raffinierten Fangmaske, mit der die Larven der Großlibellen ihre Beute fangen. Eine solche Maske besteht aus drei Teilen. Eine erste Platte ist am Kopf angewachsen und trägt an ihrem Ende eine zweite, breitere Platte. Diese wiederum trägt am Ende zwei mächtige Fangklauen, bisweilen auch einen topf- oder seiherartigen Fangapparat. In Ruhe ist die Vorschnellmechanik zusammengelegt. Der erste Teil wird vom Kopf ausgehend zwischen die Beine nach hinten geklappt, der zweite Teil nach vorne, und so scheinen die Fangklauen tatsächlich dort angewachsen zu sein, wo man sie eigentlich auch vermuten möchte: in der Mundregion (Abb. 11–19, oben). Wenn sich die Libellenlarve einer Beute, etwa einem Wasserfloh, nähert, so tut sie es sehr langsam, mit zeitlupenartigen, schleichenden Bewegungen.

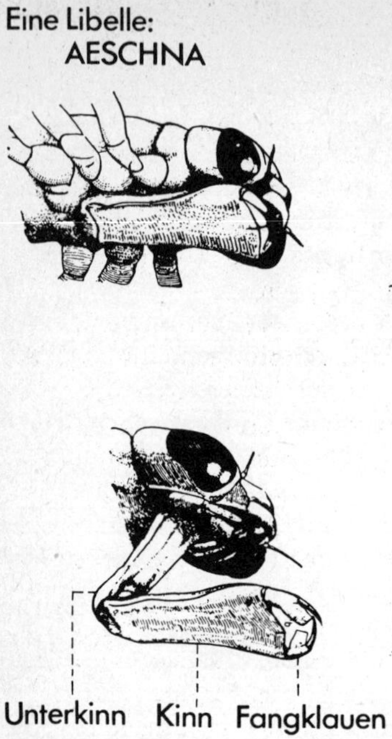

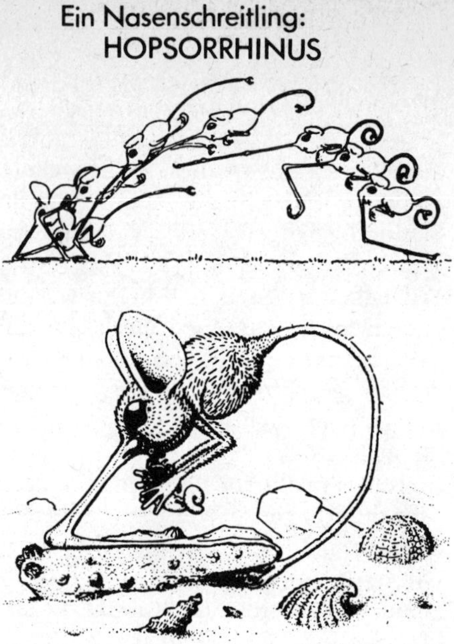

Abb. 11–19 (links) Vorderende einer Großlibellenlarve, von schräg unten gesehen mit zusammengelegter (oben) und halb ausgestreckter (unten) Fangmaske

Abb. 11–20 (rechts) Nasenschreitling. Sprungphasen (oben) und Beuteverzehr nach dem Aufsprung (unten)

Sie fixiert ihn, sie schätzt die Entfernung. Sobald das Opfer in Reichweite des Fangapparates ist, schießt dieser los. Er wird blitzartig ausgeklappt (Abb. 11–19, unten), bis die beiden Platten in gerader Linie nach vorne stehen. Der funktionelle Witz dieses Vorklappkeschers liegt darin, daß das Tier sich nicht bis direkt an den Wasserfloh anpirschen muß, um ihn auf den letzten Millimeterbruchteilen vielleicht doch noch zu verjagen, sondern bereits etwa eine halbe Körperlänge vorher stoppen kann und dann über mehr als 1 cm – für Wasserflöhe so viel wie für Menschen die Breite eines geräumigen Zimmers – die Beute greift. Mit dieser Fangmaskenmechanik schießt also die Libellenlarve ihre Mundwerkzeuge beträchtlich weit von der

Mundregion aus nach vorn. Mehrere solcher Ketten, ineinandergekoppelt, ergeben eine ›Nürnberger Schere‹. Vielleicht kennen Sie dieses ergötzliche Instrument von früheren Jahrmärkten her, als die Leute noch nicht sauer oder wütend reagierten, wenn sie das Ziel harmlos-handfester Scherze wurden. Drückt man das Scherengitter auf einer Seite zusammen, so schnellt das Gegenende weit vor, und man kann mit einiger Übung nichtsahnende Mitbürger aus einem Meter Entfernung in die Nase zwicken. Scherengitter für Telefonständer oder Scherenarme für Wandlampen funktionieren nach dem gleichen Prinzip. Ein erstaunliches Analogon zur Fangmaske der Libellenlarve weist ein Vertreter der Nasobeme auf, die goldene Hupfnase, Hopsorrhinus aureus. Dieses possierliche, mausgroße Tierchen lebt am Meeresstrand und nährt sich von allerlei Kleingetier. Beim Verzehren der Beute ruht es auf seiner zweiteiligen, von Knochenelementen gestützten Nase. Wie die Libellenlarve ein zweiteiliges Kinn und endständige Fangklauen besitzt, so der Hopsorrhinus eine zweiteilige Nase mit einem endständigen, blattförmigen Gebilde. Das Tier trägt seinen ulkig klingenden Namen, weil es mit Hilfe seiner Nase große Sprünge ausführt. Es schnellt sich durch blitzschnelles Strecken vom Boden ab und benutzt die Nase, die es unmittelbar darauf noch während des Sprungs wieder zusammenklappt, als Stoßdämpfer bei der Landung.

Wer jetzt mißtrauisch wird, wird es zu Recht. Einer der beiden Mechanismen ist ein zoologischer Scherzartikel. Die Fangmaske oder die Sprungnase? Jetzt, nach erfolgter Vorwarnung, ist natürlich leicht auf die Sprungnase zu tippen. Aber warum eigentlich? Hopsorrhinus hätte durchaus eine gewisse Wahrscheinlichkeit für einen Auftritt auf der Bühne der Biologie. Es wäre nicht gegen die Grundgesetzlichkeiten der Natur konstruiert. Harald Stümpke, ein Pseudonym, hinter dem sich ein bekannter Zoologieprofessor verbirgt, hat die Nasobeme erfunden, zu denen dieser Hopsorrhinus gehört. Über Bau und Leben dieser Tiere hat er vor einigen Jahren ein Buch veröffentlicht, und es spricht für das biologische Einfühlungsvermögen dieses Autors, daß – weil darin alles so ungemein plausibel und zoologisch durchaus wahrscheinlich ist – eine ganze Reihe von Fachleuten doch nicht ganz sicher waren, ob es die eine oder andere geschilderte Form womöglich nicht wirklich gebe.

Die Durchmusterung des Tierreichs nach solchen kinematischen Mechanismen steht heute eigentlich immer noch am Anfang. Da es keine ganz präzise definierten Achsen und Gelenke gibt, da die Materialien zudem vielfach etwas elastisch sind, lassen sich die Mechanismen nicht so exakt definieren wie in der Technik. Geschlossene und

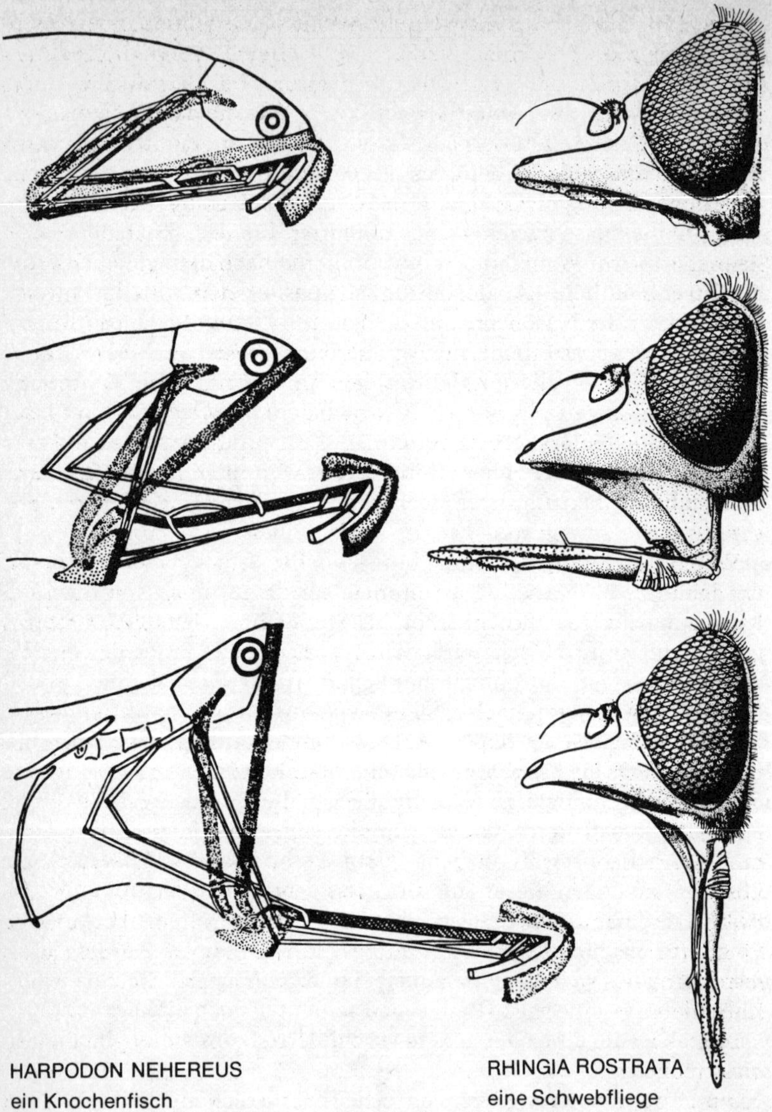

Abb. 11–21 (links) Phasen des Maulaufreißens beim Tiefseefisch Harpodon
Abb. 11–22 (rechts) Phasen des Rüsselausklappens bei der Schwebfliege Rhingia

offene kinematische Ketten kommen vor, zwangsläufige und nicht zwangsgesteuerte Systeme. Vielfach sind sie sogar gekoppelt, und das vor allem bei den unerhört vielfältigen Konstruktionen des Fischmauls. Es gibt Tiefseefische, die praktisch nur ›aus Maul‹ bestehen. Die Tiere sind, absolut gesehen, klein, aber relativ zum Körper nimmt das Maul doch fast den ganzen Rumpf ein. Die Beute wird von diesen Tiefseefischen vielfach durch Lichtsignale in der sonst nachtfinsteren Umgebung angelockt – offensichtlich ist die Chance, dort unten Beute zu finden, gar nicht sehr groß. Wenn also einem Raubfisch schon einmal eine Beute auf Reichweite zuschwimmt, dann muß er sie auch mit absoluter Sicherheit fangen können. Deshalb wohl die verblüffend kompliziert ausgebildeten Fang-, Aufklapp-, Vorstreck- und sonstigen Mechanismen der Tiefseejäger, von denen Abb. 11–21 eine Vorstellung vermittelt. Das Maul dieses Fisches ist in der Literatur genau beschrieben worden, aber die Rückführung auf bestimmte technische Bewegungsmuster und kinematische Ketten steht noch aus. Immerhin kann man sicher sein, daß hier geschlossene und offene Ketten ineinandergreifen. Es fragt sich nur, wie.

Wer Fisch nicht mag, dem sei in der Abb. 11–22 statt des Fischmauls ein anderer biologischer Klappmechanismus als Analogie geboten: der Rüssel der Schwebefliege Rhingia rostrata. Zur Unterbringung des gefalteten Rüssels trägt die Stirn einen nach vorne gerichteten Fortsatz, der unten ausgehöhlt ist.

Und wer jetzt für einen Augenblick sich aus der Tierwelt ins traute Heim zurückziehen möchte, der sei an kinematische Verbundketten erinnert, wie sie in der Möbelindustrie zunehmend Anwendung finden: bei der Konstruktion von Spezialscharnieren. Die Abb. 11–23 zeigt ein Scharnier, mit dem man die Vorderfront einer Schublade bodenparallel herunterklappen kann. Abb. 11–24 aber stellt die technische Lösung eines Problems dar, das lange Zeit als unlösbar galt: das Abknicken zweier Holzelemente gegeneinander, so daß das bewegte Element einmal spaltfrei im rechten Winkel, dann unter 180° gegen das feste Element steht. Für Schranktüren und Klapptische das Ei des Kolumbus.

Zum Abschluß dieses Gangs durch die Welt der Beutefangmechanismen noch einige Worte zu einem leicht verständlichen Mechanismus, der nun allerdings mit dem Beutefang nichts zu tun hat, ganz im Gegenteil. Es ist ein Mechanismus, der verhindert, daß Beute gefangen wird. Die Drückerfische oder Balistiden besitzen nicht nur einen aufstellbaren und durch Gesperre zu sichernden Rückenstachel, sondern eine recht ähnlich ausgebildete ›Kufe‹ auf der Bauchseite. Mit

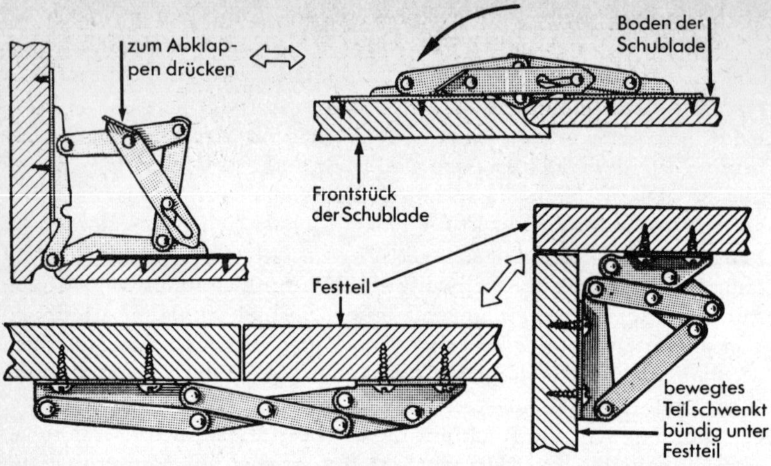

Abb. 11–23 (oben) Verbundgelenkskette in einem Spezialscharnier zum fluchtenden Aufklappen einer Schubladen-Vorderseite

1–24 (unten) Verbundgelenkskette in einem Spezialscharnier für Schranktüren und Klapptische

diesen gegenüberliegenden, ausfahrbaren Spreizen können sich Drükkerfische in Spalten und Höhlungen des Korallenriffs so fest verankern, daß sie ein Feind auch bei großer Anstrengung nicht herausziehen kann. Wenn sie an der Angel hängen, reißt eher die Schnur, als daß sie loslassen. In der Abb. 11–25 oben ist solch ein Drückerfisch mit eingefahrener Bauchkufe und zusammengelegtem Rückenstachelgesperre abgebildet. Darunter ist eine andere Art zu sehen, eine gestreifte Form, die beide Gesperre ausgefahren hat.

Zweifel, wem nun die Palme für den am besten durchdachten kinematischen Mechanismus gehört, der Natur oder dem Menschen, läßt diese Überschau zurück. Denn Kreuzotterzahn und Tiefseefischmaul sind nicht weniger perfekt als technische Gebilde, auch wenn menschlicher Ingenieurskunst so raffiniert-zweckvolle Konstruktionen glücken wie die in Abb. 11–26 vorgeführte Maschinerie. Aber es muß ja nicht unbedingt gewertet und entschieden sein. Der Mensch ist letztlich ebenso ein Teil der Schöpfung wie irgendein Tier. Ist nicht hier wie dort die Phantasie der Natur am Werk, die letztlich auf der Vielfalt des in der Wirklichkeitsordnung möglichen, zugelassenen, realisierbaren Potentials an Form und Funktion beruht?

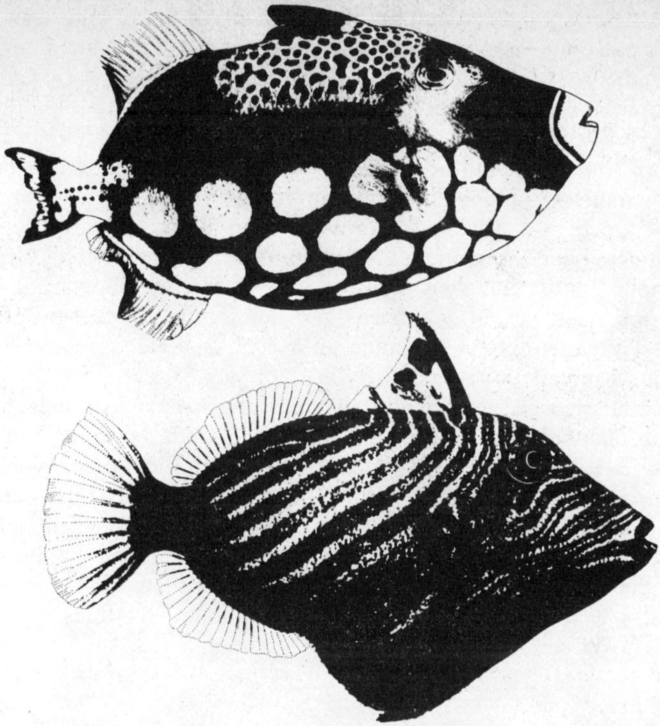

Abb. 11–25 Drückerfische mit zusammengelegtem (oben) und ausgefahrenem (unten) Gesperre auf Rücken- und Bauchseite

Abb. 11.–26 Kinematisch vollendet durchkonstruierte Schaufelmaschine zur Entlastung überforderter Arbeitnehmer

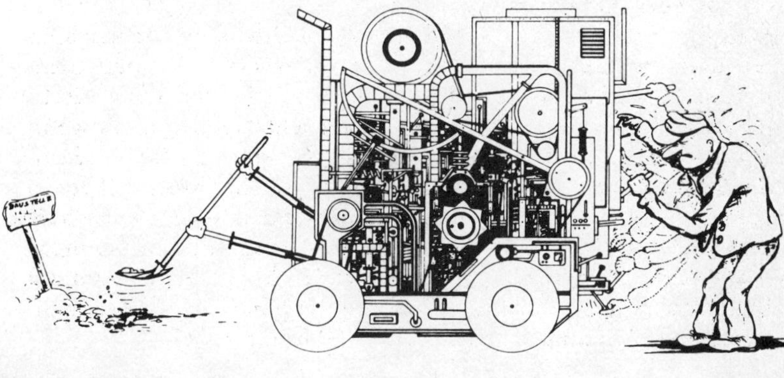

Die Ahnung, daß vielleicht gar keine ›Konkurrenz‹ zwischen den Konstruktionen der Natur und jenen des Menschen bestehe, jedenfalls nicht im Prinzip, und daß der Gegensatz, den wir zu sehen meinen, letztlich nur vordergründig ist, macht die Beschäftigung mit der Biotechnik auf besondere Weise faszinierend. Gewiß, man kann allzuleicht in eine milde Biotechnomanie verfallen. Ohnehin neigt, wer mit biomechanischer Doppelbrille durch die Welt geht, zur Ausdehnung seiner Optik auf alles, was ihm vor den Blick kommt. Wie ein Theoretiker der Fotografie im Wald keine Bäume mehr sieht, sondern nur noch Linien, Flächen, Formen und Überschneidungen, so habe auch ich nach Jahren der intensiven Betätigung auf diesem Gebiet keine Tiere mehr gesehen, sondern nur noch Gelenke, Achsen, Punktbahnen, Koppelstücke und Gestelle.

Spezialistentum gerät leicht in die Nähe nachsichtig belächelter Verschrobenheit. Ich selbst stieß mich plötzlich daran, daß ich die hübschen Beine hübscher Mädchen eine Zeitlang nicht mehr zweckfrei als ebensolche betrachten konnte, sondern nur noch als statisch-dynamische Konstruktionen. Da aber hört der Spaß auf. Wenn jemandem angesichts schöner Mädchenbeine der Gedanke an die Optimalform der trajektorell ausgerichteten Knochenbälkchen im Schenkelhals das Bewußtsein trübt, so sollte der bis auf weiteres nur noch halbtags Wissenschaft betreiben.

Teil V

Fliegen, Schwimmen, Laufen – Flugzeug, Schiff und Pedipulator

Die Biotechnik steht auf mehreren, teils festen, teils noch recht wackeligen Beinen – aber die Evolution zum Tausendfüßler zeichnet sich ab. Eines dieser ›Beine‹, dessen Umrisse bereits Leonardo da Vinci aufs Papier seiner geheimen Tagebücher warf, ist die biologische Bewegungslehre, die Wissenschaft von der Fortbewegung, die Erforschung der Interaktion von Beinen, Flügeln und Flossen mit dem Boden, der Luft und dem Wasser. Die vorantastenden Untersuchungen früher Wegbereiter dieser Wissenschaftsrichtung haben inzwischen längst konkrete Ergebnisse nach sich gezogen, und was in seinen Anfängen wie die absonderliche Neugier einzelner aussehen mochte, wirkt heute weit gestreut in viele Lebensbereiche hinein.

Kramers Einfall, eine künstliche Delphinhaut zur Widerstandsminderung von U-Boot-Rümpfen zu entwickeln, damit größere Geschwindigkeiten zu erzielen seien, markiert allerdings nur das eine Ende auf der Breitbandskala möglicher Anwendungen. Am anderen Ende stehen Ergebnisse, die der Erleichterung des Lebens und der Hilfe für viele dienen. So haben Techniker Laufmaschinen konstruiert, die ihre ›Beine‹ in verschiedenen Rhythmen bewegen können, die, von Menschen bequem gesteuert, tonnenschwere Lasten transportieren, und andere, die gehbehinderten Kindern das Gehen leichter machen.

Wohin wir gehen – ›wir‹ als Menschheit –, wissen wir freilich nicht. Aber zu wissen, wie Menschen gehen und Tiere laufen, kann den Blick schärfen für jenen Evolutionsprozeß, der damit begann, daß der Mensch auf zwei Beinen aufrecht gehen lernte. Darüber hinaus aber ist die Entwicklung der Fortbewegungsorgane einigen Nachdenkens wert: Was hat die damit verbundene erhöhte Mobilität der Lebenwesen nicht alles an biologischen Neuerungen und Veränderungen bedingt! Eine ortsfeste Pflanze bedarf keiner Augen. Eng ist die Entwicklung der Fortbewegungsorgane mit der der Sinnesorgane und der neuralen Verarbeitung ihrer Erregungen in Nervensystem und Gehirn verbunden. Und haben nicht auch Auto und Flugzeug das Bewußtsein der Menschen nachhaltig verändert? Im langen Marsch durch die Evolution kommt den Bewegungsorganen also eine Schlüsselrolle zu. Grund genug, sie näher in Augenschein zu nehmen.

12
Tierflug und Menschenflug

Der alte Menschheitstraum, fliegen zu können wie ein Vogel, hat sich erfüllt, auf andere Weise allerdings, als die kühnen Träumer früherer Jahrhunderte sich das vorgestellt haben. Denn unsere Art zu fliegen ist absolut ›unbiologisch‹. Wir sitzen in einem großen Blechvogel – selbst aber fliegen wir keineswegs wie der Vogel: mit eigenen Schwingen, frei im Luftraum. Otto Lilienthal, der Pionier des Gleitflugs, kam diesem Ideal noch am nächsten. Aber er konnte eben nur gleiten, nicht ›aktiv‹ fliegen.

Um den Menschen, der sich mit umgeschnallten Flügeln ins Luftmeer schwingt, rankt sich eine Unzahl von Mythen und Hoffnungen. Daedalus und Ikarus, die mit angeklebten Vogelfedern über das Ionische Meer flogen, sind gewiß nicht die ältesten Traumfiguren, in denen der Wunsch nach freiem Flug zur Anschaulichkeit drängte. Für die Tradition abendländischer Fluggedanken mögen sie indes als ›Gründerheroen‹ gelten. Von ihnen über Wieland dem Schmied bis zu Berblinger, dem Schneider von Ulm, zieht sich ein Bogen lebendiger Tradition. Die Literatur des Mittelalters kennt zahlreiche Berichte über fliegende Menschen. Keiner aber ist verbürgt. Berblinger, der gelernte Schneider, der sich eine wohlüberlegte Flugmaschine aus Leinen und Weidenruten gebaut hatte, stürzte bekanntlich in die Donau. Eine Strebe war gebrochen. Immerhin: wer weiß, ob er ohne diesen Unfall nicht lange vor Lilienthal einen weiten Gleitflug ausgeführt hätte. An aktives Fliegen aber hätte allein aus muskelphysiologischen Gründen nicht nur er nicht denken können.

Leider aber gibt es zahlreiche biomechanische und physiologische Gesetzlichkeiten, die dem Menschen den Dauer-Flug aus eigener Kraft verbieten. Man betrachte nur den massiven Brustbeinkamm, an dem die Flügelabschlagsmuskeln etwa einer Taube ansetzen, und vergrößere diese Gebilde in Gedanken auf die Größe eines Menschen. Menschliche ›Flugmuskeln‹ müßten in einem solchen Vergleichsrahmen ein zentnerschweres Paket bilden, das sich rund einen halben

Meter zwischen Kinn und Nabel vorwölbt. Die Atmungsorgane, die der Mensch besitzt, würden nicht ausreichen, diese gewaltige Antriebsmaschinerie mit Sauerstoff zu versorgen, der zwischengeschaltete Blutkreislauf auch nicht. Schließlich ist der Mensch, absolut betrachtet, bereits zu groß und zu schwer, um überhaupt als fliegendes Lebewesen in Frage zu kommen, selbst wenn er solche Muskelpakete und eine entsprechende Sauerstoffversorgung ausgebildet hätte. Ein Blick auf die größten Vögel läßt vermuten: Schwan, Kondor und Großtrappe haben bereits nahezu das äußerste Maximum erreicht. Sehr viel größere Vögel kann es aus bestimmten biomechanisch-physiologischen Gründen nicht geben.

Worin aber liegen diese Gründe?

Ein mittelgroßer Vogel, eine Taube: In Gedanken wird ihr ein Kubikzentimeter Brustmuskel herausgeschnitten. Dieser kleine Ausschnitt aus der Antriebsmaschinerie ist also 1 cm lang, 1 cm breit und 1 cm hoch, hat eine bestimmte Querschnittsfläche, nämlich 1 cm^2, und ein bestimmtes Gewicht. Der Einfachheit halber sei angenommen, er bestünde ganz aus Wasser. Das Gewicht des Würfels wäre dann 1 g. Nun ist dieser Muskelwürfel in Gedanken auf die zehnfache Kantenlänge zu vergrößern. Dann ist der Würfel 10 cm lang, 10 cm breit und 10 cm hoch. Seine Querschnittsfläche beträgt nun $10 \times 10 = 100$ cm^2. Sein Gewicht aber liegt bei $10 \times 10 \times 10 = 1000$ g. Bei einer linearen Vergrößerung um das Zehnfache hat sich also die Querschnittsfläche um das Hundertfache, das Gewicht um das Tausendfache erhöht. Der Querschnittsfläche proportional ist aber die Kraft, die ein Muskel entwickeln kann. Das liegt daran, daß jede einzelne ›Muskelfaser‹ einen bestimmten Kraftbeitrag zu leisten vermag, auf einer doppelt so großen Querschnittsfläche aber auch doppelt so viel Fasern untergebracht werden können. Würde nun ein solches System vergrößert, so wüchsen also Kraft und Gewicht. Aber das Gewicht eines Muskels wüchse bei einer solchen Vergrößerung 10mal rascher als die Kraft, die er entwickeln kann! Mathematiker hätten diese Verhältnisse so ausgedrückt: Die Muskelkraft wächst mit dem Quadrat, das Muskelgewicht mit dem Kubus der Muskellänge, geometrische Ähnlichkeit vorausgesetzt.

Größere Vögel können also mehr Kraft entwickeln, aber Größenzuwachs bedingt gleichzeitig ein so schnelles Ansteigen des Gewichts, daß bald schon der Punkt erreicht sein würde, wo die größere Kraft nicht mehr genügt, um das Gewicht in die Luft zu heben. Andere Gesichtspunkte kamen noch hinzu, zum Beispiel das Anwachsen der aerodynamischen Kräfte mit dem Quadrat der Bewegungsgeschwindigkeit. Tatsächlich ist es so, daß ein Vogel von der Größe eines Kondors nur noch mit allergrößter Mühe vom Boden starten kann; er schwingt sich lieber von einem erhöhten Sitzplatz aus in die Luft. Für den Streckenflug kann er die Muskelenergie noch gut aufbringen, für den Start vom Boden, der besonders kräftezehrend ist, nur noch mit allergrößter Mühe.

Von einem englischen Offizier wurden während der Kolonialzeit in Indien ausführliche Beobachtungsreihen über das Segelverhalten der Geier aufgestellt. Die großen Geier sitzen vormittags ruhig auf erhöhten Plätzen und werden erst gegen Mittag munter, wenn die Erde so heiß geworden ist, daß starke thermische Aufwinde vorhanden sind. In diese emporsteigenden Luftströme werfen sie sich hinein und lassen sich hochtragen. Das Hochsteigen aus eigener Kraft, mehr aber noch der Start vom Boden, fällt ihnen außerordentlich schwer. Rechnerische Überlegungen zu diesen Sachverhalten, allerdings viel ausführlicher entwickelt, als dies hier möglich ist, haben zu folgendem Endresultat geführt: Der schwerste Vogel, der noch aus eigener Kraft fliegen könnte, darf ein Körpergewicht von 16–20 kg nicht überschreiten. In dieser Größenordnung liegen denn auch die Gewichte der genannten Großvögel. Pteranodon ingens, die Riesenflugechse der Kreidezeit, soll bei Spannweiten von über 8 m dennoch nur gut ein Dutzend Kilogramm gewogen haben. Sie liegt also ebenfalls noch unter dieser Grenzzahl. Selbst wenn der Mensch sich eine monströse Brustmuskulatur aneignen könnte und ideale umschnallbare Flügel zur Verfügung hätte, die selbst nahezu gewichtslos wären, könnte er aufgrund dieser Flächen-Gewichts-Relation nicht fliegen.

Wer sich für Flüge in der Natur interessiert, wird sich also an die kleinen Lebewesen halten müssen, an Insekten, Vögel und Fledermäuse, wenn er von reinen Gleitfliegern absieht. Solche Gleitflieger haben die Amphibien mit dem Flugfrosch hervorgebracht, die Reptilien mit dem Flugdrachen; es gibt ›fliegende‹ Schlangen, hervorragend gleitende Flugbeutler und Flughörnchen, also Wirbeltiere. In Tausenden von Variationen hat auch das Pflanzenreich gleitende und schwebend fallende Samen produziert. Die berühmte Zannonia, von der in Kapitel 2 die Rede war, ist wohl das eindrücklichste Beispiel. Ich hatte mir neulich einige Samen aus der Hamburger Botanischen Staatssammlung ausgeliehen, und wir haben sie im Hörsaal fliegen lassen. Selten habe ich meine Mitarbeiter so staunen sehen wie bei diesen Flugvorführungen des hervorragend eigenstabilen ›Nurflüglers‹.

Doch zurück zu den aktiven Fliegern. Hier ist zu sehen, wie ein Insekt fliegt, dort, wie sich ein Vogel durch die Luft schwingt. Es wird sich auch an diesen beiden exemplarisch herausgegriffenen Beispielen vielfach die Möglichkeit ergeben, die Flugtechnik des Menschen und der Natur im Vergleich zu sehen. Manche Mechanismen sind in erstaunlicher Parallelität erfunden beziehungsweise durch die Evolution geschaffen worden.

Als ich noch Universitätsdozent war und mehr Zeit hatte, die verschiedensten Interessen unter einen Hut zu bringen, habe ich einmal ein Buch geschrieben, allein über das Problem, wie Insekten fliegen. Mein damaliges Untersuchungsobjekt (auch heute bearbeite ich an ihm noch manche Fragestellungen) war die Schmeißfliege Calliphora erythrocephala, der bekannte ›Blaue Brummer‹. Ich hatte beschrieben, welch raffiniertes Maschinchen dieses Tier doch ist, auf wie außerordentlich fein ausgeklügelte Weise es seine Flügel bewegt – und was sonst noch alles sein Flugverhalten bestimmt. Nicht nur Fachkollegen haben mich daraufhin in gespielter Verzweiflung angesprochen: »Seitdem ich Ihr Buch gelesen habe, kann ich keine Fliege mehr totschlagen!« Verständlich: Wer zerstört schon ein feinmechanisches Wunderwerk, gegen das die allerfeinste und präziseste Taschenuhr tatsächlich ein vorsintflutliches Gebilde an Grobschlächtigkeit darstellt?

Eine Fliege trägt bekanntlich nur ein einziges Flügelpaar. Es sitzt am mittleren Teil des Brustabschnitts. Embryonal ist noch ein zweites Flügelpaar an der Hinterbrust angelegt; es wird aber umgebildet in die beiden sogenannten Schwingkölbchen oder Haltéren. Sie schwingen im Rhythmus der Flügelschläge mit und haben eine Art Kreiselkompaßfunktion. Eine Schmeißfliege kann ihre Flügel nicht weniger als 200mal in der Sekunde ab- und aufwärtsschwingen lassen. Wie kommt es zu einer so hohen Schlagfrequenz? Mit einem normalen Muskelantrieb geht das nicht mehr, denn kein ›normaler‹ Muskel ist befähigt, mehrere hundert Male in der Sekunde sich zusammenzuziehen. Die Natur aber hat diese hohe Flügelschlagsfrequenz mit einer ganzen Reihe von Kunstgriffen erzielt, die nahtlos ineinanderwirken und sich gegenseitig ergänzen.

Da ist zunächst der sogenannte ›indirekte Flügelantrieb‹. Die Muskeln sitzen nicht am Flügel selbst. Sie greifen vielmehr an verschiedenen Teilen der Brustkapsel an, die sie gegeneinander schwingen lassen. Über einen hochkomplizierten Gelenkmechanismus sind die Flügel nun so in die angetriebenen Brustkapselteile eingelenkt, daß sie auf indirekte Weise mitschlagen. Das Ganze läßt sich an einem simplen Modell sehr schön verständlich machen. Man nehme einen Topf mit einem etwas zu klein geratenen Deckel und klemme links und rechts je

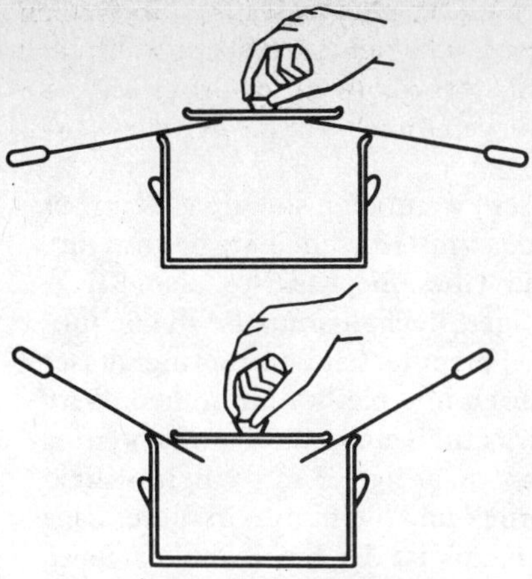

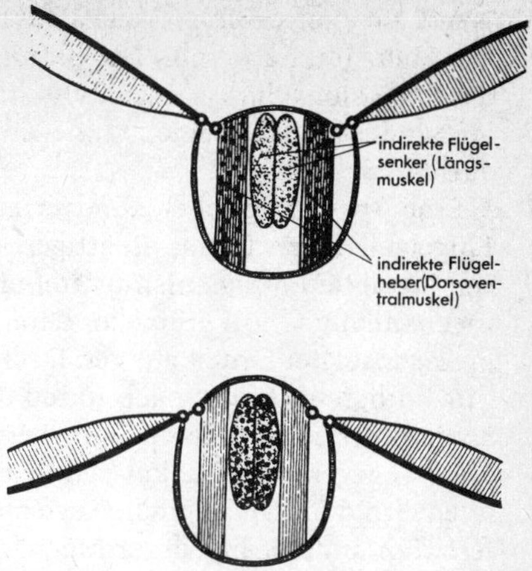

Abb. 12–1 (links) Topf-Deckel-Modell zur Veranschaulichung der indirekten Flügelbewegungen bei Fliegen

Abb. 12–2 (rechts) Schematischer Schnitt durch einen Fliegenthorax. Die aktiven Muskeln sind jeweils dick punktiert.

einen Kochlöffel ein. Der Topf stehe für den größten Teil der Brustkapsel, den sogenannten Thorax, der kleine Deckel für das obere Stück der Brustkapsel, das sogenannte Scutum. Die Kochlöffel seien die Flügel. Wird nun der Deckel von Hand im Topf nur ganz leicht zum Auf- und Abschwingen gebracht, so bewegen sich die Kochlöffel auf großer Bahn nach unten und nach oben. Verglichen sei nun die Abb. 12–1 mit der Abb. 12–2; statt dem simplen Modell die biologische Prinzipskizze. Zwischen Scutum und den unteren Thoraxteilen sind die Aufschlagsmuskeln ausgespannt. Wenn sie sich kontrahieren, schlägt der Flügel nach oben. Von vorn nach hinten durch den Thorax laufen die Abschlagsmuskeln. Da es sich bei den Abbildungen um Querschnitte handelt, sind diese Abschlagsmuskeln gleichfalls quer getroffen, man sieht sie also von der Schnittkante wie eine angeschnittene Wurst. Wenn sie sich kontrahieren, verspannen sie den Thorax in der Gegenrichtung: das Scutum hebt sich, und die Flügel schlagen abwärts. Beide Muskelpakete arbeiten antagonistisch. Das heißt: Wenn sich das eine kontrahiert, dehnt sich das andere, und so fort. Die Muskeln steuern sich aber auch gegenseitig; sie sind über die Bewegungsmechanik

›synchronisiert‹. Das ist ganz ähnlich wie bei einem Doppelkolbenmotor. Hier treibt abwechselnd der eine und der andere Kolben während der Explosionsphase seines Zylinders die Kurbelwelle an. Miteinander verbunden sind die beiden Kolben über den Zündverteiler, den sie selbst antreiben.

Eine Art ›biologischer Zündverteiler‹, wenn man so will, scheint im Flügelgelenk zu liegen. Boettiger, der ihn erforscht hat, nannte diesen bistabilen Mechanismus treffend ›Click mechanism‹, also ›Klickmechanismus‹. Ein einfacher derartiger Mechanismus ist die Schuhcremedose. Bei Druck auf den Deckel einer leeren Dose springt dieser mit hörbarem ›Klick‹ nach unten durch und bleibt dort stehen. Wird aber nun von der anderen Seite – etwa durch ein in die Dose gebohrtes Loch – gegen den Deckel gedrückt, so springt er mit einem ›Klick‹ wieder in die ursprüngliche Lage zurück und bleibt nun in dieser Lage fest. Ein anderer bistabiler Mechanismus ist der Lichtschalter. Beim Einschalten springt er in die ›Ein‹-Stellung, beim Ausschalten in die ›Aus‹-Stellung und bleibt in diesen Stellungen jeweils stehen. ›Bistabil‹ bedeutet ja ›zwei stabile Stellungen haben‹.

Die Abb. 12–3 vergleicht einen elektrischen Mikroschalter mit dem Klickmechanismus im Flügelgelenk der Fliege. Der Mikroschalter ist in seinem Prinzip ohne weiteres zu verstehen; die beiden stabilen Kontaktstellungen, links und rechts außen gezeichnet, sind schwarz dargestellt. Im Fliegenthorax sind die beiden Klickelemente punktiert und schwarz dargestellt. Es handelt sich um den sogenannten zweiten Skleriten und um das Parascutum. Die Namen mag man vergessen; es gibt Dutzende solcher kleiner Elemente im Flügelgelenk, doch hier seien nur diese beiden bezeichnet und angeschaut. Sie sind knapp einen zehntel Millimeter groß. Links unten in den Teilzeichnungen ist zu sehen, wie ein Muskel von einem Thoraxfortsatz schräg nach unten läuft. Kontrahiert er sich, so wird das Flügelgelenk unter Spannung gesetzt: Es kann nun als Klickmechanismus arbeiten. Der zweite Sklerit und das Parascutum können entweder nach unten durchgesprungen sein (linke Teilabbildung), oder sie können über eine instabile Zwischenphase (mittlere Teilabbildung) nach oben durchgesprungen sein (rechte Teilabbildung).

Über den Zweck dieses Klickmechanismus wurde viel gerätselt. Bienen, die ja ebenfalls mit hoher Schlagfrequenz ihre Flügel bewegen, scheinen ihn nicht zu besitzen. Offensichtlich ist eine solche Mechanik keine Notwendigkeit. Fliegen aber haben sie ausnahmslos. Bei den Fliegen könnte sie unter anderem nötig sein, um den Muskelmotor zu steuern. Wenn sich die Abschlagsmuskeln zusammenziehen, schlägt

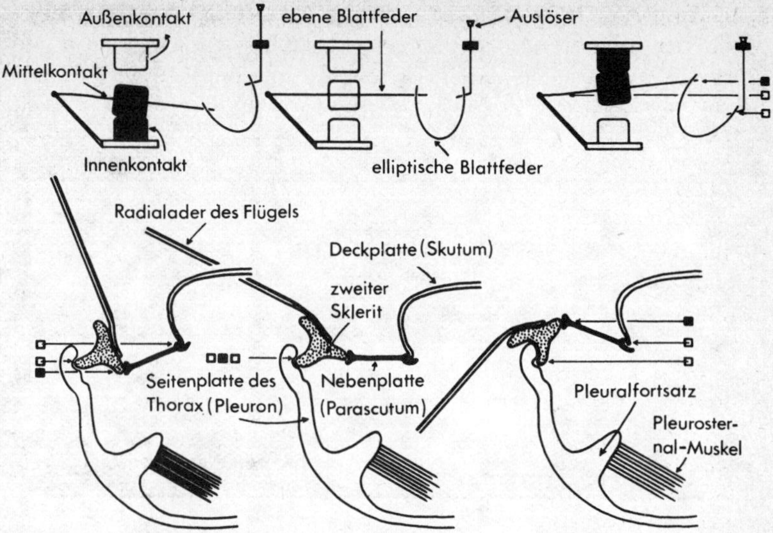

Abb. 12–3 Vergleich der Gelenkmechanik eines Fliegenflügels (unten) mit einem Mikroschalter (oben). Erklärung im Text

der Flügel abwärts, und dabei springt der Klickmechanismus nach oben durch. Der kräftige Ruck, den dieses Durchspringen erzeugt, teilt sich nun den vorgespannten, aber noch nicht aktiven Aufschlagsmuskeln mit. Er scheint der Signalreiz für die Aufschlagsmuskeln zu sein, sich zusammenzuziehen. Während nun die Abschlagsmuskeln erschlaffen, kontrahieren sich die Aufschlagsmuskeln, der Flügel schlägt nach oben, und mittendrin springt der Klickmechanismus nach unten durch. Der hierdurch ausgelöste Ruck teilt sich den nun ihrerseits vorgespannten Abschlagsmuskeln mit, und der Vorgang läuft jetzt im Gegensinn ab. So steuert ein Muskelsystem das andere, indem es über den Klickmechanismus während seiner eigenen Aktivität das andere zur Kontraktion anregt. Der Kontraktionsauslöser scheint also bei diesen hochspezialisierten Insektenmuskeln nicht ein Impuls oder eine Impulsserie aus den zugehörigen motorischen Nerven zu sein, sondern tatsächlich eine heftige mechanische Dehnung.

Nervenimpulse starten allerdings das System und scheinen auch dafür zu sorgen, daß jeweils bestimmte Teile aktiv sind. Es ist ja

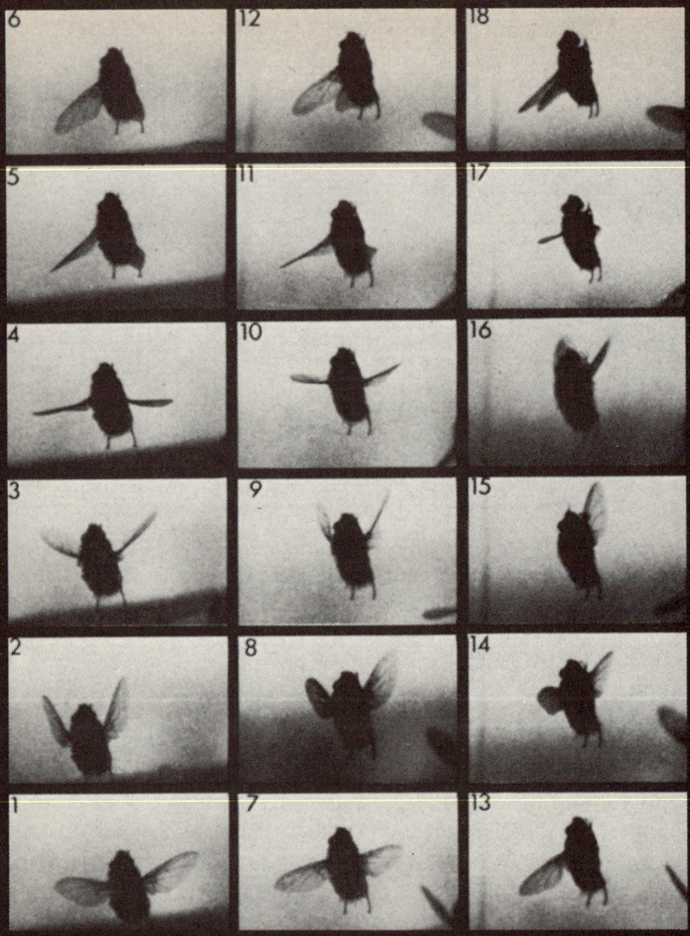

Abb. 12–4 Phasenbilder freifliegender Schmeißfliegen (Calliphora erythrocephala); Bildabstand 1 tausendstel Sekunde; Bildbelichtungszeit 1 millionstel Sekunde. Mit Trommelkamera und Stroboskop von oben aufgenommen. Die Fliege beginnt eine scharfe Linkskurve zu fliegen und legt sich dabei ›in die Kurve‹ wie ein Radfahrer. Zu Beginn dieser Flugreaktion ist sie von oben zu sehen (Teilbild 1), am Ende genau von der Seite (Teilbild 18). Die Teilbilder sind so angeordnet, daß ungefähr gleiche Schlagphasen von 4 aufeinanderfolgenden Schlägen in einer Horizontalreihe stehen.

eingangs erwähnt worden, daß nicht alle Fasern dieser beiden kräftigen Muskelpakete zur gleichen Zeit arbeiten können; keine Faser kann sich tatsächlich 200mal in der Sekunde zusammenziehen und wieder erschlaffen. Aber es scheint für die Bewegung auszureichen, wenn jeweils ein bestimmter Prozentsatz der Fasern aktiv ist. Angenommen, 20% würden ausreichen, dann könnten jeweils 80% der Fasern ausruhen, während sich 20% kontrahieren. Das könnte nun reihum so laufen, wobei jede Faser etwa nur bei jedem zehnten Schlag aktiv sein müßte. Die Zuckungsfrequenz wäre dann auf 20 Bewegungen pro Sekunde herabgesetzt, und das vermag eine solche Faser tatsächlich zu leisten. Da die Erregung reihum läuft, ist in jeder 200stel Sekunde tatsächlich eine hinreichend große Anzahl von Fasern aktiv, um den Flügel schwingen zu lassen.

So etwa ließe sich das raffinierte Antriebssystem einer Schmeißfliege vorstellen: Abwechselnde Faseraktivierung, gekoppelt mit indirektem Antrieb und wechselseitiger Erregung über einen im Gelenk eingebauten Klickmechanismus! Doch an diesem System bleibt noch vieles zu untersuchen; insbesondere ist unser Bild von der Faseraktivierung im einzelnen zur Zeit noch ganz hypothetisch. Das Klicksystem und der indirekte Antrieb erscheinen jedoch gesichert.

Will man sehen, wie die Flügel schwingen, so reicht das bloße Auge als Beobachtungsinstrument keineswegs aus; hochfrequenz-kinematografische Apparaturen sind hierzu nötig. Soll etwa jeder Flügelabschlag und Flügelaufschlag in jeweils 20 Bilder zerlegt werden, so bräuchte man 2 mal 20 mal 200 – also 8000 Bilder pro Sekunde. Normalfilme laufen dagegen mit nur 24 Bildern pro Sekunde ab. Eine rund 320fache Zeitdehnung ist also erforderlich! Solche Kameras gibt es zu kaufen; sie sind aber sehr teuer, störanfällig und bockig wie so manches hochgezüchtete Gerät. Wer zudem noch die Raumbahn der Flügel ausmessen will, muß die Fliege entweder aus 3 Raumrichtungen zur gleichen Zeit filmen oder sie stereofotografisch aufnehmen. Das letztere ist bisher nicht gelungen; das erste habe ich vor einiger Zeit mit einem Spiegelsystem durchgeführt. Die Fliege flog an einer aerodynamischen Miniaturwaage fixiert vor dem Windkanal und wurde dabei von oben, von der Seite und von hinten mit 8000 Bildern pro Sekunde aufgenommen. Worte können nicht den Eindruck beschreiben, den die Projektion eines solchen Zeitlupenfilms vermittelt. Auch die Abb. 12–4 gibt nur einen schwachen Abglanz. Diese Aufnahme stammt allerdings von einer freiliegenden Schmeißfliege, die also nicht vor dem Windkanal an der Waage fixiert war, sondern an der Kamera vorbeiflog. Der Vergleich mit Meßmarken ergäbe, daß das Tier die Flügel einmal ab- und aufschlagen muß, um etwa eine Körperlänge vorwärtszukommen. Da es rund 1 Zentimeter lang ist, bewegt es sich also bei 200 Flügelschlägen pro Sekunde mit einer Geschwindigkeit von rund 2 m pro Sekunde. Zu erkennen ist, daß die Flügelkonturen beim Abschlag anders aussehen als beim Aufschlag. Das kommt daher, daß der Flügel während der Schlagschwingung auch um seine Längsachse rotiert und somit eine zusätzliche Rotationsschwingung vollführt. Schlagschwingung und Rotationsschwingung sind mit Phasenverschiebung in bestimmter Weise gekoppelt. Außerdem wird der Flügel durch die angreifenden Luftkräfte in sich verwunden, wellenartige Schwingungen laufen von der Basis bis zur Spitze, und weitere kinematische Einzelvorgänge sind in großer Zahl anhand der Filmbilder auszumessen. Insgesamt stellt sich die Flügelbewegung, will man sie wirklich genau beschreiben, heillos verwickelt dar. Um einer ersten Näherung willen ist zu abstrahieren – aber mit solchen Vereinfachungen kommt man rasch in des Teufels Küche.

Stark vereinfachend läßt sich vielleicht sagen: Die Art des Flügelantriebs spielt mit der Art der Flügelbewegung, insbesondere der phasengekoppelten Schlag- und Rotationsschwingung so zusammen, daß der Flügel sowohl während des Abschlags als auch während des Aufschlags fast stets förderliche und fast niemals schädliche Luftkraftkomponenten erzeugt. Das heißt: Von Schlagpunkt zu Schlagpunkt wird die nötige Hubkraft zum Anheben des Tiers und die nötige Schubkraft zu seiner Vorwärtsbewegung erzeugt. Sehr selten sind ungünstige Komponenten wie negativer Hub (Abtrieb) und negativer Schub (Rücktrieb). Dabei scheint eine Hubspitze mitten während des Abschlags des Flügels, eine Schubspitze im ersten Drittel des Aufschlags erreicht zu werden. Das wiederum müßte aber bedeuten, daß die Fliege aufgrund eines solchen rhythmisch oszillierenden Antriebs sowohl auf und ab als auch vor und zurück tanzt, während sie sich auf ihrer Bahn bewegt. Direktmessungen haben jedoch ergeben, daß eine solche Bewegung nicht nachweisbar ist. Offensichtlich dämpft die träge Masse des fliegenden Rumpfes jede Zitterbewegung dieser Art, ganz ähnlich wie das Schwungrad einer Dampfmaschine den zeitlich nicht konstanten Kolbenantrieb ausgleicht und in eine gleichförmige Bewegung umsetzt.

Doch genug nun von den Flugbewegungen der Schmeißfliege: Allzu verlockend sind die Kletterpfade, die in funktionsmorphologische oder mechanisch-mathematische Details führen – ein für viele Leser allerdings unwegsames Gelände. Hier war indes nur zu zeigen, mit welch geradezu delikater Raffinesse die Natur alle Einzelheiten eines komplizierten Systems aufeinander abstimmt. Und das ist mit einer solchen sehr stark vereinfachten Prinzipdarstellung schon zu erreichen. Sobald man sich aber auch nur eine einzige Struktur näher ansieht – etwa die Oberfläche des Flügels einer Fliege –, wird alles gleich verzweifelt kompliziert.

Der Bau eines solchen Flügels im Querschnitt betrachtet sieht folgendermaßen aus: ein System von Holmen, bespannt mit einer außerordentlich dünnen Membran. Die Holme verlaufen so, daß sich ein zickzackförmiger Querschnitt ergibt; die Membran läuft einmal schräg abwärts, einmal schräg aufwärts. An der Vorderkante des Flügels sitzt ein besonders starker Holm, und dieser trägt hervorragende Leisten, Kammreihen und ähnliche bizarre, teils regelmäßige, teils unregelmäßige Aufsätze. Die Flügelspreite ist mit feinen, nach hinten gebogenen Härchen besetzt; die Flügelenden laufen in eine sehr dünne Spreitenoberfläche aus, die sich bisweilen in plättchenartiger Schichtung an der Hinterkante noch fortsetzt. Es ist mit Sicherheit anzunehmen, daß jede solche mikroskopisch feine Struktur ihre funktionelle Bedeutung hat (vgl. Abb. 12–5).

Insbesondere beeinflußt die Art der Flügelverspannung und der Besatz der Vorderkante mit Härchen oder Borstenreihe die ›Grenzschicht‹. Dieser Begriff bedarf der Erklärung: Die Erzeugung aller Luftkraftkomponenten – auch der erwähnten Komponenten ›Hub‹ und ›Schub‹ (oder ›Vortrieb‹) – hängt davon ab, auf welche Weise die Luft unmittelbar an der Oberfläche eines Bewegungssystems, eines Propellers oder eines Schlagflügels strömt. Die in der Flugzeugtechnik Millimeter, in der Biotechnik der Insektenwelt gar nur zehntel Millimeter messende Grenzschicht kann verschiedene Strömungszustände annehmen: sie kann laminar oder turbulent strömen. Was das bedeutet, wird im nächsten Kapitel anhand der Schwimmdynamik von Fischen und Meeressäugern noch näher erläutert werden. Hier seien vorerst nur die Begriffe angeführt, und es sei gesagt, daß es günstig sein kann, wenn die Grenzschicht laminar läuft (zum Beispiel an der Tragflügeloberfläche von Verkehrsflugzeugen mit hoher Unterschallgeschwindigkeit), in anderen Fällen aber günstiger, wenn sie turbulent läuft (und das scheint der Fall im makroskopischen Bereich der kleinen Insekten). Durch eine Wellblechstruktur, durch ›Grenzschichtkämme‹ an der Vorderkante, durch ›Stolperdrähte‹ und ›Stolperleisten‹ an der Eintrittskante von kleinen Modellflugzeugen und andere Vorrichtungen können Grenzschichten turbulent gemacht werden. Unter ganz bestimmten Bedingungen (keinesfalls immer; es handelt sich hier um reichlich komplizierte strömungsdynamische Details) sind turbulente

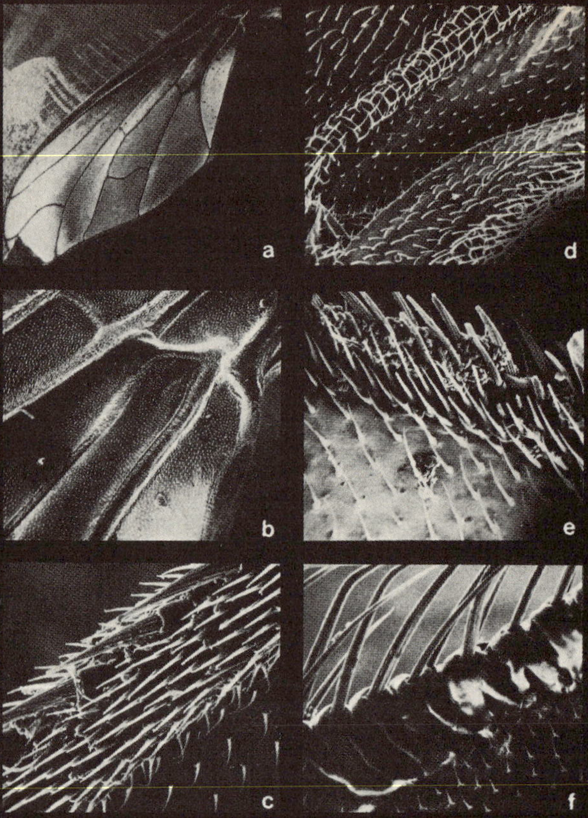

Abb. 12–5 Der Fliegenflügel und seine statischen und strömungsbeeinflussenden Strukturen. Rasterelektronenmikroskopische Aufnahmen von J. G. Helmcke und G. Rau nach Vorlagen von W. Nachtigall. a Flügel von Dischistus minimus (Fundort: Hrvace, Dalmatien). b Ausschnitt aus der Basalregion von a; ›Wellblechstruktur‹, Versteifungsadern und Feinbehaarung zeigend. c Ausschnitt der Vorderkantenregion von b mit 3 großen und vielen zarten Borsten auf der Randader. d Anthomyia pluvialis (Fundort: Hundsheimer Berg, Niederösterreich). Ausschnitt der Flügeloberfläche mit gerichteter Feinbehaarung. e Paregle cinerella (Fundort: wie d); Flügelvorderkante mit ›Grenzschichtkamm (?)‹. f Nicht bestimmte Fliegenart; skulpturierte Flügelvorderkante mit langen, kammartig-regelmäßig angeordneten Haaren.

Grenzschichten günstiger. Und ›günstiger‹ bedeutet hier, daß höhere Querkraftkomponenten und geringere Widerstandskomponenten erzielt werden.

Der Untersucher von Insektenflügeln gewinnt also den Eindruck, daß nicht nur der Flügelantrieb und die Art der Bewegung des Flügels auf seiner räumlichen Bahn, sondern auch die Flügelform und morphologische Feinstrukturierung in denkbar bester Weise zusammenspielen. Die Aufgabe heißt: Erzeugung förderlicher Luftkraftkomponenten, insbesondere viel Hub und Schub, unter optimaler Ausnutzung der in den Flügelantrieb hineingesteckten Kraft. Die Grenzschichtbeeinflussung durch die Feinstrukturierung der Flügelfläche des Insekts mag der letzte Schritt der Evolution in dieser langen Kette sein.

Grenzschichtbeeinflussungen werden auch in der Technik vielfach realisiert. Anwendung finden Grenzschichtzäune, Leitplanken, Wirbelbleche, Stolperkanten und andere Vorrichtungen. Vielfach geht es ebenfalls darum, die Grenzschicht künstlich turbulent zu machen. Die Stolperleisten und Stolperdrähte bei kleinen Flugzeugmodellen wurden schon erwähnt. Wenn die Luft um ein solches Tragflügelprofil strömt, muß sie auf der Oberseite einen abrupten Sprung über dieses künstliche Hindernis machen. Sie löst sich hinter ihm in feinen Wirbeln ab, und was dabei geschieht, ist dies: Ein Strömungsteilchen, das schön gleichmäßig bis zum Hindernis gewandert ist, wird auf dessen Rückseite hin- und hergeschüttelt; seine gleichmäßig-zügige Bewegung wird überlagert von einer statistischen Schwankungsbewegung in allen denkbaren Richtungen. Dem benachbarten Strömungsteilchen ergeht es ebenso, und zuletzt ist die laminare Strömung in eine turbulente umgeschlagen. Selbst bei Großflugzeugen kann ein solcher Effekt erwünscht sein. Beispielsweise sitzen bei der Boeing 727 und bei der Havilland ›Trident‹ strömungsbeeinflussende Strukturen im sogenannten ›Schwanenhals‹. Die genannten Flugzeuge haben bekanntlich drei Triebwerke; das mittlere sitzt in der Heckregion des Rumpfes und bekommt seine Luft über eben diesen Schwanenhals (Abb. 12–6). Dieser Zuleitungsstutzen ist stark gekrümmt, was einen hohen Druckanstieg bewirkt, so daß bei den ersten Versuchen die laminare Strömung abriß, große Wirbelballen erzeugte und das Triebwerk sehr unruhig laufen ließ. Kleine Störbleche im Einlaufstutzen sollten die Strömung nun künstlich turbulent machen. Jetzt besaß sie mehr Energie, konnte den Druckanstieg besser überwinden, riß nicht ab, und das Triebwerk lief bedeutend ruhiger.

›Vortex generators‹, also ›Wirbelerzeuger‹, werden feine Störbleche auf der Oberseite der Flügel von Verkehrs- und Jagdflugzeugen genannt,

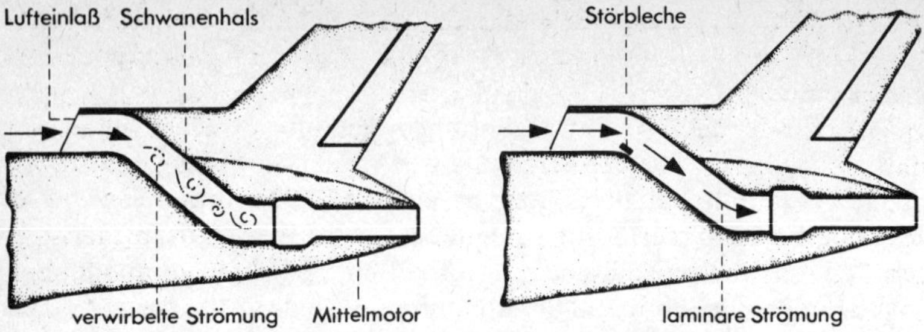

Abb. 12–6 Bei der Boeing 727 strömte die Luft in den ›Schwanenhals‹ des Mittelmotors infolge ›Abreißens‹ nicht regelmäßig ein (links). Turbulenzbleche (rechts) sorgten für anliegende Strömung und verhinderten störende Pulsationen des Triebwerks.

die im hohen Unterschallbereich oder gar im Überschallbereich fliegen. Sie sehen im Prinzip ganz ähnlich aus wie die feinen Borstenreihen an der Vorderkante des Fliegenflügels und haben auch ganz ähnliche Aufgaben. Unterschiedlich sind nur die Strömungsgeschwindigkeiten und damit die Strömungsverhältnisse der Luft, die um einen Fliegenflügel und um einen Flugzeugflügel strömt.

Im hohen Unterschallbereich, etwa zwischen 800 und 1200 km pro Stunde, werden einige Stellen des Rumpfes und des Tragflügels wegen der dort herrschenden Luftbeschleunigung bereits mit Überschallgeschwindigkeit umströmt. Es treten Verdichtungsstöße auf, und als Folge davon reißt die Strömung an diesen Stellen ab. Sprunghaft steigender Widerstand und ebenso sprunghaft nachlassender Auftrieb sind die Folge dieses unerwünschten Strömungsverhaltens. An sich ist eine laminare Umströmung der Tragflügel gewünscht, weil damit der Oberflächen- oder Reibungswiderstandsanteil kleiner wird. An den besagten, besonders gefährdeten Stellen aber wird die Grenzschicht mit den Vortexgeneratoren künstlich turbulent gemacht. Wie man aus aerodynamischen Versuchen weiß, reißt sie in diesem Zustand weniger leicht ab, und der außerordentlich gefährliche schlagartige Auftriebsabfall bei örtlicher Überschreitung der Schallgeschwindigkeit wird sich nicht einstellen! Auch hier also, trotz ganz unterschiedlicher Strömungsverhältnisse, das gleiche Bild: In Natur und Technik kann eine Grenzschichtturbulenz in bestimmten, eng umschriebenen Fällen sinnvoll sein, und darum haben Fliegen wie Flugzeuge ›Vortexgeneratoren‹.

Verglichen seien unter diesem Gesichtspunkt die Abb. 12–7 und 12–8. Es sind Fotogramme von Vogelfedern, die einfach dadurch entstanden, daß Federn anstelle eines Negativs in den Vergrößerungsapparat gelegt wurden. Die belichteten Fotopapiere wurden nachher hart entwickelt. Das erste der beiden Fotos zeigt einen Ausschnitt aus einer Schwungfeder, einer äußeren Handschwinge des Höckerschwans. Die Vorderkante liegt nach der Orientierung der Abbildung oben. Sichtbar wird, daß es sich hier um eine scharfe, ja messerscharfe Schneide handelt. Eine solche Messerschneide wirkt wie ein Vortexgenerator; die Strömung reißt lokal ab, und hinter der sich ausbildenden,

Abb. 21–7 (links) Teil einer Handschwinge des Höckerschwans Cygnus olor mit scharfer (oben gelagerter) Vorderkante. Fotogramm

Abb. 12–8 (rechts) Teil der ersten Handschwinge der Waldohreule Asio otus mit kammförmiger Vorderkante und Abschlußflaum auf der Hinterkante. Fotogramm

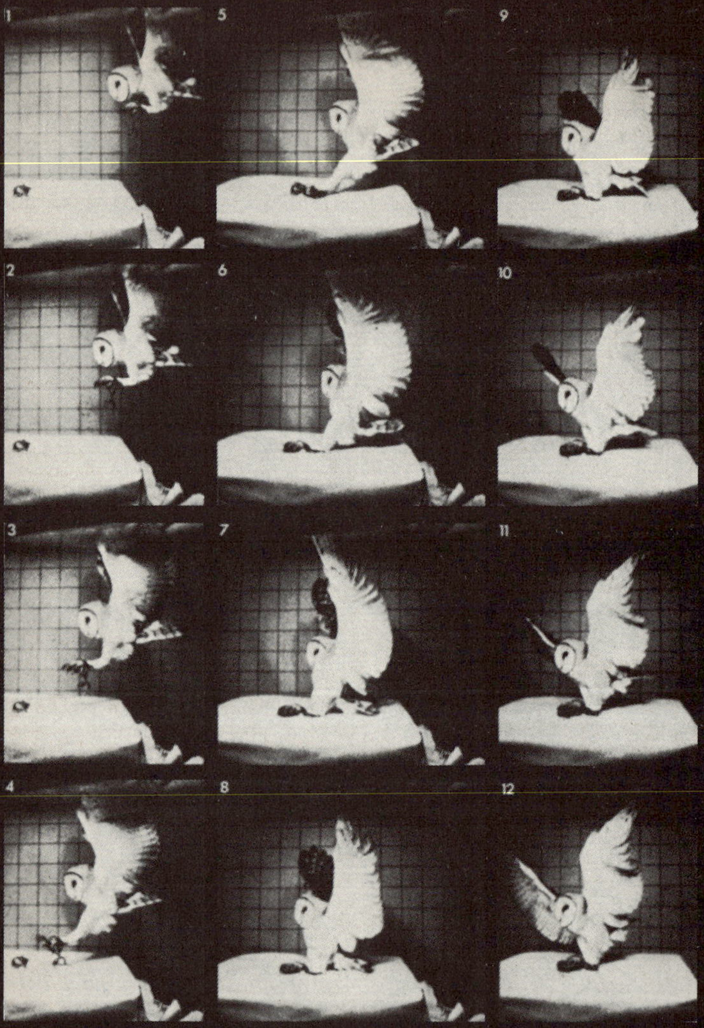

Abb. 12–9 Anlandende, auf eine Maus zustoßende Eule. Mit einem Infrarot-Blitzgerät in einem abgedunkelten Laborraum aufgenommen. Phasenbilder aus einem Filmstreifen, aufgenommen von G. E. Goslow jr. Man beachte die vorgestreckten und stoßdämpferartig einknickenden Beine.

parallel zur Vorderkante wurstförmig verlaufenden Strömungswalze wird die Grenzschicht turbulent. Außerdem lösen sich Wirbelballen periodisch ab, und sie erzeugen das pfeifende Fluggeräusch, an dem man in Formation fliegende Schwäne sehr leicht erkennen kann. Die zweite Abbildung stammt von der vordersten, der Flügelkontur entlanglaufenden Handschwinge der Waldohreule. Diese Feder sieht nun ganz anders aus. An der Vorderkante sind schräg abgebogene Häkchen in sehr regelmäßiger Reihung angeordnet. Die Spreite ist mitnichten so fest und massiv ausgebildet wie die Handschwinge des Höckerschwans, sondern viel zarter: sie ist zerfasert und endet in einer Reihe wirr durcheinanderlaufender, außerordentlich feiner, ihrerseits wiederum aufs feinste behaarte Fortsätze. Offensichtlich hat diese Feder eine ganz andere Funktion. Zwar mag die Vorderkante auch wieder als ein System wirken, das die Grenzschicht turbulent macht, aber diesmal scheint das System auf andere Weise zu funktionieren. Jedenfalls lösen sich keine größeren Wirbelballen ab; offensichtlich bildet sich zwischen einzelnen Zacken ein System von feinen Wirbeln aus, die stationär bleiben. Damit aber wird ein scharfes, pfeifendes Fluggeräusch unmöglich. Die sehr zarte Spreite mag zudem ein übriges tun, Wirbelablösung zu verhindern. Vermutlich verhindert sie auch ein Rückströmen der Grenzschicht auf der Flügeloberseite – immer ein erstes Anzeichen für das Sichablösen der Strömung, das bei Flugzeugen den gefährlichen Auftriebsverlust einleitet, bei dem ein Flugkörper so leicht durchsacken und zu Bruch gehen kann.

Wir können solche Funktionen nur vom technischen Wissen her abstrahieren. Messungen sind meines Wissens noch nicht gelungen, obwohl sie in Amerika vor einigen Jahren versucht worden sind. Insgesamt scheint der Eulenflügel mit seinen seltsamen ersten Handschwingen auf maximale Schalldämpfung und höchste Flugsicherheit hin konstruiert zu sein. Das erstere ist offensichtlich der Fall; der Flug der Eule in der Nacht kann für manches Ohr absolut lautlos sein. Das ist für sie arterhaltend wichtig, denn eine Maus, die einen heranschwebenden Flugjäger hören könnte, wäre blitzartig verschwunden. Nachtjäger, die Mäuse zur Beute gewinnen wollten und nicht gleichzeitig schallarm flögen, hätten angesichts der harten Konkurrenz bei den gegebenen ökologischen Verhältnissen keine Chance. Ob der Eulenflügel weiter ein besonders sicheres System ist, das auch bei hohen Anstellwinkeln ohne ein Abreißen der Strömung funktioniert und somit das Durchsacken des Flugkörpers verhindert, muß noch bestätigt werden. Zu vermuten freilich ist es. Filmaufnahmen landender Eulen (Abb. 12–9) zeigen die unglaublich steile Anstellung der Schlagflügel. Ein Flugzeug mit solchen Flügeln wäre ohne eine Reihe grenzschichtbeeinflussender Zusatzelemente nicht in der Lage, sich in der Luft zu halten. Fragen dieser Art sind für den Experimentator sehr anregend, aber auch sehr schwierig.

Zum Abschluß sei versucht, anhand eines Vogelflügels und eines Flugzeugpropellers die auftretenden Kräfte vergleichend zu betrachten. Von den Kraftkomponenten ›Hub‹ und ›Vortrieb‹ war schon die Rede. Wie kommen sie zustande? Betrachtungen über diese Frage gelten als schwierig und scheinen für eine allgemeinverständliche Darstellung ganz ungeeignet. Sie sind es im allgemeinen auch. An einigen ausgewählten Stellungen eines Schlagflügels aber lassen sie sich einfach und durchschaubar vergegenwärtigen. Eine solche Stellung sei hier betrachtet: Es ist die Stellung mitten im Abschlag eines Vogelflügels. Wer sich ein solches Tier in der Seitenansicht vor Augen führt, sieht den Flügel ganz genau im Schnitt. Als Rüstzeug zum Verständnis bedarf es eigentlich nur des Kräfteparallelogramms, das wohl jeder Leser in der Schule einmal durchgenommen hat. Zwei Kräfte lassen sich zu einer Resultierenden zusammensetzen, und eine Resultierende kann wieder in zwei Kräfte zerlegt werden. Genau das soll hier geschehen: Eine Widerstandskraft W und eine Querkraft Q seien zur Resultierenden L zusammengesetzt und diese resultierende L dann in eine Hubkraft H und eine Vortriebskraft V zerlegt.

Wenn sich ein Flügelprofil – unter einem Anstellwinkel α gegen die Schlagbahn – in der Luft bewegt (Abb. 12–10), erzeugt es wie jeder bewegte Körper eine Widerstandskraft W in Richtung der Schlagbahn, und zwar entgegengesetzt zur Bewegung. Ein geeignetes Profil erzeugt aber auch eine Querkraft Q senkrecht zur Schlagbahn, und je besser das Profil ist, desto größer ist diese Querkraft im Verhältnis zum Widerstand. Die Resultierende L dieser beiden Komponenten Q und W ist schräg nach vorne oben gerichtet. Sie läßt sich zerlegen in eine genau nach oben wirkende hebende Kraft H – das ist der Hub, der dem Körpergewicht entgegenwirkt und verhindert, daß der Vogel beim Streckenflug herunterfällt – und in eine andere Komponente, die senkrecht zum Hub wirkt, also horizontal: den Schub oder den Vortrieb V, der das Tier auf seiner Bahn weiterbewegt. In der angegebenen Schlagstellung ist eine solche Vergegenwärtigung besonders einfach. Es liegt auf der Hand, daß der Hub bedeutend größer als der Schub ist. Von der Energie, die ein Vogel in seinen ›Flugmotor‹ steckt, wird also ein gut Teil darauf verwandt, ihn überhaupt in der Luft zu halten. Der Rest dient nur dazu, ihn auf seiner Bahn vorwärts zu treiben.

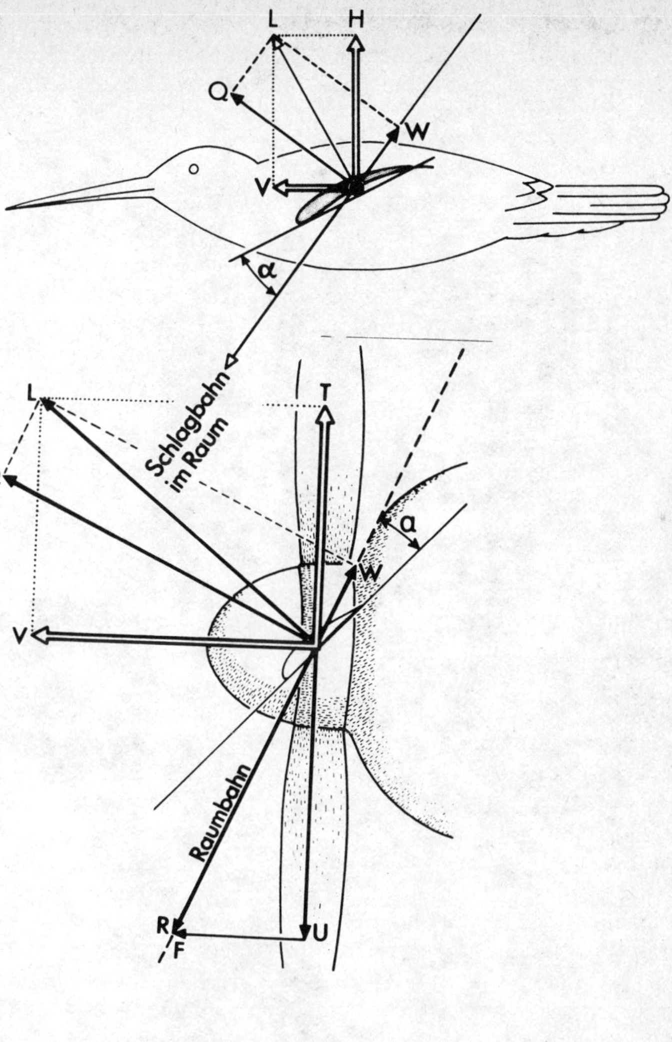

Abb. 12–10 (oben) Prinzipielle Kräfteverhältnisse am Vogelflügel in der Mitte des Abschlags. Erklärung im Text

Abb. 12–11 (unten) Kräfteverhältnisse an einem Propeller. Erklärung im Text

Abb. 12–12 Kohlmeise Parus major beim Anflug zum Nest, aufgenommen mit Computerblitz und Lichtfalle von G. Rüppell. Der Flügel ist kurz nach Durchlaufen des oberen Umkehrpunktes ›eingefroren‹.

Ein Propeller arbeitet im Prinzip ganz ähnlich (Abb. 12–11). Er dreht sich, und gleichzeitig bewegt sich das Flugzeug vorwärts. Aus der Umfangsgeschwindigkeit der Blätter U und der Fluggeschwindigkeit F wird die Anströmrichtung des Propellers bestimmt – das einzelne Propellerblatt bewegt sich dabei auf einer schräg geneigten Raumbahn R, die im Gesamtverlauf von spiraliger Gestalt ist. In Richtung dieser Bahn, aber entgegengesetzt zur Bewegung, erzeugt es einen Widerstand W der Luft und senkrecht dazu eine sehr viel größere Querkraft Q. Diese beiden Komponenten setzen sich zur Luftkraftresultierenden L zusammen. Die Resultierende läßt sich nun andererseits zerlegen in eine vorwärts treibende Komponente V und eine senkrecht dazu wirkende Komponente T. Diese letztere läuft mit dem umlaufenden Propeller mit; man spricht von der Tangentialkraft; sie muß jeweils vom entgegengesetzten Drehmoment des Flugzeugmotors überwunden werden. Die Komponente V aber, der Vortrieb oder Schub, ist jene Kraftwirkung, die der Propeller schließlich aus der Antriebskraft des Flugmotors herausholen soll: Sie zieht das Flugzeug vorwärts. Eine hebende Komponente muß der Propeller nicht erzeugen. Die Aufgabe der Huberzeugung übernehmen die Tragflügel des Flugzeugs. In dieser Hinsicht hat es der Vogel also schwerer als das klassische Flugzeug. Er muß Hub und Schub mit dem gleichen System, seinen schlagenden Flügeln, erzeugen (Abb. 12–12). Beim Flugzeug dagegen teilen sich Propeller und Tragflügel in diese Aufgabe. Anders beim Hubschrauber: Hier bewirken die Rotorblätter Hub *und* Schub, ähnlich wie der Flügel des Vogels.

Es wäre sehr reizvoll, einen Kolibri, diesen hochevolutionierten ›Hubschrauber‹ der Natur, mit einem Hubschrauber menschlicher Technik im Detail zu vergleichen. Zu befürchten ist aber, daß dies nicht gelingt. Vielleicht war schon der Vergleich der Luftkräfte an Schlagflügel und Propeller für viele Leser nicht ganz einleuchtend. Hier sei allerdings empfohlen, nicht lockerzulassen: Es ist zu verstehen. Der Schlüssel zum Verständnis liegt darin, daß die Luftkraftresultierende L den beiden Komponenten W und Q (die auf jeden Fall am Flügel entstehen) und den beiden Komponenten H und V (die ja der Vogel auf jeden Fall zum geradlinigen Horizontalflug braucht) in gleicher Weise gemeinsam ist. Über L wandelt der Vogel die beiden Ausgangskomponenten W und Q in die beiden Endkomponenten H und V um. Ein Phasenbild aus einer solchen Flügelschwingung ist in der Abb. 12–10 herausgezeichnet. Von Augenblick zu Augenblick verändern sich allerdings die Größen der beteiligten Kräfte, und es treten in anderen Schlagstellungen noch andere Strömungserscheinungen und damit

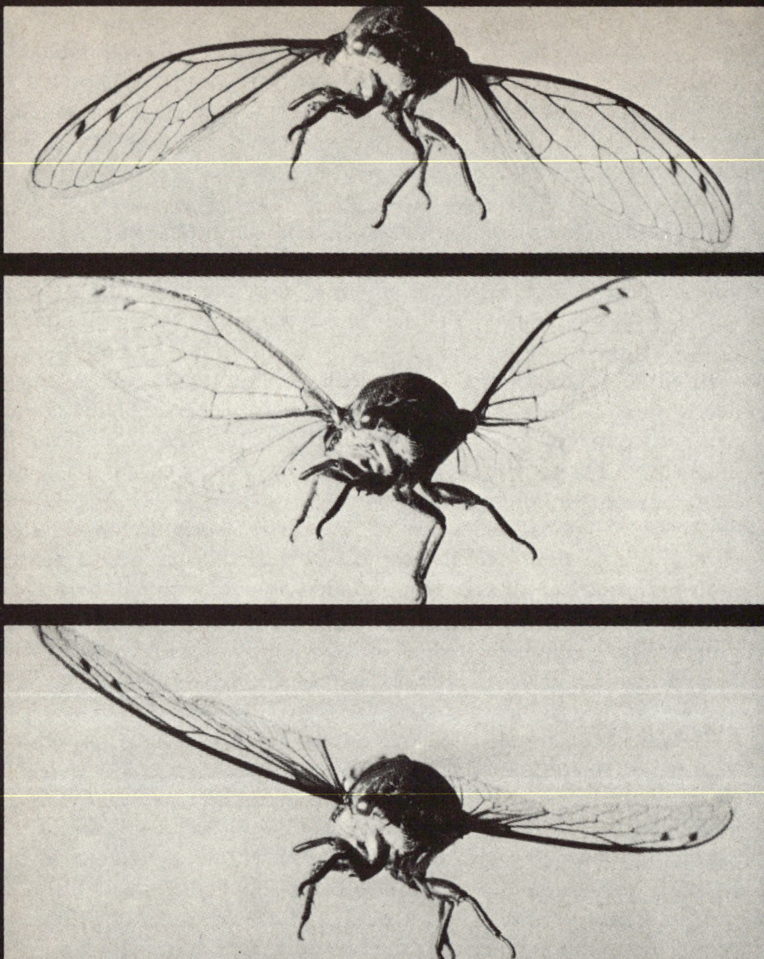

Abb. 12–13 Dreiphasenbilder einer großen amerikanischen Zikade im ›fixierten Flug‹. Oben und in der Mitte sind aufeinanderfolgende Positionen des Aufschlags getroffen, unten ist ein Abschlag dargestellt. Diese faszinierenden Aufnahmen gelangen H. E. Edgerton, dem Erfinder des Elektronen-Blitzgerätes. Man sieht, wie sich die zarte Spreite im Stützskelett verspannt und erkennt auch, wie der Flügel in verschiedenen Schlagpositionen verdreht und verwunden ist.

andere Kräfte hinzu. Insgesamt wird der Vorgang außerordentlich verwickelt. Vollends kompliziert stellt er sich dar, wenn zu den hier zunächst betrachteten ›stationären‹ Kräfteverhältnissen noch die Resultate der sicher vorhandenen instationären Umströmung des Flügels in Betracht genommen werden. Zudem bleibt der Flügel nicht wie ein Propeller von Schlagstellung zu Schlagstellung geometrisch konstant. Er ändert seine Anstellung, seine Verwindung, seine Fläche und sonst noch allerlei. Leuten, die sich mit der Luftkrafterzeugung an Vogelflügeln befassen, wachsen frühzeitig graue Haare . . .

Ich bekomme in unserem Institut oft Anrufe von Amateuren, die das Rätsel des Vogelflugs zu ergründen hoffen und glauben, das ›Geheimnis‹ nun endgültig gelöst zu haben oder doch in absehbarer Zeit lösen zu können. Es kostet dann immer einige Geduld, ihnen zu zeigen, daß es ›das Rätsel‹ gar nicht gibt. Jeder Vogel fliegt anders, ja jeder einzelne Flügelschlag eines Vogels kann sich vom nächstfolgenden ganz wesentlich unterscheiden. Es gibt hier also sehr viele Rätsel. Dabei Gemeinsamkeiten zu finden, zu abstrahieren, ohne brutal zu vereinfachen, das ist eine schwierige Kunst. Biologisches Fingerspitzengefühl gehört dazu ebenso wie ein profundes Wissen in der Funktionsmorphologie, der Flugphysik und dem mathematischen Formelkram, ohne den ein solches Fachgebiet nicht auskommen kann.

Aber all dies läßt sich vergessen, wenn eine Möwe ins Blickfeld schwebt, die hinter dem Bodenseedampfer herfliegt und zugeworfene Brotstückchen in der Luft auffängt. Die Biophysik des Möwenflugs wird eines Tages sicher erklärbar sein. Was aber bewegt uns, wenn wir dem hellen Vogel im leichten Auf und Ab seiner Bewegung folgen, verzaubert von so viel Leichtigkeit, Anmut und schwebender Präzision? Welche Entsprechung in unserem Empfinden wird angeschlagen durch den Möwenflug? Welche Erklärungsversuche könnten Verhaltensforscher geben für die Faszination, die das Fliegen auf den Zweibeiner Mensch seit jeher ausübt? Wäre es denkbar, daß der Flug unbewußt als Vervollkommnung jener Aufrichtung und Ablösung vom Boden empfunden wird, der nicht nur der Mensch als Art sein Weltgefühl verdankt, sondern auch der einzelne, der diesen Prozeß in seiner Kindheit durchlief? Oder ist es die Analogie zum Gedanken und seinen Flügen, die uns den Vogelflug so wahlverwandt empfinden läßt? Gerade die Möwe, die so leicht zu fliegen scheint, dürfte indes noch eine andere Möglichkeit wunschhafter Identifikation in sich tragen: Wer möchte nicht so mühelos leben, wie dieser Vogel sich in der Luft bewegt? Vor wenigen Jahren wurde in den USA ein Buch Bestseller, das nichts anderes beschrieb als den Flug einer Möwe . . .

13
Künstliche Delphinhäute vermindern den Widerstand: Wie schwimmen die Fische und Meeressäuger?

Am 5. Mai 1960 erschien in der Zeitschrift ›New Scientist‹ ein Artikel von Dr. Max Kramer: ›Das Geheimnis des Delphins‹. Wie in amerikanischen und neuerdings auch in deutschen Zeitschriften üblich, steht unter der Titelüberschrift eine präzise Kurzzusammenfassung. Da ist zu lesen: »Mikroskopische Untersuchungen haben gezeigt, daß die äußere Haut des Delphins als Turbulenzdämpfer wirkt – daher die hohe Schwimmgeschwindigkeit. In Nachahmung der Hautstruktur wurde ein künstlicher Überzug für Schiffsmodelle entworfen, der für Flugkörper und Unterwasserrümpfe Verwendung finden könnte.«

Der Artikel von Max Kramer ist nicht die erste seiner Arbeiten, die sich mit der wirbeldämpfenden Hautstruktur des Delphins befaßt. Er bietet aber die erste allgemeinverständliche Zusammenfassung – ein Zeichen dafür, daß dieser Wissenschaftler der Meinung war, seine Arbeiten seien zu einem gewissen Abschluß gekommen.

Interessant: Kramer ist kein Biologe, sondern Aerodynamiker. Er wurde im Jahre 1903 in Köln geboren, studierte in München, promovierte in Aachen und arbeitete dort im berühmten Aerodynamischen Institut bei Theodore von Kármán. Nach einem Jahrzehnt als Mitarbeiter und später als Direktor des Aerodynamischen Instituts der deutschen Versuchsanstalt für Luftfahrtforschung war er bis zum Kriegsende als Vorstand der Station für Lenkwaffen in Brackwede tätig; er entwickelte hier die Rakete X-4. Wie viele deutsche Wissenschaftler wanderte er nach dem Kriege nach Amerika aus. Im Naval Air Development Center in Huntsville verwirklichte er ein akustisches Suchsystem für Lenkwaffen und ging später in die Industrie. Im Jahre 1956 entdeckte er die strömungsdynamisch günstigen Eigenschaften der Delphinhaut und konzentrierte sich nun mehr und mehr auf die Analyse dieses hochinteressanten Systems. Als Techniker war er selbstverständlich nicht damit zufrieden, bloß zu erfahren, wie die

Natur ein Problem löst. Er baute dieses System vielmehr in bester bionischer Manier nach, indem er es nicht sklavisch kopierte, sondern als Ausgangspunkt für eigene Rechnungen und Konstruktionen übernahm. Unterwasserkörper, die er mit schnellen Motorbooten schleppte, zeigten bisweilen einen auffällig geringeren Widerstand, wenn sie mit einer solchen künstlichen Delphinhaut überzogen worden waren. Da geringerer Widerstand bedeutete, daß ein Schiff, ein Flugzeug oder eine Rakete mit einer gegebenen Treibstoffmenge weiter schwimmen oder fliegen kann (oder bei gegebenem Treibstoffverbrauch sich schneller fortzubewegen vermag), ist eine solche Konstruktion von beträchtlichem praktisch-technischem Interesse. Zusammen mit Coleman gründete Kramer in Los Angeles eine Firma, die sich mit der technischen Verwertbarkeit dieser der Natur abgeguckten Erfindung befassen sollte: Die Coleman-Kramer-Company.

Was dort nach mehr als einem Jahrzehnt Forschung und Entwicklung nun tatsächlich an technisch verwertbaren Daten herausgekommen ist, läßt sich nicht ohne weiteres feststellen. Es ist in den letzten Jahren merkwürdig still um dieses Forschungsgebiet geworden, nachdem erste Ergebnisse zu Beginn der sechziger Jahre durch die Weltpresse gelaufen waren und einiges Aufsehen erregt hatten. Vielleicht haben sich die Erwartungen nicht ganz erfüllt, vielleicht ist es zu schwierig oder zu teuer, künstliche Delphinhäute für Schiffe zu bauen; vielleicht auch sind solche Häute allzu störungsanfällig. Wer weiß. Immerhin wäre auch denkbar, daß der ganze Komplex in das Gebiet militärischer Geheimhaltung abgeglitten ist – und das wäre dann auch ein Beweis für die praktische Verwertbarkeit dieses Naturprinzips.

Es gibt kaum einen Artikel über Biotechnik, kaum eine Bionikvorlesung, kaum ein allgemeinverständliches Buch dieser Art, in dem Max Kramers Entdeckung nicht ausführlich besprochen ist. Als bereits klassisches und wegweisendes Prinzip muß es auch in der vorliegenden Überschau einen Platz finden. Eine sehr kurz gefaßte Darstellung wird es andererseits erlauben, auch auf neuere, wiederum mehr biologisch orientierte Arbeiten einzugehen.

Wer sich in Gedanken ein Stückchen aus der Haut eines Delphins herausschneidet – etwa einen halben Zentimeter tief und ebenso breit –, dem bietet sich ein Bild, wie es das Blockdiagramm der Abb. 13–1 halbschematisch vergegenwärtigt. Die Haut eines jeden Wirbeltiers setzt sich zusammen aus Unterhaut (Corium) und Oberhaut (Epidermis). Im allgemeinen grenzen die Schichten ziemlich hart aneinander, sind zwar verfältelt und verzapft, aber im histologischen Bild doch gut trennbar. Ganz anders beim Delphin! Die Unterhaut ist 2–3 mm stark

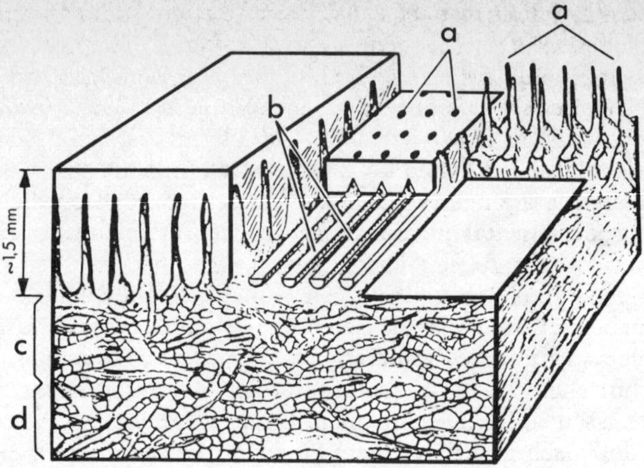

Abb. 13–1 Blockdiagramm der Delphinhaut. a Coriumpapillen, b Coriumleisten, c Außenteil des Corium (Lederhaut), d Innenteil des Corium mit eingelagerten Fettzellen

und besteht aus einem sehr lockeren, maschenartigen Gewebe mit vielen eingelagerten Fettzellen, aber auch versteifenden bindegewebigen und muskulösen Strukturen. Die Oberhaut ist etwa 1,5 mm dick. Sie umfaßt in der Hauptsache ein schwammiges, außerordentlich lockeres Gewebe, das zu nicht weniger als 80% aus Wasser besteht! Dieses Wasser wird nur zum geringen Teil von den Zellwänden eingeschlossen, ist also intrazellulär. Zum größeren Teil füllt es die äußeren Spalträume des weit vermaschten Zellnetzes, so wie das Badewasser die weitverzweigten Gänge eines Badeschwammes erfüllt. Dieses ›extrazelluläre‹ Wasser ist also leicht verschieblich. Die Unterhaut bildet nun an der Grenze zur Oberhaut mehr oder minder parallele Leisten aus, von denen sich zahlreiche Zapfen fast bis zur äußeren Grenze der Oberhaut erheben, die sogenannten Coriumpapillen. Sie bilden also ein pfeilerartiges, stützendes und trotzdem elastisches Raster innerhalb dieser schwammartigen Oberhaut. Ganz außen wird die Oberhaut von einer sehr feinen, dünnen und festen Membran abgeschlossen. Da sie halb verhornt ist, wird sie als ›Stratum semicorneum‹ bezeichnet.

Wird nun irgendwo lokal auf die Delphinhaut ein Druck ausgeübt, so verschiebt sich unter der Druckdelle das extrazelluläre Wasser in der

Oberhaut nach allen Seiten. Läßt der Druck nach, so geht die Delle wieder zurück, wobei das Wasser langsam in die neu sich bildenden Hohlräume zurückströmt. Es kommt zum vollständigen Ausgleich, wenn dieser auch seine Zeit braucht wegen des großen inneren Strömungswiderstands des Systems. Man spricht hier von einem ›viskoelastischen Verhalten‹. Eine Struktur mit einem solchen Verhalten wirkt stark schwingungsdämpfend. Denn wenn irgendwo eine lokale Schwingungszone entsteht, so wird sie sich nicht ›aufschaukeln‹; im Gegenteil – sie wird weggedämpft.

Im letzten Kapitel war an mehreren Beispielen deutlich geworden, daß turbulente Grenzschichten günstiger sein können als laminare. Für den Delphin allerdings gilt das nicht. Sein Rumpf muß so weit wie möglich laminar umströmt sein, damit der Reibungswiderstand möglichst klein bleibt. Die Frage der Rumpfform soll in diesem Zusammenhang noch erörtert werden. Vorerst aber geht es um die Frage, wie die Hautstruktur zur Aufrechterhaltung laminarer Grenzschichten beitragen kann.

Wenn der Delphin schwimmt und die Strömung von vorn auf die Schnauzenspitze aufprallt, verläuft die Grenzschicht zunächst auf jeden Fall bis etwa in Höhe der Augen laminar. Kleine ›Störungen‹ in der Körperkontur, wie sie die Augen bereits darstellen, können aber Turbulenzen erzeugen: die ganze Grenzschicht fängt dann örtlich zu schwingen an. Diese Schwingungen werden immer größer, schaukeln sich auf (Abb. 13–2), und schließlich bricht die gesamte schwingende Flüssigkeitslamelle in lauter Einzelwirbel auseinander. Wegen seiner ungewöhnlichen Hautstruktur ist aber der Delphin mit einer schwingungsdämpfenden Außenschicht überzogen. Gestörte Grenzschichten, die ins Schwingen kommen, werden hier gedämpft. Die Schwingungen nehmen ab, bis sie schließlich ganz verschwunden sind. Zuletzt ist die Störung kompensiert worden; die Grenzschichtströmung verläuft wieder laminar.

Max Kramer sagte sich nun folgendes: Die Wirksamkeit der Delphinhaut beruht doch darauf, daß ein viskoelastisches System ›auf Pfosten‹ (das wären die Coriumpapillen) auf einem elastischen System, und dieses wieder auf einer festen Struktur aufsitzt. Dieses Prinzip läßt sich nachahmen durch eine genoppte Gummischicht, die mit den Noppen auf einer Basis aufruht. Zwischen den Noppen ist ein System miteinander kommunizierender Flüssigkeitshohlräume vorhanden, das mit einer Flüssigkeit von geeigneter Viskosität ausgefüllt werden kann. Ein solches System ahmt die Delphinhaut auf technologisch elegante Weise nach.

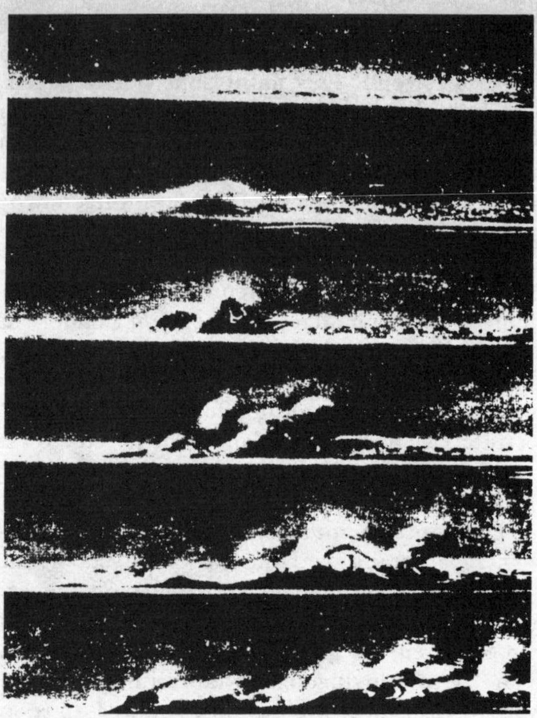

Abb. 13–2 Aufschaukeln einer Grenzschichtstörung und Ausbreitung der turbulenten Störung. Von oben nach unten zu betrachten

Zahlreiche Versuche wurden ausgeführt, wobei die geometrischen Kenngrößen dieser künstlichen Haut (zum Beispiel Dicke und Pfostendurchmesser), aber auch die elastischen Kenngrößen (zum Beispiel der Elastizitätsmodul des Gummis) und schließlich die dämpfenden Kenngrößen der Flüssigkeitsfüllung (also die Viskosität der Dämpfungsflüssigkeit), systematisch verändert worden sind. Bei günstiger Kombination aller Kenngrößen (Abb. 13–3) gab es überraschende Resultate. Der Gesamtwiderstand eines torpedoartigen Unterwassergebildes, das mit dieser ›künstlichen Delphinhaut‹ überzogen worden war, blieb augenfällig kleiner als der Widerstand desselben Gebildes ohne diese Dämpfungshaut. Nicht ohne Genugtuung stellten die Wissenschaftler fest, daß der Widerstandsbeiwert (eine dimensionslose Meßgröße für den

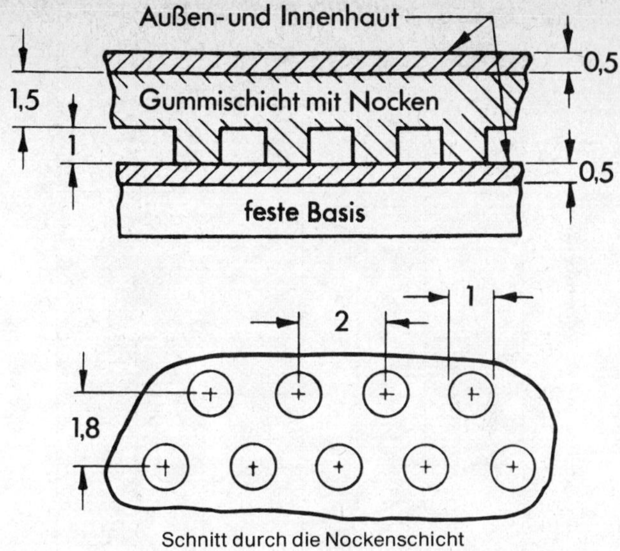

Abb. 13–3 Kramers ›künstliche Delphinhaut‹. Maße in Millimetern

Widerstand) mit zunehmender Geschwindigkeit des Unterwasserkörpers sogar drastisch abnahm, während er beim unbedeckten Modell leicht anstieg. Bei der höchsten vermessenen Geschwindigkeit (das Motorboot erreichte gerade 20 Knoten) war der Widerstandsbeiwert mit der bestgeeigneten Dämpfungshaut 2½mal kleiner als ohne eine solche Haut. Während die Umströmung ohne die Dämpfungshaut nahezu vollturbulent war, wurde sie mit der Dämpfungshaut wenigstens zur Hälfte laminar erhalten! Eine derartige Verbesserung um den Faktor 2,5 – also um 250% – stellt eine ganz außerordentliche Leistung dar. Kein Techniker hätte ein solch günstiges Ergebnis so ohne weiteres erwartet; wenn in der Technik Verbesserungen von 10% bis 20% erzielt werden, so gilt das schon als sehr viel. Die Meßkurven für die beiden diskutierten Beispiele sind in Abb. 13–4 dargestellt. Der gestrichelte Teil wurde nicht vermessen; der Endpunkt wurde aus der Theorie berechnet. Zumindest theoretisch ist also volle Laminarität erreichbar. Die auf der horizontalen Achse aufgetragene Reynoldszahl Re ist nur für den Fall eingetragen, daß auch einmal ein Techniker diese Abbildung anschaut. Hier sei nur festgestellt, daß sie proportional der

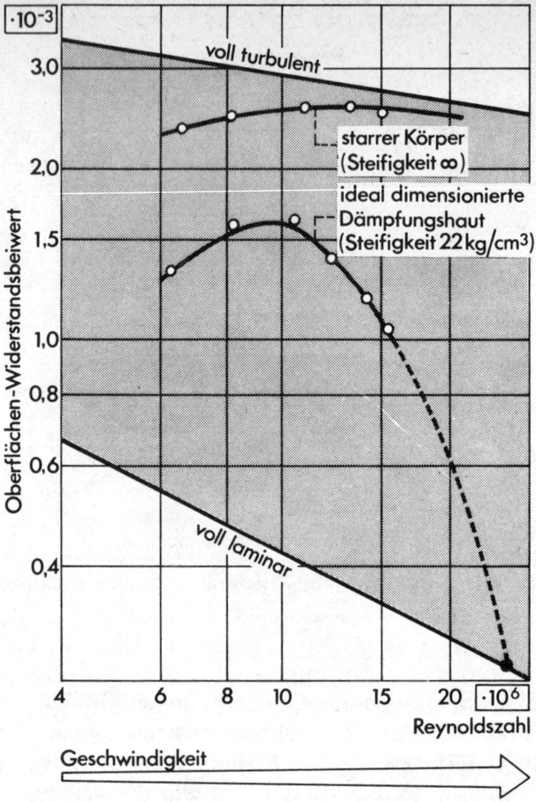

Abb. 13–4 Messungen von Kramer: Oberflächenwiderstandsbeiwert eines unter Wasser geschleppten torpedoartigen starren Körpers ohne Dämpfungshaut und mit bestgeeigneter Dämpfungshaut. Der gestrichelte Kurventeil ist rechnerisch extrapoliert. Die Kurven können nur im gerasterten Teil zwischen der vollturbulenten und voll laminaren Grenzkurve liegen.

Geschwindigkeit ist. Das heißt: Mit steigender Reynoldszahl steigt auch die Geschwindigkeit.

Ideal laminare Umströmung scheint also das Ziel zu sein, das die Natur mit der Unterwasserkonstruktion ›Delphin‹ anstrebt. Die Wegdämpfung sich entfachender Grenzschichtturbulenzen durch die spezielle Struktur der Delphinhaut war einer der Kunstgriffe, den die Evolution hier verwirklicht hat. Ein anderer Kunstgriff ist die Rumpfgestaltung des Delphins selbst. Beim Delphinrumpf liegt die größte

Dicke (beziehungsweise Höhe) erstaunlich weit hinten (Abb. 13–6 und 13–7). Von kleinen Süßwasserfischen, etwa den Forellen, auch von großen, langsam schwimmenden Meeresfischen, etwa den Sägebarschen (Abb. 13–5), läßt sich das nicht sagen; hier liegt die größte Dicke etwa am Ende des ersten Körperdrittels. Die Rumpfgestalt vieler Fische ist demnach in der Regel eine ganz andere als die des Delphins. Nun ist der Delphin bekanntlich kein Fisch, sondern ein Meeressäuger, aber das Prinzip seiner Rumpfform gilt offensichtlich auch für schnelle große Fische, etwa für den großen Hochseeschwimmer Thunfisch (Abb. 13–8), in gewisser Weise auch für die Haie (Abb. 13–9). Bei großen, schnell bewegten Unterwasserschwimmern, seien es Fische oder Säugetiere, wird in der Natur immer wieder die gleiche Tendenz verfolgt: Die größte Dicke des Rumpfes soll offenbar möglichst weit hinten liegen.

Die Hydrodynamik lehrt, daß sich der gesamte Strömungswiderstand aus Druckwiderstand und Reibungswiderstand zusammensetzt. Der Druckwiderstand hängt von der Körperform ab. Ein langgezogener ›Tropfenkörper‹ hat einen geringeren derartigen Widerstand als eine Kugel, und diese zeigt wieder einen geringeren Widerstand als ein flaches Brett oder eine Kreisscheibe, die senkrecht zu ihrer Fläche angeströmt wird (Abb. 10–5). Der Widerstandsanteil ist also von der Körper*form* abhängig. Je weniger abrupt die Krümmungen sind, je besser sich die Strömung im hinteren Teil wieder schließt, um so kleiner der Rumpfquerschnitt ist, an dem sie abreißt, desto geringer ist dieser Widerstandsanteil. Die zweite Komponente aber stellt der Reibungswiderstand dar. Er kommt dadurch zustande, daß die körpernahen Strömungsschichten in gewisser Weise an der Rumpfoberfläche kleben oder sich an ihr reiben. Je größer die Oberfläche ist, desto größer ist auch dieser Reibungswiderstand.

Ein geringer Gesamtwiderstand, wie er für hohe Schwimmgeschwindigkeit oder günstige Ausnutzung des Muskelmotors auf jeden Fall zu fordern ist, bedingt einen geringen Druckwiderstandsanteil und einen geringen Reibungswiderstandsanteil. Der Druckwiderstandsanteil bleibt gering, wenn der Abreißquerschnitt möglichst verkleinert wird oder wenn die Verhältnisse so sind, daß sich die Strömung hinter dem Rumpf so weit wie möglich wieder schließt, ohne in eine große Wirbelschleppe auszuarten. Die Hydrodynamik zeigt, daß hierfür eine turbulente Strömung günstig ist. Sie ist energiereicher und reißt erst später ab. Späteres Abreißen bedeutet aber: Abreißen an einem weiter hinten gelegenen Rumpfquerschnitt – und der ist bekanntlich kleiner als ein weiter vorn gelegener. Ein kleinerer Rumpfquerschnitt wie-

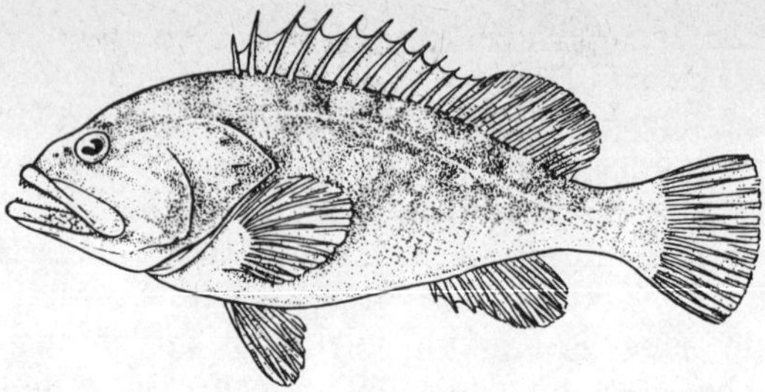

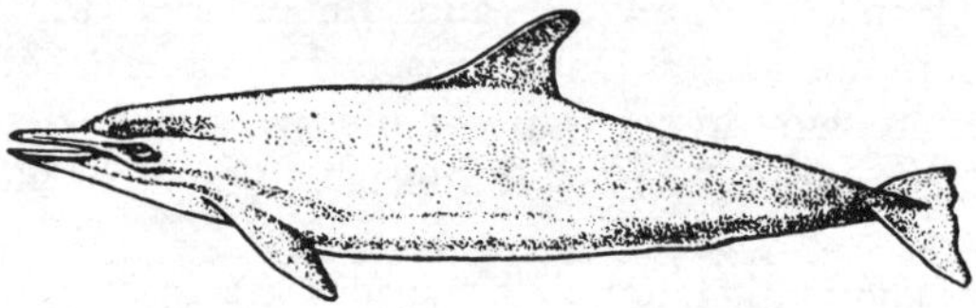

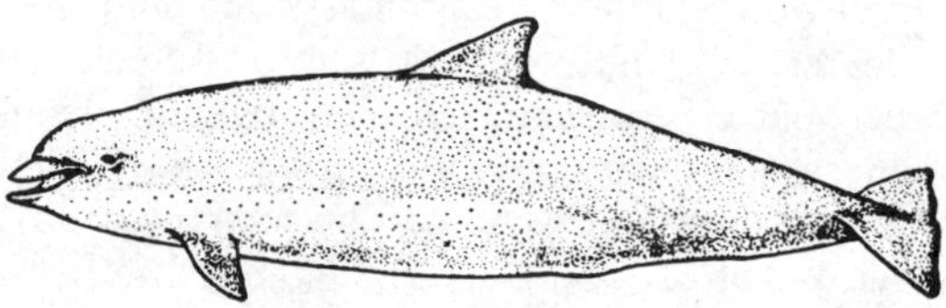

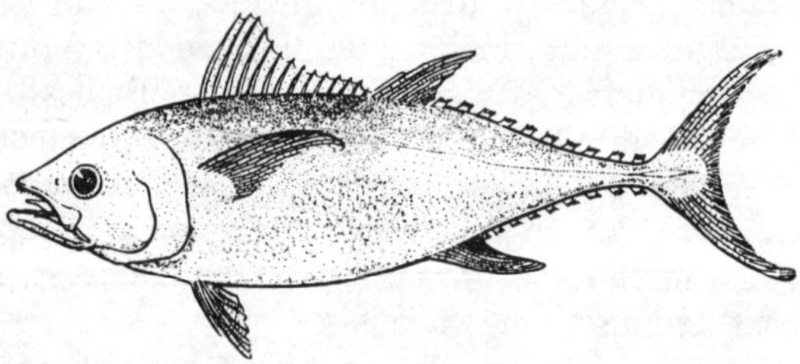

Von oben nach unten:
Abb. 13–5 Großer Sägebarsch – Serranus gigas
Abb. 13–6 Delphin – Delphinus delphinus
Abb. 13–7 Tümmler – Tursiops tursiops
Abb. 13–8 Thunfisch – Thunnus thynnus
Abb. 13–9 Blauhai – Carcharias charcharias

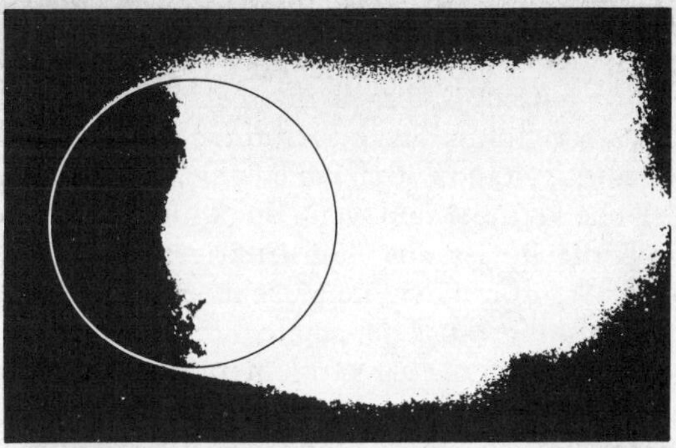

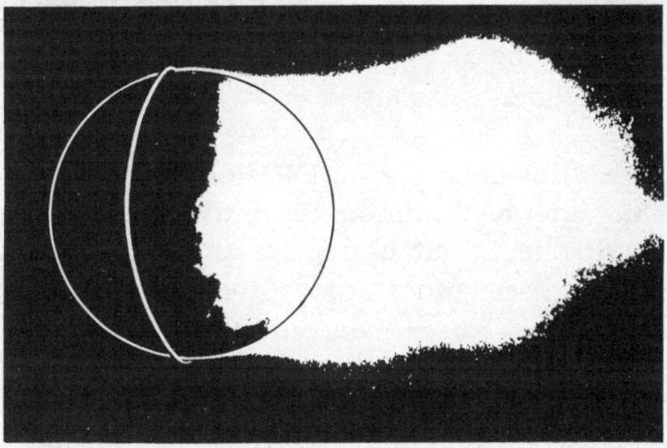

Abb. 13–10 (oben) Laminare Strömungsablösung an einer Kugel am breitesten Querschnitt. Rauchkanalaufnahme, zeichnerisch ergänzt

Abb. 13–11 (unten) Turbulentes Strömungsablösen einer Kugel mit ›Stolperdraht‹ hinter dem breitesten Querschnitt. Rauchkanalaufnahme, zeichnerisch ergänzt

derum bedingt eine kleinere Wirbelschleppe und damit einen kleineren Druckwiderstandsanteil. Der berühmte Aerodynamiker Ludwig Prandtl hat das mit seinem bekannten ›Kugelversuch‹ überzeugend demonstrieren können. Bei laminarer Umströmung hat die Kugel (bei einer Reynoldszahl von etwa $3 \cdot 10^5$) einen Widerstandsbeiwert größer als 0,4. Die Strömung reißt am Äquator, das heißt am größten Querschnitt der Kugel, laminar ab (Abb. 13–10). Macht man die Strömung durch einen vor dem Äquator um die Kugel gelegten Drahtreif turbulent, so läuft sie noch ein gutes Stück um die breiteste Stelle herum und reißt erst weiter hinten, bei einem kleineren Querschnitt, turbulent ab (Abb. 13–11). Ihr Widerstandsbeiwert ist nun drastisch abgesunken, nämlich von mehr als 0,4 auf weniger als 0,1! Das ist – nicht ausschließlich, aber in der Hauptsache – auf den kleinen Abreißquerschnitt der turbulenten Grenzschicht und das dadurch wesentlich kleinere ›Totwasser‹ hinter dem umströmten Körper zurückzuführen.

Der Reibungswiderstand wiederum läßt sich klein halten, wenn die Gesamtoberfläche klein ist und wenn die Strömung laminar verläuft. Die Gesamtoberfläche ist aus ›konstruktiven‹ Gründen oft vorgeschrieben. Beim Schiff müssen die Maschinen und Nutzräume, beim Fisch oder Delphin die Muskelapparate, Stützskelette und Sinnesorgane untergebracht werden. Eine Verkleinerung der Oberfläche hat also ihre Grenzen. Es bleibt somit nur, die Umströmung möglichst laminar zu halten. Dem freilich stehen kontroverse Forderungen entgegen. Zwar soll die Strömung laminar sein, weil damit der Reibungswiderstandsanteil klein wird; andererseits aber soll sie turbulent sein, weil damit der Druckwiderstandsanteil sinkt. Wie löst die Natur diesen Widerspruch?

Sie löst ihn auf folgende Weise: Die Körper der schnellen, großen Schwimmer nehmen nach hinten kontinuierlich an Querschnitt zu, ihre größte Breite liegt weit hinten. In diesem Bereich verläuft die Grenzschicht, wenn sie nicht durch Störstellen turbulent gemacht wird (und der Delphin kompensiert die Wirkung solcher Störstellen über seine Hautstruktur), weitgehend laminar. Die erste Forderung ist also erfüllt. Hinter der größten Querschnittsfläche aber verjüngt sich der Rumpf sehr rasch. Aus hydrodynamischen Gründen – insbesondere bei Anwesenheit von ›Turbulenzgebern‹, etwa spezieller Schuppen bei Fischen – schlägt die Grenzschicht hinter diesem größten Querschnitt in Turbulenz um. Eine turbulente Strömung aber löst sich – wie schon gezeigt – weniger leicht ab als eine laminare Grenzschicht; sie strömt noch eine kurze Strecke an der Rumpfkontur entlang, die sich nun sehr rasch weiter verschmälert, und reißt erst dann ziemlich weit hinten turbulent ab: Der Abrißquerschnitt wird klein. Der Kunstgriff ist also folgender: Solange es irgendwie geht, wird die Strömung laminar gehalten, dann erfolgt rascher Umschlag in die Turbulenz und Abreißenlassen der Strömung an einem möglichst kleinen, weit hinten gelegenen Körperquerschnitt!

Die Technik hat auf der Suche nach Idealformen durch Versuch und Irrtum diesen schwierigen Abgleich zwischen den beiden Widerstandskomponenten oft genug angestrebt, und sie hat schließlich solche Idealformen auch gefunden. Man nennt sie Laminarprofile. Alle diese Profile werden sehr langsam und kontinuierlich dicker, haben die größte Dichte weit hinten und werden dann sehr rasch dünn.

Heinrich Hertel, der bekannte Berliner Flugzeugkonstrukteur und spätere Verfechter der bionischen Denkweise und Forschungsart, hat sich die Mühe gemacht, solche technischen Laminarrümpfe mit analogen Gebilden der Natur zu vergleichen. Die Abb. 13–12 zeigt, was dabei herauskommt. Das Laminarprofil NACA 67-021 sieht fast so aus wie der Thunfischrumpf. Zeichnet man beide übereinander, so unterscheiden sie sich nur ganz wenig im Verlauf der hinteren Körperkontur. Es läßt sich also sagen: Natur und Technik haben auf der Suche nach Lösungen gleichartiger Probleme tatsächlich praktisch gleichartige Konstruktionen zustande gebracht!

Wenn dem aber so ist, so vermag man nicht recht einzusehen, daß die Techniker auf der Suche nach Ideallösungen die vorliegenden Konstruktionen der Natur nicht studieren, bevor sie sich an eigene Serienexperimente machen. Hertel verficht mit Elan und Vehemenz ein solches Lernen von der Natur – gewiß nicht zu Unrecht. Er hat den

Abb. 13–12 Hertels Vergleich eines Laminarprofils mit einem Thunfischrumpf

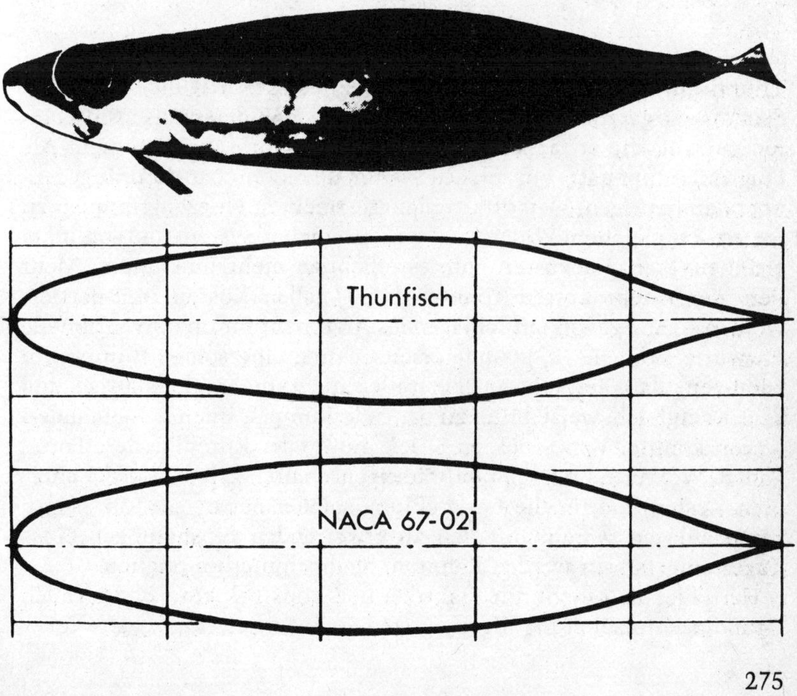

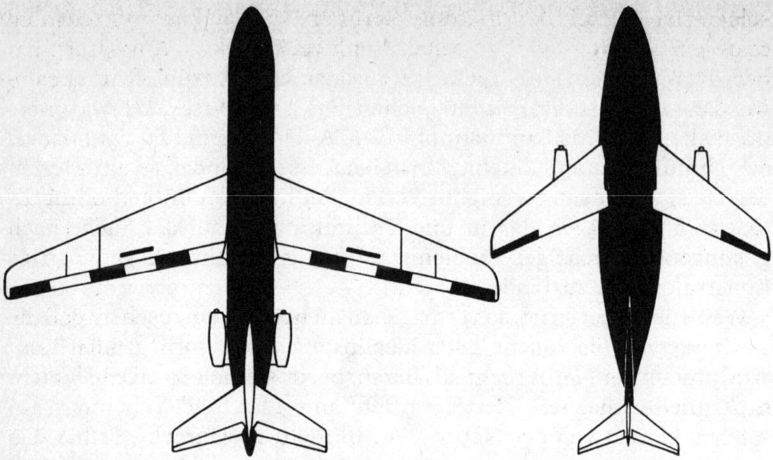

Abb. 13–13 Vergleich einer Caravelle (links) mit Hertels Entwurf eines VTOL – (senkrechtstartenden) Flugzeugs, dessen Rumpfform der Körperform großer Unterwasserschwimmer nachempfunden ist.

Thunfischrumpf, dieses auf den ersten Blick sackartig dicke Gebilde, dem man so gar nicht recht die hervorragenden Widerstandseigenschaften zutraut, die er tatsächlich aufweist, als Vorbild genommen. Als Flugzeugrumpf hätte ein solches System unverkennbar Vorteile gegenüber den heutigen, bleistiftartig-langgestreckten Flugzeugrümpfen zu bieten. Bei gleichem Widerstand wie ein solches System und somit bei gleichen Transportkosten böte es erheblich mehr Innenraum. Mehr Personen, mehr Lasten könnten bei gleichen Kosten transportiert werden – ganz gewiß ein schlagendes Argument für unkonventionelle Entwürfe (Abb. 13–13). Andererseits würde eine solche Rumpfform bedingen, daß der Flugzeughersteller nicht mehr gleichartige und damit vergleichsweise billig zu bauende Rumpfsegmente aneinandersetzen könnte. Von Stück zu Stück müßte der Rumpf andere Form, andere Wölbung, andere Stabilitätseigenschaften zeigen. Ob die enormen Kosten, die für die Entwicklung solcher neuartiger Rümpfe zu veranschlagen wären, mit den zu erwartenden Einsparungen eines Tages aufgefangen werden könnten, bleibt immerhin fraglich.

Hertel ist aber nicht nur Praktiker und Konstrukteur, sondern auch Grundlagenforscher im allgemeinsten Sinn. So ließ ihn das alte Graysche Paradoxon nicht ruhen. Von Sir James Gray, einem bekannten englischen Bewegungsphysiologen, stammt folgende Erkenntnis: Aus dem Muskelquerschnitt läßt sich auf die Kraft rückschließen, die ein Muskel zu entwickeln vermag. Erfolgen solche Rückschlüsse für die schnellen Unterwasserschwimmer wie Wale, Delphine, Thunfische, so ergibt sich eine krasse Diskrepanz. Mit der Leistung, die ihr Muskelmotor aufbringt, könnten diese Tiere die beobachteten Maximalgeschwindigkeiten keineswegs erreichen. Grays Rechnung liegen allerdings die klassischen Widerstandsverhältnisse an starren Unterwasserrümpfen – etwa an Torpedos oder U-Booten – zugrunde. Eine solche Rechnung mußte zu Fehlwerten führen. Um so schnell zu schwimmen, wie sie tatsächlich schwimmen können, hätten die Tiere eine bis zu 7mal größere Leistung entwickeln müssen, als sie ihr Muskelmotor aufzubringen vermag!

Hier also konnte etwas nicht stimmen. Entweder waren die Geschwindigkeiten falsch gemessen worden – aber hier gab es ja viele übereinstimmende Meßwerte. Oder es waren die Leistungen des Muskelmotors falsch berechnet worden – aber hier lagen eindeutige und klare Kenngrößen vor. Es blieb also nur die Annahme übrig, daß der Delphin- oder Fischrumpf nicht wie ein fester Torpedo oder ein Unterseeboot zu betrachten sei.

Ein solches technisches Gebilde ist ja, bewegungsdynamisch gesehen, aus zwei Teilen zusammengesetzt. Der Rumpf erzeugt nur Widerstand, und die hinten liegende Schraube erzeugt im wesentlichen Vortrieb. Bei konstanter Schwimmgeschwindigkeit müssen die beiden Kräfte entgegengesetzt gleich sein. Hertel hat nun sehr schön plausibel machen können, daß man einen Fisch mit seiner hin- und herschwingenden Schwanzflosse oder einen Delphin mit seiner auf- und abschlagenden Schwanzflosse nicht in gleicher Weise betrachten darf. Man kann nicht sagen, daß der vordere Rumpf nur den Widerstandsanteil erzeuge, die hinten liegende Schwanzflossen aber den entgegengesetzt gleich großen Vortriebsanteil. Ganz im Gegenteil: Widerstands- und Vortriebserzeugung greifen hier integriert ineinander. Beide bilden eine Einheit, keine kann ohne die andere existieren. Hertels Lösungsvorschlag für das ›Grayssche Paradoxon‹ liegt, kurz gefaßt, in folgendem: Einen Teil des Impulsverlustes, den die Strömung erfährt, wenn sie über den Fischrumpf zieht, bekommt sie speziell im hinteren Teil, wo die Körperwand und erst recht die Schwanzflosse auf weiter Bahn schwingen, wieder ersetzt. Der gesamte Impulsverlust ist durch dieses ›*in Serie* schalten‹ und Ineinanderverzahnen von widerstands- und vortriebserzeugenden Strukturen somit kleiner als er sein müßte, wenn ein widerstandserzeugendes Element (zum Beispiel ein Flugzeugrumpf) und ein vortriebserzeugendes Element (zum Beispiel ein Triebwerk) *nebeneinander* geschaltet sind. Nähere Einzelheiten müssen wir uns an dieser Stelle sparen; das Erklärungsprinzip mag genügen.

Es scheint tatsächlich so zu sein, daß der Schwimmkünstler Delphin, der mühelos den schnellsten Ozeandampfer überholt und umspielt, mit drei Kunstgriffen arbeitet: Zum einen integriert er Widerstands- und Vortriebserzeugung zur Verminderung des gesamten Impulsverlustes. Zum anderen ist seine Körperform als ›Laminarrumpf‹ strömungsideal auf hohe Geschwindigkeiten abgestimmt. Zum dritten vermindert seine turbulenzdämpfende Hautstruktur Grenzschichtturbulenzen, die sich an Störstellen des Rumpfes entfachen könnten. Schließlich gibt es noch einen vierten Kunstgriff, der bisher nur beobachtet, aber nicht erklärt ist: Beim sehr schnellen Unterwasserschwimmen, etwa beim Anschwimmen vor einem Sprung aus dem Wasser, legt der Delphin seine Haut in ringförmige Falten. Es sieht dann so aus, als ob man ihn in halb aufgeblasene Fahrradschläuche gepackt hätte. Ganz sicher haben diese Falten eine bedeutende hydrodynamische Funktion – aber welche?

Schon Sir George Cayley – von seinen Leistungen war im dritten Kapitel die Rede – hat Forellen gefroren, in Scheiben geschnitten und Idealrümpfe aus diesen verschiedenen Querschnittselementen konstruiert. Das geschah vor fast 200 Jahren; es waren erste tastende Versuche, aber die Idee an sich nötigt noch heute Achtung ab. Damals war es ganz ungewöhnlich, Naturformen auf ihre Verwertbarkeit in der Technik zu untersuchen. Und daß ein Gentleman Forellen mit dem Messer tranchierte, und gar noch scheibchenweise wie eine Salami – nun ja.

Forelle blau: Biotechnik selbst hier! Denn eben jene Schleimschicht, die den Rumpf der Fische überzieht und die bei angemessener Zubereitungsart einen bläulichen Schleier über Haut und Flossen breitet, wirkt als ›Wasser-Schmiermittel‹. Das klingt ganz unsinnig; denn wozu muß man Wasser noch schmieren? Ist Wasser nicht das flüssigste Element, das man sich vorstellen kann?

Das Wasser zu schmieren, wäre tatsächlich unsinnig. Weniger unsinnig aber ist es, die Grenzfläche zwischen dem Wasser und einem Schiff oder zwischen dem Wasser und einem Fischrumpf zu schmieren. Weiter oben ist klargeworden, wodurch ein Reibungswiderstand auftritt: Die den umströmten Körper direkt berührende Wasserschicht gleitet nicht glatt darüber hinweg, sondern hängt dem Körper an. Die zunächst anliegende feine Wasserschicht wird dadurch etwas abgebremst – und von dieser wird wiederum die weiter außen liegende Wasserschicht gebremst – und so fort. In einigen Millimetern Entfernung vom Rumpf des Fisches – bei großen Rümpfen von Unterseebooten in einigen Zentimetern Entfernung von der Rumpfwand – zieht so eine Wasserschicht die andere mit, und jede Schicht gleitet ein wenig an der anderen vorbei. Und so, wie man einen Widerstand spürt, wenn man sich die Hände reibt, so erzeugen auch die mit verschiedenen Geschwindigkeiten gegeneinander gleitenden Wasserschichten Reibungswiderstände. Dieser Widerstandsanteil muß vom Antriebssystem des Fisches oder des Unterseeboots überwunden werden, und das kostet viel Muskelenergie oder Brennstoff. Je geringer der Widerstandsanteil also ist, desto besser.

Ist das nun die Antwort auf die Frage: Warum ist der Fisch so schleimig? Nun, die Frage ist falsch gestellt. Niemand kann sagen ›*warum*‹ der Fisch so schleimig ist. Doch läßt sich in etwa sagen, welche Vorteile damit verbunden sind, *daß* der Fisch so schleimig ist. Die Fragen scheinen gleich zu sein, sind es aber erkenntnistheoretisch nicht. Naturwissenschaft darf nie nach dem ›Warum‹ fragen. Fragen nach dem ›Warum‹ kann sie nicht beantworten.

Die Tatsache, daß der Fisch so schleimig ist, kann naturwissenschaftlich allein zu der meßtechnischen Tatsache korreliert werden, daß ein Fisch mit Schleim weniger Reibungswiderstand erzeugt als der gleiche Fisch ohne Schleim. Dies läßt den Schluß zu, daß der Fischschleim eine Substanz ist, die den Reibungswiderstand vermindern kann. Wer aber daraus nun weiter folgern wollte, der Fisch habe sich den Schleim ›zugelegt‹, *damit* er seinen Reibungswiderstand vermindert, der wäre bereits in eine vermenschlichende Problembetrachtung abgeglitten. Die Wissenschaftstheoretiker nennen sie ›teleologische‹ Fragestellungen. Tatsache bleibt indes, daß Fischschleim den Reibungswiderstand vermindert. Er wirkt tatsächlich als ›Schmiermittel‹, und zwar als Schmiermittel für den dünnen, direkt dem Rumpf anhängenden Wasserüberzug und die anschließende Grenzschicht.

Fischschleim besteht aus langen Molekülen, fadenförmigen Makromolekülen von kolloidaler Struktur. Verglichen mit einem kleinen Eiweißmolekül sind das Riesenfäden. Sie werden vom Stoffwechsel synthetisiert, entweder als Eiweißketten oder als schleimige, langkettige Zuckersubstanzen, sogenannte Mucopolysaccharide. Zwar gehen diese Moleküle verloren, wenn die Grenzschicht ›geschmiert‹ werden soll; sie treiben vom Körper weg. Aber es bedarf andererseits auch nur geringer Mengen dieser Substanz, um den günstigen Effekt zu erreichen: Sehr viel Wasser und ganz wenige solcher Moleküle bewirken bereits eine schleimige Konsistenz. Rosen und Cornford vom Naval Undersea Research and Development Center in Pasadena, Kalifornien, haben den Fischschleim untersucht. Sie fanden, daß der Reibungswiderstand durch Schleimabgabe tatsächlich bis maximal 66% reduziert wird! Verschiedene Fischschleime sind allerdings verschieden wirksam. Am effektivsten wirkt der Schleim des großen Barrakuda, eines meterlangen räuberischen Meeresfischs (vgl. die Abb. 13–14). Falsch wäre allerdings die Vorstellung, ein Barrakuda sondere beim Schwimmen nun laufend Schleim ab und müsse deshalb ›auf Hochtouren‹ die Makromoleküle nachproduzieren. Der Schleim verringert den Widerstand nämlich erst dann so bedeutend, wenn die Geschwindigkeit bereits hoch ist – und das ist selten der Fall: allenfalls wenn der Fisch für Sekunden auf eine Beute losschießt oder wenn er über wenige Augenblicke hin in blitzschnellen Hakenschlägen flüchtet. Die Widerstandsverminderung durch Fischschleim ist also ein Kunstgriff der Natur, der nur für den Notfall wirksam ist. Er wird immer dann angewandt, wenn in sehr kurzen Zeiten Höchstgeschwindigkeiten zu erreichen sind.

Abb. 13–14 Kleintauchboot und Barrakuda. Nach einer Unterwasseraufnahme

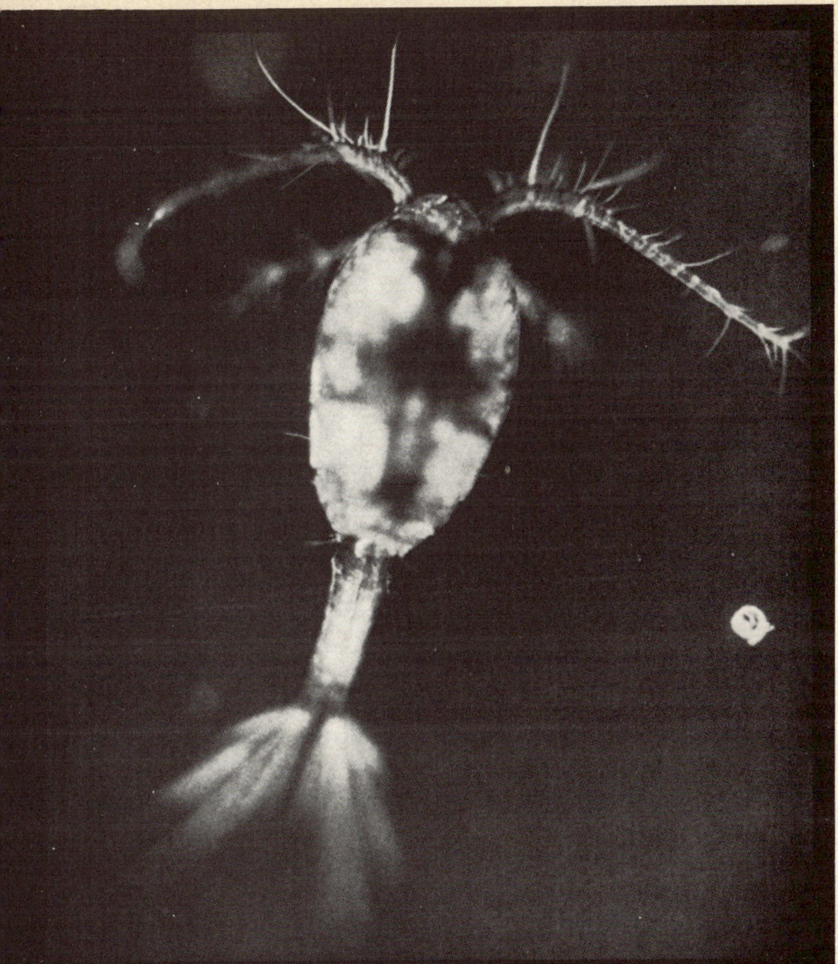

Abb. 13–15 Eine ›Rakete der Mikrowelt‹ – ein Hüpferling des Süßwassers. ›Cyclops‹ nennt sich die Hauptgattung dieser nur millimetergroßen Kleinkrebse des Süßwassers. Mit zwei riesigen Ruderantennen ziehen sich viele dieser Tiere durchs Wasser und halten sich schwebend. An der Bauchseite besitzen sie mehrere plattenförmig übereinanderliegende Beine, die sehr rasch eines nach dem anderen nach hinten geschlagen werden und auch auf diese Weise helfen, das Tierchen in kurzen ›Sprüngen‹ durchs Wasser zu schießen.

Auch eine solche ›Erfindung‹ der Natur könnte sich unter Umständen in der Technik durchsetzen. Prinzipiell wäre es kein Problem, durch Düsen an turbulenzgefährdeten Stellen künstlichen Schleim auf Unterwasserrümpfe aufzutragen. Ob in den U-Boot-Forschungszentralen mit solchen Verfahren experimentiert wird, weiß ich nicht, ich könnte es mir aber durchaus vorstellen. Anwendung hat dieser Trick der Natur aber bereits auf einem anderen Gebiet gefunden, zur Widerstandsverminderung von Strömungen in Röhren ist ein solches Verfahren angewendet worden.

Die Feuerwehr braucht leistungsstarke Pumpen, wenn sie Wasser über eine lange Schlauchleitung unter hohem Druck heranschaffen will. Je höher der Druck, desto aufwendiger das Pumpsystem, desto teurer das Ganze, desto kürzer die Schlauchleitungen, wenn man von einer gegebenen ›Spritzhöhe‹ ausgeht. Wird nun ›künstlicher Fischschleim‹ dem Wasser beigemischt, so vermindert sich der zum Spritzen aufzuwendende Druck erheblich. Längere Schlauchleitungen oder dünnere und billigere Schläuche lassen sich dann verwenden, und außerdem werden größere Spritzweiten erzielt. Die Wirkung des künstlichen Pulvers beruht auch auf Riesenmolekülen, die den Reibungswiderstand des Wassers in der Leitung herabsetzen. Die Herstellerfirma nennt das Produkt ›Polyox‹. 4 kg sollen für 40000 l Wasser ausreichen – genug, um einen mittleren Brand zu löschen. Kilopreis des Wassergleitpulvers: 25 bis 50 DM. Schon ein Zimmerbrand würde die Mehrkosten rechtfertigen; es verbrennt ja meist mehr dabei als das Häkeldeckchen von Tante Frieda. Und vergleichbar ist hier der ›Aufwand‹, den ein Fisch durch Absonderung von Riesenmolekülen zu seinem Vorteil leistet: Beim blitzschnellen Fluchtschwimmen etwa wird er zwar ein wenig Körpersubstanz verlieren, gewinnt aber Vorteile, die ihn vor ungleich größerem Schaden bewahren.

14
Wenn Maschinen laufen lernen: Vierfüßlergang und Pedipulator

Wenn Maschinen laufen lernen, muß das wohl einigermaßen schwierig sein. Schon Babies tun sich mit dem Laufenlernen schwer genug. Und dabei ist bei ihnen alles vorgebildet; die Organe sind vorhanden, die Statik stimmt, nur mit der Koordination und der Dynamik hapert es. Hier muß das Baby lernen und immerzu lernen, muß es anhaltend üben, bis die nötigen Reflexe so gebahnt sind, daß sie fehlerfrei ineinandergreifen.

Vorangetrieben wird die Konstruktion von Laufmaschinen seit Jahren vor allem im U.S. Army Tanc Automotive Center in Warren, Michigan – allerdings nicht gerade so, wie Onkel Fritz das in Abb. 14–1 vorführt. An geländegängigen Fahrzeugen, die im Geröll und Urwaldgestrüpp nicht steckenbleiben, ist die amerikanische Armee natürlich interessiert. Andererseits wären solche Gefährte in der privaten Wirtschaft von beträchtlichem Nutzen, vor allem für den Lastentransport

Abb. 14–1 Onkel Fritzens Lauf-Lernmaschine für Klein Fritzchen

in unwegsamem Gelände. Ein automatischer Vierfüßler mit vier Beinen statt vier Rädern könnte selbst in Bergwäldern vorankommen: Ein Bein schwingt vor, drei Beine bleiben am Boden. Und drei Beine bilden zusammen bekanntlich eine stabile Auflage; nichts kann da kippen, wie jedermann vom dreibeinigen Tisch weiß. Bewegen sich Vierfüßler, etwa Pferde, auch auf diese ›stabile‹ Weise, und kann man ihnen etwas abgucken, bevor man an die Konstruktion von Laufmaschinen geht?

Milton Hildebrand von der University of California hat sich eingehend mit den verschiedenen Gängen oder Schrittmustern von Tieren befaßt. Die alte Frage, welche Koordinationsmöglichkeiten seiner Beine ein Pferd hat, war bis zum Aufkommen der Fotografie nicht eindeutig lösbar. Muybridge war einer der ersten, der mit fotografischen Serienaufnahmen versuchte, Klarheit in diese Problematik zu bringen. Er untersuchte nicht weniger als 25 Wirbeltiere, einschließlich Pferd und Mensch, in ihren Bewegungsmustern. Seine Untersuchungen stammen bereits aus den achtziger Jahren des vergangenen Jahrhunderts. Eine Kinematographie im heute üblichen Sinne gab es damals noch nicht. Muybridge benützte eine andere ingeniöse Methode: Er baute 25 großformatige Platten-Kameras eng nebeneinander auf, so daß sie alle in die gleiche Richtung sahen. Dann spannte er längs der optischen Achse einer jeden Kamera einen Auslösefaden bis zum festen Hintergrund. Diese Fäden lagen nun nebeneinander wie die Saiten in einem Klavier. Senkrecht zu den Fäden ließ er dann Tier oder Mensch sich bewegen. Ein galoppierendes Pferd zum Beispiel riß mit Leichtigkeit einen Faden nach dem anderen durch und wurde so in kurz aufeinanderfolgenden Zeitpunkten von den einzelnen Kameras aufgenommen. Aus diesen Reihenbildern ließen sich die Bewegungen in ihrer Abfolge recht gut analysieren.

Seither ist die Bewegungsanalyse dank der Kinematographie – normal oder mit Hochfrequenz – relativ einfach geworden. Viele Tiere wurden mit diesen Methoden untersucht, und die alte Vermutung hat sich bestätigt, daß das Pferd in der Vielfältigkeit seiner verschiedenen Gangarten absolut unerreicht ist. Wer nicht begeisterter Reiter ist, dem fallen nur die allbekannten Gangarten ein: Schritt, Trab, Galopp. Der Fachmann aber unterscheidet auch hier noch eine Reihe von speziellen Bewegungsmustern und Feinheiten, von spezifischen seltenen Gangarten wie ›Paß‹ oder ›Tölt‹ ganz abgesehen.

Wenn ein Pferd ›im Schritt‹ geht, so bewegt es sich recht genau im ›stabilen‹ Rhythmus der Laufmaschinen. Es hebt zum Beispiel zuerst den rechten Vorderfuß, dann folgt der diagonal entgegengesetzte Fuß, nämlich der linke Hinterfuß. Hierauf wird der linke Vorderfuß angehoben und schließlich der diesmal diagonal entgegengesetzte Fuß, der rechte Hinterfuß. Wir haben also folgenden Rhythmus: vorne rechts, hinten links, vorne links, hinten rechts. Wenn ein Bein vorschwingt, sind jeweils drei Beine am Boden.

Eine schärfere Gangart stellt der Trab dar. Beim Trab berühren nicht immer drei Beine den Boden. Der jeweils in Bewegung zu setzende Fuß wird bereits angehoben, ehe der zuvor bewegte noch den Boden berührt hat. So kommen bei jeder Bewegungsperiode des Trabs Phasen vor, in denen das Pferd nur noch mit zwei Beinen den Boden berührt. In einer solchen Position könnte es natürlich nicht festen Stand gewinnen. Es würde umfallen. Bevor ein Pferd zum Stehen kommt, muß es also ›aus dem Trab‹ wieder ›in den Schritt‹ fallen.

Die rascheste Gangart, die einem Pferd zu Gebot steht, ist der Galopp. Galoppierend scheint es über den Boden zu fliegen, und während einer Bewegungsperiode kommen hier Phasen vor, in der nur ein einziges Bein auf dem Boden aufsetzt. Ja, es gibt sogar Phasen, in denen überhaupt kein Huf den Boden berührt. Lange Zeit hat man das nicht glauben wollen, obwohl es vermutet worden ist. Die direkte Beobachtung vermag hier nichts zu klären, weil der Bewegungsablauf viel zu schnell ist. Erst die Momentfotografie hat gezeigt, daß solche ›Flugphasen‹ für wenige Augenblicke tatsächlich existieren. Auch die Reihenfolge, in der die einzelnen Beine angehoben werden, ist beim Galopp anders als in den übrigen Gangarten: linkes Vorderbein, rechtes Vorderbein, linkes Hinterbein, rechtes Hinterbein. Hier erfolgt also keine diagonal versetzte Bewegung wie beim Gehen, sondern es werden zuerst die beiden Vorderbeine bewegt, eines nach dem anderen, dann im gleichen Rhythmus die beiden Hinterbeine. Es bedarf somit einer grundsätzlichen zentralnervösen ›Umschaltung‹, wenn ein Pferd die Gangart wechselt. Tatsächlich macht das manchen Tieren Schwierigkeiten, andere schaffen es recht elegant in Sekundenschnelle.

Von anderen Gangarten sei noch der Paßgang erwähnt. Dem Pferd wird er anerzogen, aber andere Säuger wie Bär, Kamel und Elefant bewegen sich ›von Natur‹ zumeist im Paßgang. Sie heben zur gleichen Zeit die beiden Beine einer Seite an und setzen sie vor, dann erst folgen die Beine der anderen Seite. Dies ist also der Rhythmus: vorne links und zugleich hinten links, vorne rechts und zugleich hinten rechts. Damit das Tier nicht zur Seite umfällt, verändert es seine Körperlage jeweils so, daß das Gewicht über jenen beiden Beinen ruht, die am Boden stehen. Es schaukelt also dauernd hin und her. Deshalb ist der Paßgang für einen Reiter nicht gerade erfreulich; das ›Schiff der Wüste‹

hat manchen europäischen Reisenden früherer Zeit seekrank werden lassen.

Sollen nun alle diese Gangarten in ein angemessenes Schema gebracht werden, sozusagen in ein Koordinatensystem, wo jede Gangart an ihrem Platz steht, so ist nach geeigneten Kenngrößen zu suchen. Eine solche Darstellung wäre von beträchtlichem theoretischen Interesse. Vorzustellen ist also ein Koordinatensystem: zwei senkrecht sich schneidende Achsen – eine zur Buchunterkante parallel laufende x-Achse und eine zur Buchseitenkante parallel laufende y-Achse. Durch Angabe seines x- und y-Werts kann jeder Punkt auf der Papierfläche eindeutig gekennzeichnet werden. Wer auf diese Art und Weise eine Gangart in ein Koordinatensystem eintragen will, muß also zwei Kenngrößen finden: eine, die sich auf der x-Achse, eine zweite, die sich auf der y-Achse abtragen läßt.

Hildebrand hat nach langen praktischen und theoretischen Untersuchungen gefunden, daß die folgenden beiden Kenngrößen typisch sind für verschiedene Gangarten: erstens der prozentuale Zeitanteil einer Schrittfolge, während dem jeder Fuß den Grund berührt. Braucht ein Pferd zum Beispiel eine Sekunde, um seine vier Beine nacheinander zu bewegen, also eine komplette Schrittfolge abzuspulen, und bleibt jedes Bein 0,35 Sekunden auf dem Boden, so wäre der hier definierte Wert 35%. Er wird auf der x-Achse aufgetragen. Der andere Wert ist nach Hildebrand der prozentuale Zeitanteil einer Schrittfolge, um den die Grundberührung des Vorderfußes der Grundberührung des Hinterfußes der gleichen Seite hinterherhinkt. Auch das klingt kompliziert, ist aber leicht zu verstehen. Dauert die gesamte Schrittphase wieder eine Sekunde und setzt der linke Vorderfuß 0,4 Sekunden nach dem linken Hinterfuß auf, so wäre der genannte Wert 40%. Er wird auf der y-Achse aufgetragen. Für jede Gangart ergeben sich nun unterschiedliche x- und y-Werte. Jede dieser Kombinationen entspricht einem Punkt im eben definierten Koordinatensystem. Werden nun für sehr viele Experimente viele Punkte ins gleiche System eingetragen, so werden sie sich an manchen Stellen häufen; an anderen sind sie selten oder gar nicht anzutreffen. Insgesamt wird sich aus der Punktewolke eine Figur herausschälen, die man der besseren Verdeutlichung halber mit Linien umreißen kann. Das ist in Abb. 14–2 geschehen. Es ergibt sich ein sehr erstaunliches Bild.

Die möglichen Gangarten ordnen sich in einer Figur an, die ungefähr einer dreizinkigen Gabel ähnelt. Keine Gangart ist exakt punktförmig definiert, vielmehr zeigt sich eine gewisse Streubreite an beiden Koordinaten. Somit ergibt sich für jede Gangart ein bestimmter Flächenanteil im Koordinatensystem, und diese Flächen für die verschiedenen Gangarten überlagern sich auch ein wenig. Gangarten, die auf der Fläche dieser dreizinkigen Gabel liegen, kann das Pferd also ausführen. Andere Gangarten wären auch denkbar, sie müßten dann außerhalb dieser Fläche liegen. Theoretisch erscheinen sie auch ohne weiteres möglich, werden vom Pferd aber praktisch nicht ausgeführt. Warum nicht? Man weiß es nicht.

Eine solche Auftragung läßt also mit einem Blick übersehen, welche Koordinationsmöglichkeiten ein Pferd hat und welche nicht. Auf diese Weise wird überhaupt erst augenfällig, daß einige Bewegungsmuster, die theoretisch durchaus möglich wären, einfach nicht ausgeführt

Abb. 14–2 Hildebrands ›Gangarten-Diagramm‹ des Pferdes. Erläuterung im Text

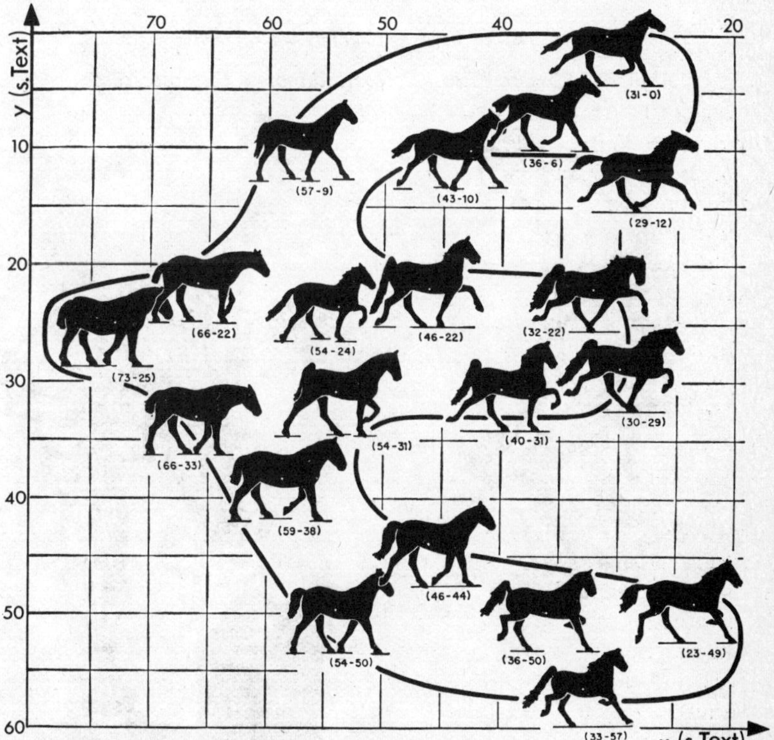

werden. Dies ist zum Beispiel der Fall bei Bewegungsmustern, bei denen die x- und y-Werte (entsprechend den in Abb. 14–2 eingetragenen Zahlenpaaren) klein sind. An dieser Stelle liegt kein Flächenanteil der dreizinkigen Gabel; im Bereich der Möglichkeiten klafft hier ein großes Loch.

Ausgehend von solchen und ähnlichen Darstellungen lassen sich die verschiedenen Bewegungsmöglichkeiten mit den Kräften korrelieren, die die Pferdehufe auf den Grund übertragen, lassen sich weiter zusammensetzen mit den Kräften, die während der betrachteten Gangart im Körper selbst wirken. Nicht zuletzt aber wird es möglich, vor solchem Hintergrund das Knochen-Muskel-System in seiner typischen Belastung während einer Gangart biomechanisch zu untersuchen. Genau diese Gesichtspunkte aber sind für die Konstrukteure von Laufmaschinen von größtem Interesse.

Abb. 14–3 (links) Exoskelett – Beingerüst

Abb. 14–4 (rechts) Exoskelett ›Hardiman‹ – Gesamtgerüst

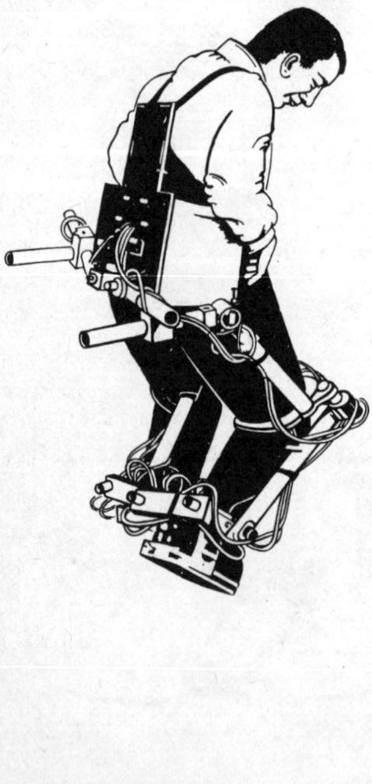

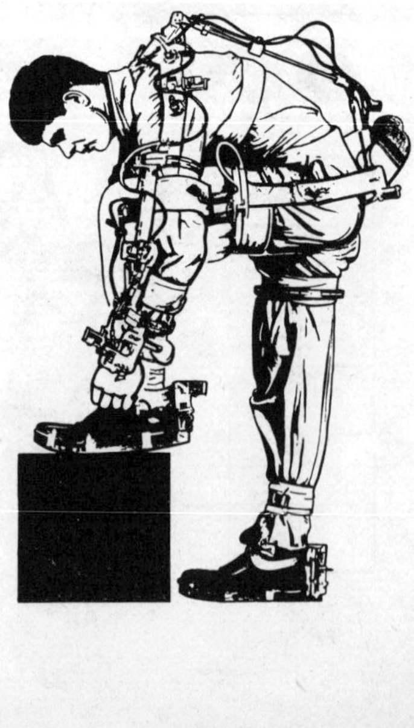

Begonnen hat die Entwicklung von Laufmaschinen eigentlich ganz einfach. Gemessen an den in der Alltagspraxis zu bewegenden Lasten ist ein Mensch wahrhaftig nicht sonderlich kräftig. Schon um einen kleinen Dachbalken von 100 oder 200 kg Gewicht zu transportieren, braucht er Hebewerkzeuge. Überlegungen gingen nun dahin, ob es nicht möglich sei, das relativ schwache Muskel-Skelett-System eines Menschen durch ein zusätzliches ›Außenskelett‹ merklich zu verbessern. In den Abb. 14–3 und 14–4 ist ein solcher Versuch dargestellt. Versteifungsträger aus Stahlbändern, die gelenkig miteinander verbunden sind, werden entweder nur den Beinen (Abb. 14–3) oder Armen, Beinen und Rumpf (Abb. 14–4) außen angeschnallt. Über einen mitgetragenen Akkumulator können hochuntersetzte kleine Stellmotore an den Gelenken die gewünschten Verstellungen vornehmen. Die amerikanische NAVY hat jenes seltsame Exoskelett der Abb. 14–4 entwikkelt und mit einem treffenden Namen belegt: ›Hardiman‹. Mit einem solchen Außenskelett kann ein Mann ohne weiteres 700 bis 800 kg heben – bis zu 1,8 m hoch –, und er kann die Last in 10 Sekunden etwa 7,5 m weit bewegen! Mit all den eingebauten Gelenken vermag der Benutzer zu gehen, sich beugen, drehen, klettern, stoßen, ziehen und alle möglichen anderen Bewegungen ausführen. Selbst die Fingergelenke (die künstlichen Außengelenke der ›Skelettfinger‹) sind so flexibel, daß ein Mensch damit ohne weiteres Leitern steigen, Werkzeuge halten, Seile ziehen und kleine Gegenstände aufnehmen kann.

Die Techniker haben sich aber mit diesem Außenskelett nicht zufriedengegeben. Sie wollten Maschinen konstruieren, die laufen wie der Mensch und die von einem laufenden Menschen gesteuert werden.

Ein zweibeiniges Monster wie jenes auf Abb. 14–5 ist im Prototyp gebaut worden. Zu zweifeln ist allerdings, ob es praktische Verwendungsmöglichkeiten finden wird. Sehr interessant an diesem Entwurf ist immerhin das Bewegungsprinzip. In der Glaskanzel steht ein Mann, in der Beckenregion angegürtet. Er bewegt seine Beine so, als ob er laufen wollte. Diese Bewegung wird über ein Hebelgestänge abgegriffen, verstärkt und auf die großen Beine der Maschine weitergeleitet. So wie der Mann in der Kanzel läuft, so läuft im Endeffekt die Maschine! Mit den Händen steuert der Fahrer (oder sollte man besser ›Geher‹ sagen?) den Richtungswechsel und andere kinematischen Feinheiten.

Die Techniker sind noch einen Schritt weitergegangen und haben bewegungsfähige Modelle von Vierfüßler-Maschinen gebaut (Abb. 14–6). Sie nannten sie ›Pedipulatoren‹. Das Antriebsprinzip ist wieder das gleiche: In der Führerkanzel läuft ein Mann – nun aber auf allen vieren. Arme und Beine bewegt er so, als wollte er auf dem Boden

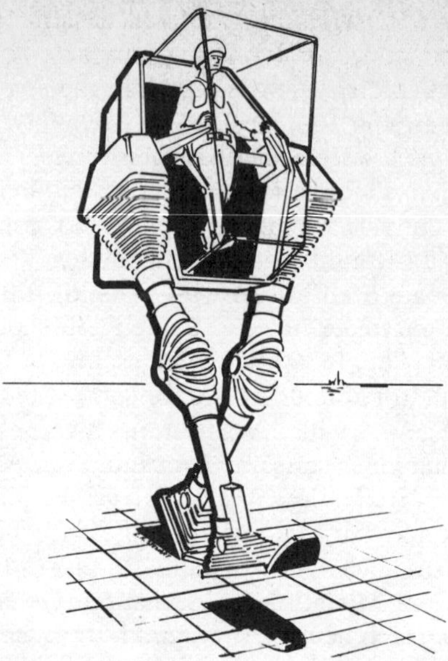

Abb. 14–5 Entwurfskizze einer zweibeinigen ›Laufmaschine‹

krabbeln. Allerdings liegt er nicht am Boden der Führungskanzel, sondern steht senkrecht in ihr. Seine Bewegungsebene ist also um 90° gekippt. Die Bewegungen seiner Arme und Beine werden abgegriffen und steuern nun die vier Beine der Laufmaschine. Der linke Arm steuert das linke Vorderbein, das rechte Bein steuert das rechte Hinterbein und so fort. Nach wenigen Minuten Training, so behaupten die Hersteller, sei ein Mensch befähigt, mit der Maschine zu laufen, zu klettern, sich durch unwegsames Gelände voranzutasten, als ob er alles selbst mit Händen und Füßen täte! Es sieht hier tatsächlich aus, als ob der Fahrer vergäße, daß er in einer Maschine sitzt.

Ein recht ingeniöser Entwurf ist das, und beim Lastentransport in unwegsamem Gelände dürfte er Zukunft haben – fraglos auch im militärischen Bereich. Bisher können solche Maschinen noch nicht allzu hohe Lasten befördern, einige hundert Kilogramm. Aber die Entwicklung steht noch ganz am Anfang. Ronald A. Liston, der Chef des Landfortbewegungs-Labors im genannten Forschungsinstitut der U.S. Army in Warren, Michigan, hat sich um die Entwicklung solcher

Laufmaschinen besonders verdient gemacht. Von seinen Mitarbeitern seien nur die Namen R. S. Mosher und R. B. McGhee angeführt. Forschungen dieser Art sind teuer. Allein das erste funktionsfähige Modell, knapp einen halben Meter lang, hat über eine Million Dollar gekostet. Die technischen Schwierigkeiten, die ein solches Projekt mit sich bringt, sind immens. Wider Erwarten hat sich gezeigt, daß die reine Mechanik, also die Konstruktion der Gelenke, der Antriebsmechanismen, der Fußplatten etc. nicht einmal so schwierig war wie die Steuerungstechnik. Jeder Fuß mußte mit Sensoren versehen werden, die Grundberührung meldeten, und die Meldung aller vier Sensoren mußte auf komplexe Weise gegeneinander verrechnet werden, um Laufstabilität zu erzeugen. Im Grunde hat erst diese Beschäftigung mit

Abb. 14–6 Entwurf eines vierbeinigen Pedipulators. Oben Prinzipskizze, unten Modell

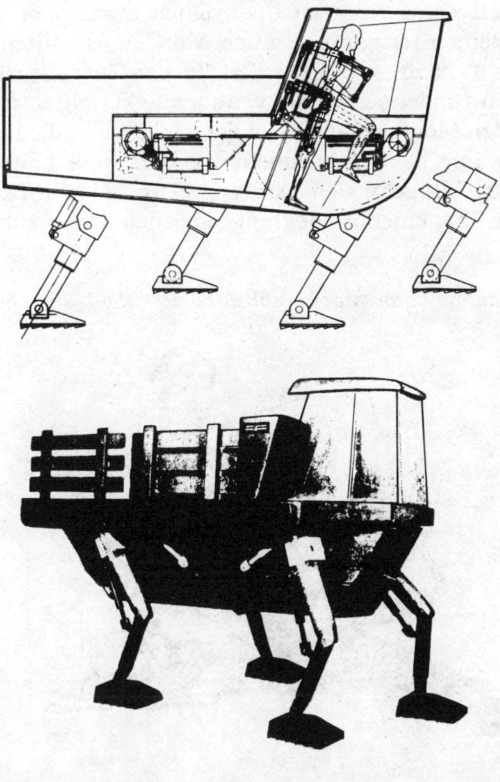

künstlichen Vierfüßlern so recht das Augenmerk auf die Steuer- und Regelproblematik der lebenden Vierfüßler gerichtet. So wurde von der Technik her ein erwünschter Anstoß gegeben, sich mit diesen Fragen erneut gründlich zu beschäftigen.

Als ›Nebenprodukt‹ dieser Entwicklung – gewiß ihr unwichtigstes nicht – sind Laufmaschinen für gehbehinderte Kinder entwickelt worden. Und was im Prozeß der technischen Erprobung einer konstruktiven Idee nebenher zur Realisierung gelangte, wird unter dem Gesichtspunkt der Dienlichkeit für den Menschen gar als das eigentliche Hauptprodukt der Pedipulator-Forschung erscheinen. Ingenieure der Space-General Corporation in El Monte, Kalifornien, haben eine achtfüßige Laufmaschine gebaut, die gut 3 km pro Stunde schafft, also ebensoviel wie ein normal laufender Mensch (Abb. 14–7). Ein gehbehindertes Kind kann diese Maschine von Hand, mit den Füßen oder sogar mit dem Kinn steuern. Sie wird über einen eingebautenAkkumulator betrieben und kann Treppen steigen, sich drehen und mit einiger Mühe und Zeitverzögerung fast all die Dinge machen, die der Mensch mit seinen Beinen fertigbringt. Auch Mondautos sollten vor Jahren nach diesem Prinzip gebaut werden. In der Zwischenzeit ist man bekanntlich auf andere, mehr konventionelle Verfahren ausgewichen, die sich bei den Mondunternehmen der Amerikaner denn auch ausgezeichnet bewährt haben. Anzunehmen, daß diese konventionellen Methoden auch billiger waren. Der Pedipulator als Hilfe für Gehbehinderte ist allerdings eine Entwicklung, die jeden Kostenaufwand rechtfertigt.

Abb. 14–7 Laufmaschine für ein gehbehindertes Kind. Sie schafft 3 km in der Stunde.

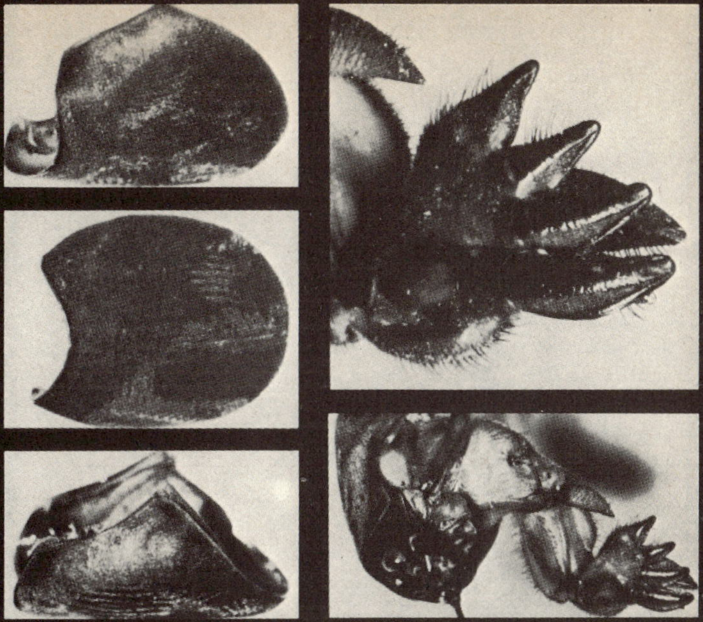

Abb. 14–8 Die Maulwurfsgrille Gryllotalpa ist ein wahres Sammelsurium an biotechnischer Anpassung. Die beiden linken Aufnahmen wurden am getöteten Tier gemacht, das anschließend zerlegt wurde, damit man die Brustkapsel für sich aufnehmen kann (rechte Teilaufnahmen). Als unterirdisch wühlendes Tier besitzt dieses fingerdicke Insekt einen zylindrischen Körper, glatte wasserabstoßende Feinbehaarung und massive Grabschaufeln an den Vorderbeinen. Sie sehen auf den ersten Blick den typischen ›Schaufelhänden‹ des Maulwurfs verblüffend ähnlich. Daher hat das Tierchen auch seinen Namen erhalten. Die Biologen sprechen hier von einer ›konvergenten Entwicklung‹ eines Insekts und eines Säugers, die bei gleicher Lebensgewohnheit ganz ähnlich geformte analoge Organe ausgebildet haben. Die Brustkapsel ähnelt verblüffend dem Bruststück einer Ritterrüstung. Sie ist aus mehreren Teilen zu einem festen Ganzen verschmolzen und stellt eine beulstabile, randversteifte und hervorragend auf ihren Zweck abgestimmte Schutzstruktur dar.

Abb. 14–9 Die Larve des Ameisenlöwen Myrmeleon formicarius gräbt sich kleine Trichter in lockere Sandböden und lauert am Grund auf hineinfallende Ameisen. Mit massiven Fangklauen werden die Opfer gepackt und festgehalten. Wie man sieht, sind diese respektablen Apparate länger als der ganze Kopf der Larve. Sie sind der Länge nach von einem Kanal durchzogen. So kann Myrmeleon mit einem Mehrzweckorgan die Beutetiere fangen und aussaugen. Sie wirken außerdem noch als ›Sandschaufeln‹. Wenn die Ameise zu entkommen sucht, wirft ihr der Ameisenlöwe mit heftigen Kopfbewegungen Sand nach, so daß sie den Trichter wieder hinunterrutscht.

Teil VI

Bionik der Sensoren

Sinnesorgane und ›technische Sensoren‹ sind nicht grundsätzlich verschieden. Beide nehmen Reize aus der Umwelt auf, verwandeln sie in eine elektrische Erregung und leiten diese Erregung weiter an irgendwelche Entschlüsselungs- und Verrechnungsstellen. In der ›Erregung‹, die ein Sinnesorgan oder ein solches technisches Meßinstrument hervorruft, steckt verschlüsselt die Information, die mit dem Reiz auf den Sensor übertragen worden ist. Wenn eine Lichtsinneszelle oder ein Fotoelement eine Spannung abgibt, die von der ›Ruhespannung‹ abweicht, so bedeutet das im allgemeinen, daß Licht auf den Sensor gefallen ist. Gemeinsamkeiten, die bisweilen bis in feinste Details parallel laufen, verbinden die Objekte der Sinnesphysiologen und der Meßgerät-Konstrukteure. Es ist ganz selbstverständlich, daß die technische Betrachtungsweise Denkgewohnheiten, Forschungsstil und Beschreibungsmethoden des Naturforschers stark beeinflußt hat und weiter beeinflußt. Neuerdings aber färben die Forschungsergebnisse über ungewöhnliche biologische Sensoren umgekehrt auch auf die Technik ab. So lassen sich bereits ›Infrarotaugen‹ bauen, die nach dem Prinzip funktionieren, das die Klapperschlange seit Jahrmillionen verwirklicht hat. Sie lokalisiert ihre Beute über solche temperaturempfindlichen Sinnesorgane mit erstaunlicher Präzision. Insektenaugen und Zielverfolgungsgeräte bilden einen anderen Komplex, der viele Gemeinsamkeiten aufweist.

Die prinzipielle Arbeitsweise von Sinnesorganen läßt sich anhand aller möglichen Objekte darlegen. Im nächsten Kapitel sei speziell von Erschütterungs-Sinnesorganen ausgegangen – verglichen werden alsdann biologische Dehnungsmesser mit den Dehnungsmeßstreifen der Technik.

15
Erschütterungs-Sinnesorgane und biologische Dehnungsmesser: Die feinsten Meßgeräte konstruierte nicht der Mensch

Manch ein Reisender hat sich Pizza oder Pillaw munden lassen, bis er die erste Küchenschabe unter dem Tisch entdeckte. Vielleicht gehören diese Tiere wirklich nicht in ein Lokal. Aber bei ihrem Anblick nun gleich mit Gesten des Abscheus aufzuspringen – warum nur? Dieses Tier ist wirklich interessant!

Schaben sind klein und flach und leben im Dunklen. Sie huschen unheimlich wieselgleich weg und bleiben ebenso abrupt wieder stehen. Sie drängen sich in kleine Ritzen des Fußbodens und tasten in gespenstischer Unruhe mit ihren Fühlern herum: sind es wirklich die verzauberten Vorbewohner des Hauses, wie billiger Aberglaube wahrhaben mag? Die Schabe ist ein mit höchster Raffinesse ausgestattetes Geschöpf der Natur, eine Art wie jede andere, eine Entwicklungsform, ebenso eigenständig wie der Afrikanische Elefant oder der Mensch.

Biologen werden sich von diesem kleinen, gespenstisch rasch herumsausende Tier mitnichten in Aufregung bringen lassen. Was regt heutzutage einen Biologen noch auf! Zu sehr hat er sich an die unerhörte Komplexheit und ›Raffinesse‹ der belebten Welt gewöhnt. Und zu sehr hebt ihn die Beschäftigung mit allen Geschöpfen, den größten wie den kleinsten, von seinem zentralen Podest. Für den Biologen sind Homo sapiens, der Mensch, und Blatta orientalis, die Küchenschabe, als *biologische Konstruktionen* absolut von gleichem Interesse; er wird diese ›Gleichberechtigung‹ allerdings streng auf wissenschaftliche Untersuchungen beschränkt wissen wollen. Als hervorstehende Besonderheit des Menschen wird wohl die Entwicklung seiner Großhirnrinde gelten können, die ihn dank ihrer unerhörten Schaltungskomplexheit zu Abstraktion und Kombinatorik, kurz zum Denken befähigt. Bei der Schabe aber wird ein Biologe als hervorstehendes Merkmal wohl ihren phänomenalen Erschütterungssinn registrieren.

Wenn ein Mensch mit bloßen Füßen auf einer Brücke steht, die Augen zumacht und die Ohren verstopft, wird er vielleicht einzelne darüberflitzende Autos mit den Füßen wahrnehmen: Jedes Auto bringt die Stelle, auf der er steht, ein wenig zum Zittern, und Mechanosensoren auf den Fußsohlen, in der Haut des Beines, in seinen Muskeln und Bändern, registrieren die Erschütterungen und melden sie dem zentralen Nervensystem. So könnte er, wenn er wollte, die Autos zählen. Aber dieser ›Erschütterungssinn‹ ist nicht gerade zur Perfektion ausgebildet. Ein Auto muß schon sehr nahe vorbeifahren, die Brücke muß schon recht merklich zittern, wenn ein Mensch auf diese Weise Eindrücke empfangen will. Mit einem Wort: Für eine solche Wahrnehmungsweise scheint er nicht gebaut zu sein; ein Wesen, für den die Feststellung kleiner Erschütterungen lebenswichtig sein kann, ist er wohl nicht. Aber die Schabe ist ein solches Wesen. Ihre Erschütterungssensoren gehören zu den empfindlichsten Sinnesorganen in der gesamten belebten Welt. Und sie sind für dieses Tier nach seiner ›Konstruktion‹ und Lebensweise auch sehr viel wichtiger als für den Menschen. Der Mensch hat keine Feinde, die beim Herannahen den Erdboden in Schwingung versetzen und ihn, hätte er empfindliche Schwingungssensoren, schon von weitem signalisieren könnten: »Da kommt jemand, lauf weg!« Die Schabe aber hat solche Feinde sehr wohl und ist entsprechend auf der Hut. Wer irgendwo in einem schabenverseuchten warmen Raum (jede Bäckerei hat Küchenschaben, kein Bäcker aber gibt es zu) Zuckerstückchen auslegt, kann die Schaben bei gedämpftem Licht gut beobachten. Er muß sich allerdings absolut ruhig verhalten. Schon bei der kleinsten Bewegung sausen die Tiere weg, weil sie geradezu minimale Schwingungen des Untergrunds noch wahrnehmen. Wie sehen nun diese so erstaunlich fein reagierenden Sensoren aus? Oder wäre nicht zuvor überhaupt zu fragen: wie groß eigentlich ist ihre Empfindlichkeit genau?

Der Sinnesphysiologe Hans-Jochen Autrum hat sie in den vierziger Jahren bestimmt: Die Schaben können minimale Schwingungsweiten des Untergrunds von rund 10^{-9} cm wahrnehmen. Punktum. Oder doch nicht Punktum? Denn wer kann sich vorstellen, was 10^{-9} cm sind? Ein Zehntel des Abstands zwischen einem Wasserstoffkern und der Bahn seines Elektrons! Die Atomphysiker rechnen gern in Angström (Å); 10^{-9} cm sind 0,1 Å. Auch hier die alte Schwierigkeit: Abstrakte Maße, mit denen wir zwar rechnen können, die aber nicht der Alltagswelt entlehnt sind und damit unserem Vorstellungsvermögen nicht entgegenkommen, sagen uns wenig. Was ein Meter ist, können wir uns vorstellen: die Größe eines Kindes im Einschulalter. Ein Zentimeter ist so groß wie der kleine Finger breit ist. Ein Millimeter so groß wie ein Stecknadelkopf dick ist. Diese Maße sagen uns was, und auf sie sollten wir die 10^{-9} cm umrechnen, um eine anschauliche Vorstellung von diesem winzigen Längenmaß zu bekommen. Also: 10^{-9} cm muß eine Tischplatte schwingen, wenn das die Schabe noch merken soll. In Gedanken sei nun die Schabe mitsamt der Tischplatte immer mehr vergrößert, bis die Platte knapp einen halben Millimeter schwingt. Mit dem bloßen Auge wäre dann ihre Schwingung gerade noch sichtbar. Wie groß müßte dann die Schabe sein, wenn sie in gleicher Weise mitvergrößert wird? Das in Wirklichkeit 2 cm lange Tierchen wäre nicht weniger als 4000 km lang, reichte von Sizilien bis zum Nordkap!

Eine solche Plausibilitätsbetrachtung ist etwas ganz Eigenartiges. In Gedanken wurde die Schabe und der Tisch, auf dem sie sitzt, um den Faktor 2×10^8 vergrößert, und dieses vergrößerte Bild wurde projiziert auf eine ›Kugel‹, an deren Abmessungen man sich gewöhnt hat, nämlich die Erdkugel. Und plötzlich wird der Vergleich beredt, gibt ein Gefühl für die unerhörte Kleinheit von 10^{-9} cm. Allerdings ist die Schabe nicht für alle Frequenzen so empfindlich, sondern nur für die hohe Vibrationsfrequenz von durchschnittlich 2,5 Kilohertz (kHz), also rund 2500 Schwingungen pro Sekunde.

Ganz einmalig im Bereich der belebten Welt sind derart sensible Schwingungsrezeptoren freilich nicht. Auch Grillen besitzen höchstempfindliche Sensoren dieser Art; jeder weiß, daß eine Grille sofort verstummt, wenn man sich auch noch so vorsichtig anpirscht. Bei Insekten sind solche Rezeptoren weit verbreitet, erreichen aber gewöhnlich kaum die Extremwerte von Schaben und Grillen. (Übrigens reagiert auch das Trommelfell im Menschenohr auf allerwinzigste Schwingungsweiten von annähernd gleicher Größenordnung.) Wie aber sehen nun diese Sinnesorgane mit ihrer phänomenalen Leistung aus und wo liegen sie?

Im Prinzip sind derartige Sensoren bei Insekten außerordentlich einfach gebaut. Sie heißen ›Subgenualorgane‹, weil sie gleich unter dem Knie des Insektenbeines liegen, nämlich im obersten Teil der Schiene. Die Enden des Erschütterungsorgans, das wie ein Segel zwischen den Tracheen und der Beinwandung ausgespannt ist, führen zum Beinnerv. Die von den einzelnen Sinneszellen abziehenden feinen Nerven sammeln sich in einem gemeinsamen Nerv, der schließlich in den Beinnerven einmündet. Aber noch weitere Sinnesorgane sind hier zu finden: ein in seiner Funktion bislang noch nicht erkanntes Organ und ein

Sensor, der auf Spannungsänderungen der umhüllenden Haut anspricht. An ein und derselben Stelle sind also mehrere Sensoren ineinandergeschachtelt. Diese Art von Verschachtelung findet man häufig in der belebten Welt.

Wenn der Untergrund schwingt, schwingt auch das Bein. Alles schwingt mit, die Hülle, die Tracheen, auch das Segel des Erschütterungsrezeptors. Was weiter geschieht, entwickelt sich als ein differenziertes System ineinandergreifender Vorgänge. Als erstes ändern sich die elektrischen Eigenschaften an bestimmten Strukturen der Sinneszellen. Hierdurch wiederum entstehen an anderen Stellen der Sinneszellen rhythmische elektrische Entladungen. Der Sinnesphysiologe nennt sie ›Aktionspotentiale‹; im Labor der Forscher heißen sie einfach ›Spikes‹. Auf dem Schirm des Oszillographen erscheinen sie als kurze, spitze Erhebungen, den Metallspikes im Schuh eines Läufers nicht unähnlich. Wird dies alles nach Verstärkung über einen Lautsprecher hörbar, so klingt es etwa so, als ob man mit zwei Fingern in schnellen, aber etwas unregelmäßigen Wirbeln auf die Tischplatte klopft. Jeder Spike erzeugt einen kleinen Knall im Lautsprecher. Über die ableitenden Nerven des Erschütterungsrezeptors laufen diese elektrischen Signale nun in den Beinnerv ein, werden dort in bestimmten Bahnen zum zentralen Nervensystem weitergeleitet und melden dem Tier, daß und wie stark der Untergrund schwingt.

Hier wird an einem Beispiel deutlich, was ein Sinnesorgan ganz allgemein leistet. Es wandelt einen Reiz in Erregung um – und Reiz ist all das, was von der Außenwelt auf die sensorischen Strukturen des Organs wirkt: hier sind es mechanische Schwingungen. Auf Lichtsinnesorgane wirken Lichtquanten, auf Geruchssensoren Geruchsstoffmoleküle. Aber alle Sinnesorgane reagieren im Prinzip gleich; sie reagieren auf angemessene Reize mit elektrischen Spannungsänderungen, setzen also diese Reize in Spannungsänderungen um. Alle elektrischen Erscheinungen, die in den Sinneszellen entstehen und in gesetzmäßiger Weise von den Reizen abhängen, heißen mit einem Globalausdruck ›Erregung‹. Diese meist langsamen Spannungsänderungen werden nun kodiert in eine Serie von kurzen Nervenimpulsen, die wiederum zum zentralen Nervensystem gelangen. Dort können sie dekodiert werden und wieder den langsamen Spannungsänderungen ähneln, die im Sinnesorgan aufgrund der Reizeinwirkung entstehen. Sie können aber auch sehr rasch mit anderen Erregungen verrechnet werden und so zur Auslösung eines allgemeineren Verhaltensmusters beitragen.

Viele Fragen, die mit solchen Vorgängen zusammenhängen, sind vom Experiment wie von der Erklärung her nicht gerade einfach. Im Prinzip aber läßt sich die Wirkung eines Sinnesorgans als ›Meßwandler‹ doch unschwer vorstellen, nämlich so wie angegeben: ein Reiz, was immer dies sei, wird im Sinnesorgan in eine elektrische Erregung umgewandelt. Das ist eine zeitliche Spannungsänderung, die in bestimmter Weise der zeitlichen Änderung der Reizgröße proportional ist. Die Information, die im Reiz steckte, ist nun in der Erregung verschlüsselt, die das Sinnesorgan erzeugt hat.

Wenn ein Experimentator eine Schabe auf die schwingende Membran eines Lautsprechers setzt, der über einen Sinusgenerator betrieben wird, so kann er ihr leicht verschiedene Reize bieten: tiefe und hohe Töne, kurze und lange Töne, an- und abschwellende Töne usw. Mit ihren Erschütterungssinnesorganen wird die Schabe elektrische Spannungen erzeugen, die kodiert zum zentralen Nervensystem geleitet werden, und dieses wird daraus erkennen können, ob es sich um tiefe oder hohe Töne, kurze oder lange Töne oder was sonst auch immer gehandelt hat. Die Unterscheidung wird aber nicht nur so allgemein sein wie hier angedeutet, sondern sehr viel feiner ausfallen. Die Schabe wird zum Beispiel nicht nur feststellen können, daß sich zwei Töne von 1 kHz und 2 kHz unterscheiden, sondern vielleicht auch feststellen können, ob sich zwei Töne von 1230 Hz und 1260 Hz unterscheiden. Je feinere Unterschiede noch wahrgenommen werden, desto feiner ist das ›Auflösevermögen‹ des Sinnesorgans. Auf dem phänomenal feinen Auflösungsvermögen des Menschenohrs beruht ja unsere gesamte Musikkultur. Mit Fragen dieser Art befaßt sich der Sinnesphysiologe, und am Beispiel des Erschütterungsrezeptors der Schabe kann man recht schön diese allgemeine Problematik einmal anführen.

Vielleicht wäre in diesem Zusammenhang noch ein Problem zu nennen, das für die Physiologie der Mechanosensoren nicht unwichtig ist. Es hat den Anschein, als ob die Sinneszellen des Erschütterungsrezeptors selbst gar nicht so empfindlich sind wie das gesamte Organ, sondern etwa hundertmal unempfindlicher. Auf eine Weise, die noch nicht ganz durchschaubar ist, scheint das gesamte Bein und die Art und Weise, wie das Sinneszell-Segel zwischen Trachee und Beinwand verspannt ist, die Schwingungen um das Hundertfache zu verstärken, bevor sie auf die Sinneszellen wirken können. Eine Art mechanischer Vorverstärkung also! Fraglos bedeutet dies, daß das Sinnesorgan als Ganzes um ein Hundertfaches empfindlicher wird.

Und noch eine Überlegung drängt sich auf, die Autrum gestellt und beantwortet hat: Wegen der Wärmebewegung der Atome und Moleküle ist die Oberfläche eines jeden Körpers in sehr feiner, aber ständiger zitternder Bewegung. Beobachten läßt sich dieses Phänomen bekanntlich an einer Suspension feiner Partikel im Dunkelfeld des Mikroskops. Dann sieht der Beobachter die winzigen Körner infolge der Brownschen Wärmebewegung in ungezieltem Zickzackkurs durcheinandersausen. Die Schwingungsweiten dieser Wärmebewegungen sind sehr viel größer als das Auflösungsvermögen des Erschütterungssinnesorgans, als die genannten 10^{-9} cm. Dies scheint ein Paradoxon zu sein. Wie kann die Schabe solche feine Schwingungen wahrnehmen, wenn die Oberfläche, auf der sie sitzt, infolge der Wärmebewegung 10000 heftiger durcheinandergerüttelt wird? Autrum schreibt dazu (die Zahlen habe ich geändert, da hicr cin anderer Vergrößerungsfaktor gewählt wurde): »Das vergrößerte Modell hilft uns wieder zu einer anschaulichen Antwort. Wenn der Insektenfuß mit einer Fläche von 0,5×0,5 Millimeter den Boden berührt, dann bedeckt der Fuß unseres Riesentieres eine Fläche von 100×100 km. Eine solche Platte würde auch auf sehr bewegter See mit Wellen von einigen Metern Höhe völlig ruhig liegen. Wird aber den unregelmäßigen Wellen ein Seebeben überlagert, bei dem sich alle Wasserteilchen zugleich in aller Richtung bewegen, so wird die Platte ebenfalls zum Schwingen gebracht.«

Im statistischen Durchschnitt wirkt sich also die ungerichtete Grobschwingung der Wärmebewegung nicht aus. Feinste Schwingungen dringen jedoch dann durch dieses Chaos durch, wenn alle Teilchen gleichgerichtet bewegt werden.

Soviel zur prinzipiellen Funktion eines der empfindlichsten mechanischen Meßgeräte in der belebten Welt. Abschließend noch ein Zahlenwert für den Physiker: Die minimalen Reizleistungen für das Subgenualorgan der Küchenschabe, die Gehörorgane der Laubheuschrecken und das Menschenohr liegen bei rund 10^{-10} erg/sec. Das ist das Äußerste, was noch sinnvoll ist. Wäre das Menschenohr auch nur eine knappe Zehnerpotenz empfindlicher (statt der 10 stünde dann eine 11 im Exponenten), so würden wir wahrscheinlich schon das thermische Rauschen hören, das Aufprasseln der Luftmoleküle auf das Trommelfell. In einem solchen rein statistischen Vorgang aber wäre keine Information mehr enthalten. Er müßte im Gegenteil die Übermittlung feiner, informationshaltiger Schallsignale stören.

Wir haben in diesem Buch immer wieder Konstruktionen des Lebens und Konstruktionen der Technik gegenübergestellt und versucht, aus dem Vergleich zu lernen und so eines der beiden Systeme besser zu verstehen, oder zu überlegen, ob der Techniker aufgrund von Naturstudien nicht zu neuartigen Konstruktionen kommen könne. Wie sieht es damit bei den Sensoren aus? Können Sinnesorgane und Meßgeräte in Analogie gesetzt werden?

Dietrich Schneider, Sinnesphysiologe an jenem Max-Planck-Institut in Seewiesen/Oberbayern, an dem auch Nobelpreisträger Konrad Lorenz lange Jahre wirkte, hat just diese Frage einmal in einem Vortrag in der Rheinisch-Westfälischen Akademie der Wissenschaften vor interessierten Naturwissenschaftlern und Technikern behandelt. Er gab seinem Referat den Titel ›Die Arbeitsweise tierischer Sinnesorgane im Vergleich zu technischen Meßgeräten‹. Genau ist damit das Problemfeld abgesteckt, das auch hier zur Sprache kommen soll, und Schneiders Referat bietet eine der nicht allzu häufigen Gelegenheiten, direkt verfolgen zu können, wie ein Spezialist aus der biologischen Forschung zur allgemeinen Problematik ›Biologie und Technik‹ steht.

Schneider vergleicht einen Mechanorezeptor, etwa ein Pacinisches Körperchen, mit einem Dehnungsmeßstreifen der Technik. Pacinische Körperchen sind als biologische Dehnungsmesser erwartungsgemäß dort zu finden, wo die Messung von Dehnungen biologisch von Nutzen ist: vor allem in der Haut, den Aufhängebändern der Därme, im Zwerchfell und in anderen flächigen Strukturen, die sich bei Belastung dehnen. Mit Pacinischen Körperchen messen zum Beispiel Katzen den Füllungsgrad ihres Verdauungstrakts. Großkatzen, etwa Löwen, können bekanntlich gargantuanische Mengen an Fleisch auf einmal fressen und danach lange ruhen und verdauen. Sie erreichen dabei bisweilen die Grenzen ihrer ›Fassungskraft‹, und hier mag ein solches System von Dehnungsmessern zu verhindern helfen, daß durch Überfressen Überdehnungen und damit mechanische Schäden auftreten – kurz: daß der Löwe ›platzt‹.

Im Mesenterium der Katze sind Pacinische Körperchen besonders gut zugänglich, sind relativ groß und liegen einzeln. Es versteht sich, daß derart günstig situierte Objekte auch gut untersucht sind. Früheren Forschern folgend, hat sich W. Loewenstein ausführlich mit der Physiologie solcher Sensoren befaßt. Diese rund einen Millimeter großen Gebilde – geradezu riesenhafte Meßfühler – sind im Prinzip wie folgt gebaut: Eine markumhüllte Nervenfaser verliert an ihrem äußersten Ende die Markscheide und endet frei. Die Endigungsregion ist von Hüllzellen umgeben, die sich wie die Schalen einer Zwiebel anordnen. Das ganze Körperchen steckt in einer bindegewebigen Kapsel (Abb. 15–1) und ist prall mit Zellflüssigkeit gefüllt. Wird im Experiment mit einer Nadel irgendwo auf die Flüssigkeitsblase gedrückt, so pflanzt sich der Druck nach allen Seiten, also auch in Richtung auf das Zentrum,

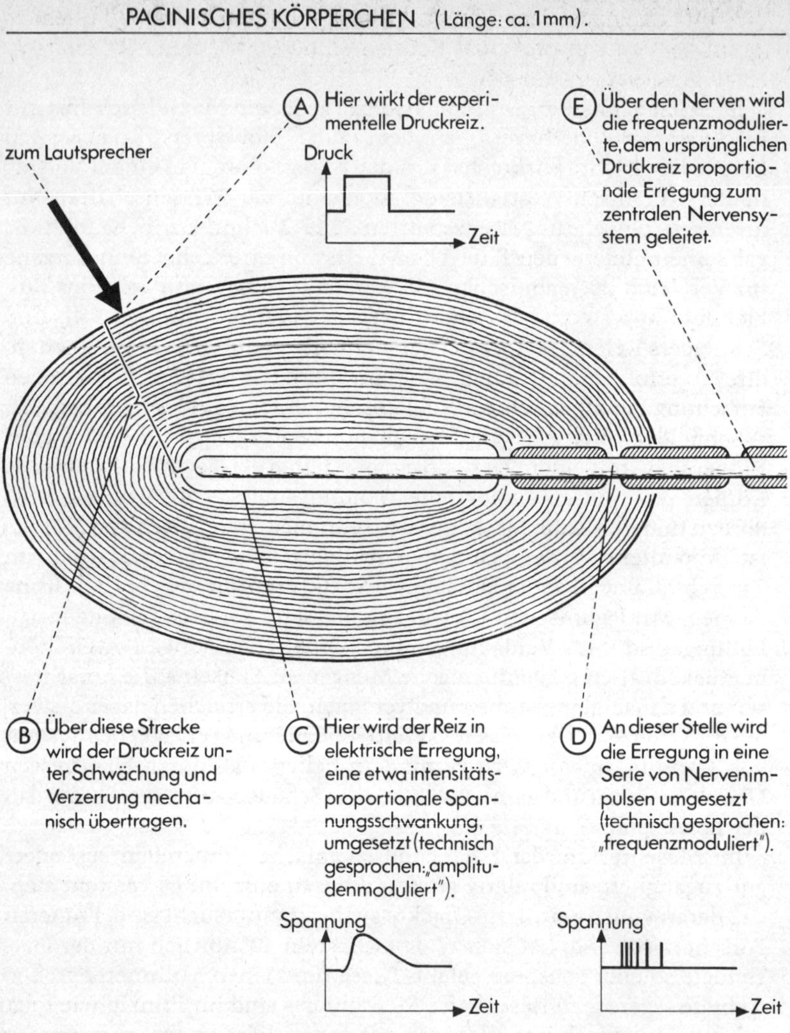

Abb. 15–1 Prinzipieller Ablauf der Reiz-Erregungs-Kette in einem biologischen Dehnungsmesser, einem Pacinischen Körperchen. Die eingezeichneten Diagramme sind stark schematisierte, für biologische Sensoren sehr häufig geltende Prinzipskizzen.

fort und wirkt direkt auf die Nervenendigung. Es läßt sich aber auch – und das ist der Vorteil dieses günstigen Objekts – die gesamte Kapsel abpräparieren; dann ist es möglich, direkt auf die Enden des Rezeptors zu drücken und mit feinen Elektroden an verschiedenen Stellen dieses Rezeptors die Spannung abzugreifen – auch an der ableitenden Nervenfaser. Im Laufe der Jahre hat man sich ein recht gutes Bild davon gemacht, was in diesem Rezeptor vorgeht, ja man hat ihn sogar eine Zeitlang als ›das Modell‹ für Mechanorezeptoren schlechthin verstanden. Heute kann noch immer nicht behauptet werden, daß alle die ineinandergreifenden Vorgänge, die von der Reizeinwirkung bis zur Bildung der elektrischen Erregung und zur Weiterleitung der Erregung über Impulssalven in Nerven führen, in allen Konsequenzen bekannt seien. Immerhin herrscht Einigkeit, daß die bisher geklärten Vorgänge etwa in folgendem Schema zusammengefaßt werden können:

1. Druck auf die Kapsel (Reiz).
2. Weiterleitung des Drucks durch die Hüllelemente unter Schwächung und Verformung auf den Rezeptor, die freie Nervenendigung.
3. Druckeinwirkung auf den Rezeptor.
4. Dehnung der Rezeptormembran infolge der Druckeinwirkung.
5. Als Folge der Dehnung Änderung der Membraneigenschaften. Die Membran besitzt, summarisch gesprochen, einen bestimmten Widerstand gegen das Durchtreten der Ionen der Zellflüssigkeit, also der Na+, K+ und Cl^--Ionen. Der Widerstand der Membran gegen das Durchdiffundieren der Ionen verändert sich infolge der Druckeinwirkung. Auf welche molekularen Mechanismen in der Membran das im einzelnen zurückzuführen ist, bleibt noch die große Frage. Alle diese noch weitgehend unbekannten Vorgänge faßt man unter dem Begriff ›Änderung der Membranpermeabilität für Ionen‹ zusammen.

Auf Druck erfolgt eine Depolarisation der Rezeptormembran. Darunter ist zu verstehen: Die Membran ist formal ein Zweipol, hat einen äußeren und inneren Pol, so wie eine Batterie zwei Pole hat. Werden die beiden Pole verbunden – in unserem Fall also das Innere und das Äußere der Membran über ein hochohmiges Meßgerät –, so kann die Membranspannung analog einer ›Batteriespannung‹ abgelesen werden. Infolge der Druckeinwirkung verändert sich nun diese Spannung. Im übrigen ist sie innen gegen außen negativ gepolt, und als ›Depolarisation‹ wird nun das Phänomen bezeichnet, daß die Spannung von relativ hohen negativen Werten innen gegen außen (rund –70 mV) in Richtung auf Null zurückgeht und sogar leicht in den positiven Bereich hinausschwingt.

6. Wanderung der Depolarisationswelle über die gesamte Rezeptormembran. Das heißt: Spannungen ändern sich und Ströme fließen nicht nur an der Stelle der unmittelbaren Reizeinwirkung, sondern von dort aus Stück für Stück auch über die gesamte Membran der Nervenendigung.
7. Auslösung des Nervenimpulses: An einer bestimmten Stelle, in einiger Entfernung vom tatsächlichen Ende des Nervens, nicht weit von dem Punkt, an dem er das Pacinische Körperchen verläßt, reagiert nun die Membran auf die Depolarisationswelle – sofern sie eine bestimmte Schwelle überschreitet – in einer ganz speziellen Weise: Es wird ein sehr kurzer Spannungsimpuls generiert, ein Nervenaktionspotential, ein Spike. Zwischen dem Anfang eines sinnesphysiologischen Ereignisses – dem Eintreffen des Reizes – und seinem Ende – dem Auftreten des Nervenaktionspotentials – besteht also ein gesetzmäßiger Zusammenhang, der bei jeder neuen Erregungsbildung in gleicher Weise durchlaufen wird.

Ein technisches Meßinstrument, das sich zu einem Druckrezeptor der geschilderten Art in exakte Beziehung setzen ließe, gibt es nicht. Mit einiger Berechtigung kann aber das Pacinische Körperchen mit einem Dehnungsmeßstreifen der Technik verglichen werden. Solche Dehnungsmeßstreifen bestehen aus gewickelten Fäden einer geeigneten Metallegierung – meistens wird Konstantan verwendet –, die in einer Matrix eingebettet sind. Dieses kleine, langgezogene Blättchen wird nun auf eine technische Konstruktion geklebt, deren Längenänderung es zu messen gilt. Ein praktisches Beispiel: Belastungsversuch für einen Überdruckkessel. Der Kessel wird probeweise unter Druck gesetzt, bevor er verkauft wird. Der Kunde verlangt einen solchen Test, ehe er bezahlt. Zahlreiche Dehnungsmeßstreifen an allen möglichen Stellen des Kessels zeigen, ob dieser sich bei zunehmendem Innendruck in der vorausberechneten Weise verformt oder ob irgendwelche Störstellen vorhanden sind, die sich zu stark dehnen und bei späterer Beanspruchung im Alltagsbetrieb vielleicht platzen könnten.

Ohne Dehnungsmeßstreifen kann die Meßtechnik kaum mehr arbeiten, so sehr haben sich diese praktischen und einfachen kleinen Gebilde bewährt. Im Prinzip funktionieren sie so: Wenn der Draht gedehnt wird, verringert sich seine Leitfähigkeit, weil die Zahl der freien Elektronen abnimmt. Verringerte Leitfähigkeit bedeutet zunehmenden Widerstand, und dieser Widerstand kann über eine Brückenschaltung gemessen werden. Die Widerstandsänderung ist der Längenänderung proportional. Die Längenänderung, sprich Dehnung, ist ihrerseits aber abhängig von der wirkenden Kraft. So ließe sich die Skala eines Zeigermeßgerätes direkt in Krafteinheiten eichen, indem man an das Werkstück, das den Dehnungsmeßstreifen trägt, zunehmend größere Gewichte anhängt und bei jedem Gewicht die zugehörige Zeigerstellung markiert. Aus dem Dehnungsmesser wäre dann ein Kraftmesser geworden, sozusagen ein elektronischer Ersatz für eine Federwaage.

Hier wäre kurz einzufügen, wo heute Dehnungsmeßstreifen unersetzlich geworden sind: In der Modellmeßtechnik bei Überschallkanälen. Kleine, hochfein polierte Modelle von Flugzeugen werden der Überschallströmung ausgesetzt, damit die Luftkräfte, die Ablösungsstellen der Schockwellen und ähnliche Erscheinungen gemessen werden können. Das System wird vollständig überschaubar, wenn es gelingt, drei bestimmte Kräfte und drei bestimmte Momente zu messen. Das leisten aerodynamische 6-Komponenten-Waagen. Im Prinzip bestehen sie nur aus einem verkleideten Stahlzapfen, der an seiner Spitze das Modell trägt. Wird dieses Modell nun angeströmt, so verbiegt sich der Zapfen in bestimmter Weise, wenn auch nur in mikroskopisch geringen Dimensionen. Mit einer ganzen Reihe von Dehnungsmeßstreifen, die in verschiedenen Ausfräsungen des Zapfens sitzen, läßt sich diese komplexe Veränderung erfassen. Aus den Daten, die alle diese Meßstreifen liefern, können durch Korrektionserrechnungen die gewünschten drei Kräfte und drei Momente herausgerechnet werden. Schwerlich wäre die moderne Überschall-Flugtechnik ohne dieses wunderbare Hilfsmittel der technischen Dehnungsmeßstreifen so weit fortgeschritten, wie sie es tatsächlich ist, denn jedem Test in der Praxis geht der Test im Windkanal voraus.

Doch nach diesem Seitenblick auf die prinzipielle Funktionsweise der Dehnungsmeßstreifen und ihrer Anwendung wieder zurück zu den Details ihrer sensorischen Wirksamkeit. Ähnlich wie beim Pacinischen Körperchen sei die Kausalkette aufgestellt, die vom ›Reiz‹ (der Belastung) zur ›Erregung‹ (der Widerstandsänderung) führt. Sichtbar wird, daß biologische und elektrotechnische Instrumente sich wohl vergleichen lassen, denn im technischen Bereich existieren sinnvolle Entsprechungen für die biologischen Begriffe ›Reiz‹ und ›Erregung‹.

1. Belastung des Materials, auf dem der Dehnungsmeßstreifen aufgeklebt ist.
2. Dehnung des Meßstreifens.
3. Dehnung des Konstantandrahts.
4. Querschnittsverringerung des Konstantandrahts.
5. Abnahme der freien Elektronen im Konstantandraht.

6. Verminderung der elektrischen Leitfähigkeit – das heißt Zunahme des Widerstands infolge der nun gegebenen geringeren Elektronenzahl.
7. Abnahme des Speisestroms wegen des erhöhten Widerstands (Ohmsches Gesetz).
8. Änderung der Symmetrieeigenschaften der Brückenschaltung, in deren Seitenzweig der Dehnungsmeßstreifen als Brückenglied eingefügt ist.
9. Als Folge davon Ausschlag eines Meßgeräts oder, bei Nullkompensation, Angabe einer Skalenstrecke.

Das also ist die gesamte Kausalkette, von der Belastung bis zum Zeigerausschlag. Was sich im eigentlichen ›Sinnesorgan‹, dem Dehnungsmeßstreifen, abspielt, fällt unter die Punkte 2 bis 7.

Nicht jeder Schritt solcher Kausalketten läßt sich in der Biologie hier, in der Technik dort genau analog setzen. Aber das Prinzip aufeinander aufbauender Ereignisse ist das gleiche. Bei beiden Meßgeräten ist zunächst ein mechanischer Reiz gegeben, der über verschiedene Zwischenstufen letztlich in eine elektrische Erregung umgewandelt wird.

Bei Lebewesen wird diese Erregung in Form von Nerven-Aktionspotentialen verschlüsselt zum zentralen Nervensystem geleitet und dort weiterverrechnet. Bei Konstruktionen der Technik dient sie dazu, ein ausbalanciertes Schaltungssystem – im Prinzip eigentlich eine Wheatstonesche Brücke – zu verändern. Aus dieser Veränderung oder aus der Größe, mit der diese Veränderung wieder auf Null kompensiert werden kann, läßt sich eindeutig die Größe des wirkenden Reizes erschließen.

Die phänomenale Empfindlichkeit der besten biologischen Mechanosensoren erreichen die Dehnungsmeßstreifen nicht; gleichwohl sind die heute erreichten Empfindlichkeiten ganz erstaunlich. Schneider gibt folgendes Beispiel: Ein Meßstreifen von 50 cm Länge mit einem besonders langen Konstantandraht in optimalen Windungen zeigt eine untere Grenzempfindlichkeit von etwa 10 Å (gleich 10^{-7} cm)! In Analogie zu den Sinnesorganen kann man diese untere Grenzempfindlichkeit auch als die ›Reizschwelle‹ des Meßinstrumentes bezeichnen. Die Meßempfindlichkeit liegt dabei etwa um den Faktor 100 über dem thermischen Eigenrauschen der Widerstände, ist also nicht so hochgetrieben wie beim Ohr der Säugetiere, schiebt sich aber doch bereits in die Nähe dieser unteren Grenze, jenseits derer die Apparatur selbst die ›Wahrnehmung‹ der von ihr vermittelten Ereignisse stören müßte.

Pacinische Körperchen und Dehnungsstreifen haben sich als typische Mechanosensoren in vielen Punkten analog setzen lassen. Die Gegenüberstellung von biologischem und technischem Meßgerät hat gezeigt, daß im Prinzip keine Unterschiede in der Art der Transformierung bestehen. Beide gehen von einem mechanischen Reiz aus und wandeln ihn in der Verknüpfung kausal miteinander verbundener Vorgänge in Erregung um. Für diese Umwandlung bedienen sich Biologie und Technik freilich verschiedener Methoden; so arbeitet die Biologie mit diffundierenden Ionen, die Technik mit wandernden Elektronen. In beiden Fällen aber resultiert ein Ladungstransport – und damit ein elektrischer Strom. Meßtechniker und Sinnesphysiologen haben sich mittlerweile schon so sehr an diese grundlegenden Gemeinsamkeiten gewöhnt, daß sie gerne den übergreifenden Ausdruck ›Sensor‹ gebrauchen. Sensoren gibt es also in der Technik wie in der Biologie.

In populärwissenschaftlichen Darstellungen werden gerne Lichtsensoren gewählt, wenn es darum geht, das Prinzip eines Sinnesorgans verständlich zu machen – etwa das Auge des Menschen. Doch am Pacinischen Körperchen lassen sich die Prinzipien mindestens genauso einleuchtend klarmachen. Der Mensch fällt ja leicht in das Vorurteil, das seine eigene Sinnesausstattung ihm nahelegt: den Gesichtssinn überzubewerten auf Kosten der anderen Sinne. Und das schlägt sich selbst noch in den Beispielen nieder, an denen er die Funktion von Sinnesorganen demonstriert. So haben die ›höheren‹ Sinne, Sehen und Hören, viel früher und intensiver das Interesse der Forschung auf sich gelenkt als die ›niederen‹ Sinne, wie Riechen, Schmecken, Tasten. Im folgenden Abschnitt sei aber gerade der Geruchssinn Gegenstand der Erörterung, denn in der Erforschung seiner Funktionsweise ist man in den letzten Jahren überraschend gut vorangekommen, ohne daß dies von der Allgemeinheit recht zur Kenntnis genommen wurde. Dabei beruhen ganze Industriezweige mit Millionenumsätzen auf der Erzeugung oder Verdeckung von Gerüchen. Und wie viele Raucher gäbe es wohl, wenn Tabak und Tabaksrauch geruchlos wären? Wohl nicht von ungefähr blieb der Kautabak, weil geruchsarm, an Beliebtheit hinter dem glimmenden Blatt stets zurück.

16
Das Puzzlespiel der Moleküle: Von der Arbeitsweise und Empfindlichkeit der Geruchssensoren

Auch Riechsinnesorgane – oder sollte man besser sagen Geruchssensoren? – arbeiten nach dem im letzten Kapitel dargelegten Prinzip. Es ist bei allen Sinnesorganen in den Grundzügen das gleiche. Ein nichtelektrischer Reiz wird in eine elektrische Erregung übersetzt, und diese wird in das zentrale Nervensystem eingespeist. Beim Pacinischen Körperchen war der nichtelektrische Reiz eine Dehnung. Bei Geruchssensoren wirkt als nichtelektrischer Reiz das Auftreffen von Geruchsstoffmolekülen auf eine Rezeptor-Membran.

Bekanntlich unterscheidet der Mensch eine Unzahl von Gerüchen. Verglichen mit der hochdifferenzierten Geruchswelt eines Hundes ist sein geruchliches Unterscheidungsvermögen allerdings ungenau, wenngleich es den Ansprüchen eines Augenwesens vollauf genügt. Übrigens sind nicht alle Menschen für Geruchsunterschiede gleich sensibel. Manche nehmen massiven Industriegestank kaum wahr, andere riechen noch feinste Nuancen zwischen einer Reihe nur wenig verschiedener Parfümsorten. Präzisionsnasen dieser Art sind sehr gesucht; als berufsmäßige ›Riecher‹ erhalten ihre Träger in der Parfümindustrie hochbezahlte Stellen. Ähnlich differenziert ist bekanntlich das Geschmacksvermögen ausgebildet. Viele Weintrinker, die ein kultiviertes Vergnügen daran finden, den Wein nach Jahrgang, Herkunft, Gebiet und Lage zu würdigen, wünschen sich den Gaumen eines altgedienten Kellermeisters. Der durchschnittliche Weintrinker wird den differenzierten Gaumenreiz kaum ermessen können, der den wahren Kenner verzückt und in den siebten Weinhimmel entrückt.

Vor einiger Zeit hatte ich mir einmal Jerez de la Frontera, den Herkunftsort des ›englischen‹ Sherry (Sherry ist eine Verballhornung des spanischen ›Jerez‹) angeschaut. Man lernt eine Menge bei den Führungen durch die Kellereien, und die obligatorischen Weinproben machen dort nicht weniger Spaß als am Kaiserstuhl. (Wer anschließend weiterreisen will, tut gut daran, speziell beim ganz trockenen Sherry zu bleiben.)

Beim Sherry ist es bekanntlich anders als etwa bei unseren Weinen höherer Güteklassen, bei denen Lagen- und Jahrgangscharakteristik sorgfältig gepflegt und erhalten werden. Solcher Wein ist individualistisch. Der Sherry dagegen wird stets auf einige wenige Geschmacksrichtungen zurechtgemischt, die dann über die Jahre gleichbleiben. Der typische ›medium‹ Sherry, der heute auf einer englischen Party gereicht wird, schmeckt nahezu völlig gleich wie der entsprechende Sherry vor zwanzig oder vierzig Jahren. Die Kunst solcher Abstimmung, die Kunst, Jahr für Jahr aus der gerade vorliegenden Ernte einen Sherry ganz bestimmter und gleichbleibender Geschmacksrichtung zu stilisieren, beherrschen nur ganz wenige, die Kellermeister der großen Bodegas. Für den normalen Konsumenten scheint es keine Rolle zu spielen, ob in ein großes Sherryfaß noch ein Krug einer bestimmten Lage eingeschnitten wird oder nicht. Der geschulte Gaumen aber merkt das. Tatsächlich ist mit einem Krug ja doch eine Riesenmenge andersgearteter Geschmacksstoffmoleküle zugeführt worden, die sich auf jeden Schluck der Gesamtmenge verteilen.

Auf Geschmacksorgane, mehr noch auf Geruchsorgane prallt eine Überfülle ganz verschiedener Moleküle, die alle spezifische Geschmacks- oder Geruchsempfindungen auszulösen vermögen. Wie kommt es, daß die menschliche Nase mit ein und demselben System von Sinneszellen Hunderte, ja mehrere Tausende von Gerüchen trennen kann? Jedes Geruchsstoffmolekül hat ja eine andere chemische Konstitution, und das Problem der Geruchsvielfalt ist sinnesphysiologisch tatsächlich auf die Frage zurückzuführen, wie die Rezeptmembran der Riechzelle wahrnimmt, daß ein Molekül des Geruchsstoffes A verschieden ist von einem Molekül des Geruchsstoffes B (oder C oder D – und einigen hundert weiteren Geruchsstoffmolekülen).

Wir wissen heute, daß chemische Sensoren im Tierreich unerhört viel feiner arbeiten als entsprechende technische Sensoren. Es reicht beispielsweise, daß ein einziges Molekül des weiblichen Sexuallockstoffs auf eine einzige der vielen tausend Chemosensoren an der Antenne des Seidenspinnermännchens prallt. Das Männchen wird den charakteristischen und für die Erhaltung seiner Art so bedeutsamen Geruch wahrnehmen. Die Empfindlichkeit seines Rezeptors ist so hoch, daß er das Äußerste des überhaupt möglichen erreicht, denn weniger als ein Molekül eines Geruchsstoffes gibt es nicht.

Auch das Auge des Menschen scheint diese äußerste überhaupt mögliche Grenze erreicht zu haben, denn es sieht so aus, als ob unter bestimmten Bedingungen ein einziges Lichtquant zur Auslösung einer Rezeptorantwort ausreicht – und ›weniger Licht‹ als ein Quant gibt es eben nicht.

Freilich ist hier Vorsicht in der Begriffsdefinition anzuraten. Es liegt ein Unterschied darin, ob eine einzelne Sinneszelle eine elektrophysiologisch merkbare Antwort gibt, also zum Beispiel eine Potentialschwankung erzeugt, oder ob das Tier den Reiz merkt. Beim Auge scheint es so zu sein: Ein Lichtquant kann unter bestimmten Umständen eine einzelne Lichtsinneszelle erregen. Aber eine solche Erregung kann auch rein zufällig geschehen, nicht durch Licht, sondern durch bestimmte chemische Umwandlungsvorgänge innerhalb der Zelle. Auch dann aber müßte die Zelle so reagieren, als ob sie von einem Lichtquant getroffen wäre. Bekäme das Gehirn nun die Information dieser einzelnen Sinneszelle direkt, so könnte es nicht entscheiden, ob tatsächlich ein feiner Lichtblitz aufgetreten ist oder nicht. Bereits in der Netzhaut laufen deshalb Summationsvorgänge ab, und nur dann, wenn in einer bestimmten kurzen Zeit mehrere Lichtsinneszellen den Eindruck ›Licht‹ melden, erhält das Gehirn die Information, daß hier tatsächlich Licht ins Auge eingefallen ist. Selbst wenn in dunkler Nacht in einiger Entfernung eine nur schwache Taschenlampe aufblinkt, werden immer mehrere Sinneszellen erregt werden. Dagegen ist die Wahrscheinlichkeit, daß etwa in einer Zehntelsekunde ein Dutzend Lichtsinneszellen zur gleichen Zeit zufällige chemische Vorgänge erfahren, die einen Lichteindruck simulieren, nahezu Null. Dieser physiologische Unterschied zwischen der Reiz-Erregungs-Transformation in einer einzelnen Sinneszelle und dem Sinneseindruck, den das Gehirn aus dieser und den anderen Informationen synthetisiert, ist zu vergegenwärtigen. Nur dann läßt sich das Geschehen an der winzig kleinen Sinneszelle richtig ›einordnen‹, als unerläßlichen Anfangsschritt des Sinneseindrucks verstehen, nicht aber als bereits Eindrücke formierendes Ereignis überbewerten. Dem biologischen Fachmann ist das ohnehin klar. Aber bei populärwissenschaftlichen Darstellungen aus dem Bereich der belebten Welt hat ein Autor die Verantwortung für die Stimmigkeit der Relationen. Die komplizierte Materie zwingt immer wieder zur Vereinfachung und zur Sprache in Analogiebildern. Dabei noch leicht verständlich, vielleicht sogar amüsant zu sein und trotzdem inhaltlich korrekt zu bleiben – das ist manchmal fast schon Seiltänzerei. Vor allem aber läßt sich ein angemessenes Verständnis der biologischen Welt nur dann vermitteln, wenn die Dinge in den richtigen Rahmen gestellt sind; wenn Einzelfakten nicht übermäßig aufgebauscht und prinzipiell wichtige Linien nicht unterdrückt werden. Es ist die Berücksichtigung dieses letzteren Gesichtspunktes, die mich manchmal zu kleinen Abschweifungen anhält: zum Beispiel hier zur Differenzierung zwischen dem Erregungsprozeß auf Sinneszellniveau und dem darauf basierenden Sinneseindruck im Gehirn.

Zurück zum Problem ›Geruchssinn‹. Eingestanden oder nicht: wir Menschen fühlen uns als die Krone der Schöpfung, und wenn uns ein physiologisches Faktum interessiert, dann nicht zuletzt, weil wir auch wissen wollen, wie's bei uns aussieht. Leider ist der Mensch für Versuche am Geruchssinn kein sehr ergiebiges Objekt. Von einzelnen Riechzellen in der Riechschleimhaut unserer Nase kann man zum Beispiel elektrophysiologisch wohl kaum ableiten. Ein ganz wesentlicher Gesichtspunkt in der Forschungspraxis ist es seit jeher, für die Klärung einer bestimmten Frage das richtige Objekt zu finden.

Zur Untersuchung der Geruchsphänomene haben sich nun bestimmte Insekten als ganz hervorragende Versuchstiere erwiesen. Immerhin mag die Frage gestellt werden: Dürfen die Forscher von dem, was sie an Insekten lernen, auf die Verhältnisse beim Menschen rückschließen?

Tatsächlich ist es so, daß sich bestimmte Grundähnlichkeiten durch das ganze Riesenreich der belebten Welt ziehen. Stoffwechselstudien bei Bakterien können durchaus (mit Vorsicht und in Grenzen) auf Wirbeltiere übertragen werden. Zwischen den Riechorganen von Insekten und Menschen scheinen ähnliche Analogsetzungen möglich. Die Art und Weise, wie die Rezeptormembran einer Riechsinneszelle bestimmte Geruchsstoffmoleküle ›erkennt‹, dürfte vielleicht im ganzen Tierreich gleich sein. Genaueres weiß man darüber noch nicht, aber fleißige und gescheite experimentelle Ansätze haben uns heute doch so weit gebracht, daß wir Fakten und Theorien zumindest vorweg diskutieren können.

Anhand zweier Beispiele sei dies hier getan: Die Frage der Geruchsstoffspezifität bei Insekten ist bei der Wanderheuschrecke Locusta migratoria, die Frage der Empfindlichkeit eines Insekten-Geruchssensors beim Männchen des Seidenspinners Bombyx mori eingehend untersucht worden. Dietrich Schneider – von ihm war bereits die Rede – hat hier mit seinen Mitarbeitern wegweisende Arbeit geleistet.

Heuschrecken fressen bekanntlich Blattwerk, insbesondere Gras. Ihre Riechorgane sind vor allem darauf eingerichtet, diese Futterstoffe zu identifizieren. Entsprechend sind sie besonders auf die flüchtigen Komponenten des Grases spezialisiert, von dem sie schon sehr geringe Konzentrationen in der Luft wahrnehmen können: das sind speziell

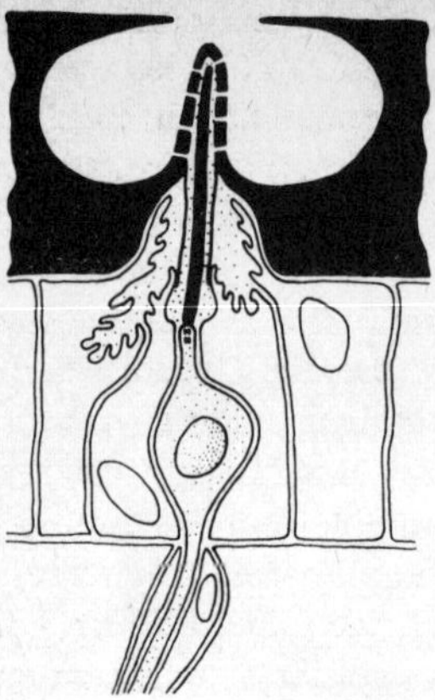

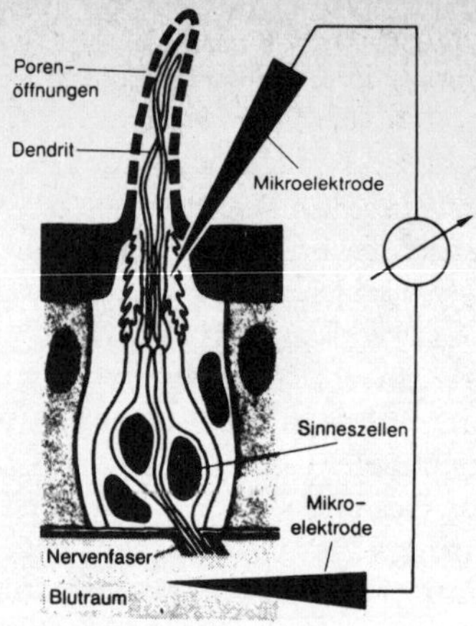

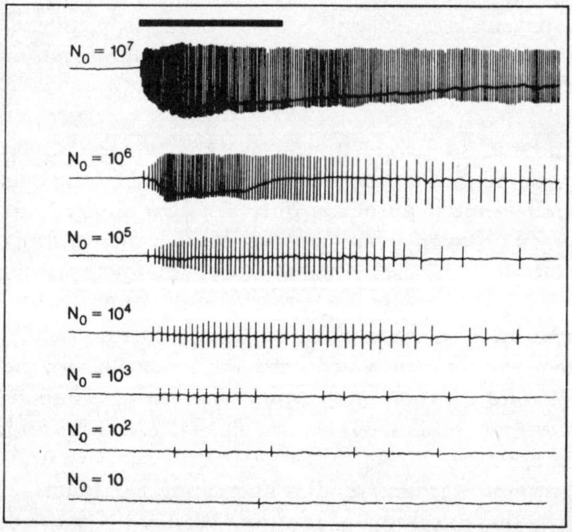

Abb. 16–1 (oben links) Grubenkegel-Sinnesorgan bei der Wanderheuschrecke. Von den drei vorhandenen Sinneszellen ist der Übersicht halber nur eine gezeichnet.

Abb. 16–2 (oben rechts) Ableitung der elektrischen Erregung aus einem (schematisierten) Geruchsorgan mit Mikroelektroden

Abb. 16–3 (unten) Reaktion einer Riechzelle eines Grubenkegelorgans (vgl. Abb. 16–1) auf Reize unterschiedlicher Geruchsstoffkonzentration. Mit N_0 wird die Zahl der Duftstoffmoleküle bezeichnet, die in der Reizzeit auf eine Fläche von der Größe der Grubenöffnung trifft.

ungesättigte Fettsäuren, Alkohole und Aldehyde. Die Riechsensoren der Wanderheuschrecke sind kegelförmig ausgebildet, aber in eine Grube eingesenkt, die über einen zentralen, kreisrunden Porus (also eine winzige Öffnung) mit der Außenwelt in Verbindung steht. Nach ihrer Form heißen diese Sensoren auch ›Grubenkegel‹-Geruchsorgane (Abb. 16–1). Gewöhnlich befinden sich drei Sinneszellen in einem Grubenorgan, die je einen reizempfindlichen Sinneszellfortsatz, den sogenannten Dendriten, in die kegelförmige Struktur des Skelettpanzers entsenden. Dieser Kegel ist seitlich durchlöchert, und vieles spricht für die Annahme, daß die Riechstoffmoleküle durch diese Löcher bis zu den Dendriten gelangen können. Von den Sinneszellen laufen Nervenfasern zum zentralen Nervensystem. Diese Sinneszellen sind von Hüllzellen umstellt, die nach außen eine Flüssigkeit abgeben. Das ist für ihre Funktion unerläßlich, denn im Gegensatz zu den meisten technischen Sensoren arbeiten die biologischen Sensoren ›naß‹; sie verlieren ihre Funktion sofort, wenn sie austrocknen.

Will man wissen, wie die Sinneszelle auf Duftmoleküle reagiert, so läßt sich das nur über einen einzigen Weg feststellen: es müssen elektrische Erscheinungen innerhalb der Zelle oder nahe an der Zellengruppe oder in ableitenden Nerven gemessen werden. Dazu wird eine Mikroelektrode – eine mit leitender Flüssigkeit gefüllte Glasröhre, deren Spitze aufs allerfeinste ausgezogen ist – in die Basis des Riechkegels gestochen, eine zweite Elektrode aber in den Blutraum des Tieres. Über Verstärker werden diese Elektroden mit Meß- und Registriergeräten verbunden. Wird nun auf das Tier ein Luftstrom gerichtet, der Duftstoffmoleküle enthält, und reagiert das Insekt auf den Duft, so wird an der rezeptiven Sinneszellenmembran eine Spannungsschwankung auftreten – ähnlich, wie wir sie am Beispiel des Pacinischen Körperchens kennengelernt haben. Die Schwankung wird über die Elektroden abgegriffen und üblicherweise auf einem Oszillographen-Schirm sichtbar gemacht. Auch hier tritt die langsame Spannungsschwankung, die an anderen Stellen der Sinneszelle in eine Spikeserie umgesetzt wird, wieder auf; da die Spannungsschwankung die Spikes ›generiert‹, bezeichnen sie die Elektrophysiologen auch als ›Generatorpotential‹.

Mit günstig gelagerten Elektroden (Abb. 16–2) kann nun beides abgegriffen werden, die Spannungsschwankung und ihre Frequenzmodulation, die der Schwankung proportionale Spikeserie. Für den Grubenkegel auf der Antenne einer Wanderheuschrecke sieht das dann so aus wie in Abb. 16–3. Hier wurde als Reizstoff eine Probe aus einer bestimmten chemischen Verbindungsgruppe, ein sogenannter Aldehyd, verwendet. Die Chemiker nennen ihn: Trans-2-Hexenal. In dem Experiment sollte die Reaktion einer Riechzelle auf verschieden starke Konzentrationen dieser Testsubstanz geprüft werden. Der obere dicke Balken der Graphik gibt die Zeitdauer an, während der die Substanz dem Luftstrom beigemengt worden war; die Reizzeit war in diesem Fall etwas länger als eine halbe Sekunde (genau: 0,6 s). Die während dieser Reizzeit abfallende zentrale Linie entspricht dem Generatorpotential; die sehr kurzen, hohen Impulse sind die Nervenaktionspotentiale oder Nervenspikes. In großen Zügen läßt sich der Darstellung folgendes entnehmen: Je höher die Zahl der auftreffenden Moleküle, desto höher ist das Generatorpotential, desto mehr Spikes treten auf. Im Experiment wird die Ableitung nach entsprechender Leistungsverstärkung gewöhnlich auch einem Lautsprecher zugeführt. Die kurzen Spikes erzeugen dann knackende Geräusche, und die ganze Folge rattert wie ein Maschinengewehr. Kafka schreibt sehr anschaulich: »Wir können dann also auch ›hören‹, wie die Bienen, Schmetterlinge, Ameisen und Heuschrecken ›riechen‹.« Dieser Satz stammt nicht vom Schriftsteller Franz Kafka, der in einer Kurzgeschichte die Verwandlung des Herrn Samsa in einen Käfer beschrieben hat, sondern vom Seewiesener Verhaltensphysiologen W. A. Kafka. Mit seiner surreal anmutenden Vertauschung der Erfahrungsebenen könnte er aber fast von jenem erstgenannten Autor stammen, der übrigens stets ein bei Literaten seltenes Interesse für die Naturwissenschaften bekundet hat.

Die untere Grenzkonzentration bei Geruchswahrnehmungen von Heuschrecken beträgt $N_0 = 10$ Moleküle; hier wird ein einziger Spike generiert. Auf die Grubenöffnung des Sinnesorgans müssen dabei in der halben Sekunde 10 Moleküle auftreffen, das heißt also im Durchschnitt jede zwanzigste Sekunde eines. Das ist ein überraschend geringer Wert. Bei $N_0 = 10^6$ spiegeln das Generatorpotential und die Spikeverteilung den Reiz besonders deutlich wider, während die Verhältnisse bei $N_0 = 10^7$ einen durchaus ›übersättigten‹ Eindruck machen. Zwischen $N_0 = 10$ und $N_0 = 10^6$ scheinen sich zunehmende Duftstoffkonzentrationen in zunehmender Sinneserregung widerzuspiegeln. Das Sinnesorgan arbeitet also ohne Bereichsumschaltung über den wirklich außergewöhnlich großen Bereich von fast 1:1000000 verläßlich!

Diese Ergebnisse gelten aber nur für einen ganz bestimmten Stoff, eben das angegebene Hexenal. Das gleiche Experiment läßt sich nun mit anderen Stoffen wiederholen. Diese können dem Reizstoff chemisch ähnlich sein, wobei entweder die ›geometrische Konfiguration‹ der Moleküle ähnlich ist oder die ursprüngliche Molekülkonfiguration systematisch abgewandelt wurde. Mit nahezu 400 Molekülabwandlungen sind solche Experimente tatsächlich gemacht worden; man kann sich vorstellen, welch mühevolle Arbeit das ist. Zusammengenommen aber stehen alle die vielfältigen Ergebnisse im Einklang mit der folgenden Vorstellung: Auf der Membran der Sinneszellen sitzen Akzeptoren, das heißt Moleküle bestimmter geometrischer Form. Durch die Poren des Grubenkegels diffundieren die Geruchsstoffmoleküle ein, die in der Luft enthalten sind. Vielleicht sollte man besser sagen ›die in der Luft herumschwirren‹, denn sie sind ja in ständiger zitternder, thermischer Bewegung. Dementsprechend werden sie auch häufig an die Rezeptormembran anstoßen, vielleicht einige hundert Male in der Sekunde. Unter Drehungen und Wendungen purzeln sie so hin und her, bis sie zufällig einmal auf ein Akzeptormolekül der Membran aufprasseln, in das sie passen wie ein Schlüssel ins Schloß. Wenn das geschehen ist, wird die Membran an dieser Stelle verändert; es erfolgt die beschriebene »Depolarisation‹, eine sich ausbreitende Erregungswelle setzt ein. Jedes Duftstoffmolekül trägt um sich ein elektrisches Feld, ebenso jedes Akzeptormolekül. Die Hypothese fordert nun, daß über die aus diesen elektrischen Feldern resultierenden elektrischen Bindungskräfte das ›Zusammenschnappen‹ geometrisch zusammenpassender Duftmoleküle und Akzeptormoleküle bewerkstelligt wird. Im Moment des Zusammenschnappens ändern sich die elektrischen Verhältnisse drastisch und könnten Anlaß zu der geschilderten elektrischen Erregung der Rezeptormembran – und in der Folge zur Bildung der Nervenaktionspotentiale sein.

Manches spricht dafür, daß auf der Rezeptormembran einer Sinneszelle nur ein Akzeptortyp anzutreffen ist. Angenommen aber, es gäbe drei geometrisch unterschiedliche Akzeptoren, dann könnten drei verschiedene geometrisch einpaßbare Duftstoffmoleküle Erregungen auslösen: immer dann, wenn ein bestimmtes Duftstoffmolekül ›seinen‹ Akzeptor findet. Die Zelle könnte dann vielleicht drei unterschiedliche elektrische Erscheinungen ablaufen lassen, je nachdem, welches von den drei möglichen Akzeptor-Duftmoleküle-Paaren sich gerade gefunden hat. Wenn das Zentralnervensystem in der Lage ist, diese drei unterschiedlichen elektrischen Erscheinungen zu ›lesen‹, könnte das Tier mit einer solchen Sinneszelle drei verschiedene Gerüche wahrnehmen.

Nun läßt sich auch unschwer weiter überlegen, wodurch die unterschiedlichen Geruchsschwellen festgesetzt werden. Manche Substanzen riecht man besonders gut, andere müssen schon in außerordentlich starker Konzentration vorhanden sein, bevor der Geruchssinn sie wahrnimmt. Nehmen wir an, in einem Kubikzentimeter Luft sei die gleiche Anzahl von Duftstoffmolekülen zweier verschiedener ›Düfte‹ enthalten. Sie prasseln also mit gleicher Wahrscheinlichkeit gegen die Rezeptormembran. Je leichter sich nun ein solches Duftstoffmolekül in sein Rezeptormolekül einzupassen vermag, und je mehr für dieses Duftmolekül passende Rezeptormoleküle auf der Membran vorhanden sind, desto eher und leichter wird die Paarbildung und folglich auch die Membranerregung stattfinden können.

Das ist nun gerade bei einem Duftstoff der Fall, der das Wirkprinzip eines der faszinierendsten Systeme geruchlicher Fernorientierung ist: beim Bombykol der Seidenspinnerweibchen. Erwähnt wurde, daß eine Erregung bereits dann ausgelöst wird, wenn ein einziges solches Duftstoffmolekül auf die Antenne des Männchens auftrifft. Wofür hat die Natur diesen bis zur äußersten Grenze getriebenen Mechanismus entwickelt? Die echten Spinner, auch die nahe verwandten Pfauen- oder Augenspinner, sind interessante Schmetterlingsfamilien. Es gibt wahre Riesenformen unter ihnen, deren größte eine Spannweite von knapp dreißig Zentimetern erreicht. Auch gehören die berühmten Seidenproduzenten des alten China zu den Spinnern, und schließlich ist die Riechfähigkeit mancher Spinnermännchen phänomenal.

Die Natur arbeitet vielfach nach dem Gesetz der großen Zahl. Das muß auch die experimentelle Technik berücksichtigen. Bei den meisten Fragestellungen ist ein einziges Experiment nicht beweiskräftig. Zehn oder hundert oder noch mehr Untersuchungen sind anzustellen – dann erst bekommt man prozentuale Aussagen, die im Rahmen bestimmter, vorgegebener Fehlergrenzen verbindlich sind. Solche Überlegungen gelten auch für die im folgenden beschriebenen ›Auffindeversuche‹.

Die Weibchen vieler Spinner sind eigentlich nur eierproduzierende Säcke mit stark reduzierten Flügeln. Sie können nicht mehr die Männchen aufsuchen, so wie ein begattungswilliges Mückenweibchen in einen Männerschwarm hineinfliegt. Sie müssen die Männchen vielmehr anlocken: Sie sind die Sender, die Männchen die Empfänger. Die Weibchen besitzen ausstülpbare Duftdrüsen, aus denen sie einen Sexuallockstoff an die Luft abgeben. Von den Windströmungen wird der Lockstoff, stark verdünnt, kilometerweit mitgenommen. Die Männchen mit ihren Geruchssensoren auf den riesenhaft ausgebildeten Antennen nehmen den Lockstoff noch in stärkster Verdünnung wahr, fliegen in die Richtung größerer Konzentration, also gegen den Wind, und finden so das Weibchen. Als markierte Männchen des Chinesischen Augenspinners 11 km von einem Weibchen entfernt ausgesetzt wurden, das in einem Holzkäfig an einen Baum gehängt worden war, fanden nicht weniger als 26% der Männchen zum Käfig; und als man das Experiment wiederholte und die Männchen in rund 4 km Entfernung freiließ, trafen sogar 46% ein – ein wahrhaft imponierendes Ergebnis.

Zu den echten Spinnern gehört der Seidenspinner Bombyx mori, der auch in Mitteleuropa eine Heimat gefunden hat – besonders in den Laboratorien der Forscher. Der bekannte Biochemiker und Nobelpreisträger Adolf Butenandt hat mit seiner Arbeitsgruppe den Sexuallockstoff dieses Tieres analysiert. Nicht weniger als eine halbe Million weibliche Falter sind zu diesem Zweck verarbeitet worden! In seiner chemischen Struktur ist dieser Lockstoff ziemlich einfach, und er kann auch chemisch synthetisiert werden. Dieser künstlich hergestellte Lockstoff wirkt biologisch genauso wie der natürliche. Es ist ein einfacher Alkohol, allerdings nicht der hierzulande auch nach Verabschiedung des 0,8-Promille-Gesetzes noch immer sehr geschätzte Äthyl-Alkohol, sondern ein Alkohol mit 16 C-Atomen und der Summenformel $C_{16}H_{30}O$. In glücklicher Zusammenarbeit zwischen den Biochemikern und der Arbeitsgruppe um Dietrich Schneider wurde nun mit Hilfe dieses künstlich hergestellten Sexuallockstoffs das Riechvermögen der Empfänger, der Seidenspinnermännchen, untersucht.

Wenn ein Luftstrom nur 200 Moleküle dieses Sexuallockstoffs in einem Kubikzentimeter enthält, zeigt das Tier schon deutliche Verhaltensreaktionen. Es schlägt heftig mit den Flügeln auf und ab und führt Suchbewegungen aus. Den Forschern ist es gelungen, die Riechsinneszellen elektrophysiologisch zu überprüfen. Bei 10^7 Molekülen in einem cm^3 Luft wurde die Riechzelle aktiv, bei maximal 10^{10} Molekülen pro cm^3 erreichte sie ihr Sättigungsniveau – das heißt: bei weiterer Erhöhung der Duftstoffkonzentration gab sie keine stärkeren Antworten mehr. Die Rezeptorzelle reagiert also innerhalb eines Konzentrationsbereichs des Duftstoffes, der im Verhältnis von höchstens 1:1000 steht. Dabei zeigt sie das typische Verhalten vieler Sinnesorgane: mit steigender Reizgröße (hier: Duftstoffkonzentration) steigt die Erregung nicht linear, sondern in Form einer S-förmigen Kurve, deren mittlerer Bereich dem Logarithmus der Duftkonzentration proportional ist. Die Techniker unter meinen Lesern werden sofort verstehen, was das bedeutet: die Möglichkeit, ohne Umschaltung einen großen Meßbereich zu überdecken. Im einzelnen sei's hier nicht weiter erklärt, denn es führt zu weit von der eigentlichen Frage ab: Wie empfindlich ist dieser Geruchssensor?

Werden die Duftstoffkonzentration in der Luft, die geometrische Verteilung der Sinneszellen auf der Antenne, die Antennenform selbst sowie einige andere Randbedingungen in Betracht gezogen, so läßt sich berechnen, wie viele Moleküle in der Zeiteinheit auf den empfindlichen Teil einer solchen Sinneszelle fallen müssen, damit sie gerade noch reagiert. Es ergab sich der Wert von 10^3 pro Sekunde. Das ist ein formaler Wert, der besagt, daß an der Reizschwelle in der Sekunde mindestens ein Molekül auf eine von tausend Sinneszellen trifft. 40000 solcher Zellen besitzt das Männchen, also müssen in der Sekunde rund 40 Moleküle auf den gesamten Sensor fallen, wenn das Tier den Sexuallockstoff gerade noch riechen soll. Rechnet man indes weiter, so ergibt sich – gesichertes Ergebnis! –, daß bereits ein einziges Molekül, das irgendwann irgendwo auf eine empfindliche Stelle des Sensors fällt, einen Riecheindruck hervorrufen kann. Genauer läßt sich ein solches Meßgerät nicht mehr konstruieren, denn weniger als ein Molekül Duftstoff gibt es nicht!

Hier ist allerdings noch ein Genauigkeitskriterium, besser gesagt: noch ein Empfindlichkeitskriterium in Betracht zu ziehen. Der Sensor reagiert dann, wenn ein Molekül aufgetroffen ist. Wenn das Molekül aber im Luftstrom hart am Sensor vorbeifliegt und nicht aufprallt, kann er nicht reagieren. Es ist also anzunehmen, daß die Natur dieses biologische Meßgerät so gebaut hat, daß es möglichst quantitativ, das heißt vollständig, die Moleküle aus dem Luftstrom herausfiltert. Und genau das scheint der Fall zu sein. Sehr suggestiv zeigt das der Schattenriß eines kleinen Teils der Männchenantenne (Abb. 16–4). Ganz ähnlich wie bei der Vogelfeder gehen von einem Hauptast Seitenäste erster Ordnung ab und von diesen nach beiden Seiten sehr feine Seitenästchen zweiter Ordnung. Man spricht hier vom Antennenstamm, den Ästen und den Riechhaaren. Diese Riechhaare sind nur etwa einen zehntel Millimeter lang. Der Physiologe nennt sie auch ›haarförmige Sensillen‹ oder, in wörtlicher Übersetzung, ›sensilla trichodea‹. Sie werden von den Sinneszellen innerviert, die auf den Sexuallockstoff ansprechen. Der Eindruck eines Siebs oder Filters drängt dem sich auf, der diese Antenne auf ihre Eignung als ›Molekülfänger‹ prüfend betrachtet. Ihre geometrische Konfiguration zeigt alle Merkmale, die geeignet sein könnten, den Luftstrom, der durch ihre Gesamtfläche streicht, möglichst optimal nach Geruchsstoffmolekülen zu durchkämmen.

Dieser Geruchssensor spricht nicht allein auf Bombykol an. Kein einziges bekanntes Sinnesorgan reagiert nur auf eine ganz bestimmte Reizart, meist sogar nicht nur auf eine einzige Reizform oder Reizmo-

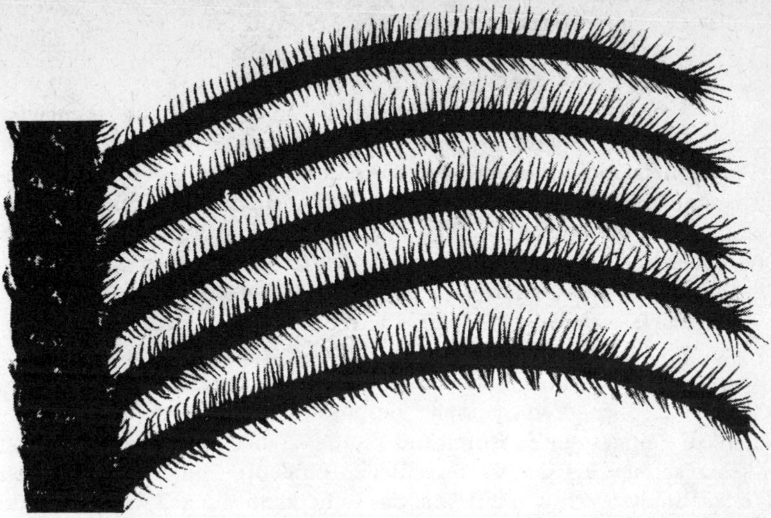

Abb. 16–4 Feine Riechhaare auf den Antennenästen des männlichen Seidenspinners formen in ihrer Gesamtheit eine Art ›Duftstoffmolekülfilter‹

dalität. Selbst unser Auge ist nicht ausschließlich Lichtempfänger, sondern kann durchaus auch als Druckempfänger reagieren. Die Faust aufs Auge führt ja nicht Licht zu, sondern kinetische Energie, und trotzdem ›sieht‹ der Betroffene einen Lichtblitz. Entsprechend reagiert der Geruchsrezeptor auch auf andere Substanzen, allerdings merklich schwächer. Der gleiche Lockstoff in einer anderen geometrischen Form (der Chemiker spricht von ›geometrischen Isomeren‹) muß hundert- bis tausendfach stärker angeboten werden als die ›richtige‹ Form des Stoffs, wenn es zur Erregung kommen soll. Wieder andere Stoffe wirken erst in noch stärkerer Konzentration.

Diese Eigenschaft von Geruchsrezeptoren, auf verschiedene Stoffe anzusprechen, dies aber mit unterschiedlicher Empfindlichketi zu tun, scheint recht weit verbreitet zu sein. Bei näherem Nachdenken wird dann auch klar, daß das zentrale Nervensystem mit solchen Rezeptoren, deren Ansprechbarkeitsbereiche sich überlappen, mehr Geruchsqualitäten unterscheiden kann als Rezeptortypen da sind. Würden sie sich nämlich nicht überlappen, so könnte jeder Rezeptor nur auf eine einzige Geruchsqualität ansprechen. Dieser Gesichtspunkt ist außerordentlich interessant und wird zur Zeit von den Forschern weiter verfolgt: Die Natur scheint hier ganz anders konstruiert zu haben, als ein Techniker das täte.

Ein Techniker, vor die Aufgabe gestellt, solche Sensoren zu entwickeln, wäre froh, wenn seine Apparate auf einen bestimmten Reiz ansprächen und nicht auf alle möglichen: Die Information, die dann aus dem Apparat herauskäme, wäre eindeutig mit dem gewünschten Reiz gekoppelt. Wenn ein CO_2-Instrument einen Ausschlag zeigt, so soll das auch zweifelsfrei bedeuten, daß CO_2 vorhanden ist.

Ganz anders die Natur. Die einzelnen Sensoren scheinen nicht streng spezifisch zu sein, jeder reagiert auf verschiedene Substanzen, aber, und das ist der springende Punkt: er reagiert in unterschiedlicher Weise auf diese verschiedenen Substanzen. Gibt man die Informationen solcher Sensoren in einen Computer, der weiß, ›wie unterschiedlich‹ die einzelnen Sensoren auf die Substanzen reagieren, so kann dieser gerade aus den Unterschieden eindeutig auf die Substanzen rückschließen. Und nicht nur das – er kann auch Zwischenwerte herausrechnen, die er mit ›eindeutigen‹ Rezeptoren nicht bekäme, weil die ja immer nur ganz grob angeben könnten, ob etwas da ist oder nicht.

Abschließend sei die Riechzelle eines Insektes mit einem technisch-chemischen Geruchsdetektor verglichen, einem Gaschromatographen. Die Abb. 16–5 zeigt einen Insekten-Geruchssensor in schematischer Darstellung. In das chitinöse Haargebilde reicht ein Ausläufer der Rezeptorzelle hinein. Die Haarwand hat Poren mit einem mittleren Durchmesser von 100 Å. Ein darunter gelegener Vorraum zweigt sich in gleich dicke, feinste Schläuche auf, die durch das Lumen bis zur Rezeptormembran wandern. Es ist nicht gesichert, aber anzunehmen, daß die Duftstoffmoleküle durch die Poren und die sogenannten Mikrotubuli zur reizempfindlichen Membran des Sinneszellausläufers, des Dendriten, wandern. In der bereits mehrmals geschilderten Weise entsteht als Antwort auf den Reiz (auftreffende Geruchsstoffmoleküle) ein Rezeptorpotential an der aufnehmenden Membran, das sich über die Sinneszelle weiter ausbreitet. An anderer Stelle führt es zur Entstehung der Nervenspikes, die schließlich die Information zum zentralen Nervensystem weiterführen.

Ein Gaschromatograph wiederum arbeitet wie folgt (Abb. 16–6): Einem Trägergas, meistens Stickstoff, wird der Geruchsstoff zugemischt. Das Gemisch strömt nun über eine sogenannte ›Säule‹, ein geeignetes Leitungssystem, in dem das Trägergas und das zu prüfende Gas verschieden schnell wandern. Aus dieser Verschiedenheit ergeben sich charakteristische Verzögerungen; am Ende der Säule kommt von

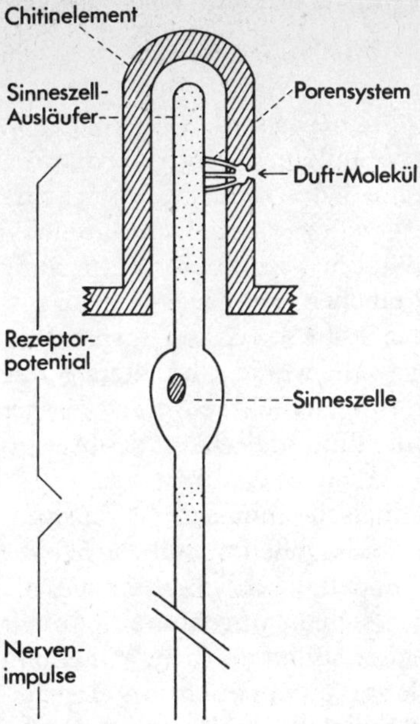

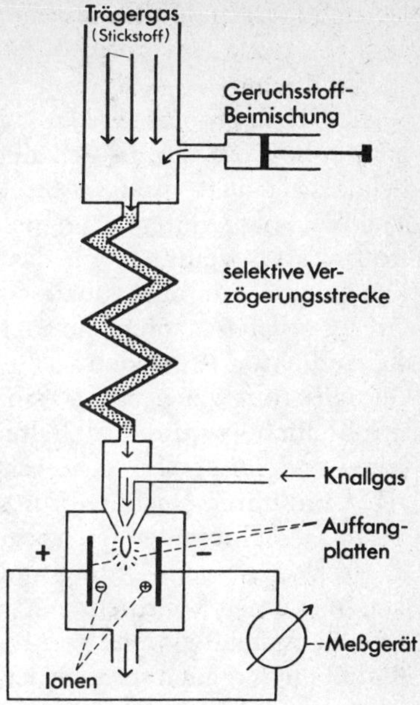

Abb. 16–5 (links) Schema einer Riechzelle

Abb. 16–6 (rechts) Schema eines Gaschromatographen

Zeitpunkt zu Zeitpunkt nicht gleich viel Prüfsubstanz an, obwohl sie am Anfang der Säule gleichmäßig beigemischt worden ist.

Am Säulenende wird der Geruchsstoff nun in einem Knallgasgebläse verbrannt (das Trägergas Stickstoff bleibt dabei unverändert). Es entstehen Ionen, die elektrisch angezeigt werden können. Nach Eichung des Geräts läßt sich aus der Größe und Richtung der elektrischen Anzeige in gewissen Grenzen auf die Testsubstanz rückschließen. Verschiedene Substanzen werden verschiedenartige Ausschläge vorrufen. Ist die Variationsbreite bekannt, so kann mit einiger Wahrscheinlichkeit gesagt werden, um welche Substanz es sich gehandelt hat. Der Gaschromatograph ist also nach seinem Grundprinzip ähnlich konstruiert wie der Insekten-Geruchssensor mit nachgeschaltetem, informationsverarbeitendem ›Computer‹, sprich Zentralnervensystem. Seine Empfindlichkeit bleibt allerdings weit unter der des natürlichen Sensors: pro Kubikzentimeter und Sekunde müssen mindestens 10^{10}

Geruchsstoffmoleküle auftreffen, wenn das Gerät noch sicher ansprechen soll. Die Antenne von Bombyx mori aber ist rund tausendmal empfindlicher…

Die Überlegenheit der Natur gilt nur für diesen speziellen Vergleich. Nicht alle Geruchssensoren sind so empfindlich, müssen so empfindlich sein. Nicht immer geht es darum, jedes einzelne erreichbare Molekül aufzugreifen, denn nicht immer ist der empfangene Geruchsstoff so stark verdünnt wie das Bombykol in 5 Kilometer Entfernung von einem duftstoffproduzierenden Weibchen. Die Heuschrecke mit ihren Geruchssensoren, die auf flüchtige Stoffe der Gräser ansprechen, die in dichten Schwaden in die Luft geweht werden, hat stets genug Geruchsstoffe verfügbar. So sind auch ihre Geruchssensoren weniger empfindlich. In ihrem Fall halten sich die Empfindlichkeit der biologischen und der besten technischen Meßgeräte etwa die Waage.

Die Einführung in diese sinnesphysiologisch-technischen Erörterungen hat mit einem Vergleich begonnen, dem Größenmodell von Schabe und schwingendem Untergrund. Am Modell einer Riesenschabe, die sich über einen Kontinent erstreckt, ließ sich die ungeheure Kleinheit einer Schwingungsweite von 10^{-9} cm anschaulich machen. Mit einem ähnlichen Vergleich sei auch der Ausklang dieser Betrachtung eingeleitet. Es war davon die Rede, daß 200 Moleküle des Sexualstoffs im Kubikzentimeter Luft sein müssen, wenn das Seidenspinnermännchen noch reagieren soll. Wie viel, beziehungsweise wie wenig ist das?

Es ist ungeheuer wenig. Auf Meeresniveau enthält 1 cm^3 Gas rund 10^{19} Moleküle. Das sind:

10 000 000 000 000 000 000 Moleküle!

Die Aufspürung eines Moleküls unter zweihundert Molekülen in dieser Riesenmenge ist wahrhaft ein sehr seltenes Ereignis. Würden wir in Gedanken hundert Liter reinen Sexuallockstoffs – der Inhalt eines mittleren Bierfasses – ins Meer schütten und den Stoff gleichmäßig in alle Ozeane der Welt verteilen, dann hätten wir im Kubikzentimeter Wasser etwa 200 Moleküle Lockstoff!

Die Forschung schreitet voran – täglich bringt sie neue Ergebnisse. So ist es in jedem Teilgebiet, in der Atomphysik nicht anders als in der Riechphysiologie. Es gibt aber auch außerordentlich viele und vielfältige Fragen zu lösen.

Bereits in der äußeren Gestaltung sind die Sinnesorgane von geradezu irrsinniger Vielfalt. Die moderne Erfindung des Rasterelektronenmikroskops ermöglicht es, die Oberflächenstruktur von Sinnesorganen in plastischen Aufnahmen von verblüffender Tiefenschärfe darzustellen. Mit Ultradünnschnitten und unter Verwendung des klassischen

Elektronenmikroskops kann der Beobachter immer tiefer in die Feinstruktur des Rezeptors eindringen.

Ein großes Wunschziel dieser Forschungen ist es, daß die Morphologen, die die geschilderten elektronenmikroskopischen Untersuchungen vornehmen, und die Physiologen, die zum Beispiel die elektrischen Erscheinungen in einer Sinneszelle nach Eintreffen eines Reizes analysieren, ihr Wissen eines Tages zusammenbringen mögen. Hier bleibt noch vieles zu leisten. Zwar kennen wir zahlreiche Details, aber die wesentlichen Grundfunktionen sind uns immer noch reichlich wenig bekannt. Wie die unerhört dünne Rezeptormembran im einzelnen etwa gebaut ist, und wie sie konkret den Reiz in elektrische Erregung umwandelt, ist fast vollständig unerforscht. Sicher ist, daß dabei Ionen fließen, und als sicher ist auch anzunehmen, daß sich die molekulare Struktur der Membran ändert, wenn bestimmte Ionen in bestimmte Richtungen fließen. Alles weitere jedoch ist heute noch reine Spekulation. Spekulation allerdings, die im Einklang mit dem gegenwärtigen Wissen steht, eine Serie naturwissenschaftlicher Hypothesen also. Aber man sollte nicht ungeduldig sein.

Gemessen an der Menschheitsgeschichte beginnen wir eben erst, wissenschaftlich zu denken und zu arbeiten. Eine wie kurze Zeit sind die rund hundert Jahre Forschungsgeschichte, in denen die Biologie das Messen gelernt hat. Exponentiell steigt das Wissen an. Die nächsten zehn Jahre werden die Summe vorliegender Informationen über Lebensprozesse mindestens verdoppeln. Ein Universitätsprofessor in hundert Jahren dürfte es nicht leicht haben – einen Mini-Bereich aus der Riesenmenge bekannter Fakten wird er nur noch beherrschen können. Aber was sind schon hundert Jahre? Noch vor einer Generation war es mit Anstrengung möglich, das Gesamtgebiet der Zoologie zu überschauen. Heute werden fast täglich in irgendeiner wissenschaftlichen Zeitschrift der Welt neuentdeckte Sinnesorgane, speziell von Insekten, beschrieben. Es handelt sich nicht um neuartige Sinnesqualitäten, wie wäre das auch denkbar, sondern um weitere Varianten aus der riesenhaften Menge abgewandelter Formen und Strukturen.

Eine dieser Varianten wollte ich hier abschließend beschreiben. Aus einem großen Stapel von Sonderdrucken hatte ich, ohne hinzuschauen, einen herausgezogen. In der Hand hielt ich eine Arbeit von Lewis und Marshall aus dem Jahre 1970. Diese beiden englischen Forscher haben eine Leuchtzikade untersucht, Pyrops candelaria, die sogenannte Chinesische Laternenfliege. Wie ihr Name schon sagt, ist sie keine richtige Fliege, sondern heißt nur so im deutschen Sprachgebrauch. Mit dem Rasterelektronenmikroskop hatten die Untersucher die Antennen

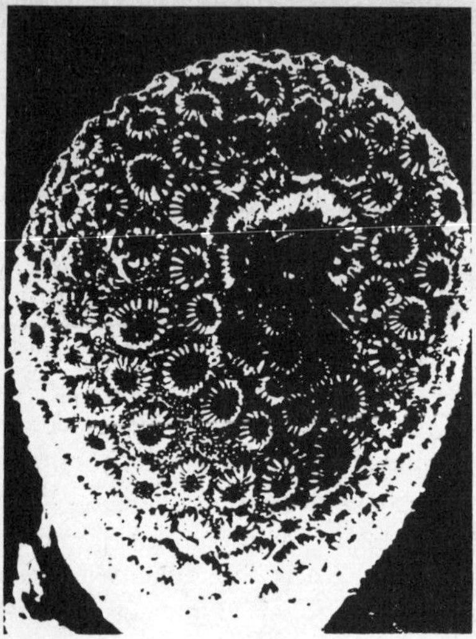

Abb. 16–7 (links) Porenplatten-Sinnesorgan auf dem Pedicellus-Glied der Antenne von Pyrops candelaria im rasterelektronenmikroskopischen Bild, hart umkopiert

Abb. 16–8 (rechts) Ausschnitt aus 16–7 bei stärkerer Vergrößerung

genauer untersucht. Auf einem der ersten Antennenglieder, dem sogenannten Pedicellus, entdeckten sie ganz regelmäßig gebildete blütenförmige Organe. Auf der unteren Vergrößerungsstufe des Rasterelektronenmikroskops – 140fach – sieht dieses Glied fast aus wie ein Korallenstock (Abb. 16–7). Die Forscher stellten das Stereoscan-Gerät nun auf eines dieser blütenähnlichen Gebilde ein und vergrößerten rund 1300fach: da löste sich die Struktur in eine Reihe zentraler Falten auf, die außen von helleren, vielfach gefälteten Randstücken umgeben erschienen (Abb. 16–8). Bei näherer Betrachtung der Randregion wurde dann sichtbar, daß die zentralen Falten mit feinsten Poren durchsetzt waren. Mit Hilfe einer ausgefeilten Technik ließ sich die Faltenstruktur nun in extrem dünne Scheibchen zerlegen und mit dem klassischen Elektronenmikroskop bei noch höherer Vergrößerung näher untersuchen. Die Autoren publizieren in ihrer Arbeit eine Reihe weiterer Bilder bis zum Vergrößerungsmaßstab von 63000. Sie zeigen, daß Sinneszellen Fortsätze in diese Falten schicken, die sich in eine ganz regelmäßig angeordnete Faserstruktur auflösen und den Poren entgegenziehen. Aus all diesen Einzelheiten kann der physiologisch orientierte Morphologe mit ziemlicher Wahrscheinlichkeit ableiten, daß es sich hier um ein Riechsinnesorgan handeln muß. Es läßt sich hier vom ›Typus der Porenplatten‹ sprechen, und die Autoren nehmen an, daß im Verlauf der Evolution kleinere Riechorgane zu großen plattenartigen Strukturen zusammengelegt wurden. Vielleicht arbeitet ein solcher Riechkomplex effektiver als eine Serie von Einzelelementen, die über eine große Fläche verstreut sind. Gewiß jedoch ist das nicht.

Zauber der Struktur – Zauber der Funktion? Was trifft zu für diese Aufnahmen von Lewis und Marshall? Es ist nicht so, daß der Wissenschaftler das Staunen ganz verlernt hätte. Er würde zwar sicher nicht so weit gehen, zu sagen: »Was soll das ganze Gerede von Struktur und Funktion und Wissenschaft – sind diese Dinge nicht einfach schön?« Aber die Freude an der Schönheit der Schöpfung ist legitim, und ihr kann sich der Wissenschaftler auch nicht ganz entziehen.

17
Radar, Sonar und akustische Peiler: Ortungssysteme in Biologie und Technik

Ausgehendes 18. Jahrhundert: Der Rausch des Rokoko ist verflogen. Der kühle Klassizismus bestimmt den Geschmack der Epoche. James Watt hat die Dampfmaschine erfunden, die Gebrüder Montgolfier erheben sich 1783 mit dem ersten Heißluftballon der Geschichte in die Lüfte. Cartwright leitet mit seiner Erfindung des mechanischen Webstuhls das Zeitalter der Industrialisierung im Textilwesen ein: 1785. Senefelder findet durch Zufall ein Verfahren, das die Drucktechnik revolutionieren wird – den Steindruck, die Lithographie. Der Sturm der Französischen Revolution brandet gegen eine morbide Gesellschaftsstruktur.

In dieser Zeit des Umbruchs, der beginnenden nüchternen Naturbetrachtung und Technifizierung der Produktion, experimentiert ein italienischer Mönch und Professor an der Universität Padua, Lazzaro Spallanzani. Seine Versuchsobjekte sind Fledermäuse. Er will wissen, wie es kommt, daß sie sich in stockdunklen Räumen orientieren können, daß sie darin umherfliegen, ohne anzustoßen. Die Augen können ihnen dabei nicht helfen, wenn nirgends auch nur der kleinste Schimmer Licht vorhanden ist. Geblendete Tiere – Spallanzani macht diese Probe – fliegen zudem genausogut wie Fledermäuse, deren Augen intakt sind. Trägt aber das Tier eine durchsichtige Kopfbinde, so versagt schlagartig sein phänomenales Orientierungsvermögen; es stößt beim Flug in Dunkelheit überall an. Ist die Kopfbinde undurchsichtig, geschieht genau das gleiche.

Spallanzani zog den richtigen Schluß, daß die Augen für die Orientierungsleistungen nicht zuständig sein könnten, daß vielmehr ein anderes Sinnesorgan arbeiten müsse, das durch die Kopfbinde in seiner Leistung beeinträchtigt werde.

Es war damals gute wissenschaftliche Sitte, Probleme mit Fachgenossen schriftlich zu diskutieren. So schrieb auch Spallanzani im Jahr 1793 an zahlreiche Fachkollegen an den berühmten gelehrten Schulen in Norditalien und fragte sie: »Wodurch, glaubt ihr wohl, sind Fledermäuse befähigt, im Dunklen zu fliegen?«

Der Rundbrief fiel auf fruchtbaren Boden. So begann zum Beispiel Charles Jurine mit Fledermäusen weiter zu experimentieren. Er fand heraus, daß sie sich im Dunklen nicht mehr orientieren können, wenn man ihnen die Ohren mit Wachskügelchen verstopft. Dieses Ergebnis stand im Einklang mit Spallanzanis Kopfbindenexperiment: Das Gehör war es! Tatsächlich ›hören‹ sich die Fledermäuse im Dunklen zurecht, so wie wir uns im Hellen um›sehen‹. Was aber hören sie? Diese Nuß war mit den Erkenntnismitteln der damaligen Zeit nicht zu knacken.

Spallanzani, skeptisch wie er war, hegte tiefes Mißtrauen gegen die Jurineschen Ergebnisse und begann daraufhin selbst erneut zu experimentieren. Er spannte feine Fäden kreuz und quer durch einen Raum, verdunkelte ihn und ließ die Fledermäuse fliegen. Sie stießen auch an feinste Fäden kaum jemals an. Außerdem konnten sie glatte Wände von rauhen unterscheiden, denn die letzteren flogen sie im Dunklen an und hingen sich daran mit den Fußkrallen zur Ruhe auf, die ersteren mieden sie. All diese Orientierungsleistungen gingen auffällig zurück, nachdem Spallanzani seinen Versuchsobjekten ein Ohr verstopft hatte, und sie hörten vollends auf, nachdem beide Ohren verstopft waren. Jetzt war auch der kritische Naturforscher überzeugt. Aber woher kamen die Töne, welche die Fledermäuse hörten? Spallanzani war sich sicher, daß die kleinen Flieger selbst Töne produzierten, doch hörte er keine Töne beim Vorbeiflug. Also mußten die Fledermäuse ›unhörbare Töne‹ hervorbringen. Niemand glaubte damals diese Hypothese, denn die Töne der Musik waren doch hörbar; wenn man nichts hörte, wurde eben kein Ton erzeugt. Insbesondere der berühmte Cuvier, Professor der Naturgeschichte in Paris, widersprach heftig und hielt ›unhörbare Töne‹ für einen erkenntnistheoretischen Widerspruch in sich. Aus diesem Grund, so meinte er, könnten Experimente überhaupt nichts beweisen.

Das ist eine sehr interessante Schlußfolgerung, denn sie zeigt – historisch schon spät – noch einmal die früher vorherrschende Art, wie philosophische Überlegungen dem naturwissenschaftlichen Experiment vorgezogen wurden. Die Logik, daß nicht sein kann, was nicht sein darf, war ja in der mittelalterlichen Scholastik durchaus üblich gewesen. Daß rein naturwissenschaftliche Fragen nur durch das naturwissenschaftliche Experiment eine adäquate Behandlung finden – diese heute fast triviale Erkenntnis hat eine lange und rückschlagreiche Geschichte. Zu Beginn des 19. Jahrhunderts konnte also eine philosophische Spitzfindigkeit eines einflußreichen Gelehrten naturwissenschaftliche Entdeckungen noch verhindern! Wäre Cuvier nicht gewesen, wer weiß – vielleicht hätte man das Fledermaussonar, den biologischen Vorläufer des Radars, hundert Jahre früher entdeckt. So aber geriet das Problem für ein volles Jahrhundert in Vergessenheit.

Im Jahre 1912 kollidierte der Schnelldampfer Titanic mit einem Eisberg und versank mit 1503 Menschen. Schlagartig wurde deutlich, wie wichtig Ortungssysteme wären, mit denen zum Beispiel Schiffe treibende Eisberge im Dunklen oder im Nebel aufspüren könnten. Man dachte an Schallimpulse, die vom Schiff ausgingen und vom Eisberg reflektiert werden könnten. Sir H. S. Maxim (der Erfinder des Maxim-Maschinengewehrs) erwog damals, angeregt durch die Orientierung der Fledermaus, ›unhörbaren Schall‹, ›Infraschall‹: Schallschwingungen also mit Frequenzen von weniger als 16 Hz (Schwingungen pro Sekunde), die das menschliche Ohr als Ton nicht mehr wahrnimmt. Etwa in diesem Rhythmus bewegen die Fledermäuse ihre Flügel, und eine Zeitlang blieb die irrige Vorstellung herrschend, als ob dieser Flügelschlag-Infraschall der Fledermausorientierung zugrunde liege.

Im Gegensatz dazu vermutete im Jahre 1920 H. Hartridge, der bekannte englische Nervenphysiologe, daß sich die Fledermäuse nicht mit Infraschall, sondern mit Ultraschall orientierten, den sie selbst produzieren. Ultraschall ist sehr hochfrequenter Schall mit Schwingungen von mehr als 15000–20000 Hz – für das menschliche Ohr ebenso unhörbar wie der Infraschall. Auf diese Vermutung scheint Hartridge durch Arbeiten des Physikers P. Langevine gekommen zu sein, der noch im Ersten Weltkrieg ein Verfahren zur Ortung von Gegenständen unter Wasser mit Ultraschallwellen entwickelt hatte. Langsam wurde so die Zeit reif für die Lösung des alten Spallanzani-Problems. Nach der Entwicklung der ersten Röhren-Verstärker konnten die Physiker darangehen, elektronische Ultraschall-Detektoren zu bauen, welche die unhörbaren Schallwellen aufnehmen, verstärken, umformen und als hörbaren Schall wieder abstrahlen sollten. Mit einem solchen Gerät, das der Physiker G. W. Pierce entwickelt hatte, gelang nun im Jahre 1938, kurz vor Ausbruch des Zweiten Weltkriegs, dem Zoologen D. Griffin in Amerika der erste experimentelle Nachweis für die Ultraschallorientierung der Fledermäuse. Viele weitere Experimente und Analysen zum Problem der Fledermausorientierung sind Griffin zu danken. 20 Jahre nach seinem ersten entscheidenden Experiment publizierte er seine Ergebnisse in einem zusammenfassenden, sehr anregend zu lesenden Buch, das er bezeichnenderweise ›Listening in the dark‹ nannte – ›Hören im Dunklen‹.

Sehr rasch bekamen die Forschenden heraus, daß Fledermaus nicht gleich Fledermaus ist, zumal nicht in bezug auf die Orientierungsleistungen. Von den großen Flughunden, die wie die einheimischen kleinen Fledermäuse zur Ordnung der Chiropteren gehören, bis zu den Fledermäusen im weiteren Sinne, besitzen die meisten kein Ultraschall-Ortungssystem. Eine Ausnahme ist der in der Dämmerung fliegende Nil-Flughund, Roussettus aegyptiacus. Die kleinen nachtjagenden Fledermäuse dagegen haben wohl ausnahmslos ein Ultraschall-System entwickelt. Aber auch hier hat die Natur nicht einen einheitlichen Mechanismus konstruiert; sie hat vielmehr zwei Typen verwirklicht, den Vespertilioniden-Typ und den Rhinolophiden-Typ.

Zur Familie der Vespertilioniden gehört zum Beispiel unser kleines einheimisches Mausohr Myotis. Es erzeugt die Ultraschallaute als kurze Knack-Impulse mit dem Mund und fängt den reflektierten Schall mit den Ohren auf, wobei es den Kopf zitternd hin- und herdreht. Zu den Rhinolophiden gehören zum Beispiel die einheimischen Hufeisennasen der Gattung Rhinolophus, diese seltsamen Tiere mit ihren Riesenohren und ihren plattgedrückten, an eine Bulldoggenschnauze erinnernden Nasen. Sie erzeugen in ihrem Kehlkopf länger dauernde, reine Töne sehr hoher Schwingungszahl (bis über 120 kHz), die über einen Verbindungsgang zur Nase geleitet und über die Nasenlöcher abgestrahlt weden. Die plattgedrückte, schüsselförmige Nasenoberfläche wirkt dabei wie ein Richtstrahler und wie ein Megaphon. Die Echos werden mit den Ohren wahrgenommen, die fein hin- und herspielen können. Nachdem diesc beiden grundsätzlich unterschiedlichen Typen der Ultraschall-Orientierung ausführlich untersucht worden waren – Forscher wie Griffin, Dijkgraaf, Möhres und ihre Mitarbeiter und Schüler wären hier zu nennen –, haben die Wissenschaftler in den letzten Jahren herausgefunden, daß es noch eine Reihe von Übergangsmöglichkeiten bei verschiedenen anderen Fledermausfamilien gibt. Beispielsweise produzierten Vertreter der Familie der Nycteriden kurze Orientierungs-Knallaute, entsprechen damit also dem Vespertilioniden-Typ. Sie stoßen diese Laute aber nicht durch den Mund aus, sondern durch die Nasenlöcher und besitzen auch einen Nasenaufsatz als ›Megaphon‹. In dieser Hinsicht entsprechen sie also wiederum dem Rhinolophiden-Typ. Es sieht also fast so aus, als ob diese tropischen Fledermäuse aus beiden Systemen jeweils das Beste übernommen hätten.

Die Geschichte der Erforschung der Fledermausorientierung ist ein faszinierendes Kapitel Wissenschaftsgeschichte, ist Beispiel auch für ein Grenzgebiet, auf dem Biologie und Technik sich treffen. Der

Zoologe Griffin und der Physiker Pierce mußten sich finden, bevor das Spallanzani-Problem endgültig gelöst werden konnte. So sind Biologie und Physik, Biologie und Technik stets auf Zusammenarbeit angewiesen, wenn biophysikalische Fragen aus dem großen Datenbuch der Natur bearbeitet werden sollen. Die Biologie lernt nicht nur von der Technik, sie übernimmt auch die technische Ausdrucksweise und Beschreibungsform zur Darstellung und Erklärung ihrer Phänomene. Andererseits kann sie dem Techniker immer wieder Anregungen für Neuentwicklungen und Spezialisierungen geben. Gerade die Erforschung der Fledermausorientierung hat das in den letzten Jahren gezeigt. Es ist nicht ausgeschlossen, daß von diesen Ergebnissen neuartige Impulse für die Radartechnik ausgehen werden, keine grundlegenden zwar, aber doch praktisch bedeutsame Verbesserungen. Immer weniger wird ja in unserer Zeit prinzipiell Neuartiges gefunden. Unendlich viel Mühe wird aber investiert, um Bestehendes zu verbessern, störungsunanfälliger zu machen, es auszuweiten. Die kleine Fledermaus hat wohl noch manchen Tip für die Radaringenieure bereit.

Wie funktioniert nun das Orientierungssystem der Fledermaus, und wie funktioniert das Radar? Beginnen wir mit der vom Menschen gemachten Apparatur: ›Radar‹ ist die Abkürzung von ›Radio Detecting And Ranging‹. Mit Hilfe hochfrequenter elektromagnetischer Wellen wird der Raum abgetastet, Hindernisse reflektieren die Strahlung, das Echo wird aufgenommen, verstärkt und sichtbar gemacht (Abb. 17–1). Aus der Laufzeit zwischen abgesandtem Impuls und aufgenommenem Echo kann man die Entfernung des Gegenstands erschließen, aus der Antennenstellung bei Maximalecho die Richtung und Höhe. Somit läßt sich ein Gegenstand im umgebenden Raum eindeutig lokalisieren. Der Sendeimpuls ist kurz, stark und hochfrequent: seine elektromagnetische Frequenz liegt bei einigen Millionen Hertz, die Impulsdauer bei einer millionstel Sekunde oder kürzer, seine Energie bemißt sich nach Tausenden von Kilowattstunden, seine Leistung beträgt (wegen der sehr kurzen Sendeimpulse) nur einige Kilowatt. Eine Steuerung schaltet in kurzen Abständen die Antenne an den Sender und an den Empfänger. Sie wirkt also abwechselnd als Abstrahler für den Impuls und als Aufnehmer für das zurückgelaufene Echo. Gleichzeitig dreht sie sich, den Raum abtastend, im Kreis herum. In ähnlicher Weise läuft, vom Steuerzentrum ›mitgenommen‹, auf dem Bildschirm des Empfängers ein Strahl im Kreis herum wie der Zeiger einer Uhr. Das Zentrum entspricht dem Antennenstandort, und die Strecke zwischen Zentrum und dem hellen Reflexionspunkt auf dem sonst unsichtbaren ›Zeiger‹ entspricht dem Abstand zwischen Antenne und Objekt. Die Nach-

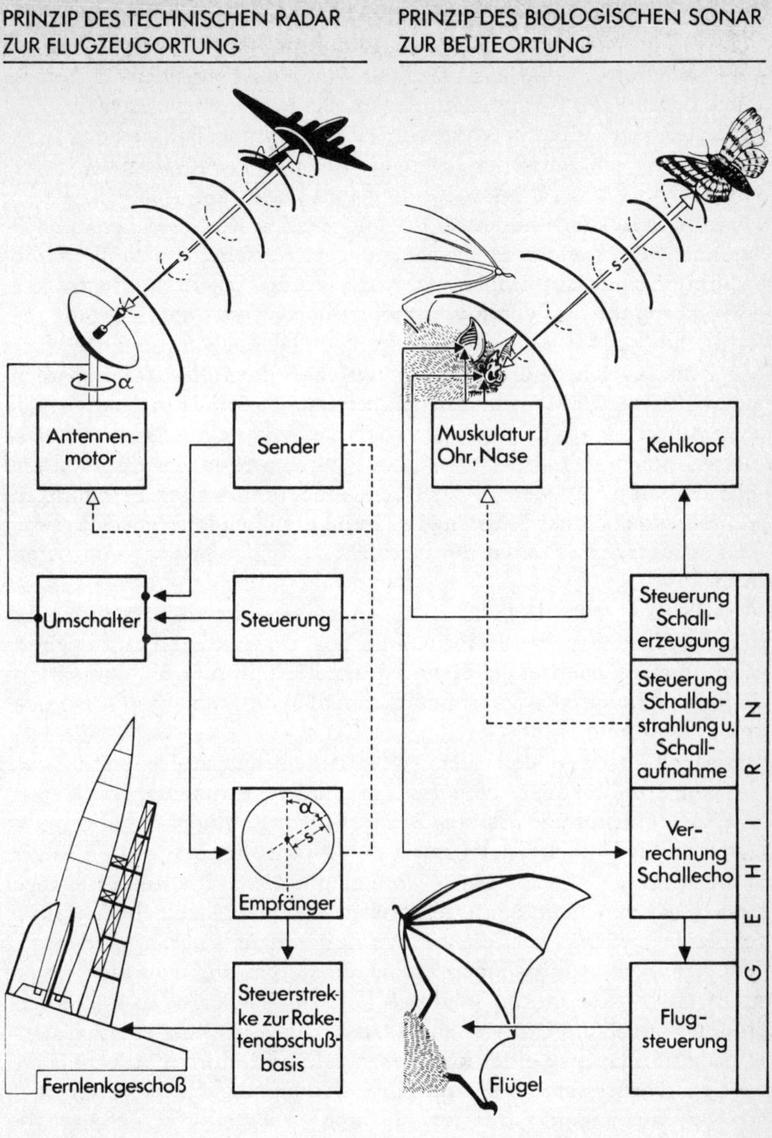

Abb. 17–1 Vergleich zwischen einem Flugzeugabwehr-Radar und dem Fledermaus-Sonar. Erklärung im Text

leuchtedauer des Schirmbildmaterials ist gerade so bemessen, daß der helle Punkt nach einem Umlauf der Antenne – des ›Zeigers‹ – langsam verschwindet. Das ist ganz ähnlich wie beim Fernsehen; die Nachleuchtedauer der Substanz auf der Bildröhre entspricht etwa der Zeit zwischen zwei Bildern. Viele Punkte in der Umgebung erzeugen ein Muster auf der Braunschen Röhre des Radargeräts, aus dem die Umgebung wieder zu erkennen ist. Beispielsweise läßt sich von einem Flugzeugradar aus eine Flußmündung in allen Konturen genau nachzeichnen. Ein entferntes Flugzeug dagegen erscheint nur als kleiner Lichtpunkt auf dem Empfänger. Nach jedem Zeigerumlauf wird sich der Lichtpunkt ein wenig verschoben haben, weil das Flugzeug den Raum durcheilt. Aus der Verschiebung und der bekannten Entfernung lassen sich Geschwindigkeit und Flugrichtung des Objekts herausrechnen. Und weil der Mensch fast alle technischen Errungenschaften auch dazu verwendet hat, seinesgleichen zu bekämpfen, können diese Informationen dazu benutzt werden, Raketen zu programmieren und ›mit Vorhalt‹ abzufeuern, so daß sie in einer bestimmten Zeit dort sein werden, wo auch das Flugzeug ist, wenn es ohne plötzliche Kursänderung weiterfliegt. Das ist ein mögliches Prinzip der Flugzeugabwehr (Abb. 17–1).

Im Prinzip ganz ähnlich, in manchen Details verblüffend übereinstimmend, arbeitet die Biologie. Statt hochfrequenter elektromagnetischer Impulse benutzt sie hochfrequente Schallimpulse. Man spricht deshalb nicht von ›Radar‹, sondern, in Anlehnung an diesen Ausdruck, von einem biologischen ›Sonar‹.

Als Erklärungsmodell diene eine Hufeisennasen-Fledermaus der Gattung Rhinolophus (Abb. 17–1). Das Steuerzentrum in ihrem Gehirn läßt über ein untergeordnetes Zentrum den Kehlkopf Schallimpulse erzeugen und justiert gleichzeitig die ›Nasenmuschel‹ mit Hilfe von Stellmuskeln. Aus der Nase werden die Ultraschallimpulse abgestrahlt; das Echo vom Beutetier, etwa von einem Nachtschmetterling, gelangt zu den Ohren. Diese können sich ihrerseits durch Aktivierung der Ohrmuskulatur besonders präzise einstellen; wenn die Fledermaus ruhig dahängt, vermögen sie durch Hin- und Herschwingen in einem breiten Bereich die Umwelt abzutasten. Die vom Ohr aufgenommene Information läuft zu einer Rechenzentrale im Gehirn, und von da aus werden über weitere Steuerstationen die Flugmuskeln so bewegt, daß die Fledermaus dem Beutetier folgt und es schließlich einfängt. Die biotechnische Analogie zwischen Radar und Sonar, Objektortung und Objektvernichtung, ist ganz verblüffend. Im Detail aber läßt der Vergleich sich weit weniger einfach ausführen. Kann also das konventionelle Radargerät tatsächlich ein Analogon dafür bieten, wie eine Fledermaus die Beute ortet, sich auf sie ausrichtet und sie schließlich fängt? Die beiden Fledermaus-Ortungssysteme – die vom Vespertilioniden-Typ wie die vom Rhinolophiden-Typ – seien unter diesem Gesichtspunkt noch etwas eingehender betrachtet.

Zur Vespertilioniden-Gruppe gehört die gut untersuchte Mausohrfledermaus Myotis lucifugus. Wenn sie durch ihren Biotop fliegt und Beute sucht, sendet sie in der Sekunde ein knappes Dutzend sehr kurzer Knacklaute durch den Mund aus. Elektronenblitzaufnahmen von Mausohren im Flug zeigen tatsächlich sehr oft, wie das Tier das Maul aufsperrt: Signalsendung. Die Signale sind recht kurz, ihre Impulsdauer beträgt rund 1/300 Sekunde. Da sich der Schall in der Luft etwa einen drittel Kilometer pro Sekunde ausbreitet, läuft das Signal während der Ausstrahlzeit also rund einen Meter – es läuft zum Beispiel 50 cm bis zum Objekt und als Echo 50 cm wieder zurück. Befindet sich die Fledermaus in 50 cm Entfernung von einem Beutetier, so kommt das Echo gerade dann zurück, wenn die Signalaussendung aufhört – ein kritischer Fall. Noch etwas näher, und Signal und Echo würden sich teilweise überlappen; aber nur sehr schwer ließe sich vorstellen, wie die Fledermaus das zarte Echo wahrnehmen könnte, während sie ihren doch sehr kräftigen Knallaut ausstößt. Wir hören diesen Laut zwar nicht, so kräftig er ist, weil sein Frequenzbereich 30–120 kHz umfaßt, unsere Schallempfindung jedoch bereits bei 20 kHz endet. Für die Fledermaus selbst, die diese hohen Frequenzen gut hört, müssen die Knallaute indes wie nahes Maschinengewehrfeuer klingen. 10 cm vor ihrem Mund beträgt die Lautintensität nicht weniger als 100 Phon – doppelt so viel wie der ohrenbetäubende Lärm in einer Kesselschmiede!

Im Nahbereich scheint der Fledermaus-Sonar in dieser Form also nur schlecht oder gar nicht funktionieren zu können. Das Mausohr verfügt aber über zusätzliche Mechanismen, die schließlich doch noch die notwendige Leistung möglich machen. Zum einen ändert es die Frequenz während eines solchen ›Ultraschallknalls‹: am Anfang ist sie noch hoch, gegen Ende der nur wenige tausendstel Sekunden währenden Ausstrahlungszeit wird sie niedriger; der Abfall beträgt ungefähr eine ganze Oktave. So können ausgestrahlte Laute und Echo auseinandergehalten werden. Zum anderen ändert sich die Ausstrahlung, wenn die Fledermaus einmal ein Beuteinsekt gefunden hat und darauf zuprescht. Je näher sie kommt, desto häufiger werden die Laute, und desto kürzer werden sie auch! In einer Entfernung von 1–2 Körperlängen sendet das Mausohr nicht nur 10, sondern bis zu 200 Laute pro

Sekunde aus, und jeder Einzellaut ist ganz kurz, währt höchstens eine tausendstel Sekunde!

Auch das Auflösevermögen dieser Tiere ist verblüffend gut. Spannt man Drähte durch den dunklen Raum wie ehedem Spallanzani, so ist folgendes zu beobachten. Aus 2 m Entfernung können noch Drähte von 3 mm Dicke geortet werden – sie müssen also schon die Dicke einer mittleren Stricknadel haben, um noch bemerkt zu werden. Aus 1 m Entfernung jedoch nimmt die Fledermaus bereits Drähte von 0,2 mm Durchmesser wahr! So vermag sie auch winzig kleine Insekten zu fangen, nur mit ihrem Sonar ortend: etwa Essigfliegen.

Die Flügelspannweite einer solchen Miniatur-Fliege beträgt ungefähr 3–4 mm. In einem Raum mit Essigfliegen fängt eine hungrige Fledermaus jede Sekunde durchschnittlich zwei Stück aus dem Schwarm! Ein Beweis für die unerhörte Sicherheit und Präzision ihres Ortungssystems. Zeitlupenaufnahmen, die Griffin und seine Mitarbeiter drehten, sind faszinierend anzuschauen. Manchmal verfehlt die Fledermaus eine Essigfliege nur um weniges. Dann langt sie mitten im rasanten Flug mit ihrem Flügel zurück, formt ihn zu einer Art ›Löffel‹ und schiebt sich das winzige Beutetier mit einer eleganten Vorholbewegung richtiggehend in den Mund!

Angesichts der Kleinheit der Beutetiere verstehen wir nun auch, warum die Fledermäuse nicht mit Infraschall jagen, so wie das seinerzeit Maxim vermutet hat, sondern mit einem hochfrequenten Ultraschall. Je höher die Schallfrequenz, desto geringer die Wellenlänge. Eine kleine Wellenlänge ist aber ausschlaggebend wichtig, denn wenn ein Körper kleiner ist als etwa die Wellenlänge des einstrahlenden Schalls, so wirft er kein gutes Echo mehr. Also können kleine Beutetiere nur dann geortet werden, wenn die Wellenlänge klein genug – das heißt: wenn die Frequenz groß genug ist. Bei einer Sendefrequenz von 120 kHz beträgt die Wellenlänge rund 2,5 mm. In diese Größenordnung fällt die Flügelspannweite einer Essigfliege. Sie reflektiert also noch ein brauchbares Echo. Das äußerste, was eine Fledermaus erreichen kann, ist die Lokalisierung eines etwa 1 mm großen Beuteobjekts in einer Entfernung von 2–3 Körperlängen. Viel ›schlechter‹, das heißt niederfrequenter, dürfte ihr Sonar also gar nicht sein, wenn sie kleine Fliegen im Dunklen fangen will.

Es ist nicht ganz sicher, ob das Mausohr mit seinem Sonar tatsächlich die Entfernung zwischen sich und der Beute mißt, die es aus der Zeitdifferenz zwischen Knallaut und Echo herausrechnet. Es müßte dazu einen extrem präzisen Rechner haben, der noch dazu sehr rasch zu arbeiten hätte. Die ›Maskierung‹ des Echos durch den selbst erzeugten

Schall käme bei kürzeren Beuteentfernungen dazu. Hier gibt es vorerst bloß einige Theorien, und die Forscher konnten sich noch nicht sicher für eine bestimmte entscheiden. Nach der Schwebungstheorie ist es gerade die Überlagerung zwischen ausgesandtem Schall und zurückkehrendem Echo, die die Entfernungsinformation trägt. Überlagern sich nämlich zwei Schallwellen unterschiedlicher Frequenz, so entstehen Schwebungen. Ein Ton von 6000 Hz, der mit einem Ton von 5900 Hz interferiert, gibt einen Schwebungston von 100 Hz, der als tiefes Brummen hörbar wird. Nun ändert sich bei den Mausohren ja die Tonhöhe des Signals drastisch, und ebenso auch die Tonhöhe des Echos. Bei näherer Betrachtung ergibt sich die Folgerung, daß der Schwebungston um so höher sein müsse, je weiter das Beuteobjekt entfernt ist. Techniker meinen – Gérardin führt dies in seinem Bionik-Buch an –, daß dies ein Kunstgriff sein könnte, mit dem sich unter Umständen das Radar entscheidend verbessern ließe. Radargeräte strahlen stets hochfrequente Impulse konstanter Frequenz aus. Es wäre zu untersuchen, ob nicht relativ lange Impulse mit einer systematisch variierten Frequenz und ihre Überlagerung mit dem zurückgestrahlten Echo zu einem neuartigen Radarsystem führen könnten.

Noch andere Eigenschaften des Fledermaus-Sonars sind erstaunlich, Eigenschaften, die nach technischen Maßstäben bisher nicht so recht verständlich erscheinen. Die Fledermaus hört ihr eigenes Echo aus einer Menge anderer Geräusche und Echos – oft jagen die Tiere ja nicht einzeln, sondern in ganzen Pulks – ohne weiteres heraus. Dies läßt sich auch künstlich simulieren, indem man hochfrequente Signale in einem Experimentierraum der Fledermaus vorspielt. Sie können viel stärker sein als die Orientierungslaute der Fledermaus und stören ihr Sonar trotzdem nicht. Selbst durch ein Verhältnis von 30000:1 zwischen Störgeräuschen und eigenem Orientierungslaut lassen sich die Fledermäuse nicht irritieren! Man spricht hier treffend von einem ›Cocktailparty-Effekt‹, denn es geht ja darum, die eigene ›Unterhaltung‹ aus einem Gewirr lauter und fremder Stimmen herauszuhören.

Keine geringe Rolle für die Beutelokalisierung scheint auch die Struktur des Fledermausohrs zu spielen. Es könnte sein, daß bei diesem seltsam gebauten Reflektor die Richtung des Schalls von der Frequenz abhängt und damit ein ganz ungewöhnliches Lokalisierungsverfahren zur Verfügung stünde, wie es neuerdings die Radartechnik auch anstrebt. Schließlich ist immer noch nicht ganz ausgeschlossen, ob die Fledermaus nicht vielleicht doch Zeitunterschiede feststellt: wenn wir eine Schallwelle lokalisieren, drehen wir den Kopf hin und her, bis uns der Schall aus der Richtung ›von vorne‹ zu kommen scheint. Dann sind unser linkes und unser rechtes Ohr von der Schallwelle gleich weit entfernt. Bei Abweichungen von dieser Symmetrielage ist ein Ohr weiter entfernt als das andere; der Schall kommt also um eine ganz kurze Zeit früher am einen Ohr an als am anderen. Diese ›Laufzeitdifferenz‹ können wir analysieren und zur Richtungseinstellung ausnutzen. Sie ist ganz außerordentlich klein, im Grenzfall kleiner als eine zehntausendstel Sekunde. Auch dieses Phänomen könnte bei der Fledermausorientierung eine gewisse Rolle spielen.

Rätsel über Rätsel also, auch heute noch. Aber auch Anregung über Anregung. Vielleicht ist das Fledermaus-Beute-System noch am besten zu verstehen, wenn man es mit einer Rakete mit automatischer Zielsteuerung vergleicht oder auch mit einer Flugzeugabwehrkanone mit Zielsteuerung. Das legen Untersuchungen nahe, in denen die Raumbahnen von Fledermäusen und ihrer Beute und die gegenseitigen Entfernungsverhältnisse beim Fang genau rekonstruiert werden konnten. Es ist nicht so, daß die Fledermaus auf den Punkt zufliegt, an dem sich ein Beutetier momentan befindet. Vielmehr scheint sie die Bahn der Beute zu extrapolieren und fliegt auf einen Punkt im Raum zu, an dem sich die Beute nach einiger Zeit befinden wird, so daß sie mit Notwendigkeit auf diese trifft. Für ein solches Verfahren braucht sie die Entfernung, die eigentliche Informationsgröße des Radars, eigentlich gar nicht zu wissen. Sie müßte nur ihre eigene Bahn der des Beutetieres unter immer kleinerem Winkel anschmiegen, um so automatisch auf ihr Opfer zu stoßen. Das ist ähnlich, wie wenn ein Hund seinem Herrn nachsaust, der in einiger Entfernung an ihm vorbeiläuft. Er setzt sich nicht genau hinter ihn und holt dann die Entfernung Stück für Stück auf, sondern er läuft unter ›Vorhalte‹ seitlich auf ihn zu, wobei er eine zunehmend flachere Kurve beschreibt, die sich nach einiger Zeit mit der ›Bahn‹ seines geradeauslaufenden Herrn kreuzt. Das ist im Prinzip das gleiche Verfahren: der Winkel zwischen Verfolger und Verfolgtem nimmt zunehmend ab.

Die zweite Art des Fledermaus-Sonar, jener vom Rhinolophidentyp, arbeitet prinzipiell anders. Die Rhinolophiden heißen nicht von ungefähr ›Hufeisennasen‹. Ihre beiden Nasenlöcher münden auf einem muskulösen Schalltrichter, einer doppelten Hautfalte, die hin- und herbewegt und verengt und erweitert werden kann. Sie umgibt die Nasenlöcher wie ein Megaphon und bündelt den ausgestrahlten Schall – der im Kehlkopf erzeugt wird, aber nicht durch den Mund, sondern eben durch die Nasenlöcher ausgestrahlt wird – ganz beträchtlich.

Und hier finden wir nun eine geradezu exemplarische Übereinstimmung zwischen Struktur und Funktion, zwischen dem Bau dieses

›Senders‹ und der Art der ausgestrahlten Orientierungslaute. Im Gegensatz zu den Mausohren und ihren Verwandten stoßen die Hufeisennasen keine kurzen Knacklaute von einigen tausendstel Sekunden Dauer, sondern fast reine Töne von 1/20 bis 1/10 Sekunde Dauer aus. Ihre Frequenz beträgt 85–100 kHz. Nun sei ausgegangen von der oberen Grenzfrequenz von 100 kHz und anschließend die Wellenlänge berechnet. Die Geschwindigkeit des Schalls (v) ist bekanntlich das Produkt aus Wellenlänge (λ) und Frequenz (f); $v = \lambda \cdot f$. Wird für die Schallgeschwindigkeit in der Luft 330 m/s angesetzt und nun die Gleichung nach λ aufgelöst, so ergibt sich $\lambda = v \cdot f^{-1} = 330\ \text{m/s} \cdot 100^{-1}\ \text{kHz} = 330\ \text{m/s} \cdot (100 \cdot 1000)^{-1}\ \text{Hz} = 3{,}3 \cdot 10^{-3}\ \text{m} = 3{,}3\ \text{mm}$. Die Messung des Abstands zwischen den beiden Nasenlöchern führt andererseits zu dem Ergebnis, daß diese Distanz mit etwas mehr als 1,5 mm gerade halb so groß ist wie der berechnete Wert. Der Nasenloch-Abstand ist also gleich der halben Wellenlänge des Ultraschall-Peillautes. Was bedeutet das?

Von jedem Nasenloch geht eine kugelförmige Schallwelle aus. Diese beiden Wellen überlagern sich. An manchen Stellen addieren sich die Schwingungen auf, an anderen ziehen sie sich voneinander ab, schwächen sich also. Ist nun der Abstand dieser beiden ›Sender‹ gerade eine halbe Wellenlänge des verwendeten Schalls, so tritt der außerordentlich günstige Fall ein, daß sich die Schallwellen gerade in Richtung nach ›vorne‹ aufaddieren und damit aufs Doppelte verstärken, in Richtung zur Seite dagegen abziehen und damit bis gegen Null abschwächen. Nicht nur die Struktur des hohlspiegelförmigen Nasenaufsatzes, sondern auch die paarige Nasenöffnung und die raffinierte Abstimmung zwischen Lochabstand und Schallfrequenz sorgen dafür, daß stark gerichtete Peillaute ausgestoßen werden, hier also Töne, die ›nach vorne‹ kräftig sind, aber bereits bei kleineren Abweichungen zur Seite leiser werden und schließlich ganz verschwinden: Die ›Richtcharakteristik‹ des Senders ist ausgezeichnet.

Wer eine Hufeisennase vor dem Abflug beobachtet, sieht, daß sie ihren Reflektor in alle möglichen Richtungen dreht und mit ihren gebündelten Hochfrequenzlauten offensichtlich den Raum abtastet. Gleichzeitig spielen die Ohren hin und her, auf und ab, vor und zurück. Dabei kann das linke Ohr vom rechten unabhängig bewegt werden. Sender und Empfänger können so aufs feinste gesteuert zusammenspielen. Hierdurch gewinnt die Fledermaus tatsächlich von ihrer Umgebung ein ganz genaues ›Hörbild‹, das vielleicht nicht wesentlich unschärfer ist als unser gewohntes ›Sehbild‹. Erst dann fliegt sie los. Im Flug zeigt sie das gleiche Verhalten: Sie sendet durch zitternde Kopfbewegungen in alle möglichen Richtungen und tastet die Umwelt mit Ohrbewegungen ab. Unser Mausohr konnte das nicht; es mußte zur Abtastung der Umwelt den ganzen Kopf hin- und herdrehen.

Ein noch raffinierteres Ortungssystem also! Eine Schwierigkeit ergibt sich indes. Schien die Entfernungsmessung durch die Feststellung einer Laufzeitdifferenz schon bei den Mausohren problematisch, weil kaum anzunehmen ist, daß ein biologischer Computer bei den sehr kurzen Meßzeiten noch mitkäme, so besteht bei den Hufeisennasen gar nicht die Möglichkeit eines solchen Verfahrens: Die Orientierungslaute sind viel zu lang. Auch bei meterweit entfernten Beutetieren ist das Echo schon zurückgelaufen, während die Fledermaus noch immer ihren Orientierungslaut ausstrahlt. Gerade bei den Hufeisennasen könnte nun die Schwebungstheorie zutreffen. Aber wie entstehen Schwebungen? Schwebungen sind ja immer die Differenzen zwischen zwei Schallereignissen unterschiedlicher Frequenz. Bei den Mausohren sank die Frequenz drastisch während der kurzen Knallaute. Bei den Hufeisennasen dagegen ist die Frequenz während des gesamten langanhaltenden Orientierungslauts praktisch konstant.

Hier kommt jedoch nun ein anderer Effekt ins Spiel, der nach seinem Entdecker ›Doppler-Effekt‹ benannt ist. Wenn ein pfeifender Zug oder ein hupendes Auto vorbeifährt, so erscheint dem Beobachter neben Schiene oder Straße der Ton nicht gleich hoch. Nähert sich ihm das Fahrzeug, so steigt die Tonhöhe, entfernt es sich wieder, so sinkt sie. Schnellfahrende Feuerwehrautos zeigen den Effekt besonders markant. Hier läge ein Prinzip vor, nach dem sich die Hufeisennase orientieren könnte: Je nachdem, ob sich ein Beutetier relativ zur jagenden Fledermaus in gleicher Entfernung befindet oder von ihr weg- oder auf sie zufliegt, ändern sich die Frequenzverhältnisse zwischen ausgestrahltem Suchton und rückgestrahltem Echo. Im Ohr der Fledermaus müssen Schwebungstöne entstehen, und die Höhe dieses Tons ist in diesem Fall der Relativgeschwindigkeit zwischen Jäger und Beute proportional. Einfacher zu verstehen ist das, wenn die Fledermaus einen festen Punkt, etwa einen Landeplatz, anpeilt. Der Schwebungston würde ihr dann sagen, wie rasch sie sich diesem Landeplatz nähert. Dieses System arbeitet offensichtlich besser als das Knallaut-Ortungssystem der Mausohren. Das Mausohr Myotis lucifugus kann seine Beute aus 1–2 m orten, die Hufeisennase Rhinolophus ferrum equinum dagegen aus 6 m!

Fledermaus-Sonare sind nicht die einzigen Schallorientierungssysteme im Tierreich. Sie sind nur am besten untersucht. Daß einige wenige Vertreter der großen Flughunde sich in ähnlicher Weise orientieren, wurde schon erwähnt: Der Nilflughund Roussettus erzeugt Schnalzlaute mit der Zunge, die auch einen beträchtlichen Schallanteil in dem für uns hörbaren Bereich haben – die Laute sind für das menschliche Ohr zu vernehmen. Auch Vögel haben bei einigen Arten Sonare entwickelt, so etwa ein Nachtschwalbenverwandter, der Fettschwalm Steatornis caripensis. Dieser Vogel lebt in Südamerika und nistet in Scharen in kilometerlangen Höhlen, die in einiger Entfernung vom Eingang absolut finster sind. In Abständen von 2,5tausendstel Sekunden stößt er kurze Knalle aus, die nur rund eintausendstel Sekunde dauern (Abb. 17–2). Es sind keine Ultraschallknalle; ihr Frequenzmaximum liegt bei 7300 Hz, und wir können sie deshalb hören – schon Alexander von Humboldt erwähnt den ›furchtbaren Lärm‹. Nach dem zurückkehrenden Echo orientiert sich der Vogel bei einem Flug durch die Höhlen. Er stößt weder an die Wände noch an gleichzeitig fliegende Schwarmgenossen an.

Auch ostasiatische Salanganen der Gattung Collocalia nisten in dunklen Höhlen. Beim An- und Abflug von den Nistplätzen stoßen sie 5- bis 10mal pro Sekunde kurze Laute aus. Ihr Frequenzmaximum liegt noch tiefer, bei 4000 bis 5000 Hz. Auch dies ein Sonar also, aber kein Ultraschallsonar und mit Sicherheit bei weitem nicht so effektiv wie die Ortungsmechanismen der Fledermäuse.

Daß Wale, Delphine und Tümmler einen hervorragend ausgebildeten Echo-Ortungsmechanismus besitzen, ist in den letzten Jahren zusehends klarer erkannt worden. Reichweiten, Auflösungsvermögen und die Möglichkeit, Informationen weiterzugeben, zeigen sich dabei so verblüffend entwickelt, daß es sich lohnen würde, etwas näher in diese phantastische Welt einzudringen. Leider müssen hier Beispiele genügen – Prinzipielles konnte an den Fledermäusen gezeigt werden, so daß für andere Tiergruppen Beschränkung geboten ist.

Delphine stoßen ganze Folgen von Lauten aus, 3- bis 4mal in der Minute. Nähern sie sich einem Hindernis, so steigt die Frequenz der Laute erheblich an; bis zu mehrere hundert Impulse pro Sekunde können dann in einer Schallserie auftreten. Auch hier ist also ein Ultraschallsonar in Funktion, und es arbeitet sogar in noch höheren Frequenzbereichen als das Fledermaus-Sonar: bis zu 200 kHz! (Abb. 17–2) Das ist allerdings auch nötig. Denn infolge der größeren Schallgeschwindigkeit im Wasser (1,5 km pro Sekunde – in Luft nur 0,33 km pro Sekunde) ist die Wellenlänge bei konstanter Schallfrequenz größer. Größere Wellenlänge bedeutet aber ein schlechteres Auflösungsvermögen. Um ein ähnlich gutes Auflösungsvermögen wie in der Luft zu

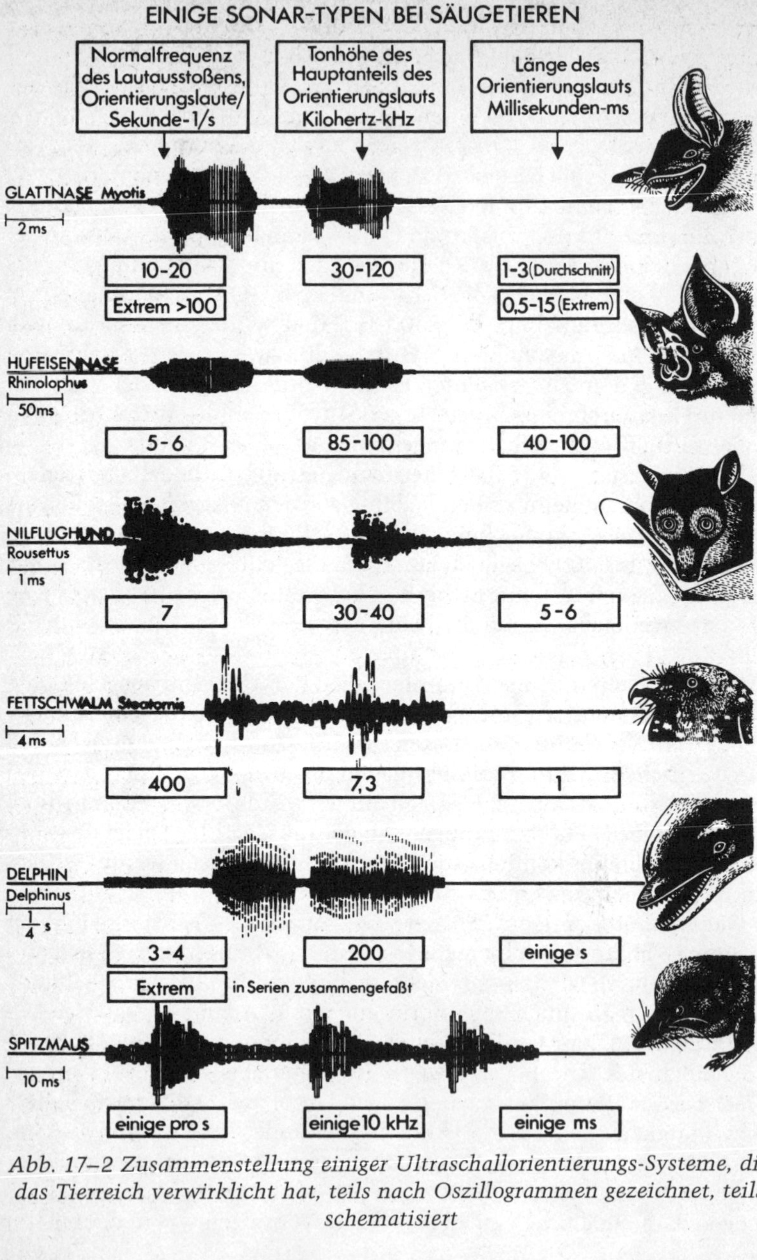

Abb. 17–2 Zusammenstellung einiger Ultraschallorientierungs-Systeme, die das Tierreich verwirklicht hat, teils nach Oszillogrammen gezeichnet, teils schematisiert

erreichen – um also sehr kleine Hindernisse oder Beutetiere zu erkennen –, muß ein Unterwasser-Sonar notwendigerweise mit höheren Frequenzen arbeiten als ein Luft-Sonar. Bei den Delphinen hat die Natur diese Forderung verwirklicht. Diese Wassersäugetiere haben einen physikalischen Vorteil gegenüber den luftbewohnenden Kleinsäugern: Die Schalldämpfung ist im Wasser wesentlich geringer als in der Luft. Deshalb reicht ihr Signal weiter. Es wird heute mit einigem Recht vermutet, daß sich große Wale akustisch über Hunderte, wenn nicht gar tausend und mehr Kilometer unter Wasser verständigen können. Die Konsequenzen wären unerhört: Im Nordmeer könnten sich Wale mit Artgenossen unterhalten, die zwischen Grönland und Spitzbergen kreuzen! Man darf gespannt sein, was die Forschung hier noch an Ergebnissen bringt.

Weniger spektakulär und übrigens erst seit kurzem erkannt ist die Tatsache, daß sich auch kleine landbewohnende Säugetiere, zum Beispiel Spitzmäuse, mit Ultraschallimpulsen orientieren – und offensichtlich auch verständigen können (Abb. 17–2). Von Heuschrecken wiederum ist seit langem bekannt, daß sich Männchen und Weibchen durch ausgestrahlten und aufgenommenen Schall finden, der eine hohe Ultraschallkomponente enthält. Andere Insekten, nachtfliegende Falter, auf die Fledermäuse vor allem Jagd machen, besitzen Sensoren, mit denen sie die Ultraschall-Orientierungslaute ihrer Feinde wahrzunehmen vermögen. Sie können dann gezielt ausweichen oder sich einfach fallen lassen. Schließlich wird davon gesprochen, daß manche dieser Schmetterlinge ein eigenes Sonar in Betrieb setzen sollen, mit dem sie ihre Feinde zumindest stören können. Dabei reiben sie ihre Beine rasch gegeneinander; die Schwingungen werden von Teilen der Brustkapsel abgestrahlt. Obwohl die Frequenz nur bei etwa 1 kHz liegt, scheint dieses Störsonar die Fledermäuse außerordentlich zu beeinflussen. Man weiß noch nicht recht, ob sie die Orientierung verlieren und an der Beute vorbeifliegen, oder ob sie eine Beute, die solche Signale abgibt, nicht angreifen. Vielleicht schmecken diese Schmetterlingsarten schlecht, und die Fledermaus lernt sehr rasch, daß man ›so klingende‹ Tiere besser nicht fängt. Nachtfalter besitzen im übrigen eine besonders starke Beschuppung, bisweilen lange Fransen an den Flügelenden. Sie dürften also kein klares Echo werfen und damit die Wirksamkeit des Fledermaus-Sonars heruntersetzen; durch eigene Ultraschallsensoren können sie den anstürmenden Feind orten und ihm ausweichen, durch ein eigenes Stör-Sonar können sie ihn möglicherweise desorientieren. ›Kampf der Technik gegen die Technik‹ läßt sich da fast schon sagen.

Nicht zu vergessen sind hier auch die elektrischen Fische, von denen manche Arten nicht nur kräftige Schläge austeilen können; es gibt vielmehr auch Trübwasserbewohner, die sich über selbsterzeugte elektrische Felder orientieren. Objekte im Umkreise des Fischs stören die regelmäßigen Felder, und aus der Art der Störung kann der Fisch die Art des Objekts – ob leitend oder nichtleitend, möglicherweise aber auch Größe und Entfernung – herausrechnen. Im trüben Nilwasser, in dem die Sichtweite kaum 1–2 cm beträgt, vermag sich der Nilhecht mit seinem elektrischen ›Radar‹ ausgezeichnet zu orientieren.

Teil VII

Mensch
und Maschine –
Mensch
und Naturerkenntnis –
Mensch
und Schöpfungsstrategie

Ein Bündel heterogener Probleme – aber als Abschluß dieses Buches mag es erlaubt sein, verschiedene Aspekte zu raffen. Wir Menschen können nicht nur Maschinen bauen, sei es aus eigenem schöpferischen Antrieb, sei es angeregt durch das Studium der Natur. Wir können uns auch selbst mit Maschinen koppeln. Jeder Fahrradfahrer verbindet seinen Körper und das Fahrrad zu einer neuen mechanischen Einheit, die nun mehr leistet als jeder Teil für sich. Mensch und Auto, Mensch und Flugzeug sind weitere solche Koppelungen, deren Analyse systemtheoretisch außerordentlich interessant sein kann. Wir integrieren aber auch Maschinen in unseren Körper. Endoprothesen, etwa künstliche Gelenkköpfe, künstliche Herzklappen, später vielleicht künstliche Herzen, möglicherweise dereinst überwiegend künstliche Organe und Glieder – das Gespenst des Cyborg, des kybernetischen Organismus, droht. Was hat es damit auf sich?

Das sind heute schon durchaus praktisch-handfeste Fragestellungen. Die Beschäftigung mit der Bionik und Biotechnik kann dem Menschen aber auch reine Erkenntnisse vermitteln, die sein Weltbild mitzuprägen vermögen. So verändert die Einsicht, daß die Kybernetik ein Bindeglied zwischen den biologischen und den technischen Disziplinen darstellt, allgemein unsere Sicht der Dinge. Es gibt offensichtlich kaum wirklich getrennte Disziplinen. Immer existieren irgendwelche übergeordnete Gesetzlichkeiten, die scheinbar Heterogenes unter ein Dach bringen. Schließlich ›kopieren‹ wir heute nicht nur Mechanismen der belebten Welt. Wir sind sogar schon so weit, den Weg nachzuahmen, mit dem die Natur zu ihren Schöpfungen kommt: die Prinzipien der Evolution, Mutation und Selektion.

18
Menschen an Maschinen, Maschinen im Menschen, Maschinenmenschen, Maschinen statt Menschen

Es ist eine erleichternde, aber leider doch trügerische Vorstellung, daß in Zukunft Heere von Robotern gegeneinander Krieg führen werden, während die Menschen friedlich ihren Geschäften nachgehen. In Tausenden von Science-fiction-Romanen vollführen solche Roboter wahre Wundertaten, und in Dutzenden von Kinofilmen stapfen Maschinenmonster über die Leinwand, alles zerstörend, was sich ihnen in den Weg stellt. Maschinen statt Menschen, Maschinen im Menschen – dieses Thema hat die Menschheit schon früh und seit dem Aufbruch der Technik in stets zunehmendem Maße bewegt. Man sollte sich, mag man die Phantastereien der Science-fiction-writer auch belächeln, nicht darüber hinwegtäuschen, daß wir uns schon mitten im Zeitalter der Roboter und Maschinenmenschen befinden. Der erste Mensch, der ein künstliches Organ oder den künstlichen Teil eines Organs trug, war, wenn man so will, der erste Maschinenmensch.

Hüftgelenke, Blutdruckregulatoren, künstliche Luftröhren, Arterien, Herzklappen, Herzschrittmacher, Sehnen – all das fällt unter das Rubrum ›Ersatzteilchirurgie‹. Wie weit die Medizin hier gehen kann, ob einmal ein Mensch leben wird, der mehr aus ›Ersatzteilen‹ als aus ursprünglichen Teilen besteht, muß die Zukunft zeigen. Immerhin sind die ersten Schritte zum Maschinenmenschen bereits getan. Und als die erste künstliche Hand konstruiert worden ist – ich meine jetzt nicht die ›eiserne‹ von Götz von Berlichingen, sondern einen nach kybernetischen Gesichtspunkten beweglichen Hand-Mechanismus –, da war der erste Schritt zum Roboter getan. Wohin diese Entwicklungslinie einmal führen wird – darüber lassen sich nur Hypothesen anstellen. Ziemlich sicher ist lediglich, daß Roboter einmal mehr tun können, als sich der Mensch nach seinem heutigen Wissen vorzustellen vermag.

Das sind spektakuläre Fragen. Weniger sensationell, dafür aber in der Praxis sehr viel bedeutsamer, jedenfalls in unserer Zeit, sind die Kombinationen von ›Mensch und Maschine‹. Die Arbeitsphysiologie gibt sich intensiv mit diesen Dingen ab. Zwei prinzipiell wesentliche Linien lassen sich unterscheiden: Die Anpassung von Maschinen an die Konstitution des Menschen und das Zusammenspiel von Maschinen und Menschen zu einer höheren ›Einheit‹.

Der Mensch hat eine bestimmte körperliche Durchschnittskonstitution, bestimmte Längen der Extremitäten, bestimmte Spreizwinkel der Finger, unterschiedliche Kräfteverhältnisse an Armen, Beinen und so weiter. Die Anpassung von Maschinen und Gerät an diese körperliche Durchschnittskonstitution war noch vor dem Zweiten Weltkrieg kaum als Problem erkannt worden, ist aber heute gang und gäbe. Das beginnt mit der Gestaltung von Handgriffen für Präparierinstrumente oder Werkzeuge. Die Abb. 18–1 und 18–2 geben ein Beispiel. Eine Zange kann so konstruiert sein, daß sie schlecht in der Hand liegt. Der Benutzer kann seine Kraft nur schlecht anwenden, verspannt sich dabei die Sehnen der Handmuskulatur (Abb. 18–1). Durch geschickte Formgebung der Griffe liegt das Werkzeug ›besser in der Hand‹. Es ist anatomisch richtig konstruiert. Die Kraft der Handmuskeln wird nun mit besserem Wirkungsgrad auf die Zangenbacken übertragen, der Handhabende ermüdet weniger, braucht weniger Konzentration (Abb. 18–2). Ein angemessenes Design darf also nicht allein nach ästhetischen Gesichtspunkten ausgerichtet sein. Es muß ›funktionell‹ sein. Das heißt, es muß das Gerät so formen, daß es mit dem menschlichen Benutzer optimal zusammenspielt. Ähnliche Anforderungen stellt die Kurbelübersetzung des Fahrrads: die Hebelverhältnisse, Abstände, Drehmomente müssen auf den Benutzer abgestimmt sein. In der Haupt-Tretphase muß die Muskelkraft möglichst vollständig auf die Kurbel übertragen werden können. Auch sind in den letzten Jahrzehnten viele kleine, äußerlich kaum auffallende Verbesserungen gemacht worden, die das Radfahren merklich erleichtert haben.

Sehr wesentlich wird der Gesichtspunkt der Arbeitserleichterung am Fließband. Bei dieser Art von Tätigkeit, von der man sich heute Gott sei Dank mehr und mehr wieder zu lösen beginnt, geht es darum, einen bestimmten Arbeitsprozeß in möglichst kurzer Zeit auszuführen: eine möglichst große Stückzahl pro Zeiteinheit ist durchzuschleusen. Dazu gehört, daß die Elemente des Arbeitsplatzes so auf den Arbeiter abgestimmt sind, daß er möglichst wenig ermüdet, möglichst wenig durch Konzentration auf Unwesentliches von seiner Hauptaufgabe abgelenkt wird. Ein unnötiger Bückvorgan in einer Arbeitskette

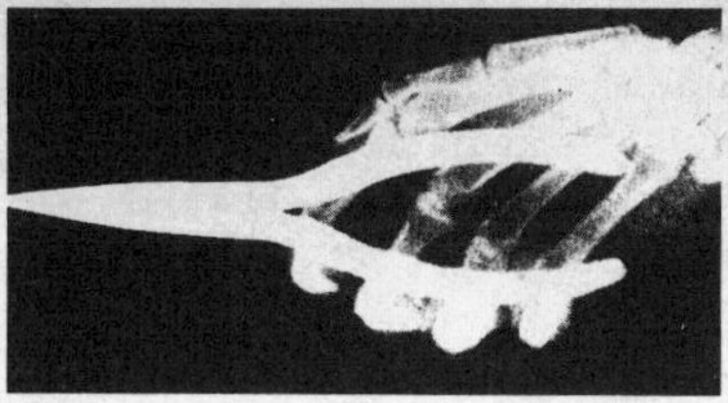 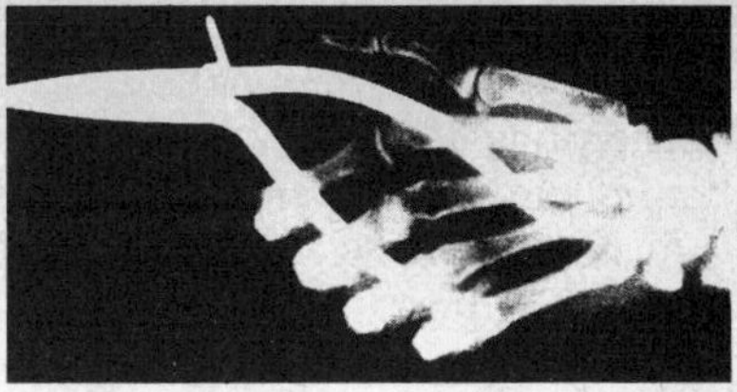

Abb. 18–1 (links) ›Klassische‹ Zange (Röntgenbild)

Abb. 18–2 (rechts) Nach arbeitsphysiologischen Gesichtspunkten durchgeformte Zange. Sie liegt besser in der Hand (Röntgenbild)

kann einen deutlichen Konzentrations- und Leistungsabfall hervorrufen. Um all diese Fragen bemüht sich die Arbeitsmedizin.

Das Zusammenwirken von Mensch und Maschine kann dahin führen, daß sich technisch eine übergeordnete Einheit ergibt. Das beste Beispiel ist der Mensch und das Auto. Ein Automobil hat bestimmte Fahreigenschaften, ein Mensch hat bestimmte Steuereigenschaften. Wenn der Mensch X in dem Automobil Y fährt, wird das resultierende System anders ausfallen, als wenn der Mensch Z im Automobil Y fährt, oder als wenn der Mensch X im Automobil W fährt. Reaktionsvermögen des Fahrers und Lenkeigenschaften des Autos können zum Beispiel die Geschwindigkeit mitbestimmen, bei der das System auf einer geraden, ideal ebenen Straße noch stabil blcibt. In Amerika hat man beobachtet, daß trotz kaum vorhandenen Gegenverkehrs auf guten, geraden Straßen sich schwere Unfälle durch Abkommen von der Straße ereigneten. Die mathematisch-theoretische Behandlung des Systems Mensch und Auto – Rashevsky hat als einer der ersten darauf hingewiesen – führte nun zu interessanten Grenzwerten für das System ›Mensch und Maschine‹. Es konnte unter anderem gezeigt werden, daß das System nach dem Überschreiten einer bestimmten Grenzgeschwindigkeit, die aus verschiedenen physikalischen und physiologischen Parametern resultiert, praktisch schlagartig instabil wird. Solche Zusammenhänge müßten dem Autofahrer bewußt werden, damit er sich zusammen mit seinem Auto richtig einschätzt. Leider aber lassen sie sich in der wünschenswerten Präzision nicht ohne die Anwendung ziemlich komplizierter, mathematischer Formalismen schildern. Beispielsweise gehen in die Wahrscheinlichkeit, mit der ein Auto unter den gegebenen Bedingungen eine gerade Straße verläßt und damit einen Unfall hervorruft, folgende Größen ein: das Wahrscheinlichkeitsintegral, die Standardabweichung des ›Zickzack-Winkels‹ (der sich selbst wieder aus drei Parametern zusammensetzt), die Straßenbreite, die Entfernung der Korrekturpunkte beim Gegenlenken von der Straßenkante, die Wagenbreite, die Fahrgeschwindigkeit, die Strecke, um die sich der Wagen zwischen zwei Umkehrpunkten bewegt, die Reaktionszeit des Fahrers.

Interessant sind diese Fragen gewiß; insbesondere faszinierend ist die Tatsache, daß die ›inneren‹ Bedingungen im Körper eines Fahrers mit den ›äußeren‹, technischen Gegebenheiten des Automobils in einer Gleichung ohne weiteres so in Beziehung gesetzt werden können, als ob sie ein und demselben System zugehörten. Gerade angesichts der (noch?) hohen Fahrgeschwindigkciten auf den Straßen sind derartige Überlegungen außerordentlich wichtig und werden von den Automobilwerken in ausgedehntem Maße angestellt und berücksichtigt. Insofern stecken in jedem Auto (hier mehr, dort weniger) eine ganze Menge Sicherheitsvorkehrungen, die mögliches Fehlverhalten des Fahrers in gewissen Grenzen kompensieren können. In noch höherem Maße aber gelten solche Gesichtspunkte für das System ›Mensch und Flugzeug‹.

Es mag an dieser Stelle genügen, das Problem zur Kenntnis zu nehmen. Für viele Menschen weit augenfälliger und auch weit leichter zu verstehen ist die Frage der ›Maschinen im Menschen‹, der technischen Ersatzteile im menschlichen Körper. Die Ärzte diskutieren dieses Problem unter dem Aspekt der reinen Praxis in der Unfallchirurgie; sie sehen die Ersatzteilchirurgie meist im herkömmlichen Bezugsrahmen ihres Fachs. Techniker und insbesondere Wissenschaftsjournalisten, die häufig ein feines Gespür für Entwicklungslinien haben, wittern hier allerdings schon das mögliche Extrem, auf das dieser Weg zu führen scheint: den Maschinenmenschen. Durch manche Science-fiction-Romane geistert der Cyborg, der ›*cyb*ernetic *org*anism‹. Vielleicht stellt sich in einigen hundert Jahren die prekäre Frage, wann denn ein Mensch noch Mensch ist; was denn an Organischem noch übrigbleiben muß, wenn einmal Blutgefäße, Herz, Exkretionsorgane, Knochen und Gelenke bei einem Menschen ersetzt werden können. Vielleicht bestimmte Hirnzentren? Ich bin ziemlich sicher, daß sich diese Frage in absehbarer Zeit mit allen Konsequenzen stellen wird. Der vergleichsweise harmlose Anfang von heute sollte nicht täuschen.

Aumiller hat 1973 ein interessantes Buch zu diesem Fragenkomplex veröffentlicht und gibt darin folgende Fakten: In der Bundesrepublik Deutschland sterben jährlich rund 800000 Menschen. Zwei Drittel davon sterben an Leiden, die mehrere Organe des Körpers beeinträchtigen. Ein Drittel aber, rund eine Viertelmillion (die Bevölkerung einer größeren Stadt wie zum Beispiel Augsburg), stirbt indes am Versagen nur eines Organs. In 160000 Fällen ist es das Herz, in 80000 Fällen die Lunge, in 20000 die Leber und in 5000 Fällen sind es die Nieren. Sicher nicht in all diesen Fällen, wohl aber in vielen, könnten diese Menschen durch eine Organtransplantation oder den Austausch des natürlichen Organs gegen ein künstliches System gerettet werden. In der Praxis sähe das so aus, daß sich ihr Leben um einige Jahre verlängern ließe. Wir wollen nicht davon sprechen, ob und unter welchen Bedingungen das sinnvoll wäre, sondern nur den Gesichtspunkt im Auge behalten, daß dies technisch möglich sein könnte. Wenn man sich positiv zu diesem Gesichtspunkt stellt, wird schlagartig die Bedeutung klar, die die Entwicklung und Transplantation künstlicher Organe eines Tages haben könnte.

Noch aber sind wir ganz am Anfang, obwohl schon heute spektakuläre Erfolge zu verzeichnen sind. Vor einigen Jahren noch waren die ersten Herztransplantationen die Sensation der Weltpresse. Mittlerweile gibt es Leute, die schon drei Jahre und länger mit einem Spenderherz leben. Mit künstlichen Herzen sind solche Erfolge bislang noch nicht erzielt worden, doch dürften in absehbarer Zeit Menschen mit einem künstlichen Herz leben. Weniger spektakulär, aber für die Praxis sicher sehr wichtig, sind künstliche Ersatzteile im Bewegungsapparat, insbesondere am Knochengerüst.

Von besonderer Bedeutung ist heute der Hüftgelenkersatz geworden. Durch natürlichen und krankhaften Verschleiß bei der Bewegung des kugeligen Oberschenkelkopfes in der Gelenkpfanne des Beckens können außerordentlich starke Schmerzen hervorgerufen werden, die für den Patienten jeden Schritt zur Qual machen. Dem abzuhelfen, sind künstliche Hüftgelenke entwickelt worden, Prothesen im Inneren des Körpers: ›Endoprothesen‹. Mit zwei Schwierigkeiten müssen die Chirurgen dabei fertig werden. Die eine liegt darin, daß es bis jetzt kein künstliches Material gibt, sei es Edelstahl oder Polyäthylen, das verschleißfrei ist. Auf den Hüftgelenken lastet ein beträchtlicher Druck, gerade in der sogenannten ›Standbeinphase‹ des Gehens, wenn nämlich das andere Bein abgehoben ist und das gesamte Körpergewicht über dem Hüftgelenk auf nur einem Bein liegt. Die andere Schwierigkeit ist, daß die Operation absolut aseptisch ausgeführt werden muß, und dazu bedarf es der entsprechenden Einrichtungen und Techniken der großen Kliniken. Die geringsten Nachlässigkeiten in der Ausschließung von Erregern können zur sogenannten Endoprothetitis führen, einer schwerwiegenden Störung der Wundheilung mit chronischen Eiterungen und möglichen schweren Folgen. Dies sind operativ-pathologische Probleme. Was indes die rein technischen Probleme des Hüftgelenkersatzes anbelangt, so kann man sagen, daß heute bereits wesentliche Punkte gelöst sind.

Im Prinzip geschieht der Ersatz auf folgende Weise. Der Röhrenknochen des Oberschenkels wird im oberen Drittel durchgeschnitten; sein oberer Teil wird durch eine Edelstahl-Prothese ersetzt, die mittels Verstiftelung gegen Längsverrutschung gesichert wird. Am oberen Ende ist diese Prothese wie der früher vorhandene Oberschenkelhals geneigt und trägt eine kugelige Endfläche. Die dazu passende künstliche Gelenkpfanne wiederum besteht aus Polyäthylen und wird in der entsprechend vorbehandelten Hüftgelenkregion des Beckens eingesctzt.

Ein ganzes Leben hält eine solche Prothese allerdings nicht. Ihre Maximalzeit beträgt bisher 18 Jahre. Der Verschleiß ist beträchtlich, selbst wenn hochpolierter Edelstahl auf Kunststoff reibt. Lockerungserscheinungen sind die Folge. Auch kann es vorkommen, daß die Stahlprothese im Röhrenknochen nicht fest anwächst oder sich nach einiger Zeit wieder löst; die Verbindung kann zudem rissig werden. Gegen einige solcher Schäden ist im Einzelfall wenig zu tun. Zur Zeit konzentriert sich die Entwicklung auf größere Verschleißfestigkeit.

Es gibt indes auch eine andere Methode: Die Endoprothese wird aus mehreren Teilen zusammengesetzt, und insbesondere der Oberschenkelkopf und die Gelenkpfanne bestehen dann aus Kunststoff und können beide in einer verhältnismäßig harmlosen Operation ausgetauscht werden, wenn der Verschleiß zu stark fortgeschritten ist. Seit 35 Jahren werden nun solche Hüftgelenkprothesen gefertigt. Trotz modernster Werkstoffe hat man aber die Idealeigenschaften der Knochen- und Knorpelsubstanz bei weitem noch nicht erreicht. In einer Eigenschaft ist das lebende Gewebe eben doch unübertroffen: Es kann, Teilchen für Teilchen, kontinuierlich ersetzt werden, so daß starke Verschleißerscheinungen meist gar nicht erst auftreten.

Mittlerweile gibt es auch andere Total-Endoprothesen, solche für das Kniegelenk und für die Fingergelenke zum Beispiel. Immer aber bleibt es ein schwieriges Tasten, wenn man solche Ersatzteile, solche ›Maschinen im Menschen‹, neu entwickeln will. Ohne Teamarbeit wäre das gar nicht zu machen. Der Entwicklung der biomedizinischen Technik schenkt man neuerdings gerade in Deutschland große Aufmerksamkeit. Sonderforschungsbereiche dieser Art werden von der Deutschen Forschungsgemeinschaft unterstützt. Die Ärzte selbst sehen durchaus ein, daß sie hier ohne gut eingespielte Zusammenarbeit mit den Technikern nicht weiterkommen. Aumiller zitiert Dr. Jä-

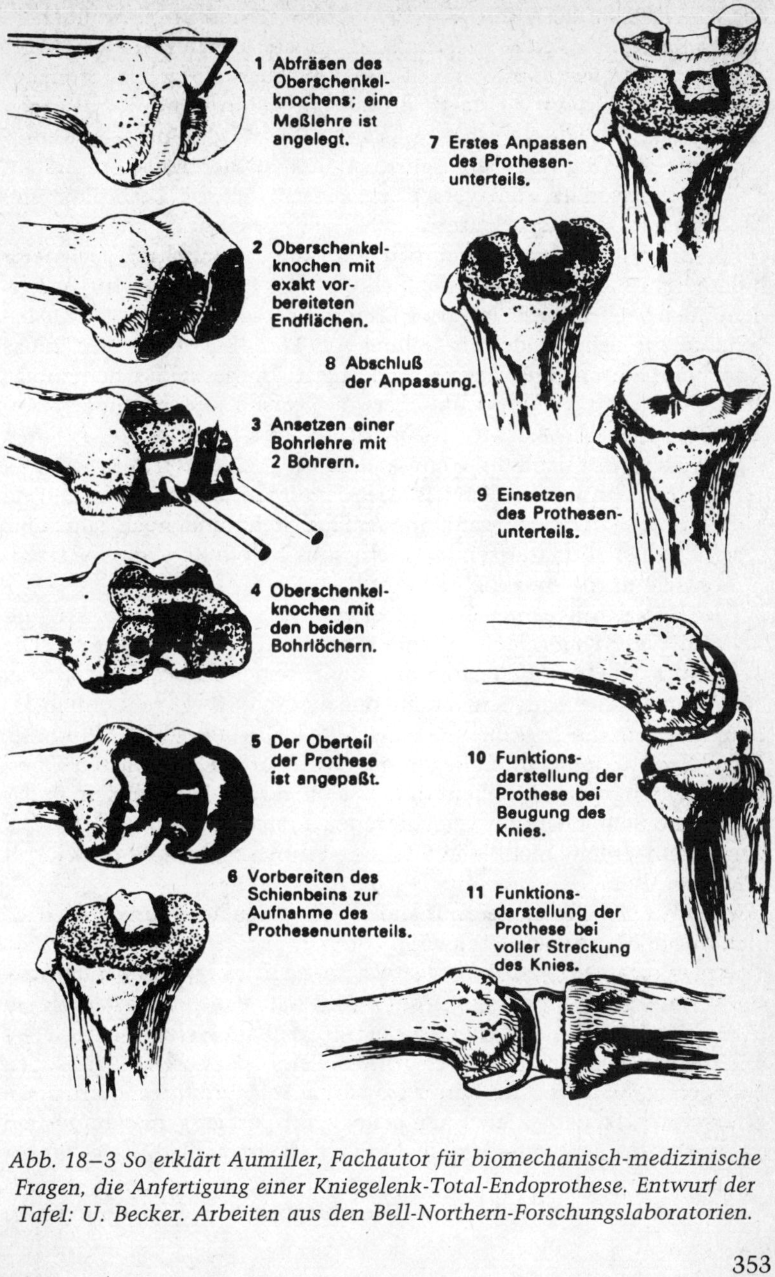

Abb. 18–3 So erklärt Aumiller, Fachautor für biomechanisch-medizinische Fragen, die Anfertigung einer Kniegelenk-Total-Endoprothese. Entwurf der Tafel: U. Becker. Arbeiten aus den Bell-Northern-Forschungslaboratorien.

ger, Oberarzt an der Orthopädischen Universitätsklinik in München: »Beim Ersatz eines Gelenkes durch ein künstliches Implantat ist nicht nur die Kunst des regelrechten Einsetzens ausschlaggebend, sondern auch das Wissen um die Beständigkeit eines Kunststoffes im Körper, das Wissen um das Verschleißverhalten. Da werden nun die Kenntnisse eines Mediziners überschritten, und in der Forschung ist es deshalb notwendig, daß gerade auf diesem Sektor Techniker und Mediziner zusammenarbeiten.«

Für die zukünftige Weiterarbeit wird die Entwicklung geeigneter biomedizinischer Werkstoffe von allergrößter Bedeutung sein. Außerdem muß noch weitere operative Erfahrung gesammelt werden, insbesondere zur Technik der Einheilung von Total-Endoprothesen in das Knochenmaterial. Der Bedarf an solchen Prothesen ist heutzutage außerordentlich groß, erstaunlicherweise gerade auch bei jungen Leuten. Die Ärzte sind aber sehr vorsichtig und wenden solche drastischen Operationen nur dann an, wenn andere Möglichkeiten keinen Erfolg versprechen. Immer wieder weisen sie darauf hin, daß die Medizin trotz aller Erfolge hier noch ganz am Anfang steht und noch jahre- bis jahrzehntelang Erfahrungen sammeln muß, bis ein Routine-Ersatzteil-Austausch einmal Wirklichkeit wird.

Die Herstellung einer Total-Endoprothese ist in Abb. 18–3 am Beispiel einer Kniegelenks-Vollprothese ausführlich dargestellt. Die Teilabb. 1–5 zeigen die Bearbeitung des Oberschenkels, die Abb. 6–9 die Veränderungen am Schienbein, und die Abb. 10–11 schließlich das Ineinandergreifen des künstlichen Gelenks. Das Oberteil der Prothese, bestehend aus einer Metallegierung, wird in den abgefrästen Oberschenkel eingepaßt. Das Unterteil, bestehend aus Polyäthylen, in das abgefräste Schienbein. In verschiedenen Krankenhäusern des In- und Auslands werden solche und ähnliche Prothesen laufend entwickelt und verbessert.

Wie aber sieht es derzeit mit anderen Organen aus? Lassen auch sie sich durch Maschinen ersetzen?

Spektakuläre Erfolge hat die Herzchirurgie in jüngster Zeit aufzuweisen. Gemeint ist hier weniger der Totalersatz des Herzens durch ein funktionsfähiges Spenderherz, als der Eingriff am Herzen selbst, etwa der Ersatz von Herzklappen. Erwähnt sei einer der bereits klassischen Fälle, eine 38jährige Augsburger Hausfrau. Seit ihrer Jugend litt sie an einem Herzklappenfehler, schon beim Schulsport ging ihr oft der Atem aus, und ihr Zustand verschlechterte sich graduell. Mit 38 Jahren konnte sie kaum mehr Treppen steigen. Eine genaue Untersuchung brachte das Ergebnis, daß zwei Herzklappen mit Sicherheit völlig undicht waren, also nicht mehr schlossen, und daß eine dritte mit großer Wahrscheinlichkeit nicht mehr dicht war. Nach einer ›Systole‹ des Herzens – so bezeichnet man in der Physiologie eine Herzkontraktion – floß das Blut nicht weiter über die Aorta in den Körper, sondern infolge der undichten Klappen zurück ins Herz, ja ›umgekehrt‹ herum weiter in Richtung auf Lunge und Venen. Durch den schwer gestörten Transportmechanismus staute sich das Blut, die Leber vergrößerte sich im Laufe der Jahre, die Sauerstoffversorgung des Gewebes verschlechterte sich, so daß schließlich auch für leicht körperliche Arbeit, etwa für das Treppensteigen, einfach nicht genug Sauerstoff an die Muskulatur transportiert werden konnte.

Ein Blick auf das Schema eines Menschenherzens wird die Verhältnisse deutlicher machen (Abb. 18–4). Aus der Lunge gelangt das mit Sauerstoff angereicherte Blut in den linken Vorhof (›Atrium‹ nennen ihn die Mediziner). Von dort strömt es in den linken Haupthof. Wenn sich die kräftige Herzmuskulatur zusammenzieht, wird das Blut aus dem linken Haupthof in die Aorta getrieben und durch sie weiter in Richtung auf den Kopf und den übrigen Körper bewegt. Damit das Blut diese Richtung einhalten kann, sind zwei Klappensysteme ausgebildet. Das eine befindet sich zwischen dem Vorhof und dem Haupthof. Es sieht im Prinzip aus wie zwei Segel, die sich öffnen, die aber auch gegeneinanderklatschen können. Man spricht deshalb auch von Segelklappen. Wenn sich die Herzhauptkammer zusammenzieht, schließen sich die Segelklappen, so daß das Blut nicht in Richtung zur Vorkammer zurückströmen kann. Dafür öffnen sich die sogenannten Taschenklappen an der Übergangsstelle zur Aorta: Das Blut wird in die Aorta transportiert.

In der nächsten Phase muß das Herz wieder gefüllt werden. Nun schließen sich die Taschenklappen an der Aortenbasis, so daß das einmal hineingelangte Blut nicht zurückströmen kann. Dafür öffnen sich die Segelklappen zwischen Vor- und Hauptkammer. Blut, das sich in der Zwischenzeit in der linken Vorkammer angesammelt hat, kann jetzt in die Hauptkammer strömen. Nun folgt der nächste ›Herzschlag‹, besser gesagt, die nächste Kontraktionsphase des Herzens. Sie treibt die neue Blutfüllung wieder in die Aorta. Und so geht das Spiel immer hin und her zwischen einer Füllphase und einer Austreibphase des Herzens. In der ersteren sind die Taschenklappen geschlossen, die Segelklappen offen. In der letzteren sind die Segelklappen geschlossen, die Taschenklappen offen.

Für die rechte Herzhälfte gilt im übrigen genau dasselbe. Vom Körper und vom Kopf strömt Blut, dem im Gewebe der Sauerstoff weitgehend

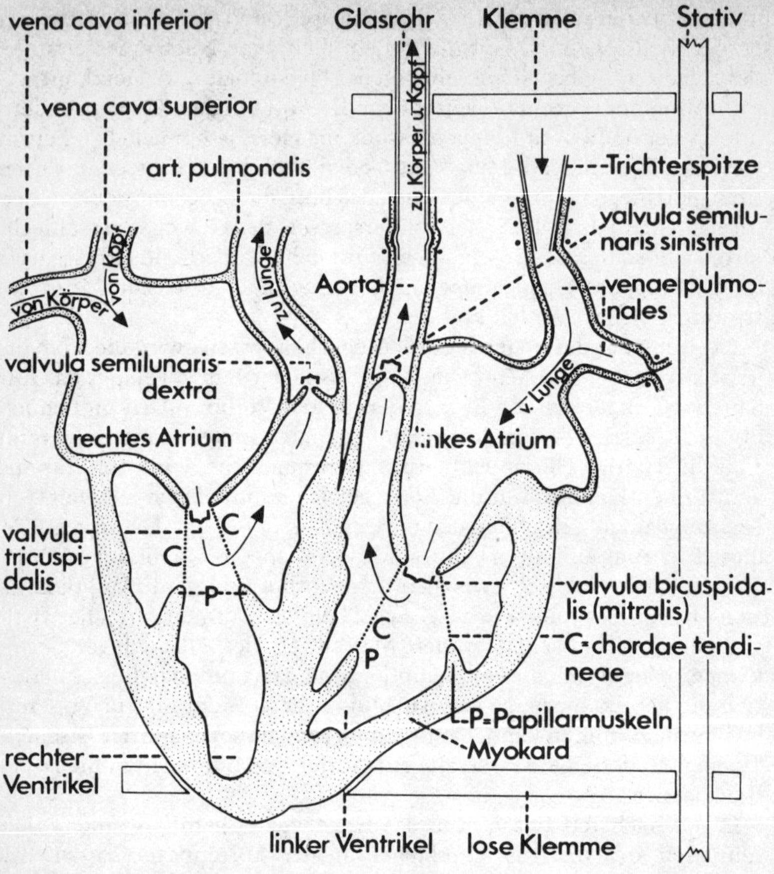

Abb. 18–4 Übersichtsdarstellung eines Säugerherzens, entnommen meinem Anleitungsbuch für den zoophysiologischen Grundkurs. Die beiden Herzhälften mit ihrer Vorkammer (Atrium) und Hauptkammer (Ventrikel), die beiden Klappensysteme (valvulae), sowie die zu- und abführenden Gefäße sind schematisiert eingezeichnet. Das Herz hängt an einem Stativ, und in die Aorta ist ein Glasrohr eingebunden. Drückt man das Herz mit den Händen von außen zusammen, und funktionieren die diversen Klappen noch, so steigt in den linken Vorhof eingefülltes Wasser in der Aorta hoch: Pumpenprinzip! Mit einem Schafsherzen vom Schlachthof kann man diesen Versuch gut durchführen, solange es noch nicht mit geronnenem Blut gefüllt ist. Die Klappen funktionieren (fast vollständig) rein passiv, am toten Herzen also fast ebenso gut wie am lebenden (Abweichung: Kontraktion der sogenannten Papillenmuskeln beim lebenden Herzen).

entzogen worden ist, in den rechten Vorhof. Von dort gelangt es in den rechten Haupthof und weiter in die Lungenarterie. In der Lunge wird es wieder sauerstoffbeladen, strömt zurück in den linken Vorhof und von dort weiter in den Körper, wo ihm der Sauerstoff wieder entzogen wird. So schließt sich also das System zum Kreislauf. Ein aus der Lunge kommendes rotes Blutkörperchen strömt zunächst durch die linke Herzhälfte in den Körper, verliert dort seinen Sauerstoff, gelangt in die rechte Herzhälfte, wird von dort in die Lunge transportiert, lädt sich wieder mit Sauerstoff auf und gelangt schließlich wieder in die linke Herzhälfte. Die beiden Pumpsysteme des Herzens sind also ineinandergeschachtelt, ›in Serie‹ geschaltet.

Wir verstehen nun, wie wesentlich ein funktionsfähiger Klappenapparat ist. Bei beschädigtem Klappenapparat kann das Herz zwar Blut transportieren, aber die Transportrichtung ist nicht mehr eindeutig. Das Herz treibt zwar das Blut aus, aber ein großer Teil strömt in die verkehrte Richtung.

Einen solchen eklatanten Fall stellte die besagte Augsburger Patientin dar. Nach gelungener Operation und dem Einsatz künstlicher Herzklappen brauchte sie ein volles Jahr zur Rekonvaleszenz. »Heute«, so schreibt Aumiller, »versorgt die Patientin wieder ihre Familie, verrichtet die tägliche Arbeit im Haushalt, fährt sogar Fahrrad und merkt nur noch am leisen Klicken der künstlichen Herzklappen, daß sie eine beträchtlich reparierte ›Pumpe‹ besitzt. Und auch ihre Freunde und Nachbarn wundern sich über die seltsame ›Musik‹, die noch in einer Entfernung von einem halben Meter aus dem Brustkorb der Patientin zu hören ist.«

Es gibt verschiedene künstliche Herzklappen, zum Beispiel einfache Metallbänder, die wie die Segelklappen im Strom hin- und herschwanken und Ventilfunktion übernehmen können. Bekannt geworden ist das Ball-System, wie es beim Schnorchel der Sporttaucher zur Anwendung kommt. Taucht der Schwimmer unter, so steigt ein Pingpongball infolge seines Auftriebs hoch und preßt sich gegen eine feine Gummimanschette, so daß kein Wasser eindringen kann. Taucht der Schwimmer auf, fällt der Ball herunter und wird von einem Korb aufgefangen. Amerikanische Herzventile dieser Art bestehen aus einem Edelstahlkäfig, der mit Teflon überzogen ist (die ›Bratpfannenbeschichtung‹, eines der bekanntesten Abfallprodukte der amerikanischen Raumfahrtforschung). In diesem Käfig tanzt ein Ball hin und her und verschließt periodisch die Ventilöffnung. Solche Ventile sind gewöhnlich recht sicher; in einem Drittel aller Fälle werden durch sie die Schäden so behoben, daß die Patienten nichts mehr von ihnen merken.

Eine große Gefahr allerdings liegt bei allen diesen künstlichen Systemen im Blutstrom: Feine Blutgerinnsel können sich in ihnen absetzen, die im Laufe der Zeit zusammenbacken und als Pfropf eine Arterie verschließen können: Embolie! Die Träger künstlicher Herzklappen erhalten deshalb meist Pharmaka, die die Gerinnungsfähigkeit des Blutes herabsetzen.

Der nächste Schritt führte von künstlichen Herzklappen zu künstlichen Herzen. Die Schwierigkeiten auf diesem Weg sind außerordentlich groß. Ein Amerikaner niederländischer Herkunft, Professor Kolff, der seit Jahren auf diesem Gebiet arbeitet, ist allerdings enthusiastisch genug, anzunehmen, daß in einem Jahrzehnt künstliche Herzen am Fließband erzeugt werden können. Kürzlich hat er ein Kalb mit einem solchen künstlichen Herz 12 Tage am Leben erhalten. Es gibt Systeme, bei denen Kolben hin- und herwackeln und dabei Kunststoffblasen zusammendrücken, so die wechselweise Füllung und Entleerung der beiden Herzhälften nachahmend. Auch hier steht man ganz am Anfang.

Die Technik ermöglicht vieles – die Frage ist nur, ob und inwieweit all das wünschenswert ist. Wie man sich letztlich zu diesen Möglichkeiten stellt, das kommt sehr auf den Standpunkt an, den man einnimmt. Aus der Sicht des Arztes, dessen hippokratischer Auftrag lautet, Leben zu bewahren, stellt sich das Problem anders dar als aus der Sicht des Bevölkerungspolitikers. In den hochzivilisierten Ländern erreichen wir mit den zahlreichen Möglichkeiten, Leben zu erhalten und zu verlängern, rapide steigende Lebenserwartungen. Die gesellschaftspolitischen Probleme der Überalterung stehen vor der Tür, ob man sie sehen will oder nicht. Immer weniger ›aktive‹, ›rüstige‹ Menschen müssen eine stetig steigende Zahl ›unaktiver‹ Menschen mitversorgen, die – um es hart zu sagen – die Gesellschaft belasten, ohne ihr Nutzen zu bringen. Diese letzteren müssen nicht notwendigerweise alte Leute sein. Auch wenn man von Exzessen, wie Drogenmißbrauch, absieht, ergeben sich Probleme der Leistungsherabsetzung, ja der Frühinvalidität allein durch unsere ungesunde und körperfeindliche Art zu leben. Wenn wir hier Dinge diskutieren, die von den technischen Möglichkeiten her faszinierend sind, sollten wir ganz klar sehen, daß auch diese Möglichkeiten mithelfen werden, uns vor grundlegend neue und sehr schwerwiegende Probleme zu stellen.

Gelenkersatz durch Voll-Endoprothesen sind die ›gewöhnlichsten Maschinen im Menschen‹; Herzklappenersatz und bald vielleicht auch Herzersatz die derzeit spektakulärsten. Was gibt es sonst noch auf diesem Gebiet? Künstliche Blutgefäße aus hochpolymeren Kunststoffen, etwa Polyäthylen, Polypropylen, Polytetrafluoräthylen, Polyestern und Polyamiden, Polyvinylchlorid und Silikonen. Künstliche Lungen aus extrem dünnen Silikonkautschuk-Membranen, durch die Blut geleitet wird. Künstliche ›Kiemen‹ aus Membranen anderer Art, mit denen der Mensch vielleicht einmal ohne die Verwendung von Sauerstoffgeräten unter Wasser zu leben vermag. Künstliche Nieren, mit denen bei Ausfall der natürlichen Nieren Blutwäschen durchgeführt werden können – es sind dies große Maschinen, die sich zu Hause aufstellen lassen, und an die der Patient sich anschließen muß (an eine Konstruktion kleiner, kompakter, einbaubarer Nieren ist bisher nicht zu denken). Ganz unmöglich scheint auch die Konstruktion einer künstlichen Leber zu sein. Es bleibt bislang unvorstellbar, wie die Hunderte von Stoffwechselprozessen, die in der Leber ablaufen, in einem künstlichen Organ nachgeahmt werden sollen. An Herzschrittmacher, die operativ unter die Haut gebracht werden, hat man sich schon gewöhnt, ebenso an künstliche Hornhäute, die imstande sind, bei schweren Hornhautverätzungen des Auges den Schaden weitgehend zu beheben. Künstliche Gehörknöchelchen geben fast tauben Menschen das Gehör zurück. Künstliche Knochen, künstliche Knorpel für Ohrmuscheln und Nasenbeine, künstliche Luftröhren, künstliche Sehnen für die Opfer schwerer Sportverletzungen haben sich in der Praxis bereits bewährt.

Wohin aber führt diese Entwicklung? Führt sie zum Cyborg, dem kybernetischen Organismus, der mehr Maschinen als natürliche Organe in seinem Körper trägt, der im äußersten Fall nur noch aus einem natürlichen Gehirn besteht, das all die ›Lebens‹-funktionen der Maschinen steuert? Es ist schwer zu sagen. Ob schließlich die Konstruktion ›vollsynthetischer‹ Roboter, die dem Konstruktionsprinzip ›Mensch‹ nachgeformt sind, eines Tages gelingen wird – von Maschinenmenschen also, die für die Verrichtung schwerer und langweiliger Arbeiten konstruiert sind –, bleibt ebenfalls Zukunftsspekulation. Daß die Entwicklung in dieser Richtung allerdings doch weiterkommen wird, als man heute gewöhnlich anzunehmen geneigt ist, glaube ich sicher. Wie gut die Integration einer Maschine im Menschen gelingen kann, sei an zwei abschließenden Beispielen geschildert: am künstlichen, von Nervenimpulsen gesteuerten Arm und an der Sehmaschine, dem künstlichen Auge.

Von der berühmten eisernen Hand von Götz von Berlichingen bis zu modernen Vollprothesen mit myoelektrischer Steuerung führt ein langer Weg biomedizinischer Entwicklungsgeschichte. Wann immer

Abb. 18–5 Frühe ›biomechanische‹ Unterarmprothese vom Ambroise Paré aus dem 17. Jahrhundert

Menschen versuchten, ihre Probleme durch Kriege zu lösen, hat es jene Unglücklichen gegeben, die durch Verlust von Armen und Beinen zeitlebens schwerwiegende Nachteile erfahren mußten. Der Versuch, hier durch menschliche Kunstfertigkeit zu helfen, ist denn auch immer wieder unternommen worden. Bereits aus dem 17. Jahrhundert sind Armprothesen auf uns gekommen, sehr schöne Beispiele für feines Schmiedeeisenwerk. Der französische Arzt Ambroise Paré war im 16. Jahrhundert ein Pionier auf diesem Gebiet. Eine solche alte Unterarmprothese ist in Abb. 18–5 dargestellt. Man konnte sie am Oberarmstumpf befestigen und über den Oberarm hin- und herbewegen. Ein eingebauter Rastmechanismus, der mit der anderen Hand zu steuern war, schloß und öffnete die Finger. So sah sich der Besitzer immerhin imstande, eine Tasche zu tragen oder ein Werkstück zu halten, keine unwesentliche Erleichterung für einen Handwerker: Mit der Kunsthand konnte er das Werkstück führen, mit der intakten Hand es bearbeiten.

Neuerdings haben vor allem russische Forscher sich mit dem Problem einer die Muskeln ersetzenden Steuerung befaßt. Es lassen sich nämlich Kunstarme konstruieren, bei denen die Muskeln durch kleine Stellmechanismen oder durch ein pneumatisches System, bestehend aus Kolben, Zylinder und Druckzuführung, ersetzt sind. Die Druckzuführung zu diesen Bewegungselementen läßt sich elektrisch steuern, und diese elektrische Steuerung kann auf eine zunächst sehr verblüffende Weise ausgelöst werden: durch die elektrischen Erscheinungen in den Muskeln, die in dem verbliebenen Extremitätenstumpf noch aktivierbar sind. Das Ganze funktioniert auf folgende Weise: Wenn ich den Arm beugen will, so befiehlt mein Gehirn (über eine Reihe untergeordneter Steuerstrecken) meinem Bizeps, sich zu kontrahieren. Dadurch beugt sich der Arm, und ich kann auf diese Weise zum Beispiel ein Gewicht anheben. Der Befehl wird also im Gehirn formuliert und setzt sich schließlich in eine Reihe von Nervenimpulsen um, die dem Bizeps zugeleitet werden. Dort führen sie zu einer Veränderung der elektrischen Verhältnisse an der Muskelmembran, es kommt zu kurzfristigen Spannungsschwankungen, den sogenannten Muskelaktionspotentialen. Diese sind mit der Auslösung der Muskelkontraktion kausal eng verbunden. Man stelle sich nun vor – ein ungutes Gefühl –, man hätte keinen linken Unterarm mehr. Die Oberarmmuskulatur und mit ihr der Bizeps seien aber noch vorhanden. Es ist nun durchaus noch möglich, den nicht mehr vorhandenen Unterarm bewegen zu wollen; das Gehirn gibt die entsprechenden Befehle, und motorische Nervenimpulse laufen zum Bizeps, an dessen Membran Muskelaktionspotentiale auftreten. Allerdings kann der Bizeps jetzt nichts mehr bewegen, weil nichts Bewegbares da ist. Aber diese Muskelaktionspotentiale lassen sich über an die Haut geheftete Saugelektroden abgreifen, verstärken und dazu benutzen, einen anderen elektrischen Vorgang zu steuern. Wenn der Versehrte nun eine Unterarmprothese trägt, könnten diese elektrischen Muskelerscheinungen des Bizeps zum Beispiel dazu verwendet werden, einen Mechanismus in Bewegung zu setzen, der die Finger öffnet. Die Aktionspotentiale des Trizeps ließen sich dazu benutzen, einen anderen Mechanismus in Bewegung zu setzen, der die Hand wieder schließt. Zu lernen wäre nun, daß sich die Hand öffnet, wenn der Befehl, den Arm zu beugen, ergeht, und daß sich die Hand schließt, wenn der Arm eigentlich gestreckt werden soll. Das müßte so lange eingeübt werden, bis es ›in Fleisch und Blut‹ übergegangen ist, bis sich die Hand wirklich öffnet, wenn die Vorstellung eintritt, sie solle sich öffnen. Ein solcher Lernprozeß wäre in wochen- bis monatelangem Training möglich. Kleinkinder brauchen Jahre, bis sie ihre Muskulatur gezielt bewegen können, bis sich die nötige ›Bahnung‹ im neuromotorischen System eingestellt hat.

Auch in Deutschland haben sich solche ›myoelektrischen Prothesen‹, die in Zusammenarbeit von Medizinern und Physikern entwickelt worden sind, bereits in der Praxis bewährt. Im Jahre 1972 wurden an der Heidelberger Orthopädischen Klinik 40 solcher Einheiten zur

Anwendung gebracht. In der Sowjetunion sollen zur Zeit etwa 4000 im Gebrauch sein.

Als zweite ›integrierte Maschine‹ dieser Art mag – hypothetisch – das ›künstliche Auge‹ gelten. Es bereitet heute keine Schwierigkeit, Fernsehkameras von Daumengröße zu bauen. Man könnte sie auf ein Brillengestell setzen, und es ließe sich so durch Kopfbewegung die Umwelt abtasten wie mit einem feststehenden ›Auge‹. Das wohl unlösbare Problem liegt jedoch darin, wie die elektrischen Impulse, die von der Bildaufnahmeröhre einer solchen Miniatur-Fernsehkamera ausgehen, im Hirn in Licht- beziehungsweise Bilderscheinungen umgesetzt werden sollen. Wir besitzen ja bekanntlich eine Sehrinde im Gehirn, auf welche die Netzhaut des Auges in gewisser, noch nicht vollständig durchschauter Weise projiziert wird. Von der Netzhaut laufen in sehr großer Zahl (fast eine Million!) einzelne Nervenfasern durch den Sehnerv über verschiedene Schaltstellen zu diesem Projektionsfeld. Es gilt als sicher, daß jeder Punkt der Netzhaut seinen entsprechenden Projektionspunkt auf der Sehrinde hat, wenn auch die genaue Verschaltung heute noch nicht bekannt ist. Das bedeutet: Wird der Punkt A auf der Netzhaut belichtet, so ›bemerkt‹ der Mensch einen Lichteindruck an dieser Stelle, weil der entsprechende Projektionspunkt A′ auf der Sehrinde erregt ist. Nun ließe sich theoretisch dieser Punkt auch elektrisch erregen, so vielleicht durch zwei hineingesteckte Drähte, die an eine Batterie angeschlossen sind. Das hätte zur Folge, daß der Mensch den Eindruck gewönne, daß an der oder jener Stelle im Raum ein Licht auftaucht! Gelänge es nun, von einigen 100000 Bildpunkten einer Fernsehröhre einige 100000 Kabel zu der Sehrinde zu ziehen, so wäre das Problem im Prinzip gelöst: Aus punktförmigen Helligkeitseindrücken läßt sich bei genügend feiner Rasterung ein genügend scharfes Bild zusammensetzen. Ein verlorengegangenes Auge könnte so ersetzt werden, vorausgesetzt, die Sehrinde ist noch intakt.

Leider ist dies nur ein Denkmodell und wird wohl immer ein Denkmodell bleiben. Nichts spricht dafür, daß es in noch so ferner Zukunft zu verwirklichen ist. Allerdings ließe sich, auf bescheidenere Weise, die Realisierung dieses Systems weiter verfolgen. Vielleicht nämlich wäre es möglich, einen anderen Sinn mit ins Spiel zu bringen, etwa den Hautsinn auf Druckreize. Folgendes ließe sich da vorstellen: Die Mattscheibe einer Fotokamera bestehe aus einem Raster von angenommen $10 \times 10 = 100$ Fotoelementen. Auf ihr werde ein Bild abgebildet. Durch das sehr grobe Raster würde es zwar stark vereinfacht, aber immerhin ließe sich eine gegen den Himmel vorgehaltene

Hand noch als dunkle Fläche mit fünf fingerartigen Vorstülpungen erkennen. Von 100 Fotoelementen der künstlichen Netzhaut gingen nun 100 Drähte zu 100 kleinen mechanischen Stempeln, die ebenso angeordnet sind wie die 100 Fotoelemente, also auf einer quadratischen Platte in 10 Zehnerreihen. Erhält ein Fotoelement Licht, so wird der zugeordnete Stempel etwas herausgedrückt oder in Vibrationsschwingungen versetzt, oder es wird sonst ein mechanisches Ereignis dadurch gesteuert. Diese ›Stempelplatte‹ wird nun mit Lederriemen auf dem Bauch befestigt. Verschiedene Hautbezirke werden dann im Rhythmus der Lichtschwankungen auf der künstlichen Netzhaut in verschiedener Weise mit Vibrationsreizen belegt. Durch Training ließe sich nun durchaus lernen, ein solches ›Vibrationsbild‹ über den Hautsinn zu ›sehen‹. Wenn beispielsweise ein Lichtpunkt von links nach rechts über die Mattscheibe wandert, so liefe ein Vibrationsreiz in gleicher Richtung über das Projektionsfeld dieser ›Mattscheibe‹ auf der Bauchhaut, und solch ein Reiz könnte gefühlt werden. Nach diesem Prinzip ließen sich immerhin grobgerasterte Bilder durch entsprechendes Training wahrnehmen. Zwar wäre es nicht möglich, damit Zeitung zu lesen, wohl aber fahrende Autos rechtzeitg zu erkennen. Etwas verfrüht sprechen Biotechniker schon von einem ›elektronischen Blindenhund‹. Entwicklungen dieser Art werden vor allem in Amerika vorangetrieben.

Deutlich wird: Zum Maschinenmenschen ist noch ein weiter Weg. Verblüffende Kombinationen zwischen Mensch und Maschine sind allerdings heute schon an der Tagesordnung, und die Integration der Maschine in den Menschen, sei es als Ersatzteil, sei es als essentielles Gerät, gewinnt mehr und mehr an Bedeutung. Das Zusammenschalten von Mensch und Maschine zu einem übergeordneten Wirksystem hat am Beispiel des Autofahrens sich illustrieren lassen. Es bliebe noch ein immer wesentlicher werdendes Forschungsgebiet zu erwähnen, nämlich die Substituierung des Menschen durch eine Maschine in der Unfallforschung. Hier geht es bekanntlich darum, den menschlichen Körper in allen seinen charakteristischen physikalischen Kenngrößen, die unfalltechnisch bedeutsam sein können, so genau wie möglich zu ersetzen. Zehntausende von Verkehrstoten, die vielfache Zahl von Verletzten hat bereits jedes kleinere Land jährlich zu beklagen. Praktische Unfallverhütung muß aber auf Meßdaten aufbauen, die zunächst einmal erst zu erbringen sind. Hier liegt ein sehr wichtiges Aufgabenfeld für die Grundlagenarbeit der Biomechaniker.

Mensch und Maschine, Mensch und Auto bilden im Verkehr kybernetisch eine Einheit: Der Mensch bringt in diese ›Symbiose‹ seine

Sensoren und die Steuer- und Regelzentren seines Gehirns ein. Die Maschine stellt die Kraft und den Antriebsmechanismus. Die kybernetischen Funktionsbedingungen beider Partner müssen aufeinander abgestimmt sein, wenn das gemeinsame System funktionieren soll. Im allgemeinen sind sie das.

Bei einem Unfall indes ändert sich diese Situation drastisch. Im allgemeinen sind die Autos heutzutage nicht fahrerfreundlich konstruiert, sondern gleichen geradezu raffinierten Tötungsmaschinen, voller Gefahren für den Benutzer, sobald bestimmte Verkettungen von Umständen eintreten. Die Entwicklung von Sicherheitsautos setzt voraus, daß man zuerst einmal genau weiß, was bei einem Unfall überhaupt passiert. In unfalltechnischer Hinsicht ist der Körper des Menschen ein System aus mehr oder minder gelenkig miteinander verbundenen trägen Massen, die während des Fahrens alle gleiche Geschwindigkeit haben, während eines Aufprallunfalls aber drastischen Verzögerungskräften unterliegen und je nach Lagerung und Verbindung die Tendenz zeigen, durch abrupte Bewegung in verschiedener Richtung die Verbindung zu anderen Teilmassen gefährlich zu beanspruchen.

Die Biomechanik der Verkehrsunfall-Forschung wird heute vielerorts ausführlich beschrieben, an staatlichen Überwachungsinstituten ebenso wie in den Forschungsabteilungen der großen Automobilwerke. Nicht alles kann man errechnen, nicht immer lassen sich Unfallsituationen am Computer durchspielen. Sehr häufig muß hier gemessen werden. Es wurde versucht, mit Leichen zu arbeiten, doch gibt es da gewichtige Gegengründe juristischer und hygienischer Art. So waren die Experimentatoren letztlich darauf angewiesen, ›künstliche‹ Menschen zu entwickeln, technische Gebilde, die in den hier wesentlichsten Eigenschaften dem Menschenkörper so nahe wie möglich kommen. Es ging dabei um die Anordnung und die Bruchfestigkeit des Skeletts, die Tatsache, daß das Skelett mit Muskeln und Häuten überzogen ist, die Art der Gelenkung zwischen den einzelnen Elementen, die Trägheits- und Schwerpunktsverhältnisse und so fort. ›Dummy‹ nennen die Amerikaner solche Ersatzmodelle, deren Reaktion auf alle möglichen extremen Beanspruchungen in den Forschungsstationen untersucht wird.

Wer solche Dummies baut, muß natürlich erst einmal wissen, welche Größen des menschlichen Körpers wirklich relevant sind. Dann muß er diese Elemente so genau wie möglich technologisch nachahmen. Die Elemente werden dabei allerdings nicht sklavisch getreu nachgebaut, sondern abstrahiert, aber die Abstraktion muß so ausfallen, daß die unfalltechnisch wesentlichsten biomechanischen Gegebenheiten nicht prinzipiell verändert werden. Ein Beispiel stehe für viele ähnlich gelagerte Probleme: Es geht darum, zu untersuchen, wie sich die Kopf-Hals-Region zum Beispiel bei Auffahrunfällen verhält. Fährt ein Auto mit hoher Geschwindigkeit auf einen stehenden Wagen von hinten auf, und trägt der Fahrer des auffahrenden Autos Sicherheitsgurte, so wird sein Rumpf keine großen Bewegungen machen können; der Kopf aber wird scharf nach vorne abkippen, sich mit dem Kinn in die Schlüsselbeinregion graben und dabei die Halsregion auf Dehnung beanspruchen. Im Extremfall kann der Kopf abreißen. Anders beim Fahrer des stehenden Wagens: Der Kopf wird nach hinten geschleudert, der Hals wird ebenfalls auf Dehnung beansprucht. Ist der Aufprall heftig, und trägt der Fahrersitz keine unverrückbaren Kopfstützen, so sind Überdehnungen mit Todesfolgen auch hier zu erwarten (schon Auffahrunfälle mit relativ kleinen Geschwindigkeiten, etwa mit 40–50 Stundenkilometer können die Halsregion über Toleranz beanspruchen). Es versteht sich, daß die Techniker besondere Mühe darauf verwandt haben, die Kopf-Hals-Region biotechnisch zu analysieren und in ihren Dummies korrekt nachzuahmen.

Informationen über die Kopfbewegung erhält man vor allem aus der Bildanalyse von Hochgeschwindigkeitsfilmen. Ein Freiwilliger, eine Leiche oder ein Dummy wird auf einen Raketenschlitten geschnallt, der nach einigen Dutzend Metern Anlaufstrecke abrupt gestoppt werden kann. Wegen der großen Beschleunigungsstrecken finden solche Versuche oft im Freien statt. An vorausberechneter Stelle stoppt das Fahrzeug, und dort nimmt eine Hochgeschwindigkeitskamera den Vorgang auf. Versuchspersonen oder Dummies tragen meistens dunkle Kleidung mit hellen Punkten an den wichtigen Gelenkregionen. Auf den Filmen, die mit einigen hundert bis einigen tausend Bildern pro Sekunde durch die Kamera rasen, läßt sich nach dem Entwickeln die Lage dieser Punkte besonders gut ausmessen. Die Abb. 18–6 zeigt einen Freiwilligen für ein solches Raketenschlitten-Experiment; es könnte aber auch ein angeschnallter Dummy sein. Beide sind sich geometrisch und dynamisch ungefähr ähnlich und sitzen, von Sicherheitsgurten gehalten, auch auf ähnlichen Sitzen. Beim jähen Abbremsen schlägt der Kopf abrupt gegen das Brustbein und federt darauf gegen die Sitzlehne fast ebenso abrupt zurück. Bei der Bildauswertung ist noch die Eigenschwindigkeit des Raketenschlittens abzuziehen – die Kamera steht ja auf dem Boden und filmt nicht nur den Menschen, sondern auch den Schlitten, der sich nach dem Abbremsen noch langsam weiterbewegt. Nach erfolgter Auswertung kann man die einzelnen Bilder übereinanderzeichnen und bekommt so etwa für die Kopfabwärtsbewegung eine graphische Skizze wie die Abb. 18–7, für die folgende Kopfaufwärtsbewegung die Skizze der Abb. 18–8. Im ersteren Fall spricht man auch von der Belastungsphase des Kopfes, im letzteren von der Entlastungsphase. Zwei Punkte, in der Scheitelregion und der Kiefergelenkregion, sind ausgemessen worden; ihre Verbindungslinie gibt die bogenförmigen Kurven der beiden Abbildungen. Würde sich der Kopf nur um eine Achse in der Halsregion drehen, so wie eine Tür in ihrer Angel, dann lägen alle diese Punktbahnen auf Kreisausschnitten, deren Zentrum dieser Drehpunkt wäre. Die Filmaufnahmen zeigen nun aber, daß die Verhältnisse bei weitem nicht so einfach sind.

Erstens sind die Bahnen keine reinen Kreisbahnen. Wie zu erwarten ist, wäre dann also die Gelenkung des Kopfes in der Halsregion kein einfaches technisches System. Tatsächlich besitzen wir ja sieben

Abb. 18–6 Raketenschlitten mit Freiwilligem vor einem Aufprallexperiment. Auf dem enganliegenden schwarzen Overall sind weiße Meßpunkte eingezeichnet.

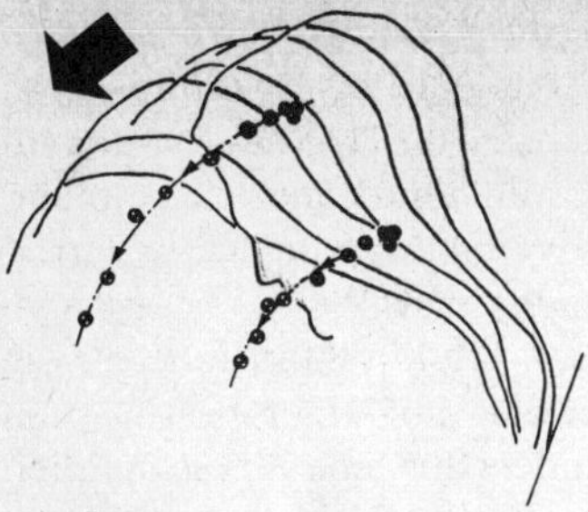
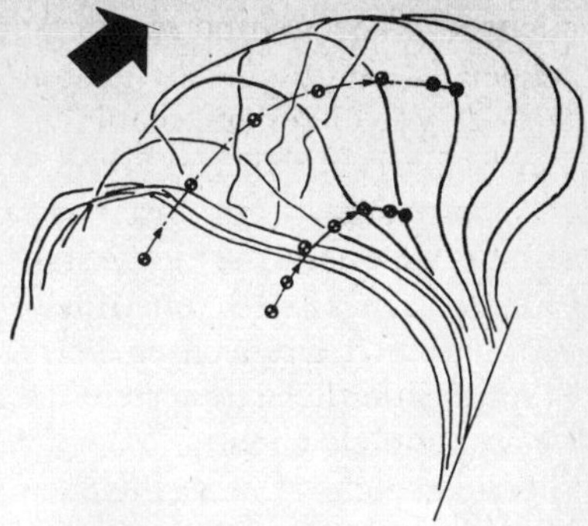
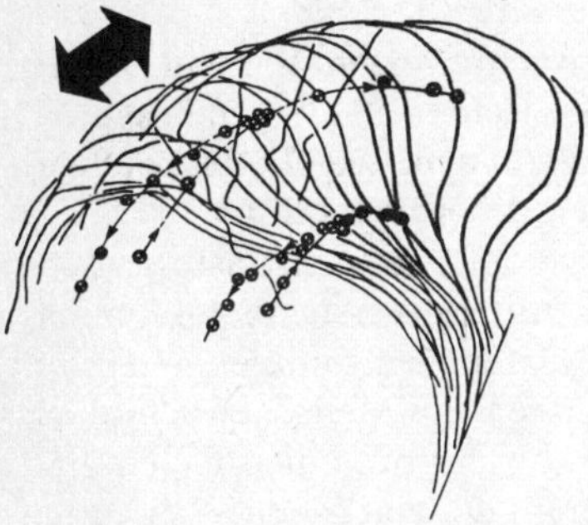
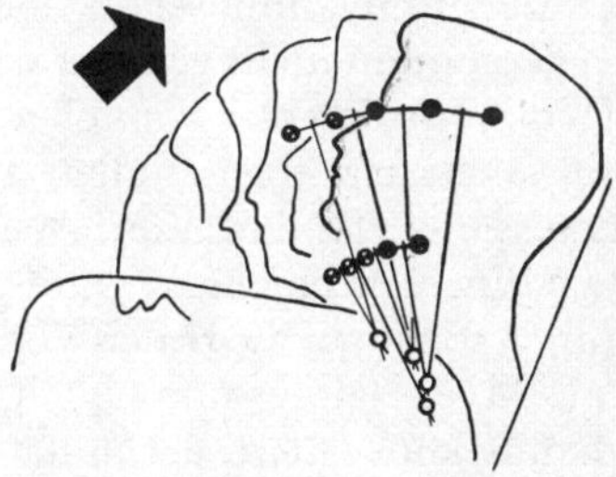

Abb. 18–7 (oben links) Kopfabwärtsbewegung beim Aufprall

Abb. 18–8 (oben rechts) Kopfaufwärts-Rückschlag unmittelbar nach dem Aufprall

Abb. 18–9 (unten links) Kombination der Punktbahnen von 18–7 und 18–8

Abb. 18–10 (unten rechts) Bahn der momentanen Drehachse (helle Kreise) beim Kopf-Rückschlag

anatomisch verschiedene Halswirbel, die mit Gelenkflächen ineinandergreifen, und jeder Wirbel bewegt sich in etwas anderer Weise relativ zum Nachbarwirbel. Mit Ligamenten, Sehnen und einer wohldifferenzierten Halsmuskulatur wird der Kopf gehalten und bewegt. Alle diese Elemente dehnen sich in der Belastungsphase und schnurren bei der Entlastung elastisch zurück. Zeichnet man Belastungs- und Entlastungsphase übereinander, so entsteht aus den Abb. 18–7 und 18–8 die neue Abb. 18–9. Hier ist sehr deutlich zu sehen, daß die Bahn während der Entlastung, der Rückwärtsbewegung des Kopfes, eine andere ist als während der Belastung. Demgemäß sind also auch die Drehachsen, um die der Kopf rotiert, bei der Ab- und Aufbewegung unterschiedlich, und nicht nur das: Sie sind zu jedem Zeitpunkt der Abwärtsbewegung und zu jedem Zeitpunkt der Aufwärtsbewegung unterschiedlich! Man spricht von einer ›momentanen Drehachse‹, die von Zeitpunkt zu Zeitpunkt (sichtbar von Filmbild zu Filmbild) eine andere Lage in der Nackenregion einnimmt. Für eine Aufwärtsbewegung, eine Entlastungsphase, sind die momentanen Drehachsen als kleine, helle Kreischen in Abb. 18–10 konstruiert. Nicht nur die Kopfpunkte, auch die momentanen Drehachsen bewegen sich also auf einer bestimmten Bahn. Bei der Belastung sieht die Bahn anders aus, aber die Prinzipien bleiben die gleichen.

Schon solche relativ einfachen Experimente zeigen: Wer ein Modell baut, ein Dummy, muß schon eine ganze Reihe von Dingen beachten, an die gemeinhin nicht gedacht wird. Wenn der Modellkopf an einem einzigen Scharniergelenk im oberen Teil des Körpers hinge, wäre das Modell übersimplifiziert, allzu sehr vereinfacht, und damit nicht ›angemessen‹. Das bedeutet: Würden Aufprallversuche mit einem solchen Modell gemacht, so würden die Daten wenig nützen, weil man von ihnen nicht auf die realen Verhältnisse beim Menschen schließen könnte. M. P. Haffner und G. B. Cohen haben nun einen Gelenkmechanismus konstruiert, der unter anderem der zeitlichen Wanderung der Kopfdrehachsen Rechnung trägt. Er besteht aus zwei getrennten Gleitflächen und Federlagerungen und einer Menge von zusätzlichen Bestandteilen, darunter Spannfedern, die bestimmte elastische Komponenten der Halsregion simulieren.

Mit einem solchen Modell läßt sich nun weiter experimentieren. Beispielsweise kann die Kopfverschiebung bei einem Aufprallversuch abhängig von der Zeit nach dem Aufprall ausgemessen und graphisch aufgetragen werden. Eine solche Auftragung ist in Abb. 18–11 dargestellt. Beachtung verdient zunächst die dicke, ausgezogene Kurve. Sie beginnt 60 Tausendstelsekunden nach dem Aufprall und endet 260 Tausendstelsekunden danach, läuft also über insgesamt 200 Tausendstelsekunden oder einer Fünftelsekunde. Über diese Zeit ist der sogenannte Kopfwinkel aufgetragen, den man in bestimmter Weise definieren kann, wenn man die Meßpunkte mit der momentanen Drehachse verbindet und den Winkel dieser Geraden mit einer vertikalen Geraden mißt. Er zeigt einen bestimmten Verlauf, in dem sich die Belastungs- und Entlastungsphase, das Vorschleudern und Zurückfallen des Kopfes, widerspiegelt.

In der biologischen und biomechanischen Experimentiertechnik ist es üblich geworden, solche mechanischen Modelle möglichst durch ein mathematisches Modell zu beschreiben. Sind die Bewegungsgleichungen, die Massenverhältnisse, die Lagerung, die Gelenkachsen und andere Größen bekannt, so kann ein solches mechanisches System mathematisch formuliert werden. Das geht manchmal recht einfach, meistens aber eben nur mit Annäherung und sehr schwierig. Versucht wird es immerhin regelmäßig, denn ein mathematisches Modell hat einen ganz entscheidenden Vorteil vor einem mechanischen: Die Mechanik, der Dummy, gibt dem Forscher nur Daten nach einem richtigen Versuch, und diese Versuche sind oft kompliziert, immer sehr teuer und zeitraubend. Das mathematische Modell aber, das aufgrund solcher Versuchsdaten schließlich entwickelt wird, gestattet mit Hilfe eines Computers, Versuche zu simulieren. Man muß sie also nicht wirklich ausführen und kann auch komplexe Versuchssituationen, die mechanisch nur sehr schwierig auszuführen wären, jederzeit auf einfache Weise und in sehr kurzer Zeit aus dem Computer ›abrufen‹. Die oben genannten Autoren haben nun versucht, ihr mechanisches Kopf-Hals-Modell in ein mathematisches Modell umzuformulieren. Sie haben dann einen Computer beauftragt, genau den gleichen

Abb. 18–11 Kopfwinkel als Funktion der Zeit nach dem Aufprall im Dummy-Experiment, seine mathematische Simulation sowie Ergebnisse aus Experimenten mit einem Freiwilligen und zwei Leichen. Eine genaue Übereinstimmung herrscht nicht, trotzdem die mechanischen Daten des Aufpralls bei den Versuchen konstant sind.

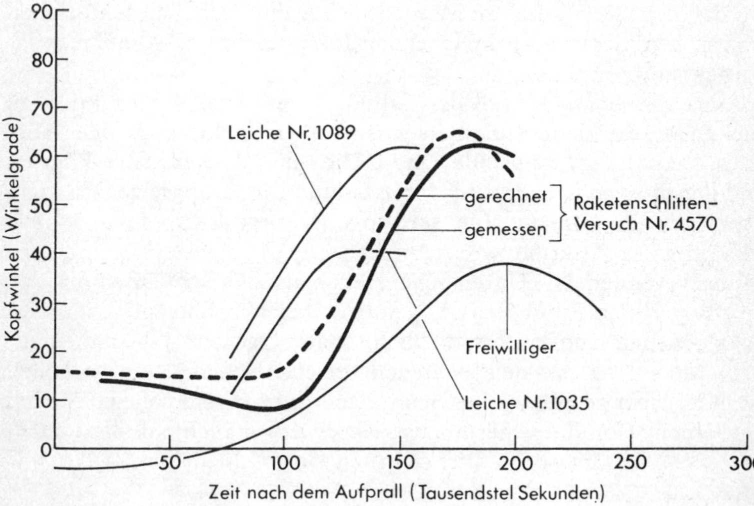

›Versuch‹, dessen graphische Darstellung eben als Beispiel geschildert worden ist, mit dem mathematischen Modell durchzuführen. Theoretisch hätte, wenn das mathematische Modell stimmt, nun genau der gleiche Graph herauskommen müssen. In der Praxis gibt es aber immer Abweichungen, und statt der dick ausgezogenen Kurve in Abb. 18–11 kam die dicke, gestrichelte Kurve heraus. Sichtbar bleibt dennoch, daß die beiden Kurven ungefähr übereinstimmen, daß die gestrichelte Kurve den Verlauf der ausgezogenen Kurve recht gut widerspiegelt. Das mathematische Modell scheint also brauchbar zu sein.

Dieses Verfahren der Modellbildung und Abstraktion ist grundlegend wichtig in der biomedizinischen Technik, in der Unfallforschung, der Bewegungsphysiologie und anderen Zweigen der modernen Biologie. Ein mathematisches Modell hat immer etwas Absolutes, Endgültiges – aber oft sieht das nur so aus. Mit dem mathematischen Modell kann der Computer zwar in fast beliebiger Weise spielen, aber die Ergebnisse sind immer davon abhängig, ob die Voraussetzungen gestimmt haben, die zur Konstruktion dieses mathematischen Modells geführt haben. Ein Blick auf die Zusatzkurven, die in Abb. 18–11 mit dünnerer Strichstärke noch eingezeichnet sind, mag dies erhellen. Die untere bezieht sich auf ein Aufprallexperiment mit einem lebenden Menschen, einem Freiwilligen, der sich für diese Versuche zur Verfügung gestellt hatte (er ist in Abb. 18–6 in stolzer Würde dargestellt). Die beiden oberen Kurven beziehen sich auf zwei Leichen von etwa gleicher Größe und Gewicht wie die lebende Versuchsperson. Zu sehen ist, daß der Kopfwinkel im Moment des Aufpralls bei diesen Leichen drastisch größer ist als beim lebenden Testteilnehmer. Worauf mag das zurückzuführen sein?

Alles spricht dafür, daß der Grund in der Muskelkontraktion zu suchen ist, die die lebende Versuchsperon gar nicht vermeiden kann, wenn sie sich der Stoppstelle nähert. Die Muskeln werden verkrampft und haben so ganz andere Elastizitäts- und Dämpfungseigenschaften. Damit wird die Hin- und Rückschwingungskurve des Kopfes und somit auch ihre Zeitfunktion, wie sie in Abb. 18–11 aufgezeichnet ist, ganz anders verlaufen. Die Untersucher stehen also vor dem Dilemma, daß ihre Experimente mit Freiwilligen, mit Leichen und mit Dummies offensichtlich recht unterschiedliche Werte ergeben. Das mathematische Modell nähert sich zwar dem mechanischen Dummy-Modell stark an, aber gerade weil es Spaß macht, mit einem solchen Modell und einem Computer herumzuspielen, wird manchmal allzu leicht vergessen, daß hier doch offensichtlich Unterschiede zum Menschen sind.

Dieser kleine Exkurs in die Wissenschaftsproblematik um die Modellbildung und ihre Aussagekraft läßt erahnen, vor welche prinzipiellen methodischen Schwierigkeiten die Forschung gestellt ist, und wie stark methodische Verfahrensweisen bereits Vorentscheidungen über Ergebnisse festlegen – auch in den sich ihrer Objektivität stolz bewußten Naturwissenschaften. Jeder Forscher sollte sich daher klar sein, daß die Ausarbeitung der Versuchsapparatur wie die Auswertung von Experimenten stets das Bild zu färben vermag. Immer wieder muß er über seine Meßkriterien nachdenken, mit Kollegen darüber sprechen, auf Symposien und Kongresse gehen und seine Ansichten öffentlich vortragen und vertreten. Gerade Kollegen, die auf ähnlichem Arbeitsgebiet ihre Domäne haben, können nicht selten in der Diskussion unangenehm präzise Fragen stellen, peinliche Unterlassungen monieren, mit neuem Material die Arbeit ganzer Monate entwerten. Aber von solchen Gegenüberstellungen und der Antithetik unterschiedlicher Aspekte lebt die Wissenschaft. Sie ist nie etwas Abgeschlossenes, sondern stets dynamisch, immer im Wandel begriffen: Was heute gilt, wird morgen durch Besseres, Genaueres, Relevanteres ersetzt. Wissenschaftliche Erkenntnisse sind oft Wahrheiten auf Widerruf.

19
Kybernetik: Bindeglied zwischen den Disziplinen

Kybernetik – das Wort kommt vom griechischen Ausdruck für ›Steuermann‹. Ohne Steuermann wäre ein Frachter mit seinen 10000pferdigen Dieselmaschinen ein hilfloser Riese; erst der Steuermann kanalisiert die Kraft der Maschine, schreibt dem Schiff seine Richtung vor, führt es von einem Punkt der Weltmeere zu einem anderen. Die Kybernetik ist die Lehre vom Steuern und Regeln der Systeme. Welcher Systeme?

Wer ein einführendes Lehrbuch der Kybernetik aufschlägt, findet mit Sicherheit ein berühmtes, klassisches Beispiel, einen der frühesten Regler überhaupt: den Fliehkraftregler bei Dampfmaschinen. Er wurde bereits kurz nach der Erfindung der Dampfmaschinen im ausgehenden 18. Jahrhundert verwendet, und James Watt selber, der die Dampfmaschine konstruktiv entwickelte, hat sich einen solchen Fliehkraftregler im Jahre 1784 patentieren lassen. In abgewandelter Form finden wir ihn wieder als Fliehkraftregler für die Umdrehungsgeschwindigkeit der Plattenspieler älteren Modells, die mit Federwerksantrieb arbeiteten. Hier wie dort dient er dazu, die Drehzahl zu regulieren.

Die Menge des verfügbaren Dampfes in einem Kessel schwankt ja in ziemlich weiten Grenzen; gerade bei den Kohlenkesseln aus der Frühzeit der Dampfkrafttechnik stieg der Dampfdruck mit jeder Schaufel Kohlen etwas an und fiel zwischen den einzelnen Beschickungen ein wenig ab. Über ein Getriebe wurde nun mit dem Schwungrad eine senkrechte Achse gekoppelt, auf der zwei gegenüberliegende Gewichte an Hebelarmen schräg abwärts hingen (Abb. 19–1). Je schneller sich die Achse drehte, desto weiter hoben sich die Gewichte wegen der zunehmend größeren Zentrifugalkraft an. Dadurch öffnete sich ein Dampfventil, und der Dampfdruck sank ab. Mit ihm nun sank auch die Geschwindigkeit der Umdrehung – und damit senkten sich wiederum die Gewichte herunter und schlossen das Ventil. Jetzt konnte der Dampfdruck erneut etwas ansteigen, auch die Geschwindigkeit nahm wieder ein wenig zu, die Gewichte hoben sich wie zuvor, öffneten das

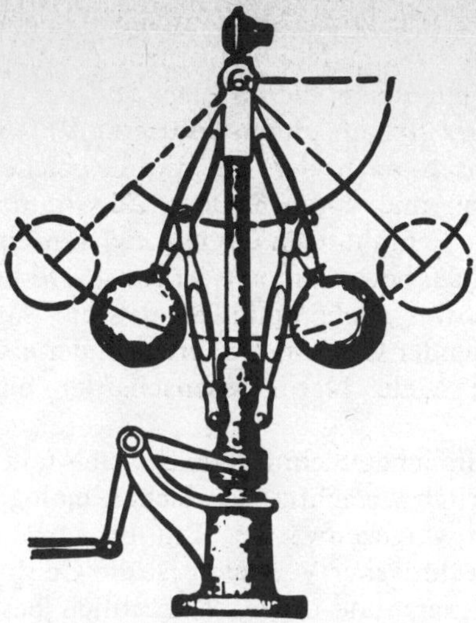

Abb. 19–1 Klassischer Drehzahlregler bei einer Dampfmaschine, nach einem alten Druck

Ventil – und so ging das Spiel immer hin und her. Zwar bleibt letztlich die Umdrehungsgeschwindigkeit eines solchen Systems nicht hundertprozentig genau konstant, aber sie schwankt in nur engen Grenzen um einen bestimmten eingestellten Wert, den Sollwert. Wer sich das Regelsystem der Dampfmaschine ein wenig vergegenwärtigt, dem wird ohne weiteres einleuchten, daß die Schwankung der eingestellten Größe um einen Sollwert gar nicht vermeidbar ist, ja daß sie das sichere Kennzeichen für ein klassisches Regelsystem darstellt. Ohne alle möglichen Zusatztricks läßt es sich gar nicht vermeiden, daß die Regelgröße einmal ein wenig stärker, einmal ein wenig schwächer als die durchschnittlich eingestellte Größe wird, denn der Fliehkraftregler reagiert nicht schlagartig, sondern wegen seiner großen Masse immer ein wenig verzögert.

Es war eine der großen Einsichten der Naturwissenschaft, daß sie solche und andere Prinzipien des Regelns nicht nur in der Technik als gültig erkannt hat, sondern in gleicher Weise auch in der Biologie. Diese Einsicht hat nicht nur besondere praktische Bedeutung für die Erforschung biologischer Steuer- und Regelungssysteme, sie vermag auch eine Zusammenschau der Wissenschaftsdisziplinen und damit das gesamte Weltverständnis nachhaltig zu fördern. Zu wissen, daß es

Gesetzmäßigkeiten und Prozeßstrukturen gibt, die über die einzelnen Fachgebiete hinweggreifen, läßt wieder jene Ahnung von der Einheitlichkeit der Welt entstehen, die im Zuge der historisch fortschreitenden Spezialisierung allzuoft einem Splitterbild hat weichen müssen. Gerade der Wunsch nach der Erkenntnis solcher übergreifenden Gesetzmäßigkeiten und durchgängigen Züge dürfte zudem in den meisten Fällen die Bemühungen um naturwissenschaftliche Erkenntnis mehr oder minder bewußt motiviert haben. Deshalb läßt sich auch heute noch unschwer nachempfinden, daß die Entdeckung solcher disziplinübergreifender Gemeinsamkeiten in der ersten Hälfte dieses Jahrhunderts für viele Naturwissenschaftler einer Offenbarung gleichkam.

Anhand eines einfachen technischen Beispiels und seines Vergleichs mit einem – äußerlich betrachtet – ›einfachen‹ biologischen Beispiel sei Prinzipielles hier vergegenwärtigt. Ein bis zum Überdruß ausgeschlachteter biotechnischer Vergleich ist die Gegenüberstellung von fotografischer Kamera und Auge. Tatsächlich bestehen hier klare Entsprechungen in fast allen Strukturen, was die Beliebtheit des Beispiels erklärt. Als bilderzeugendes System besitzen Kamera und Auge eine Linse. Dem Kameragehäuse entspricht der Augenbulbus, dem lichtempfindlichen Film die lichtempfindliche Netzhaut (wobei die Netzhaut auch noch anderes leistet als nur Lichtquanten aufzunehmen – nämlich Lichtreize weitgehend zu verrechnen). Die Entfernungseinstellung geschieht bei der Kamera im allgemeinen durch eine Schneckengang-Verschiebung der Optik, beim Auge des Menschen über eine spezielle Linsenaufhängung und Muskulatur. Bekanntlich besitzt die Kamera eine Blende, eine Irisblende aus halbmondförmigen Lamellen, mit der eine zentrale Öffnung kleiner und größer gestellt werden kann. Das analoge Element des Auges ist die Iris, die über ihre Muskulatur die ›Öffnung‹ des Auges, die Pupille, kleiner und größer stellen kann. Irisblende der Kamera und Iris des Auges dienen dazu, die Lichtmenge (Helligkeit) zu regulieren, die auf die lichtempfindliche Schicht fällt. Daß mit kleinerer Iris die Schärfentiefe und in Grenzen auch die Bildschärfe steigt, sind Nebeneffekte.

Wie funktioniert nun eine automatische Lichtregelung bei der Kamera? Angenommen, die Belichtungszeit wäre konstant, etwa eine Hundertstelsekunde. In dieser Zeit muß eine bestimmte Lichtmenge auf den Film fallen, damit er optimal geschwärzt wird. Dazu wird die Irisblende auf einen bestimmten Wert reguliert. Weiter sei dann angenommen, daß dieser Wert bereits richtig eingestellt wäre, und zwar für eine Aufnahme von Onkel Willi, der im Schatten einer

Hauswand steht, ein recht dunkles Objekt also. Mit der nächsten Aufnahme aber soll bei konstanter Belichtungszeit eine helle, freie Landschaft fotografiert werden. Wegen des größeren Lichtangebots muß die Blende nun weiter geschlossen werden, damit wieder die gleiche Lichtmenge wie beim vorausgegangenen Foto während der Belichtungszeit auf den Film fällt.

Es gibt zahlreiche Systeme, die das gewährleisten. Eines funktioniert wie folgt (Abb. 19–2): Von dem Licht, das über den Schwingspiegel der Spiegelreflexkamera auf die Mattscheibe fällt, gelangt ein kleiner Bruchteil auf eine Fotodiode. Wenn mehr Licht auf die Diode fällt, fließt ein größerer Strom, und an einem Serienwiderstand entsteht ein größerer Spannungsabfall. Diese Spannung wird dem elektronischen Regler eingespeist. Ein Regler ist ein System, das unter anderem eine Größe mit einer anderen Größe vergleicht. In unserem Fall vergleicht es die vom Diodenwiderstand abgegriffene Spannung mit einer anderen Spannung, deren Größe von der Stellung des Filmempfindlichkeits-Einstellknopfes abhängt. Angenommen, wir stellen 18 DIN ein. Sind in dieser Stellung die beiden Spannungen gleich, so stimmt die Belichtung. Dieser Zustand soll bei der Aufnahme von Onkel Willi gegeben sein. Bei der nächsten Aufnahme, dem Bild der freien, sonnigen Landschaft, fällt jedoch weitaus mehr Licht ins Objektiv. Infolgedessen werden die beiden Spannungen nicht mehr übereinstimmen; die Fotodiodenspannung ist stark angestiegen. Der Regler bewerkstelligt nun folgendes: Er vergleicht die Spannungen, und so lange die Diodenspannung höher ist als die ›Sollspannung‹ aus dem Empfindlichkeits-Einstellsystem, läßt er einen Stellmotor laufen, der über ein Getriebe die Irisblende langsam schließt. Damit fällt weniger Licht auf die Fotodiode, und damit sinkt auch ihre Ausgangsspannung. Die Differenz zwischen der Sollspannung und der Diodenspannung wird immer kleiner und schließlich Null. Sobald dieser Zustand der Spannungsgleichheit erreicht ist, hört der Regler auf, den Stellmotor laufenzulassen: Die Blende bleibt auf einem bestimmten Wert stehen. Drückt man nun auf den Auslöser, gelangt die richtige Lichtmenge auf den Film, und die Aufnahme ist etwas geworden.

Sollte Onkel Willi nun eine zweite Aufnahme an der Schattenwand wünschen, so gelangte vom beschatteten Objekt zu wenig Licht auf die Diode, weil die Blende im Verhältnis zu stark geschlossen ist. Die Diodenspannung ist nun kleiner als die Sollspannung. Um dies auszugleichen, läßt der Regler den Stellmotor andersherum laufen, und die Irisblende öffnet sich langsam, bis die Spannungsdifferenz wieder verschwunden ist.

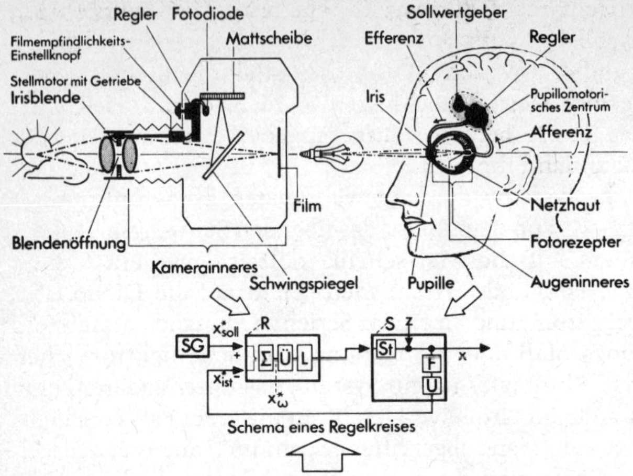

Regeltechnische Analoga	Symbol	Technisches Beispiel	Biologisches Beispiel
Sollwertgeber	SG	Filmempfindlichkeitseinstellung	Neurale Strukturen im pupillomotorischen Zentrum (?)
Regler	R	Elektronischer Schaltkreis (gedruckte Schaltung)	Nervenzellkomplex im pupillomotorischen Zentrum
Komperatorglied	Σ	Teil von R	Teil von R
Übertragungsglied	Ü	Teil von R	Teil von R
Leistungsverstärker	L	Teil von R	Teil von R
Regelstrecke	S	Kamerainneres	Augeninneres
Stellglied	St	Stellmotor+Getriebe+Irisblende (Teil von S)	Teil der Irismuskulatur (Teil von S)
Fühler	F	Fotodiode (Teil von S)	Fotorezeptoren; Lichtsinneszellen (Teil von S)
Umformer	U	Teil von S	Teil von S
Regelgröße	x	Beleuchtungsstärke auf dem Film	Beleuchtungsstärke auf der Retina
Sollwert der Regelgröße	x_{soll}	Sollwert der Beleuchtungsstärke in der Filmebene ~ elektrische Spannung x^*_{soll} des Sollwertgebers	Sollwert der Beleuchtungsstärke auf d. Netzhaut ~ Erregung x^*_{soll}; Impulsrate bestimmt. Neurone i. pupillomot. Zentrum
Istwert der Regelgröße	x_{ist}	Istwert d. Beleuchtungsstärke a. d. Mattscheibe ~ Diodenspanng. x^*_{ist}	Istwert d. Beleuchtungsstärke a. d. Netzhaut ~ afferente Erreg. x^*_{ist}
Regelabweichung	x_ω	Differenz zwischen x_{soll} und x_{ist}	Differenz zwischen x_{soll} und x_{ist}
Stellgröße	y	Stromfluß durch Stellmotor ~ x_ω	Efferente Erregung der Irismuskulatur ~ x_ω
Störgröße	z	Veränderte Leuchtdichte der Lichtquelle	Veränderte Leuchtdichte der Lichtquelle

Abb. 19–2 Gegenüberstellung eines technischen und eines biologischen Beleuchtungsstärkereglers und Rückführung auf eine allgemeingültige Regelkreisschaltung

Ein Regler ist also zunächst nichts anderes als ein Vergleichsinstrument; es vergleicht einen Wert, wie er gerade ist (in unserem Fall die Diodenspannung) mit einem Wert, wie er sein soll (in unserem Fall die Spannung aus dem Filmempfindlichkeits-Einstellsystem) – oder wie die Techniker sagen: Der Regler vergleicht einen ›Istwert‹ mit einem ›Sollwert‹. Solange eine Abweichung zwischen diesen beiden Werten besteht, eine ›Regelabweichung‹, tut er etwas. Er verstellt in unserem Fall über Stellmotor und Getriebe die Irisblende. Allgemein kann man sagen, er wirkt auf ein Stellglied ein, und über dieses Stellglied wird nun der Istwert so lange verändert, bis er mit dem Sollwert übereinstimmt. In diesem Moment hört der Regler zu arbeiten auf.

Irgendwoher muß der Regler seine Informationen bekommen, und zwar von zwei Seiten. Zum einen muß irgend etwas dasein, das ihm anzeigt, welchen Wert er einstellen soll, ein ›Geber‹ für den Sollwert. Zum anderen muß ein Element ihm sagen, welcher Wert momentan erreicht ist, ein Sensor oder Fühler für den Istwert. In unserem Beispiel war die Fotodiode der Fühler, das Filmempfindlichkeits-Einstellsystem der Sollwertgeber. Alle diese Regelvorgänge spielen sich im Kameragehäuse ab, in dem einerseits der Stellmotor, andererseits der Fühler sitzt. Techniker sprechen hier von der sogenannten Regelstrecke und stellen fest, daß Fühler und Stellglied Bestandteil dieser Regelstrecke sind. Das Stellglied verändert in unserem Fall die Lichthelligkeit. Der Regler läßt das Stellglied laufen, aber damit er das tun kann, muß er Informationen vom Fühler bekommen. Über diese ›rückläufige‹ Information vom Fühler zum Regler schließt sich eine Steuerstrecke zum Regelkreis. Steuerstrecke und Regelkreis sind ganz wesentliche kybernetische Grundbegriffe und ohne Schwierigkeit recht anschaulich zu verstehen.

Nochmals sei die Abb. 19–2 herangezogen, die Fotodiode jetzt aber weggedacht. Wenn der Regler nun den Stellmotor laufen läßt, ›weiß‹ er nicht, wann die Blende den richtigen Wert erreicht, wann er ihn wieder stoppen muß. Der Stellmotor läuft weiter bis zum Anschlag, bis die Blende nicht länger auf- oder zugeht – und dann kann das Untersetzungsgetriebe Schaden nehmen, weil die Zahnräder allzu stark belastet werden. Was hier vorliegt, ist eine typische Steuerstrecke: Der Regler ist im Grunde kein Regler, sondern ein Steuerer oder Steuermann, der dem Stellglied einen Befehl gibt; das Stellglied führt diesen Befehl aus, gleichgültig, was daraus wird. Ob der Befehl richtig war, kann der Steuerer nicht entscheiden, weil er keine Meldung bekommt, was in der Folge passiert. Das System ähnelt damit einem Schiff, dessen Steuermann in dunkler Nacht ohne irgendwelche Orientierungshilfe am Steuerrad dreht und zum Beispiel auf Rechtskurs geht. Das Schiff folgt diesem Befehl, und wenn auf der eingestellten Route eine Klippe liegt, fährt es auf und geht unter. Das ist also der Nachteil einer reinen Steuerstrecke: Reine Befehlsausführung ohne Rückmeldung über den Erfolg kann riskant sein.

In der Kamera ist eine solche Rückmeldung über die Fotodiode gegeben. Sobald sich die Blende auf den richtigen Wert geschlossen hat, ›weiß‹ das der Regler über die Fotodiode. Er hört dann auf, die Blende weiter zu schließen: Die Steuerkette hat sich zum Regelkreis geschlossen. Wer dieses einfache Beispiel genau mitverfolgt hat, dem wird es nicht schwerfallen, die mittlere Skizze der Abb. 19–2 zu verstehen, die nichts anderes ist als eine abstrakte Darstellung unseres bisher konkret geschilderten Kameramodells. Alle Glieder finden sich wieder, die wir bisher besprochen haben: der Regler R, die Regelstrecke S, mit ihren Bestandteilen Stellglied St und Fühler F (weitere eingezeichnete Elemente werden weiter unten ergänzend diskutiert). Zusätzlich zu diesen Gliedern sind nun die Größen definiert, über die die einzelnen Glieder zum Kreis verbunden werden. Istwert und Sollwert – hier x_{ist} und x_{soll} genannt – heißen allgemein ›Regelgrößen‹ x. Das ist kein sonderlich geglückter Fachausdruck, aber er ist nun einmal eingeführt; besser sollte man vielleicht sagen ›zu regelnde Größe‹. In unserem Beispiel ist die Regelgröße die Beleuchtungsstärke auf der Fotodiode. Auf die Regelstrecke wirkt eine Störgröße z ein – in unserem Beispiel bei der Aufnahme der freien Landschaft eine zu große Lichtfülle. Ist das der Fall, so weicht der Istwert x_{ist} der Regelgröße x vom Sollwert x_{soll} ab; eine Regelabweichung $x_w = x_{soll} - x_{ist}$ tritt auf. Hierdurch läßt der Regler den Stellmotor lossausen und verändert damit eine Stellgröße. Das ist in unserem Fall der Stromfluß zum Stellmotor, über den letzten Endes die Irisöffnung beeinflußt wird, besser gesagt die Fläche der Öffnung der Irisblende. Diese Stellgröße bezeichnet der Kybernetiker allgemein mit dem Symbol y, während er die Störgröße mit z kennzeichnet. Mit den eben definierten Symbolen läßt sich nun der Regelkreis nochmals in aller Kürze beschreiben. Dazu ein vergleichender Blick auf das mittlere Schema der Abb. 19–2: Wirkt z auf das System S, so ist x_{ist} ungleich x_{soll} (d. h. x_w ungleich Null). Diese beiden Werte werden von R verglichen. Solange sie unterschiedlich sind, wirkt R auf den Teil St des Systems S ein, und zwar dadurch, daß er y verändert. Als Folge davon verändert sich auch x_{ist}. Das geht so lange, bis x_{ist} gleich x_{soll} ist. Dann ist x_w und folglich y gleich Null, und St wird nicht mehr verändert. In diesem Zustand ist z nun ›ausgeregelt‹: Das gesamte System hat sich so auf z eingestellt, daß z nicht mehr stört.

Danebengehalten sei nun ein analoges Beispiel aus der Biologie: Die Regelung der Beleuchtungsstärke auf der Netzhaut im Auge des Menschen. Man stelle sich vor, jemand säße am Schreibtisch und läse ein Buch. Die Beleuchtungsstärke sei optimal; das Erkennen der Buchstaben mache ihm keine Mühe. Plötzlich richte jemand aus dem Hintergrund einen starken Scheinwerfer auf das Buch: In diesem Augenblick erscheint alles viel zu hell, vielleicht sogar schmerzhaft hell. Aber in Sekundenschnelle stellt sich das Auge darauf ein. Es laufen dabei verschiedene Vorgänge ab; hier soll nur einer besprochen werden.

Die Iris schließt sich, so daß die Pupille enger wird. Die allzugroße Bildhelligkeit auf der Netzhaut wird damit reduziert, und die Pupille schließt sich so weit, bis die Bildhelligkeit wieder den optimalen Wert von vorher erreicht hat. Damit ist die störende Lichtflut des Scheinwerfers ausgeregelt, sie belästigt nicht mehr. Das Ganze spielt sich in 1–2 Sekunden ab. Fernsehmoderatoren, die von Studioscheinwerfern ausgeleuchtet werden, kennen diese Erfahrung sehr gut; sie wissen, daß sich das Auge in Sekundenschnelle auf die volle Aufnahmehelligkeit ›eingepegelt‹ hat. Welche Regelvorgänge laufen hier ab? In einem bestimmten Teil des Gehirns befindet sich ein Regelwerk, das sogenannte pupillomotorische Zentrum. Es erhält Informationen von neuralen Strukturen, Sollwertgebern im Nervensystem für eine optimale Bildhelligkeit auf der Netzhaut. In der Netzhaut sitzen wiederum Meßglieder, Fotorezeptoren oder lichtaufnehmende Sinneszellen. Sie melden die Bildhelligkeit über Nervenverbindungen an das pupillomotorische Zentrum. Ist die Helligkeit so groß, so veranlaßt dieses Zentrum über andere Nervenverbindungen bestimmte Irismuskeln, sich zusammenzuziehen. In der Folge wird die Iris kleiner und damit auch die Bildhelligkeit des Augenhintergrunds. Die Iris schließt sich immer enger, und damit sinkt die Beleuchtungsstärke auf der Netzhaut mehr und mehr, bis sie den optimalen Wert, den ›Sollwert‹ für günstiges Lesen, erreicht hat.

Sobald das Regelzentrum, das ja die Information vom Sollwertgeber und von den Fotorezeptoren der Netzhaut vergleicht, keine Abweichung mehr registriert, hört es auf, die Irismuskeln zu veranlassen, sich weiter zu schließen. Nun ist der alte Zustand wieder eingestellt. Der zusätzlich eingeschaltete Scheinwerfer und somit die Störgröße ›all zu helles Licht‹ ist auskompensiert oder ›ausgeregelt‹. Wer die beiden Teile der Abb. 19–2 vergleichend betrachtet, wird wohl mit einigem Erstaunen feststellen, daß es sich hier prinzipiell um gleiche Systeme handelt. Zwar sind die Baumaterialien der Glieder des Regelkreises ganz unterschiedlich: Der Fühler ist in einem Fall eine Fotodiode, im anderen Fall eine Lichtsinneszelle, das Stellglied ist in einem Fall ein Stellmotor mit Getriebe und Blende, im anderen Fall ein Muskelsystem; der Regler der Kamera ist eine mit Transistoren, Widerständen und ähnlichem Zubehör beschickte Steckkarte, der Regler für den Pupillenreflex beim Menschen ist ein System aus einer größeren Anzahl komplex verschalteter Nervenzellen im Gehirn. Auf der anderen Seite aber – und das ist das Entscheidende – sind alle diese Glieder im technischen wie im biologischen Beispiel auf gleiche Weise verschaltet und schließen sich durch die Rückführung dessen, was der Regler aufgenommen hat (die Einspeisung eines vom Fühler aufgenommenen Istwerts in den Regler), zum Regelkreis. Das Regelkreisschema der Abb. 19–2 gilt deshalb für beide Fälle in gleicher Weise; das abstrakte kybernetische Schema ist sozusagen der kleinste gemeinsame Nenner, auf den die beiden scheinbar so verschiedenartigen Systeme in Natur und Technik gebracht werden können.

Die wichtigsten Teile des Regelkreises haben damit ihre Darstellung gefunden, noch nicht aber alle Einzelelemente, wie sie in Abb. 19–2 komplett zusammengestellt sind. So sei das noch Fehlende ergänzend nachgetragen.

Der Regler R vergleicht nicht nur Ist- und Sollwert der Regelgröße, sondern überträgt zudem auch das Ergebnis auf einen Leistungsverstärker, der seinerseits die Stellgröße y bestimmt, die der Regelstrecke eingespeist wird. Damit ist der Regler dreigliedrig. Er besteht aus einem Vergleichs- oder Komperatorglied Σ, das x_{ist} von x_{soll} abzieht und damit x_w generiert. Dieses wird – mit Hilfe des Übertragungsglieds Ü – auf den Leistungsverstärker L übertragen.

Die Regelstrecke S wiederum enthält zusätzlich einen Umformer U, der in Serie hinter dem Meßfühler F geschaltet ist. Damit hat es folgendes auf sich: Das technische wie das neurale Regelsystem arbeitet mit elektrischen Spannungen. Die zu regelnden Größen und die auszuregelnden Störgrößen sind aber keine elektrischen Spannungen, sondern Licht, Schall, Wärme, Druck oder was auch immer. Elektrische Größen hier, nicht-elektrische Größen dort, müssen nun regeltechnisch verknüpft werden, und dazu sind Umformer nötig. In unserem Beispiel ist die Störgröße ›Licht‹, und der Fühler F registriert dieses Licht. Der nachgeschaltete Umformer U wiederum setzt das Licht in eine der Lichtmenge proportionale elektrische Spannung um, auf die allein der Regler in der Folge anzusprechen vermag. Dieser Dualismus zunächst ›unmischbar‹ scheinender Größen ist in Abb. 19–2 noch dadurch symbolisiert, daß x_{soll} und x_{ist} nicht nur als zu regelnde Ursprungsgröße (Licht), sondern auch als dieser proportionale Spannung angegeben ist; das Symbol x bezieht sich auf das Licht, das Symbol x^* auf die dazu proportionale Spannung.

Manches ist zur Herausarbeitung des Prinzipiellen hier überschematisiert worden; zum Beispiel besteht zwischen Lichtsinnesorganen und pupillomotorischem Zentrum keine einfache Nervenverbindung, sondern eine ganze Kette neuraler Schaltwerke. Der Sollwertgeber im Gehirn ist zudem als solcher nicht identifiziert – vielleicht ist er sogar in das pupillomotorische Zentrum selbst integriert (es handelt sich also nicht um zwei Kästchen, die über ein Kabel verbunden werden, wie in der Schemazeichnung). Vielfach ist die Biologie noch nicht in der Lage, die Glieder und die verbindenden Größen von Regelkreisen mit gleicher Genauigkeit darzustellen wie die Technik. Aber – und das gibt für den hier entwickelten Zusammenhang den Ausschlag – wenn es sich um einen biologischen Regelvorgang handelt, müssen zumindest alle Glieder und Größen eines Regelkreises vorhanden sein.

Bei der Untersuchung solcher Regelvorgänge, von denen es Dutzende, ja Hunderte gibt, sind anfangs nahezu regelmäßig nicht alle Komponenten bekannt. Aber man weiß, daß sie vorhanden sein müssen, und man kann gezielt nach ihnen suchen. Hier liegt ein sehr wesentlicher Punkt dieses technischen Denkverfahrens für die Biologie. In einem biologischen Regelkreis *muß* es zum Beispiel einen oder mehrere Meßfühler geben. Wenn man sie noch nicht kennt, kann man sie in das bisher bekannte Kreisschema als Symbole eintragen. Irgendwann werden sie von irgendeinem Forscher gefunden werden. Ein bekanntes Beispiel sind die Muskelspindeln.

Richard Wagner, der Münchner Humanphysiologe mit dem Komponistennamen, der in der Vorkriegszeit die Forschung so entscheidend mitbestimmt hat, war einer der ersten, der die Bedeutung des Regelprinzips für die Biologie erkannt hat. Das reicht zurück in die Mitte der zwanziger Jahre. Wagner erkannte einen ›Rückkoppelungskreis‹ beim sogenannten Eigenreflex von Armmuskeln. In diesem Rückkoppelungskreis spielen Muskelspindeln – das sind umgewandelte, dehnungsempfindliche Muskelfasern innerhalb des Gesamtmuskels – die Rolle eines Fühlers. Das weiß man heute; Richard Wagner wußte es noch nicht. Seine Arbeit aber wurde dadurch nicht behindert, denn aus seinen technischen Überlegungen mußte er folgern, daß es irgendwo ein spannungsempfindliches Element geben müsse, sei es im Muskel selbst, sei es in den anschließenden Sehnen oder sonstwo. Er hat diesen Spannungsfühler gefordert, hat sich aber damit begnügen können, daß man allein ›mit der Annahme spannungsempfindlicher Elemente auskommt‹. Bernhard Hassenstein, der Freiburger Verhaltensbiologe, beschreibt in einer zusammenfassenden Arbeit über die bisherige Rolle der Kybernetik in der biologischen Forschung diesen faszinierenden Weg der schrittweisen Erkenntnis und folgert: »Ein funktioneller Zusammenhang kann als solcher richtig dargestellt sein, ohne daß alle seine ausführenden Elemente bekannt sind.«

Dem genialischen Norbert Wiener, einem im Jahre 1900 geborenen amerikanischen Mathematiker, war es vorbehalten, diese gemeinsamen steuer- und regeltechnischen Grundlagen in Biologie und Technik erstmals in aller Klarheit zu formulieren. Norbert Wiener, eine mathematische Hochbegabung, promovicrtc bereits mit 18 Jahren an der berühmten Harvard University. Bei der Konstruktion von Zielgeräten für die Flugzeugabwehr, mit der er sich während des Zweiten Weltkriegs befaßte, fielen ihm die Gemeinsamkeiten auf, die zwischen einem Zielenden oder autofahrenden Menschen und einem technischen Zielgerät bestehen. Verblüffend ist die Art und Weise, wie Norbert Wiener die Existenz biologischer Regelungsvorgänge und ihre Analogie zur Technik aufzeigte. Von seinen technischen Untersuchungen wußte er, daß ein (›Proportional‹)-Regler den Istwert immer um kleine Beträge um den Sollwert herum schwanken läßt. Der eingangs besprochene Fliehkraftregler von Dampfmaschinen hat das Prinzip klargemacht. Die Schwankungen sind einfach darauf zurückzuführen, daß die Information, die der Regler über den Meßfühler erhält, den tatsächlichen Zuständen immer ein klein wenig hinterherhinkt. Eine solche Rückkoppelung – die Wissenschaftler sprechen von ›negativer‹ Rückkopplung oder Gegenkopplung, weil die Rückmeldung dazu benutzt wird, die Differenz zum Sollwert *kleiner* zu machen – kann zu stark sein oder zu langsam arbeiten, mit einem Wort, nicht auf die regeltechnischen Kenngrößen des gesamten Kreises abgestimmt sein. Dann treten Instabilitäten auf, die sich in selbständigen, immer größer werdenden Schwingungen äußern. In unserem Beispiel mit der Belichtungsregelung der Fotokamera könnte sich eine falsch dimensionierte Rückkoppelung etwa so äußern, daß die Blende sich nicht auf einen bestimmten Wert schließt und da stehenbleibt, sondern dauernd abwechselnd kleiner und größer wird.

Wiener argumentierte nun so: Wenn es bei einem technischen Gerät diese Möglichkeit der ›krankhaften‹ Entartung gibt und wenn die Prinzipien der Regelung in gleicher Weise auch für lebende Systeme, für Organismen, gelten, dann muß es Krankheiten geben, die zum Beispiel einen gezielten Ablauf in ein ungeregeltes Hin und Her entarten lassen. Hassenstein kommentiert das treffend: »Wo Regelung herrscht, könnte auch Fehlregelung vorkommen; da eine solche unverkennbare Züge tragen würde, ließe sich von ihr auf die Existenz der Regelung im gesunden Menschen zurückschließen.«

Die Prinzipien biologischer und technischer Steuerung und Regelung erschöpfen sich allerdings nicht in den hier genannten zwei einfachen Beispielen eines bestimmten Reglertyps, des sogenannten Proportionalreglers. Es gibt andere Reglertypen, etwa Differential- und Integralregler, und es ist ganz allgemein so, daß Regelkreise sich zu immer größeren Gebilden ›vermaschen‹ können. Sehr bald aber müßte deren Betrachtung allzu schwierig und unübersichtlich werden. So genügt uns hier die Einsicht, die sich aus dem Doppelbeispiel gewinnen ließ: Wenn Elemente regeltechnisch zu Systemen zusammengeschaltet werden, so kann das in Biologie und Technik nach gleichartigen Prinzipien geschehen. Die Kenntnis dieser Gesetzlichkeiten erlaubt Vorhersagen, die für die Biologie von fundamentaler Bedeutung zu sein vermögen. Von der technischen Forschung war damit ein Hilfsmittel zur Verfügung gestellt, das dem Biologen zu tiefen, neuen Einsichten in das komplexe Funktionsschema von Organismen verholfen hat. Man kann ohne Übertreibung sagen, daß mit der Biokybernetik ein neues Zeitalter der Biologie angebrochen ist und daß die kybernetische Betrachtungsweise erst zu einem tieferen Verständnis der Funktion lebendiger Systeme geführt hat.

Um nochmals dem Biokybernetiker und Verhaltensforscher Hassenstein das Wort zu geben: »Mit seinem Mitarbeiter Bigelow ging Wiener zu einem Psychiater und fragte, ob das beschriebene Krankheitsbild vorkäme. Die Antwort lautete ›ja‹.« Der theoretisch prophezeiten Krankheit entspricht der sogenannte Intentionstremor. Ein solcher Kranker ist normalerweise ganz ruhig. Versucht er aber, eine gezielte Bewegung zu machen, zum Beispiel ein Glas Wasser zu ergreifen, so gerät die Hand in nicht zu beherrschende Schwingungen und verschüttet das Wasser. Im Intentionstremor lag also der gesuchte Hinweis auf die Existenz von Regelvorgängen mit negativer Rückwirkung im menschlichen Organismus! Das Gespräch mit dem Psychiater fand 1942 statt; im Jahre 1943 wurden die gemeinsamen Gedanken über biologisch-technische Analogien erstmals publiziert.

Im Jahre 1948 erschien dann Wieners Buch ›Cybernetics‹, das den Untertitel trägt ›Control and Communication in the Animal and the Machine‹ (Steuerung und Informationsaustausch im Organismus und in der Maschine). Wie der Autor darin beschreibt, war er in Diskussionen mit seinen Mitarbeitern zu der Auffassung gekommen, daß in Organismus und Technik vielfach gleiche Grundprinzipien im Bereich von ›control and communication‹ verwirklicht sind. – Es gab aber noch keinen Namen für eine die Technik und Biologie verbindende Wissenschaftsrichtung, welche diesen Fragenkomplex behandelte. Wiener zog daraus die Konsequenz, stellte Grundideen einer solchen Wissenschaft zusammen und gab ihr den Namen ›Kybernetik‹. Die Konzeption der Kybernetik als eines eigenen Wissenschaftszweiges geht also historisch auf die *Idee der Gemeinsamkeit von funktionellen Prinzipien in Technik und Biologie* zurück. Bernhard Hassenstein, der hier zitiert wurde, hat in Zusammenarbeit mit Werner Reichardt und anderen selbst wesentliche Grundlagen zur Forschungsrichtung Biokybernetik gelegt. Seine bekanntesten Untersuchungen beziehen sich auf das Bewegungssehen eines Rüsselkäfers, des Grünrüßlers Chlorophanus. Es gelang, biokybernetische Schaltschemata aufzuzeigen, unter die sich alle Beobachtungen und Experimente widerspruchsfrei einordnen ließen. Damit war zwar nicht bewiesen, daß Chlorophanus nach diesen Verschaltungsschemata reagierte, aber es war die einfachste Denkmöglichkeit aufgezeigt, wie er reagieren *könnte.* Das ist ein sehr wesentliches Prinzip dieser Forschungsrichtung: sie formuliert, wie ein komplexer biologischer Vorgang zustande kommen *könnte*, welche Teile und welche Verbindungen im Minimalfall nötig sind und nach welchen Elementen mit den Methoden der Histologie und Elektrophysiologie nun gezielt zu suchen ist. Solche Schaltschemata können im Zuge der weiteren Forschung als zutreffend oder nicht zutreffend erkannt werden. Immer aber bieten sie eine Richtschnur für das weitere Vorgehen, ohne die der Biologe vielfach hoffnungslos im dunkeln tappen müßte.

Darüber hinaus aber illustriert die Kybernetik und ihre Entstehungsgeschichte Gesetzmäßigkeiten menschlicher Erkenntnis schlechthin. Denn neue Erkenntnisse werden meist dadurch gewonnen, daß Komplexe von Tatsachen, bislang isoliert betrachtet, als miteinander vergleichbar erkannt werden: ein Vorgang, der sich kybernetisch auch unter dem Gesichtspunkt der Vernetzung von Systemen betrachten ließe. Ein Blick auf die Evolution der Natur zeigt übrigens, daß dieses Zusammenschalten zuvor getrennter Systeme auch hier vielfach der Motor grundsätzlicher Neuerungen gewesen ist. Konrad Lorenz hat dieses Phänomen mit dem Wort ›Fulguration‹ umschrieben.

Im Bereich der Erkenntnis setzt Vergleichbarkeit Abstraktion voraus: Reduzierung der Fakten auf Strukturen, auf ein überschaubares Gerüst aus Merkmalen und Relationen, die im fraglichen Zusammenhang relevant sind. Das menschliche Gehirn ist ein Organ, das aufgrund seines Feinbaus solche Leistungen auszuführen vermag – und dieser Feinbau beruht, wie man heute weiß, auf Prinzipien, die sich mit kybernetischen Schaltkreisen beschreiben lassen. Und weil unser neuronales System in dieser Weise strukturiert ist, denkt auch bereits der Buschmann, dachte sicher auch schon der Neandertaler in Abstraktionen und Analogien. Aber erst die Vernetzung und Rückkoppelung des menschlichen Hirn-Computers mit den Realitäten der Natur hat unsere Epoche zunehmender Naturbeherrschung heraufgeführt: Hier hat das kybernetische Prinzip wohl am augenfälligsten triumphiert.

20
Evolutionsstrategie: Zufall, Mutation und Selektion im Dienste des Konstrukteurs

Wenn man so will, ist die Bionik – die Durchkämmung der belebten Welt auf der Suche nach technisch Verwertbarem – eine etwas ausnützerische Wissenschaft. Bionisches Arbeiten erinnert mich immer ein bißchen an das Gerätekopieren der Japaner. Sie bauten nach dem Krieg deutsche Kameras in allen Einzelheiten nach und sparten sich damit immense Entwicklungskosten. Freilich blieb es nicht beim vorbildtreuen Kopieren. Die Japaner nahmen diese Konstruktionen zum Ausgangspunkt für eigene Entwicklungen. Wie jeder weiß, waren sie mit diesen Eigenschöpfungen außerordentlich erfolgreich. Die wesentlichen neuen Impulse für den Kamerabau kommen nun wohl aus dem Land der aufgehenden Sonne.

In ähnlicher Weise spart auch der Bioniker viel ›Entwicklungsarbeit‹, wenn er die Schöpfungen der Natur zunächst einmal technisch ›kopiert‹, aber – und darauf kommt es an – sofort auch zum Ausgangspunkt für eigene Entwicklungen und Weiterbearbeitungen nimmt. Daß dieses Verfahren zu praktisch verwertbaren Konstruktionen führt, ist in diesem Buch schon mehrfach gezeigt worden. Immer aber hat es sich darum gehandelt, daß Techniker ›fertige‹ Konstruktionen der Natur, also vorliegende ›Erfindungen‹ in ihr Gestalten einbezogen oder zum Ausgangspunkt für eigene Entwicklungen gemacht haben. Eine andere Möglichkeit der Übernahme aus der Natur in die Technik kann wohl auch nicht gegeben sein – möchte man meinen.

Dem ist aber nicht so. Seit etwa einem Jahrzehnt existiert ein Forschungsgebiet, das zunehmend an Bedeutung gewinnt und faszinierende Perspektiven zu bieten vermag: die Evolutionsstrategie. Evolutionsstrategen sind Techniker, die nicht nach ›fertigen‹ Konstruktionen der Natur suchen. Ihnen geht es um etwas ganz anderes. Sie ahmen den *Weg* nach, auf dem die Natur zu ihren Konstruktionen gekommen ist, die Evolution.

Seit Darwins umstürzender Erkenntnis in der Mitte des vergangenen Jahrhunderts ist die Wirkweise der Evolution im Prinzip durchschaubar: Die Entwicklung der Arten geschah im Wechselspiel zwischen Mutation und Selektion. Mutationen sind zufällig entstehende, ungerichtete Veränderungen in einem Lebewesen, die auf Änderungen im Erbgut zurückgehen. Sie bewirken, daß sich ein Nachkomme in gewissen Einzelheiten prinzipiell und schlagartig von seinen Eltern unterscheidet. Solche Einzelheiten können sich morphologisch ausprägen, sie können physiologischer oder verhaltensbiologischer Art sein. Ein Säugetier kann zum Beispiel etwas längere Ohren haben als seine Eltern; ein Insekt kann Veränderungen im Flügelgeäder zeigen, in der Augenfarbe, in der Zahl und Anordnung der Borsten; ein Baum mag infolge mutativer Änderung der Zellsaftzusammensetzung eine andere Blattfarbe zeigen; es können sich Veränderungen in dem komplexen Zusammenspiel der Verdauungsenzyme ergeben: das Verhaltensspektrum eines Tieres kann an einer oder mehreren Stellen plötzliche Abweichungen zeigen. Gemeinsam ist allen diesen Mutationen, daß sie unvorhersehbar-zufällig eintreten, das genetische Material betreffen und deshalb vererbbar sind. Meist sind es sehr kleine, unauffällige Abweichungen, die sehr häufig die Gesamtkonstitution eines Lebewesens nicht verbessern, sondern verschlechtern.

Selektion wiederum ist zunächst die Einwirkung der gesamten lebenden und toten Umwelt auf Lebewesen. Meist werden dabei sogenannte Populationen betrachtet, also Gruppen von Lebewesen, die in bestimmter Weise genetisch oder ökologisch definiert sein können. Tritt in einer solchen Population an einem Individuum eine Mutation auf, so verändert sie dieses Individuum in einem begrenzten Ausschnitt seiner Eigenschaften. Die gesamte Umwelt aber steht in Wechselbeziehung mit den unveränderten Individuen wie mit dem veränderten. War die Veränderung nun eine solche in negativer Richtung, fehlt dadurch etwa zum Beispiel ein stoffwechselphysiologisch wesentliches Enzym, so daß bestimmte Stoffgruppen nicht mehr synthetisiert werden können, so wird dieses Individuum gegen die Masse der übrigen benachteiligt sein und wahrscheinlich zugrunde gehen, bevor es sich fortpflanzen kann. Ist das Gegenteil der Fall, hat also das leicht veränderte Individuum einen kleinen Vorteil gegen seine Artgenossen, so wird es wahrscheinlich zur Fortpflanzung kommen und damit seine Veränderung vererben.

Man kann sich zum Beispiel vorstellen, daß eine Mutation, die etwas längeren oder dichteren Haarwuchs bewirkt, in arktischen Gegenden von Vorteil ist. Ein solches Individuum wird seinen Wärmehaushalt etwas verbessern, durch strenge Kälte weniger leicht Schaden leiden. Wenn es sich fortpflanzt, gibt es diese Eigenschaft weiter, und in der Population entstehen immer mehr Individuen, die ihren Wärmehaushalt verbessern und damit höhere Überlebenschancen gegen die übrigen, unveränderten Artgenossen haben. So kann es kommen, daß die unveränderten kurzhaarigen Individuen durch Außeneinflüsse, etwa anhaltende Schneestürme, in höherer Anzahl dezimiert werden, während solche Katastrophen den langhaarigen Mutationen weniger ausmachen. In der Folge verschiebt sich über mehrere Generationen das Verhältnis immer stärker, bis zum Schluß nur noch die veränderten Individuen, die also auf einen ›positiven‹ Mutationsschritt zurückzuführen sind, übrigbleiben. Die Mutation hat sich dann durchgesetzt. Sie hat sich deshalb durchgesetzt, weil Selektion gewirkt hat, weil Faktoren vorhanden waren, die zu einer Zurückdrängung des weniger angepaßten Individuums und einer Förderung des angepaßteren führten. In unserem Denkbeispiel waren es zufällige, heftige Schneestürme; in anderen Fällen werden es andere Ereignisse sein.

Ein berühmt gewordenes Beispiel ist der Industriemelanismus. In Industriegebieten, vor allem in England, hat sich gezeigt, daß eine an sich helle Schmetterlingsart, der Birkenspanner, im Laufe von mehreren Jahren durch eine vorher unbekannte dunkle Rasse fast vollständig verdrängt worden ist. Man nimmt an, daß bei der Umweltverschmutzung durch Staub und Ruß eine Mutante, die eine dunkle Körperoberfläche zeigte, für Freßfeinde weniger leicht zu finden ist als die helleren Individuen. Versuche haben gezeigt, daß hungrige Vögel solche dunklen Schmetterlinge auf dunkler Unterlage tatsächlich viel häufiger übersehen als helle. Eine zufällig aufgetretene Veränderung, eine Mutation, hat sich also durchgesetzt, weil eine Selektion gegeben war: die Ausmerzung der mit steigender Umweltverschmutzung immer leichter zu findenden hellen Individuen durch Vögel und ein höheres Maß an Geschütztheit für die in dieser Umwelt nun besser angepaßten Individuen mit dunklerer Körperoberfläche.

Will nun ein Techniker dieses Evolutions-Verfahren der Natur nachahmen, so muß er Mutation und Selektion nachahmen. Er hat dabei zu bedenken, daß die Mutation ein Vorgang ist, der zufällig und ungerichtet Veränderungen hervorbringt. Selektion dagegen ist, wenn man so will, ein wertender Vorgang. Sie ›mißt‹ oder ›beurteilt‹ die Veränderungen in bezug auf einen bestimmten Konstruktionszweck, verwirft ungünstige Veränderungen und bewahrt solche, die sich für die Ausgangsindividuen als günstig erwiesen haben.

Genau diesen Weg sind auch die Techniker gegangen. An der Technischen Universität Berlin existiert seit rund zehn Jahren eine Arbeitsgruppe für Evolutionsstrategie. Sie hat lange mehr oder minder ein Dornröschendasein geführt, aber nun beginnt ihre Art der Problemlösung größere Kreise zu ziehen. Ich bin sicher, daß sie für die Technik noch recht wichtig werden wird, wenn erst einmal der Trägheitswiderstand des Herkömmlichen und die wohl überall vorhandenen Vorurteile überwunden sein werden. Die Evolutionsstrategie ist mit dem Namen Ingo Rechenberg verbunden, der zusammen mit seinen Mitarbeitern Hans-Paul Schwefel und Peter Bienert am Institut für Meß- und Regelungstechnik des Fachbereichs 10 eine Abteilung bildet. 1972 wurde die ›Bionik und Evolutionstechnik‹ – so nennen die Forscher ihren Wissenschaftszweig – an der Technischen Universität Berlin ein eigenständiges Fachgebiet.

Die Evolutionsstrategen vertreten ihr Fach in Lehre und Forschung, wobei ihre gegenwärtige Forschungsplanung in aufeinander abgestimmten theoretischen und praktischen Schritten bis Ende der 70er Jahre reicht. So wollen sie einen Dekoder bauen, der nach dem Prinzip der neuralen Verschaltung im Kleinhirn arbeitet, und sie haben vor, sich der bereits klassischen, von Werner Reichardt bearbeiteten Frage neu anzunehmen, wie das Verrechnungsprinzip des Bewegungssehens im Facettenauge der Fliege für die Geschwindigkeitsbestimmung eines Luftfahrzeugs ›über Grund ‹ sich technisch verwerten läßt.

Begonnen hat diese hochinteressante Verfahrensweise im Jahre 1964 bei Professor Wille am Hermann-Föttiger-Institut der Technischen Universität in Berlin. Ingo Rechenberg, damals noch Student, war mit dem Problem betraut, einen Stromlinienkörper zu finden, der über einen großen Bereich der Oberfläche eine möglichst kleine Wandreibung aufweist. Ein solcher Körper hätte insgesamt einen nur kleinen Oberflächenwiderstand, was bedeutete, daß er bei gegebener Bewegungsgeschwindigkeit mit wenig Antriebsenergie auskäme und somit als Flugzeugrumpf besonders geeignet wäre. (Solche Überlegungen sind nicht die einzig wesentlichen bei der Konstruktion von Rümpfen von Luftfahrzeugen, werden aber in jedem Fall angestellt.) Im allgemeinen versucht man, solchen Idealformen rechnerisch auf die Spur zu kommen. In diesem Fall aber war das Problem rechnerisch nicht zu lösen.

Nun hat die Natur strömungsdynamisch sehr günstige ›Stromlinienkörper‹ hervorgebracht, etwa die Rümpfe der Fische und Vögel. Sie hat dabei nicht gerechnet, sondern ist zu diesen Idealformen durch Versuch und Irrtum, durch die Prinzipien von Mutation und Selektion gekommen. Der Gedanke lag nahe, auch einmal in der Technik diese

Prinzipien zu versuchen. Daß der Versuch dann tatsächlich gemacht worden ist, daß er über Erwarten gute Ergebnisse gezeitigt hat und daß sich darauf eine eigene, technisch zukunftsträchtige Forschungsrichtung aufbauen konnte, ist allerdings dem Zusammenwirken günstiger Umstände zu verdanken. Zwischen Wollen und Durchführen, zwischen Wunschbild und harter Realisierung klafft ja gewöhnlich ein großer Graben.

Die Physiker stellten sich vor: In einem Windkanal wird ein flexibler Strömungskörper angeströmt. Über Stellmotoren und Zahnstangen, die im Inneren des Körpers untergebracht sind und an verschiedenen Stellen der Oberfläche angreifen (Abb. 20–1), sollte seine Kontur verändert werden können. Mittels eines sogenannten Pitot-Rechen hinter dem Strömungskörper war auf indirekte Weise der Widerstand dieses Körpers in der Strömung bestimmbar. Das weitere Verfahren sollte sich wie folgt abspielen: Die Körperkontur wird über die Innenmechanik des Modells beliebig verstellt. Damit ist eine zufällige Veränderung, eine Mutation, simuliert worden. Diese Zufälligkeit ist hier außerordentlich wesentlich; es darf keine gezielte Tendenz hineinwirken. Man kann die Stellung der Innenmechanik und damit die ihr entsprechende Körperkontur zum Beispiel durch eine Serie von Würfelexperimenten bestimmen; die Zahl der Augen beim Würfeln ist

Abb. 20–1 Prinzip der Veränderung der Kontur eines Strömungskörpers durch Zahntriebe. Der erste Trieb ist verschieden weit ausgefahren.

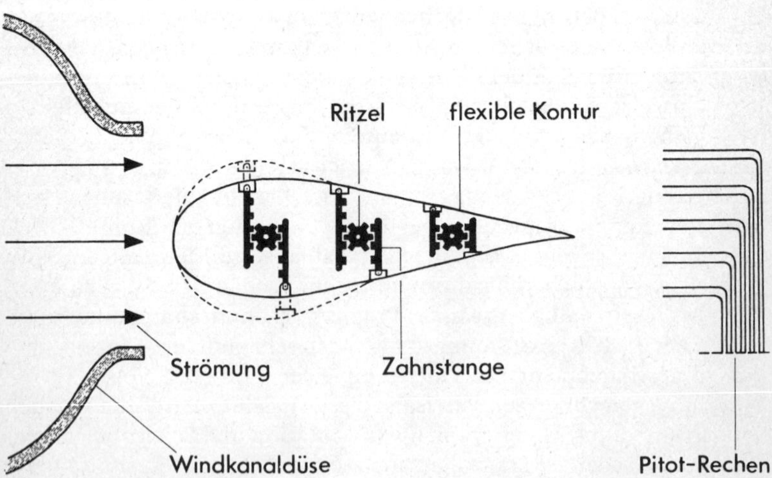

bekanntlich rein zufallsbedingt. Das Kriterium, ob sich die neue Körperkontur bewährt, gibt die Widerstandsmessung mittels der Pitot-Sonden. Ergibt die zufällige Veränderung einen größeren Widerstand, so war die Mutation ›letal‹. Sie läuft nicht in Richtung auf geringere Widerstände. Eine solche Körperkontur wird deshalb vom Experimentator verworfen. Zeigt die Messung dagegen geringeren Widerstand als vorher, so wird die Körperkontur als positiv anerkannt und weiter verwertet. Auf ihr baut sich nun der nächste ›Mutationsschritt‹ auf, und die so gewonnene, widerstandsärmere Körperkontur wird wieder einer zufälligen Veränderung unterworfen. Zeigt dann der Test, daß der Widerstand steigt, wird sie verworfen, fällt aber der Widerstand, wird sie bewahrt. Durch sukzessive Anwendung von zufälliger Veränderung und Auslese nach dem Gesichtspunkt minimalen Widerstands, durch Nachahmung von Mutation und Selektion und damit der natürlichen Evolutionsstrategie, läßt sich über einige Dutzend bis hundert experimentelle Schritte eine Idealform besonders kleinen Widerstands erzielen. Und das alles, ohne zu ›denken‹, durch rein zufällige Veränderungen und durch Auswertung nach einem sehr einfachen Ja-Nein-Schema – für den Techniker, der daran gewöhnt ist, bei jedem Konstruktionsschritt und jeder Änderung viel gedankliche Arbeit zu investieren, ein zunächst ganz befremdliches und dubioses Verfahren!

Gewiß: auch die Evolutionsstrategen müssen denken, recht komplex sogar, aber dieser Denkprozeß bezieht sich im wesentlichen auf die Aufstellung des Programms und die Herstellung der technischen Voraussetzungen. Wenn das Experiment erst einmal im Gang ist, läuft es rein schematisch ab und führt trotz oder gerade wegen dieser Verfahrensweise nach dem Prinzip der natürlichen Evolution zu einem Endzustand, der ein Optimalzustand sein kann. Man nennt dieses Prinzip deshalb auch: technische Optimierung nach der Strategie der biologischen Evolution. Dieses Verfahren kann mitunter das Staunen lehren. Denn manchmal besitzt das Optimalprodukt eine Form, die ganz unerwartet ist, auf die zuvor kein Untersucher durch noch so konzentriertes Nachdenken gekommen wäre.

Es leuchtet ein, daß sich die Techniker einen Test gewünscht haben, der feststellen sollte, ob diese Evolutionsstrategie tatsächlich zu Optimalformen führt. Ist die Form vorher nicht bekannt, läßt sich die Testfrage nicht ohne weiteres beantworten. Anders ist es, wenn eine Optimalform vorher schon bekannt ist. Wenn das Experiment dann zu dieser und gerade dieser Form führt, stimmt die Strategie. Hier bietet sich also eine schöne Testmöglichkeit für die Zweckmäßigkeit des Verfahrens an. Nach der Darstellung von Rechenberg sei ein solches

Testverfahren geschildert, und anschließend sei dargestellt, zu welchen praktisch verwertbaren technischen Gebilden die Evolutionsstrategie heute führt.

Der wohl einfachste strömungsmechanische Test ist von verblüffender Evidenz. Eine flache Platte erzeugt dann den geringsten Widerstand, wenn sie parallel angeströmt wird, das heißt, wenn ihr Anstellwinkel zur Strömung gleich Null ist. Wer beim Autofahren die Hand ein wenig aus dem Fenster heraussstreckt und sie im Handgelenk verdreht, kann das deutlich merken. Je größer der Winkel ist, unter dem die Hand zur Fahrtrichtung angestellt wird, desto größer wird auch der Widerstand, der sie nach hinten zu drücken droht. Wird die Hand genau horizontal gehalten, also unter dem Winkel Null gegen die Strömung, ist der Widerstand am kleinsten. Die Techniker haben nun eine ebene Platte aus sechs Streifen zusammengesetzt, die gelenkig miteinander verbunden waren. Die fünf Zwischenelemente konnten, jedes für sich, unter verschiedenen Winkeln angestellt werden. Die Platte ließ sich somit mehr oder minder stark falten, ähnlich wie eine Falttür zur Raumtrennung, und wenn alle Winkel auf Null eingestellt waren, ergaben die sechs Streifen insgesamt eine ebene Platte, entsprechend

Abb. 20–2 Gelenkplatte aus 6 Streifen, das heißt mit 5 Gelenken, vor dem Windkanal

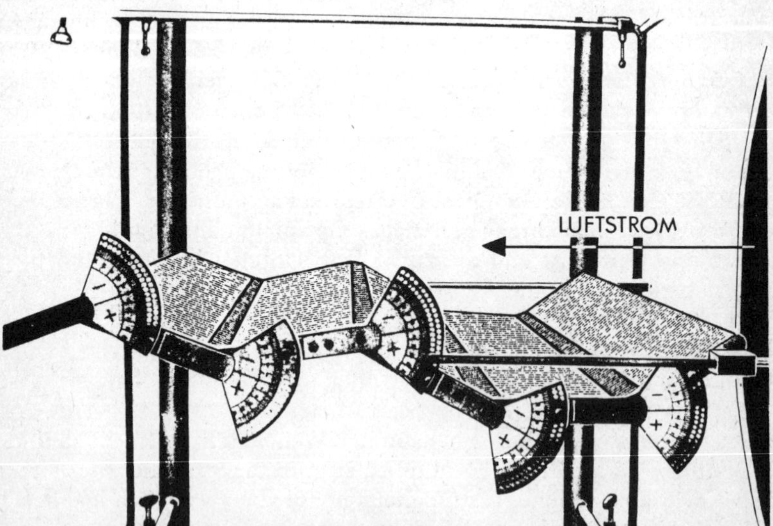

einer Falttür beim vollständigen Ausziehen. Ging man von einer zufällig stark gefalteten Struktur aus, so mußte das Experiment im Endeffekt auf die ebene Platte – ›Einzelwinkel zwischen dem Plattenstreifen gleich Null‹ – führen, wenn die Strategie stimmte. Genau dieses Experiment wurde gemacht.

Die Abb. 20–2 zeigt das Versuchsobjekt, die Gelenkplatte mit den fünf Winkelmessern zwischen je zwei Längsstreifen. Jedes Gelenk besaß 51 Einraststufen, die jeweils einer Winkeländerung von 2° entsprachen. Damit ließen sich nach den Gesetzen der Kombinationsrechnung $51^5 = 345\,025\,251$ verschiedene Winkel zwischen den Platten einstellen.

Da die Mutation nachgeahmt werden sollte, mußten die Variationen zufällig hervorgerufen werden. Für die Gewinnung reiner Zufallszahlen hatten sich die Techniker folgendes Verfahren ersonnen. Die Abb. 20–3 zeigt ein sogenanntes Galtonbrett – ein Holzbrett, auf dem viele, hier durch kleine Kreise symbolisierte Nägel eingeschlagen sind. An der Spitze des Bretts befindet sich ein kleiner Kasten mit 5 Kugeln, an der Basis eine Reihe von insgesamt 11 Kästchen. Das Brett wird flach geneigt auf den Tisch gestellt. Läßt man nun eine Kugel herauslaufen, so wird sie zufällig an verschiedene Nägel anstoßen und einmal nach links, einmal nach rechts abgelenkt werden. Schließlich landet sie in einem der Auffangkästchen – in welchem, das hängt ganz vom Zufall ab. Die 5 Kugeln 1–5 repräsentieren die 5 Winkel $\varphi_1 \div \varphi_5$ zwischen den Einzelsegmenten der Gelenkplatte. Die 11 Kästchen geben die Winkeländerung an. Das zentrale Kästchen ›Null‹ bedeutet, daß der Winkel gleichbleibt, die Minuswerte bedeuten, daß er um die entsprechende Zahl von Graden verringert wird, bei den Pluswerten wird er entsprechend vergrößert. Es leuchtet ein, daß große Abweichungen, zum Beispiel die Abweichung –5° oder +5°, seltener eintreten werden als kleine Abweichungen, zum Beispiel die Abweichung –1° und +1°. Die Kugeln stoßen ja häufig an die Nägel und werden im Durchschnitt ebenso häufig nach links wie nach rechts abgelenkt werden, fallen durch den Ausgleich von Rechts- und Linksablenkung also in ein zentrales Kästchen. Nur sehr selten werden sie alle in eine Richtung abgelenkt werden, um dadurch in eines der äußeren Kästchen zu fallen. Die Verteilung der Kugeln in den Kästchen, wie sie sich als Durchschnittswert vieler Experimente darstellt, ergibt eine Kurve: die Kurve der sogenannten Binomialverteilung. Diese ist für das Galtonbrett ebenso charakteristisch wie für die genetische Variabilität, und damit ist die Mutation sinnvoll simuliert. Die Zufallszahlen, die das Galtonbrett liefert, kann man auch durch Würfelexperimente erhalten.

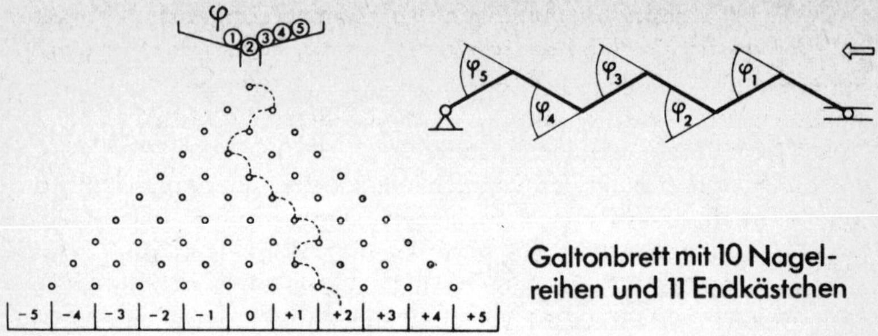

Abb. 20–3 Galtonsches Nagelbrett zur Erzeugung einer Zufallsverteilung und Anwendung auf das ›Gelenkplattenexperiment‹

Das Experiment ging nun vor sich wie folgt: Die Platte wurde stark gefaltet, mit Winkeln zwischen $\mp 30°$ und $\mp 40°$, also etwa so wie ein Ziehharmonikabalken. Dann wurden nach dem Prinzip des Galtonbretts zufällige Änderungen der Winkel $\varphi_1 \div \varphi_5$ bestimmt, eingestellt und vermessen. War der Gesamtwiderstand kleiner, wurde das Experiment verwertet, war er größer, wurde es nicht verwertet. Die Evolutionsstrategen sprechen hier von einer ›zweigliedrigen Wettkampfsituation‹. Die Abb. 20–4 zeigt das Ergebnis des Experiments. Nach durchschnittlich 200 Verstellschritten hatte sich aus der ziehharmonikaartig gefalteten Platte die Idealform, die parallel angeströmte ebene Platte, herausevolutioniert! Diese Form wurde, um es noch einmal zu sagen, im Experiment nicht angestrebt, sondern sie ergab sich ›von selbst‹ durch die Einführung einer Reihe von zufälligen Änderungen (Mutation) und das Beibehalten der Formen mit dem jeweils geringeren Widerstand (Selektion). Die technische Evolutionsstrategie nach dem Vorbild der natürlichen Evolution hat also zur zu erwartenden Idealform geführt.

Ganz streng genommen freilich ist die ebene Platte mit $\varphi_1 \div \varphi_5 = \text{const} = 0$ nicht erreicht worden; kleine Abweichungen in der Größe zwischen 0° und 6° sind noch immer vorhanden. Das liegt aber allein daran, daß der Unterschied im Widerstand dieser noch ganz leicht durch Anwinkelungen unterteilten Platte zur ideal glatten nur noch so gering ist, daß er mit dem verwendeten Pitot-Rohrsystem nicht mehr gemessen werden kann. Mit einem ideal feinen Meßsystem hätte sich genau der Idealfall $\varphi_1 \div \varphi_5 = 0$ ergeben.

In der Abb. 20–4 repräsentiert jeder Punkt der Kurve ein Experiment. Man sieht, daß mit der Zahl der Mutationen der Widerstand drastisch absinkt. Rund 340 Mutationsschritte wurden für dieses Experiment gemacht. Unter der Kurve sind für jeden zehnten solchen Schritt die Profile der Platten aufgezeichnet: links das Ausgangsprofil mit der zufälligen, starken Knickung, rechts das fast ideal glatte Profil, das sich herausevolutioniert hat. Ein interessantes Faktum wird hier sichtbar – zwischen der Mutation Nr. 80 und der Mutation Nr. 180 hat sich der Widerstand kaum verändert; die Kurve läuft hier ungefähr parallel zur Mutations-Achse. In diesem Stadium ist die Platte ungefähr S-förmig gekrümmt. Hier hat sie zwar nicht den kleinsten, aber doch einen besonders kleinen Widerstand; die Widerstandsfunktion hat hier ein Zwischenminimum. Dieses Zwischenminimum hat sich zunächst herausevolutioniert, weil es von der Ausgangsform weniger stark

Abb. 20–4 Optimierungsverlauf einer 6teiligen, parallel angeströmten Platte. Oberes Einschaltbild: Endergebnis. Punkteschar: Widerstand bei zunehmender Zahl von Experimenten (›Mutationen‹). Unten: Variation des Plattenlängsschnittes mit zunehmender Zahl von Experimenten.

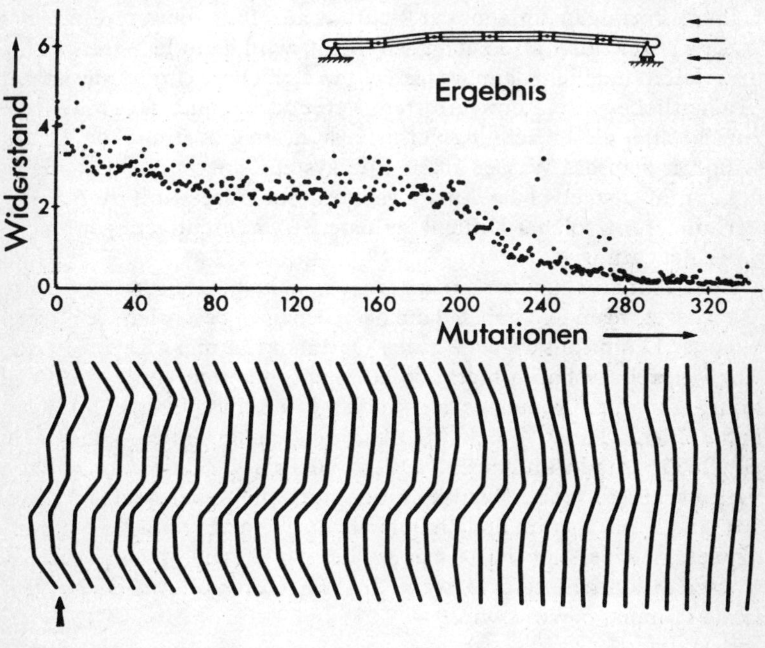

entfernt war als das absolute Minimum der flachen Platte. Erst durch besonders große, zufällige Veränderungen konnte es überwunden werden. Solche großen Mutationsschritte sind in diesem technischen Beispiel wie auch beim natürlichen Vorbild der Evolution sehr selten. Es dauert also einige Zeit, ehe ein solches Experiment aus dem Gefängnis des Zwischenminimums herauskommt.

Mit dieser Gelenkplatte wurden noch andere Einstellungen getestet. Wird sie unter einen bestimmten Winkel schräg angestellt, so hat sie einen bestimmten Widerstand, auch wenn sie flach ist. Man kann nun fordern, daß diese schräg angestellte Platte bei konstanter mittlerer Schräglage ein Widerstandsminimum erreichen soll. Das Evolutionsexperiment ergab eine Form, die nun nicht flach, sondern S-förmig verwunden ist, und zwar so, daß die Eintritts- und die Austrittskante ungefähr parallel zur Strömung stehen. Diese Optimalform war durchaus rechnerisch nicht erfaßbar und deshalb in gewisser Weise auch unerwartet.

Eine praktisch bedeutsame Frage ergab sich in einem etwas anderen Bereich: in der Evolution eines sogenannten Krümmers, einer rechtwinkeligen Rohrumleitung. Angenommen, ein Wasserleitungsrohr kommt senkrecht aus einem Stockwerk ins nächste und biegt dann halbkreisförmig in horizontaler Richtung auf eine Badewanne um. Das Wasser strömt hier also zuerst senkrecht, wird dann halbkreisförmig umgeleitet und fließt dann waagerecht weiter. Diese Umleitung ist mit beträchtlichen Reibungsverlusten verbunden, und je größer die Summe aller dieser Reibungsverluste ist, desto größer muß der Druck sein, mit dem das Wasser in das Rohrsystem eingespeist wird, desto höher muß also etwa das Ausgangsniveau im Wasserturm liegen. Die Verminderung solcher Umlenkverluste ist von nicht geringer praktischer Bedeutung.

Die Techniker sind von einem einfachen, halbkreisförmigen Krümmer ausgegangen und haben dann nach den eben beschriebenen Systemen der Evolutionsstrategie einen Optimalkrümmer entwickelt, der vom Viertelkreisbogen merklich abweicht, nämlich von der geraden Rohrleitung in eine stetig zunehmende Krümmung übergeht und am Ende einen kleinen ›Rückschlenker‹ zeigt. Die Umlenkverluste in diesem Optimalkrümmer sind 10 % kleiner als die Umlenkverluste im Viertelkreiskrümmer. Dazu kommen noch die unvermeidbaren Reibungsverluste, aber im Endeffekt bleibt doch ein um rund 2 % geringerer Gesamtwiderstand übrig. Das erscheint nicht viel, ist aber doch von wirtschaftlichem Interesse, wenn der Wasserdruck durch energiezehrende Pumpen bewirkt wird.

Ein anderes Problem stellte die Entwicklung einer rotationssymmetrischen Düsenform. Und dies aus folgendem Anlaß: Die AEG entwikkelte ein Kleinkraftwerk für Raumfahrzeuge nach dem magnetohydrodynamischen Prinzip. Durch die Hitze, die ein kleines Kernkraftwerk liefert, wird Kalium verflüssigt und in Strömung versetzt. Der rasch bewegte Metallstrahl kreuzt ein elektromagnetisches Feld. Hierbei entsteht nach ähnlichen Prinzipien wie beim elektrischen Generator ein elektrischer Strom, der sich auskoppeln läßt und mit dem alle möglichen Geräte an Bord der Raumsonde zu betreiben sind. Das Hauptproblem bei einem solchen magnetohydrodynamischen Stromgenerator ist, wie sich das verflüssigte Kalium besonders günstig und besonders rasch beschleunigen läßt. Nötig ist dazu eine konvergent-divergente Düse, in der ein Teil des Metalls verdampft – allerdings nur ein kleiner Teil. Der entstehende Dampfdruck beschleunigt das übrige flüssige Metall. Durch die Düse läuft also teils flüssiges Metall, teils Metalldampf, und die Strömungsvorgänge, die dabei auftreten, sind äußerst komplex. Berechnen kann man sie noch nicht, und damit läßt sich die Idealform der Düse auch rechnerisch keineswegs erfassen. H. P. Schwefel kam nun auf die Idee, eine solche Idealdüse nach den Prinzipien der Evolutionsstrategie zu entwickeln.

Er setzte die Düse aus 27 Segmenten mit jeweils einer Serie verschieden großer Innenbohrungen zusammen, wobei die Segmente zufällig ausgewechselt werden konnten (Mutationsprinzip). Insgesamt standen 330 Segmente mit günstig abgestuften Innendurchmessern zur Verfügung. Damit ließe sich theoretisch die riesenhafte Zahl von 10^{60} verschiedenen Düsenformen ohne Sprung in den Düsenkonturen zusammensetzen. Die Ausgangsform war eine Laval-Düse, wie sie oben in der Abb. 20–5 gezeigt ist, mit einem langen, sich verjüngenden Einlauf und einem etwas kürzeren, divergierenden Auslauf. Nach einem speziellen Rechenprogramm wurden nun durch Austausch einzelner Segmente zufällige Veränderungen in der Düsenkontur hervorgerufen. Düsen mit besonders hohen Anströmgeschwindigkeiten wurden als Ausgangsmodell für die Folgeexperimente beibehalten, Düsen mit geringen Geschwindigkeiten ausgesondert (Selektionsprinzip). Die Teilbilder 1–44 in Abb. 20–5 zeigen alle Übergangsformen. Schließlich blieb die Form Nr. 45 als Optimalform übrig. Diese Düsenbestform war absolut unerwartet. Sowohl im Einströmungs- wie im Ausströmungsteil, deren Längenverhältnisse sich im übrigen stark geändert haben, sind Zwischenkammern ausgebildet. Der Wirkungsgrad der Ausgangsform Nr. 0 war 55 %, also nicht sonderlich gut. Die Optimalform Nr. 45 dagegen besaß einen Wirkungsgrad von fast 80 %.

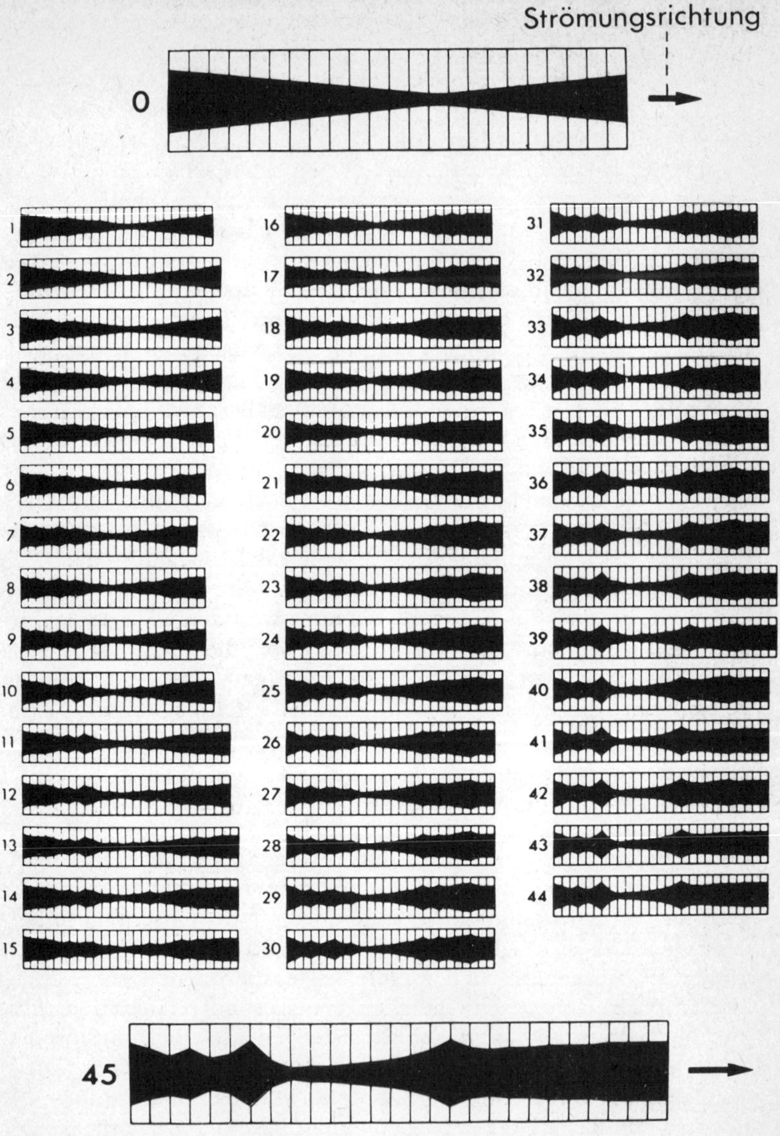

Abb. 20–5 ›Evolution‹ einer Zweiphasen-Überschalldüse. Oben (groß): einfache Ausgangsform 0. Unten (groß): Optimalform 45. Dazwischen (kleiner) Übergangsformen 1–44

Eine Steigerung von rund 25 % ist bei einem solchen Projekt, bei dem jedes Prozent zählt, geradezu sensationell!

P. Bienert ging nun einen Schritt weiter. Bisher ließen sich nach der Technik der Evolutionsstrategie zufällige Veränderungen auswürfeln; man mußte dann aber manuell die Veränderungen setzen, messen und dann ausschneiden bzw. aufbewahren. Es war also ein Physiker als Experimentator nötig, der die Daten erhielt und dann das Experiment nach diesen Daten ausführte. Für bestimmte Zwecke aber kann selbst der Mensch als Experimentator ersetzt werden. Bienert entwickelte einen Experimentierautomaten.

Für manche Fälle genügt es hier, wenn zur Einstellung verschiedener Zustände (›Mutationen‹) Knöpfe an einem Gerät verstellt werden. Diese Einstellung kann von einer Automatik vorgenommen werden, der die Zufallszahlen eingefüttert werden und die dann über eine Gelenkkette Knöpfe um eine bestimmte Strecke verstellt. Der Effekt, ob positiv oder negativ (›Selektion‹), wird gemessen und der Automatik ebenfalls eingegeben. Das Zwischenglied des experimentierenden Physikers entfällt also; die Zufallszahlen werden in Teilen der Automatik erzeugt, die Messung wird von anderen Teilen der Automatik bearbeitet, der Physiker wird von den zentralen Teilen der Automatik ersetzt.

Ein Beispiel: die Einstellung eines komplizierten Proportional-Integral-Differentialreglers, eines PID-Reglers. Ein solcher Regler ist nicht leicht zu berechnen und häufig sehr schwer einzustellen. Er soll möglichst wenig ›überschwingen‹. Das heißt: wenn eine Störung auf die zu regelnde Größe wirkt (im Kapitel 19 war von der Regelgröße x und der Störgröße z die Rede), darf sie den Regler nicht instabil machen. Er muß die Störgröße ausregeln, muß dabei möglichst rasch und unter möglichst geringem Überschwingen den Ausgangszustand wieder einstellen. Zur Erreichung dieses Idealzustands ist ein Regler den jeweils gegebenen Kenngrößen der Regelstrecke erst anzupassen.

Prinzipiell lassen sich drei Werte verändern: die Verstärkung, die Nachstellzeit und die sogenannte Vorhaltezeit. Diese drei Parameter sind auf komplexe, mathematisch nicht leicht faßbare Weise miteinander vernetzt. Auch hier wird sichtbar, daß man nicht alles berechnen kann; manches muß nach Erfahrungs-Faustregeln durchgeführt werden. Ein Optimierungsautomat, ein ›künstlicher Experimentator‹ also, der nach der Strategie der Evolution arbeitet, kann hier mit großem Vorteil eingesetzt werden.

Es müßte zu weit führen, hier in Details einzugehen. Anhand der Abb. 20–6 sei aber eine Experiment-Aufzeichnung dargestellt. Nach einem Schreiber-Diagramm zeigt sie eine nach rechts abfallende

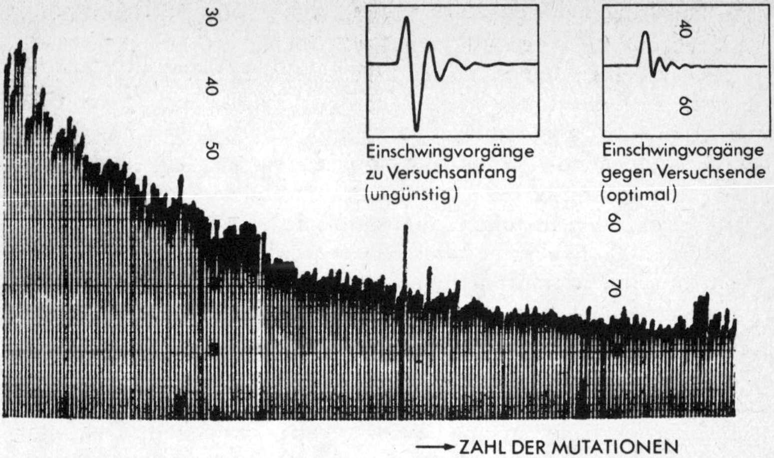

Abb. 20–6 Aufzeichnung zur automatischen Optimierung eines PID-Reglers. Erklärung im Text

Kurve. Auf der horizontalen Koordinate ist die Zahl der ›Mutationen‹ aufgetragen, auf der vertikalen ein bestimmter Meßwert, den man als kennzeichnend für die Regeloptimierung betrachten kann. Je kleiner dieser Wert, desto besser ist der Regler angepaßt. Sichtbar wird, daß sich dieser Wert mit der Zahl der Mutationen drastisch verkleinert und schließlich auf ein Optimum einpendelt. Die Einschaltbilder zeigen einen Einschwingvorgang am Anfang des Experiments und dem entsprechenden Einschwingvorgang am Ende des Experiments. Am Anfang dauert der Einschwingvorgang zu lang und zeigt ein unzulässig hohes Überschwingen. Nach der automatischen Einstellung ist er kürzer, und das Überschwingen ist merklich reduziert.

Neuerdings sind die Prinzipien der Evolutionsstrategie auch auf andere Verfahren angewandt worden. So ging es darum, die Idealform einer quer angeströmten Kühlrippe zu finden. Strömt Wind über eine solche Kühlrippe, nimmt er einen Teil der Wärme mit, kühlt also das System. Für Kühltürme und ähnliche Anlagen ist die Optimalform solcher Rippen anzustreben, denn je mehr sich die Realform ihr nähert, desto höher ist der Wärmeübergangskoeffizient, desto effektiver arbeitet das System, desto kleiner und kostengünstiger kann es für eine bestimmte Kühlleistung dimensioniert werden. An der TU Berlin hat neuerdings eine studentische Arbeitsgruppe unter W. Körner nach den eben diskutierten Verfahren eine Optimalform sich herausschälen lassen. Auch diese Form war durchaus unerwartet; sie sieht im Querschnitt etwa aus wie ein Löffel. Verglichen mit einer ebenen Fläche besitzt sie einen um nicht weniger als 97 % höheren Wärmeübergangskoeffizienten!

Unter H. Brauer wurde nach den Methoden der Evolutionsstrategie eine optimale Zweiphasendüse für einen Gas-Flüssigkeits-Reaktor entwickelt. Am Institut für Luft- und Raumfahrttechnik der TU Berlin hat man die Evolutionsstrategie erstmalig auf das alte Problem der Optimaldimensionierung eines Stabwerks angewandt. Solche Stabwerke finden sich an jedem Fachwerkbau, besonders deutlich an Eisenbahnbrücken. Stets wird versucht, sie so zu dimensionieren, daß sie eine bestimmte, gegebene Beanspruchung (eine Eisenbahnbrücke muß statisch das Gewicht der darüberfahrenden Züge tragen können) mit möglichst geringem Eigengewicht erreichen. Je leichter die Brücke selbst ist, desto billiger wird sie. Die Abb. 20–7 zeigt ein Stabwerk, das an vier Punkten belastet ist. Die Belastung wird durch Pfeile gekennzeichnet; ihre unterschiedliche Länge entspricht unterschiedlichen Größen. Dieses Stabwerk ist, wie man sieht, regelmäßig aufgebaut, nach den üblichen Prinzipien der Fachwerkbrücken. Die Stäbe sind entweder nur auf Zug oder nur auf Druck beansprucht und stützen sich gegenseitig ab. Ein ›Dreieckselement‹ ist (jeweils links) an dem Restsystem abgehängt. Das ganze Stabwerksystem hat ein bestimmtes Eigengewicht, das für die vorgegebene Belastung 922 kp (Kilopond) betrug. Nach der Optimierung im Sinne der Evolutionsstrategie sah das System anders aus – so wie in Abb. 20–8. Es vermag die gleichen Kräfte abzufangen wie das Ausgangssystem (ist also, trivial gesprochen, genauso ›stabil‹), und trotzdem ist es viel leichter geworden: Sein Eigengewicht beträgt jetzt nur noch 738 kp! Hier wird augenfällig, daß die symmetrische Ausgangsform nicht die Optimalform war. Die Optimalform ist vielmehr die nach der Evolutionsstrategie resultierende Endform mit dem seltsam gekrümmten unregelmäßigen Verlauf und der breiten Abstützung am Ende. Bei gleicher Stabilität läßt sich dabei rund 20 % an Material sparen. Das ist ein sehr beträchtlicher Wert, der bei der Serienfertigung solcher Stützstrukturen kaufmännisch außerordentlich stark zu Buche schlägt. Der ganze Optimierungsprozeß konnte hier übrigens rein mathematisch abgewickelt werden, weil die Beziehungen nach den allgemeinen Gesetzen der Statik bekannt sind. Der einmal programmierte Computer brauchte nur 20 Sekunden Rechenzeit, um von der symmetrischen Ausgangskonstruktion zur Optimalkonstruktion zu gelangen.

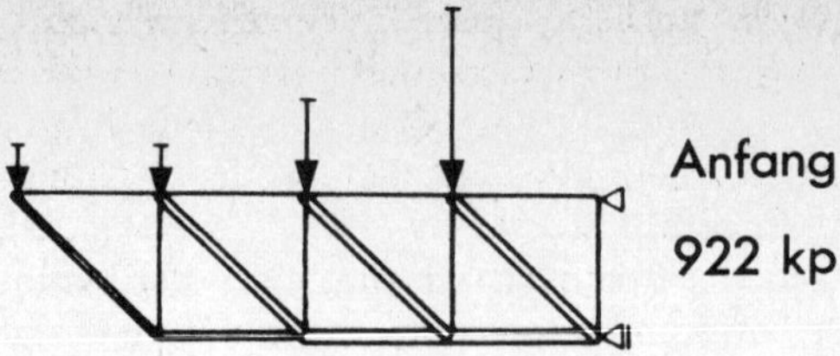

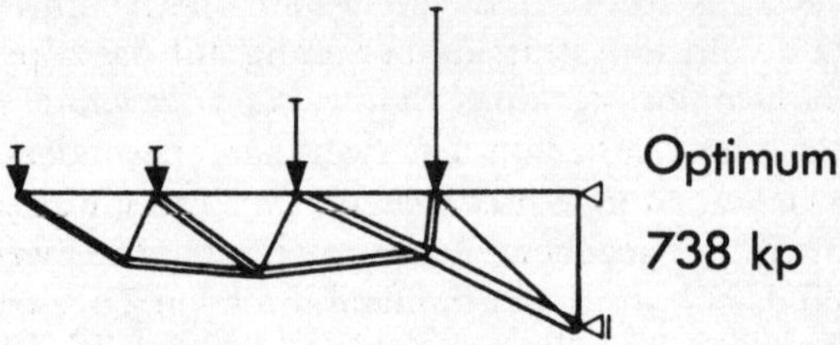

Abb. 20–7 (oben) Nicht optimiertes Stabfachwerk von 922 kp Eigengewicht

Abb. 20–8 (unten) Optimales Stabfachwerk gleicher Tragfähigkeit von 738 kp Eigengewicht. Die vorgegebene Verteilung der Lasten ist durch die auf das Stabfachwerk zulaufenden Pfeile symbolisiert.

Die Techniker beginnen denn auch langsam, die Evolutionsstrategie als Wissenschaft zur Kenntnis zu nehmen. Dies geschieht trotz offensichtlicher Erfolge allerdings immer noch zögernd. Freilich ist dieses Verfahren kein Allheilmittel; es wird sich nicht generell bei allen technischen Problemen anwenden lassen. Doch in der Strömungsmechanik, in der Verfahrenstechnik und in der technischen Statik dürfte die Evolutionsstrategie ihren Platz erobern, auch wenn sie von vielen Technikern zur Zeit noch nicht so recht verstanden oder als außerordentliches Neuland nur mit Vorsicht betreten wird.

Dem Biologen sind Vorbehalte dieser Art allerdings durchaus fremd. Als ich das 1972 erschienene Buch ›Evolutionsstrategie‹ von Ingo Rechenberg durchlas, war mir all das, so bahnbrechend neu es ist, absolut selbstverständlich, als ob ich mich immer mit solchen Fragen befaßt hätte. Zwar habe ich nicht alle mathematischen Feinheiten nachvollziehen können (bei Qualitätsfunktionen mit Mehrfachintegralen beginnt auch der mathematisch interessierte Biologe sich hinter dem linken Ohr zu kratzen), und trotzdem waren mir alle Prinzipien und Ableitungen bereits während des ersten Lesens durchaus vertraut. Wie kommt das wohl? Vielleicht einfach deshalb, weil die technische

Evolutionsstrategie im Grunde ein biologisches Verfahren ist. Und in den Denk- und Verfahrensweisen der Biologie bin ich als Biologe zu Hause.

Gleichwohl vermögen Bionik und Biotechnik die Sicht des Biologen auf die Forschungsobjekte seines eigenen Gebiets wesentlich zu verändern. Die Einsicht in übergreifende Zusammenhänge, in funktionelle Gemeinsamkeiten wirkt auf die Denkmuster zurück, die zunächst allein durch die Phänomene der lebenden Natur geprägt worden sind. Natürlich teilt ein Biologe nicht unbedingt die Zielsetzung der Biotechnik, die aufs Machbare, auf Konstruktion und Funktionsentwicklung, gerichtet ist. Ihn reizt es mehr, Physik und Mathematik als Hilfswissenschaften einzuspannen, um biologische Erscheinungen besser zu verstehen – und daß ein rechtes Verständnis ohne Hilfswissenschaften vielfach nicht zu erreichen ist, haben die Beispiele dieses Buchs wohl zur Genüge gezeigt. Dem Biologen ist es somit um Erkenntnis zu tun, und hierin unterscheidet er sich in seiner Motivation vom Biotechniker.

Zweckfreie Wissenschaft also? Zunächst gewiß. Aber doch nicht im geringsten ohne Daseinsberechtigung. Denn daß der Mensch seit jeher, wenn auch in den verschiedensten Formen, nach Erkenntnis gestrebt hat, Erkenntnis über sich selbst, seine Umwelt und sein Verhältnis zur Umwelt, läßt einen tiefverwurzelten Drang nach Erkenntnis zutage treten, zu dessen Stillung die Biologie sicher nicht wenig beizutragen hat. Man wird nicht fehlgehen, dieses Erkenntnisbedürfnis im Zusammenhang mit der Menschheitsentwicklung selbst zu sehen – denn zweifellos beruht es auf unserer Gehirnstruktur –, auch wenn hier anknüpfende teleologische Spekulationen aus der Biologie hinausführen müßten. Andererseits aber sollte nicht verkannt werden, daß jenes Erkenntnisbedürfnis selbst wiederum zu Resultaten geführt hat, die ihre Wirkung auf den weiteren Verlauf der Entwicklung bereits zu zeigen beginnen. Wer sich vergegenwärtigt, daß biologisches Wissen über die Biotechnik oder auch ganz direkt auf das Leben dieses Planeten rückzuwirken vermag, der hat ein Modell der Beeinflussung der Entwicklung durch Wissen von der Natur vor Augen.

Wenn auch unsere Technik seit ihren Anfängen schon Beispiele für solche Beeinflussungen bietet, so war das ihr zugrundeliegende Wissen doch hauptsächlich Wissen von der unbelebten Natur. So ließe sich darüber spekulieren, ob nicht auch hierin eine der Ursachen liege für die nachteiligen Wirkungen, welche von der bislang entwickelten Technik auf die Biosphäre unserer Erde ausgegangen sind. Vielleicht, so ist zu hoffen, kann die Biotechnik in Verbindung mit einem neuen und weiteren Selbstverständnis der Biologie ein wenig dazu beitragen, die weitere Entwicklung positiv zu beeinflussen. Es sollte wieder zu einer Einpassung des Menschen in seine Umwelt kommen, die auf höherer Ebene jenen Zustand natürlichen Gleichgewichts herstellt, der bis zum Beginn unseres Jahrhunderts in etwa gegeben war, und den der Mensch gegenwärtig völlig umzustürzen droht. Die Versöhnung von Natur und Technik wäre zumindest in den Perspektiven denkbar.

Teil VIII

Anhang

1. Danksagung

Dieses Buch hätte ich nicht schreiben können ohne die aufmunternde Hilfe meiner Lehrer, die mich als jungen Studenten gefördert und sachte zu Hochschule und Wissenschaft geleitet haben. K. Mägdefrau gab dem damals noch Suchenden den ersten Anstoß, mein Doktorvater W. Jacobs ließ mich am langen Zügel arbeiten, gelegentlich kritisierend, aber immer darauf bedacht, daß sein Doktorand ein eigenständiges Konzept entwickeln möge. W. Rollwagen nahm den jungen Biologen gastlich in seinem Institut auf und bildete ihn weiter in Experimentalphysik aus, nachdem ihn H. Autrum zum Weiterstudium von seinen Assistentenverpflichtungen weitgehend entbunden hat. E. Trockenbrodt und S. Wagner verdanke ich in einem Zusatzstudium die Grundausbildung in theoretischer und praktischer Aerodynamik. A. Kaestner, dem Verfechter einer funktionellen Morphologie, verdanke ich manche wissenschaftliche Anregung und viel menschlich warmes Verständnis für ein gelegentlich arg unbotmäßiges Temperament.

Wenn jemand mit einiger Hingabe studiert, forscht oder lehrt, enzyklopädisch arbeitet oder auch ›nur‹ ein populärwissenschaftliches Buch schreibt wie dieses, so ist er bisweilen auf Monate hinaus in seinen Ideenkreis eingeschlossen und bereitet seiner Umwelt nicht nur eitel Freude. Ich habe dieses Buch nicht von ungefähr meiner Frau gewidmet, die – selbst vom Fach – stets sehr viel Verständnis für alle Spintisierereien und Übersprunghandlungen gezeigt hat, die der konzentriert Arbeitende im Alltagsstreß von sich gab.

Eine Reihe von Zeichnungen aus der wissenschaftlichen Literatur ist in dieses Buch übernommen worden; allen im Anhang aufgeführten Bildautoren und Verlagen danke ich, daß ich sie an dieser Stelle reproduzieren darf. Meine Berliner Kollegen J.-G. Helmcke und I. Rechenberg haben die ihre Forschungen betreffenden Teile der Kapitel 7 und 20 durchgesehen und mit einigen hilfreichen Anmerkungen dazu beigetragen, den Themenkreis zu präzisieren – ich danke herzlich dafür.

Hoimar von Ditfurth hat den Anstoß zur Bearbeitung dieses Themas gegeben und das Manuskript als Herausgeber durchgesehen. Auch ihm, dem engagierten Verfechter der ›Übersetzung‹ wissenschaftlicher Spezialergebnisse in eine allgemeinverständliche Sprache, danke ich an dieser Stelle herzlich.

2. Literaturnachweis

Erster Teil:

Gießler, A.: Biotechnik. Eine Einführung. Quelle & Meyer, Leipzig (1939).

Zweiter Teil:

Gérardin, C.: Natur als Vorbild. Die Entdeckungen der Bionik. Kindler's Universitäts-Bibliothek, Kindler, München (1968).

Hertel, H.: Biologie und Technik. Struktur – Form – Bewegung. Krausskopf, Mainz (1963).

Heynert, H.: Einführung in die allgemeine Bionik. VEB Deutscher Verlag der Wissenschaften, Berlin (1972).

Nachtigall, W.: Biotechnik. Statische Konstruktionen in der Natur. Quelle & Meyer (1971).

Nachtigall, W.: 5 Artikel über Biotechnik in der Zeitschrift ›Kosmos‹: I Juni (1971), pp. 255–258; II August (1971), pp. 333–336; III Oktober (1971), pp. 429–432; IV Januar (1972), pp. 19–22; V Februar (1972), pp. 73–76.

Kapitel 1:

Halle, G.: Otto Lilienthal und seine Flugzeugkonstruktionen. Publikation des Deutschen Museums, München (1962).

Lilienthal, O.: Der Vogelflug als Grundlage der Fliegekunst. Ein Beitrag zur Systematik der Flugtechnik. Gaertner, Berlin (1889). Neudruck bei Oldenbourg, München und Berlin (1939).

Lilienthal, O.: Unsere Lehrmeister im Schwebefluge. Prometheus 6, Nr. 316 (185).

Lilienthal, O.: Über die Ermittlung der besten Flügelformen. Z. Luftsch. *14*, 237–245 (1895).

Kapitel 2:

Ahlborn, F.: Der Schwebeflug und die Fallbewegung ebener Tafeln in der Luft. Abh. Geb. Naturwiss. 15, Friederichsen & Co, Hamburg (1897).

Ahlborn, F.: Die Stabilität der Flugapparate. Abh. naturwiss. Verein Hamburg, Hamburg (1897), p. 42.

Dingler, H.: Die Bewegungen der pflanzlichen Flugorgane. Ackermann, München (1889).

Etrich, I.: Die Taube. Memoiren des Flugpioniers Dr.-Ing. h. c. Igo Etrich. Waldheim-Eberle, Wien, o. J. (nach 1960).
Ulbrich, E.: Biologie der Früchte und Samen. Springer, Berlin (1928).

Kapitel 3:
Borelli, J. A.: De motu animalium. Angeli Barnabi, 2. ed. Ludg. Batav. (1685). Neudruck Akad. Verlagsges. Leipzig (1927).
Cayley, G.: On aerial navigation (Parts I, II, III). Nicholson's J. 24, 164–174; 25, 81–87; 25, 161–169 (1809, 1810).
Giacomelli, R.: Gli scritti di Leonardo da Vinci sul volo. Bardi, Roma (1936).
Gibbs-Smith, C. H.: Sir George Cayley's aeronautics. A Science Museum book. Her Majesty's stationery office, London (1962).
Gibbs-Smith, C. H.: Leonardo da Vinci's Aeronautics. A Science Museum booklet. Her Majesty's stationery office, London (1967).
Leonardo da Vinci: Sul volo degli uccelli. Firenze (1505).

Kapitel 4:
Beier, W., und K. Glaß: Bionik – eine Wissenschaft der Zukunft. Urania, Leipzig, Jena, Berlin (1968).

Dritter Teil:

Wachsmann, K.: Wendepunkt im Bauen. Krausskopf, Wiesbaden (1959).

Kapitel 5:
Frieling, H.: Tiere als Baumeister, 2. Aufl., Franckh, Stuttgart (1951).
Günther, K., Hannemann, H.-J., Hieke, F., Königsmann, E., und Schumann, H.: Urania – Tierreich, Band 3: Insekten. Deutsch, Frankfurt und Zürich (1969).
Illies, J.: Die Lebensgemeinschaft des Bergbachs. Die Neue Brehm Bücherei, Bd. 289, Ziemsen, Wittenberg (1961).
Kaestner, A.: Lehrbuch der speziellen Zoologie. Band I, 3. Teil, Insecta B: Spezieller Teil. Fischer, Jena (1973).
Sedlag, U.: Hautflügler I. Die Neue Brehm Bücherei, Bd. 47, Akad. Verlagsges. Geest & Portig, Leipzig (1951).
Wesenberg-Lund, C.: Biologie der Süßwasserinsekten. Springer, Berlin, Wien (1943).

Kapitel 6:
d'Arcy-Thompson, W.: On growth and form. Cambridge. At the University press, 2nd ed. (1952).
Lau, D.: Beobachtungen und Experimente über die Entstehung der Bienenwabe (Apis mellifica L.). Zool. Beitr. NF 4, 233–306 (1959).

Lindauer, M., und H. Martin: Sinnesphysiologische Leistungen beim Wabenbau der Honigbiene. Z. vergl. Physiol. 53, 372–404 (1966).
Meretz, W.: Zur dreidimensionalen Form der Tier- und Pflanzenzellen im undifferenzierten Zellverband. Beitr. Biol. Pflanzen *37*, 147–163 (1962).
Meretz, W.: Die Wabenzelle der Honigbiene. Bull. Math. Biophysics *25*, 95–110 (1963).
Rashevsky, N.: Mathematical Biophysics. Chicago. At the University Press, 2nd ed. (1948).

Kapitel 7:
Blaser, W.: Objektive Architektur, Scherpe, Krefeld (1970).
Helmcke, J. G.: Form und Funktion der Diatomeenschalen. Gesetzmäßigkeiten im Kleinsten. Beitr. Naturkunde Niedersachsens *12*, 110–114 (1959).
Helmcke, J. G.: Ein Beispiel für die praktische Anwendung der Analogieforschung, Mitt. d. Inst. f. leichte Flächentragwerke der Universität Stuttgart (IL) 4, 6–15 (1972).
Helmcke, J. G., und Frei, Otto: Lebende und technische Konstruktionen. Bemerkungen zu Schalen- und Raumtragwerken in Natur und Technik. db 11, 856–862 (1962).
Kummer, B.: Funktioneller Bau und funktionelle Anpassung des Knochens. Anat. Anz. 110, 261–293 (1962).
Nachtigall, W.: Biotechnik. Statische Konstruktionen in der Natur. Quelle & Meyer, Heidelberg (1971).
Pauwels, F.: Gesammelte Abhandlungen zur funktionellen Anatomie des Bewegungsapparates. Springer, Berlin – Heidelberg – New York (1965).
Strüwe, C.: Formen des Mikrokosmos. Prestel, München (1955).
Torroja, E.: Logik der Form, Callwey, München (1961).

Kapitel 8:
Bühler, P.: Sandwichstrukturen der Schädelkapseln verschiedener Vögel. – Zum Leichtbauprinzip bei Organismen. Mitt. d. Inst. f. leichte Flächentragwerke der Universität Stuttgart (IL) *4*, 40–51 (1972).
Klein, B. M.: Duftschuppen bei Schmetterlingen. Mikrokosmos, 82–86.
Märkel, K. und P. Gorny: Zur funktionellen Anatomie der Seeigelzähne (Echinodermata, Echinoidea). Z. Morph. Tiere *75*, 223–242 (1973).
Pflugfelder, O.: Eine ›moderne‹ Konstruktion: Leichtbauweise bei Stacheln von Säugetieren. Mikrokosmos, 193–196.
Reng, G.: Bau und Funktion der Seeigelstachel. n+m *4*, 20–32 (1967).
Wainwright, A. A.: Stress and design in bivalved mollusc shell. Nature (London) 224 (No 5221), 777–779 (1969).

Vierter Teil:

Alexander, McNeill. Animal mechanics. Sidgwick & Jackson, London (1968).
Hirschhorn, J.: Kinematics and dynamics of plane mechanisms. McGraw-Hill, New York, San Francisco, Toronto, London (1962).

Kapitel 9:
CSM-LM Docking system – Block II NAA SID 62–435 (SM2A–02), December (1965); IAADB-Apollo Spacecraft.
Ernst, Ch.: Die automatische Kupplung der VIC. nach dem Stand vom September 1965. Rangiertechnik, Heft 25, 34–38 (Dezember 1965).
Ernst, O.: Ein neues Kupplungssystem für Eisenbahnwagen. Umschau 7, 772–773 (1903).
Gläser, H.-J.: Eine neue Diplozoon-Art (Plathelminthes, Monogenoidea) von den Kiemen der Plötze, Rutilus rutilus (L.). Zool. Anz. *178* (5/6), 333–342 (1967).
Nachtigall, W.: Biological mechanisms of attachment. The comparative morphology and bioingeneering of organs for linkage, suction and adhesion. Springer, Berlin – Heidelberg – New York (1974).
Popp, E.: Die Begattung bei den Vogelmilben Pterodectes Robin (Analgesoidea, Acari). Z. Morph. Ökol. Tiere *59*, 1–32 (1967).
Puttkamer, J. v.: Columbia, hier spricht ›Adler‹. Der Report der ersten Mondlandung. Verlag Chemie, Weinheim (1970).
Reichenbach-Klinke, H.-H.: Die Gattung Diplozoon v. NORDMANN. Z. Parasitenk. *20*, 541–557 (1961).
Reiss, F.: Zum Kopplungsmechanismus bei Chironomiden (Diptera). Chironomidenstudien IV. Zoologischer Anzeiger *176*, 440–449 (1966).
Schmidt, E.: Der Weg zur europäischen selbsttätigen Mittelpufferkupplung. Glasers Annalen *89*, 427–436 (1965).

Kapitel 10:
Bühler, P.: Schädelmorphologie und Kiefermechanik der Caprimulgidae (Aves). Z. Morph. Tiere 66, 337–399 (1970).
Gans, C.: Beobachtungen an afrikanischen Eischlangen. Natur und Museum *100*, 460–471 (1970).
Kaltenbach, A.: Gifte und Giftwaffen im Tierreich. Naturwiss. Rundschau *24*, 380–388 (1971).
Märkel, K.: Untersuchungen zur Klärung der Arbeitsweise der Gastropodenradula. Verhdl. der Dtsch. Zool. Ges. in Kiel, Zool. Anz. 28. Suppl. Bd., 232–243 (1965).
Nachtigall, W. und D. Bilo: Die Strömungsmechanik des Dytiscus-Rumpfes. Z. vergl. Physiol. 50, 371–401 (1965).
Parry, D. A., Spider hydraulics. Endeavour *19*, 156–162 (1960).

Parry, D. A., and R. H. J. Brown: The jumping mechanism of salticid spiders. J. Exp. Biol. *36*, 654–664 (1959).

Schildknecht, H., E. Maschwitz, und U. Maschwitz: Die Explosionschemie der Bombardierkäfer (Coleoptera, Carabidae). III. Mitt.: Isolierung und Charakterisierung der Explosionskatalysatoren. Z. f. Naturforschung, 23b, 1213–1218 (1968).

Schmidt, H.: Über die Mandibel der Holzinsekten. Faunistisch-ökologische Mitteilungen, *3*, Heft 11/12, 348–353 (1970).

Schmidt, R.: Werkzeuggebrauch bei Tieren. Naturwiss. Rundschau, Heft 4, 173 (1967).

Kapitel 11:

Alexander, McNeill: Animal mechanics. Sidgwick & Jackson, London (1968).

Frazetta, T. H.: A functional consideration of cranial kinesis of lizards. J. Morph. *111*, 287–319 (1962).

Grodzinski, P., u. G. Lechner: Getriebelehre I, Samml. Göschen, Bd. 1061, de Gruyter, Berlin (1960).

Günther, K., und K. Deckert: Neue Untersuchungen über die funktionellen Auswirkungen der caudal-ventralen Verlängerung des Kieferstiels bei Knochenfischen. IV. Das Viscerocranium von Harpodon nehereus Ham. Buch. (Iniomi, Harpodontidae). Zoologische Beiträge, N. F. 5 (1959/60).

Nachtigall, W.: Biologische Forschung. Aspekte – Argumente – Aussagen. Quelle & Meyer, Heidelberg (1972).

Reuleaux, F.: Lehrbuch der Kinematik. Bd. 1 u. 2., Vieweg, Braunschweig (1900).

Schremmer, F.: ›Geborgte Beweglichkeit‹ bei der Betäubung von Blütenpflanzen. Umschau 69, 228–234 (1969).

Stümpke, H.: Bau und Leben der Rhinogradentier. Fischer, Stuttgart (1972).

Fünfter Teil:

Engel, F.-M.: So bewegen sich die Tiere auf dem Land, im Wasser, in der Luft. Südwest, München (1969).

Kapitel 12:

Boettiger, E. G., und E. Furshpan: The mechanics of flight movements in diptera. Biol. Bull. *102*, 200–211 (1952).

Gladkow, N. A.: Flüge in der Natur. Urania, Jena (1953).

v. Holst, E.: Prinzipien des Tierflugs und ihre technische Bedeutung. ›Fra Fysikkens Verden‹, Heft 2, 53–68 (1961).

Nachtigall, W.: Gläserne Schwingen. Moos, München (1968). Schwedische Übersetzung: Hur insecter flyger. Strömberg, Stockholm (1969). Englische Übersetzung: Insects in flight. Allen & Unwin, London (1974).

Nachtigall, W.: Biophysik des Tierflugs. Rheinisch-Westfälische Akademie der Wissenschaften. Vorträge. Westdeutscher Verlag, Opladen (1974).
Pletschacher, P.: Wie frisiert man Flugzeuge? Hobby, *21*, 42–48 (1965).

Kapitel 13:
Hertel, H.: Die Natur als Lehrmeisterin der Technik. n+m *2*, 27–42 (1965).
Hertel, H.: Technisch-biologische Untersuchungen des Vortriebs schneller Schwimmer. Umschau *65*, Heft 10, 299–303 (1965).
Kramer, M. O.: The dolphin's secret. New Scientiest *7*, 1118–1120 (1960).
Kramer, M. O.: Boundary layer stabilization by distributed damping. A.S.N.E.-Journal, 25–33, February 1960.
Prandtl, L.: Führer durch die Strömungslehre. 5. Aufl., Vieweg, Braunschweig (1957).
Rosen, M. W., and N. E. Cornford: Fluid friction of fish slimes. Nature (London) *234*, 49–51 (1971).

Kapitel 14:
Hildebrand, M.: Symmetrical gaits in horses. Science *150*, 701–708 (1965).
Liston, R. A. (Herausgeber): Development of an ambulating quadruped transporter. Sonderdruck des Ordnance Department of Defence Electronics Division, General Electric, Pittsfield, Mass. (1965).
Muybridge, E.: Animals in motion. Chapman and Hall, London (1899). Neuausgabe von L. S. Brown bei Dover, New York (1957).

Sechster Teil:

Keidel, W. D.: Sinnesphysiologie. Springer, Berlin – Heidelberg – New York (1971).

Kapitel 15:
Autrum, H.: Über kleinste Reize bei Sinnesorganen. Biol. Zentralblatt *63*, 209–236 (1943).
Autrum, H.: Über Energie- und Zeitgrenzen der Sinnesempfindungen. Naturwiss. *35*, 361–369 (1948).
Autrum, H.: Präzision und Toleranzen in der lebenden Natur. Bild der Wissenschaft 7, 978–987 (1970).
Loewenstein, W.: Facts of a transducer process. Cold Spring Harbor Symposium of Quantitative Biology *30*, 29–43 (1965).
Schneider, D.: Die Arbeitsweise tierischer Sinnesorgane im Vergleich zu technischen Meßgeräten. Arbeitsgemeinschaft für Forschung des Landes Nordrhein-Westfalen, Heft 169; Westdeutscher Verlag, Köln und Opladen (o. J.).

Kapitel 16:
Butenandt, A., und E. Hecker: Synthese des Bombykols, des Sexual-Lockstoffes des Seidenspinners, und seiner geometrischen Isomere. Angew. Chemie, 73, 349–353 (1961).
Kafka, W. A.: Molekül und Riechzelle. Umschau 71, Heft 13, 464–468 (1971).
Lewis, C. T., and A. T. Marshall: The ultrastructure of the sensory plaque organs of the antenna of the chinese lantern fly, Pyrops candelaria L. (Homoptera, Fulgoridae). Tissue & Cell, *2*, 375–385 (1970).
Schneider, D., B. C. Block, J. Boeckh und E. Priesner: Die Reaktion der männlichen Seidenspinner auf Bombykol und seine Isomeren: Elektroantennogramm und Verhalten. Z. vergl. Physiol. *54*, 192–209 (1967).

Kapitel 17:
Altmann, G.: Die Orientierung der Tiere im Raum. Die Neue Brehm Bücherei, Bd. 369, Ziemsen, Wittenberg (1966).
Dijkgraaf, S.: On Spallanzani's unpublished experiments on the sensory basis of object perception in bats. Isis *51*, 9–20 (1960).
Gérardin, L.: Natur als Vorbild. Die Entdeckungen der Bionik. Kindler's Universitäts-Bibliothek (1968).
Gould, E., N. C. Negus and A. Novick: Evidence for echolocation in shrews. J. Exp. Zool. 156, 19–37 (1964).
Griffin, D. R.: Acoustic orientation in the oil-bird (Steatornis). Proc. Nat. Acad. Sci. *39*, 884–893 (1953).
Griffin, D. R.: Listening in the dark. Yale Univ. Press, New Haven (1958).
Griffin, D. R., F. A. Webster and C. R. Michael: The echolocation of flying insects by bats. Animal behaviour, 8, Nr. 3, 141–154 (1960).
Kellog, W. N.: Porpoises and sonar. Univ. of Chicago Press, Chicago (1961).
Möhres, F. P., und E. Kulzer: Über die Orientierung der Flughunde (Chiroptera – Pteropodidae). Z. vergl. Physiol. *38*, 1–29 (1956).
Schwartzkopff, J.: Die akustische Lokalisation bei Tieren. Ergebn. d. Biol. *25*, 136–176 (1962).

Siebter Teil:

Wieser, W.: Organismen, Strukturen, Maschinen. Fischer Bücherei Nr. 230, Fischer, Frankfurt (1959).

Kapitel 18:
Aumiller, J.: Ingenieure verändern die Medizin. Aufbruch ins 21. Jahrhundert. Herder, Freiburg, Basel, Wien (1973).
Haffner, M. P., and G. B. Cohen: Progress in the mechanical simulation of human head-neck response. In: King, W. F., and H. J. Mertz, editors: Human impact response. Measurement and simulation. Plenum Press, New York – London (1973), 289–320 (U.S. Dep. of Transportation, Wash., D.C.).

Hertzberg, H. T. E., editor: Annotaded bibliography of applied physical anthropology in human engineering. WADC Technical Report 56 – 30 (o. J.).
King, W. F., and H. J. Mertz, editors: Human impact response. Measurement and simulation. Plenum Press, New York – London (1973).
Rashevsky, N.: Man-machine interaction in automobile driving. Progress in Biocybernetics, ed. by N. Wiener and J. P. Schadé, Elsevier, Amsterdam etc. (1964).

Kapitel 19:

Hassenstein, B.: Die bisherige Rolle der Kybernetik in der biologischen Forschung. Wiss. Verlagsges. m. b. H., Stuttgart (1960).
Mittelstaedt, H. (Herausgeber): Regelungsvorgänge in der Biologie. Oldenbourg, München (1956).
Mittelstaedt, H. (Herausgeber): Regelungsvorgänge in lebenden Wesen. Oldenbourg, München (1961).
Oppelt, W.: Kleines Handbuch technischer Regelungsvorgänge, Weinheim (1956).
Penzlin, H.: Kurzes Lehrbuch der Tierphysiologie. VEB Gustav Fischer, Jena (1970).
Wiener, N.: Cybernetics. New York (1948).
Wagner, R.: Das Regelproblem in der Biologie. Stuttgart (1954).

Kapitel 20:

Bienert, P.: Aufbau einer Optimierungsautomatik für drei Parameter. Diplomarbeit, TU Berlin (1967).
Rechenberg, I.: Vorschlag für einen automatischen Experimentator. Humanismus und Technik *16*, 138–147 (1972).
Rechenberg, I.: Evolutionsstrategie. Optimierung technischer Systeme nach Prinzipien der biologischen Evolution. Frommann, Stuttgart (1973).
Schwefel, H. P.: Experimentelle Optimierung einer Zweiphasendüse. Bericht 35 des AEG-Forschungsinstitutes Berlin zum Projekt MHD-Staustahlrohr (1968).

Angabe zusätzlicher Literatur, die bei den einzelnen Kapiteln nicht aufgeführt worden ist

Bach, R.: Die Möwe Jonathan. Übertragen aus dem Amerikanischen, 1974, Berlin (1972).

Baer, J.: Tierparasiten. Anpassung, Umwelt, Entwicklung. Kindler's Universitäts-Bibliothek (1972).

Buchholtz, Chr.: Der Beutefang der Larve von Aeschna cyanea. Verhandlungen der Dtsch. Zoolog. Ges., 64. Tagung, Fischer, Stuttgart (1970), pp. 362–364.

Colani, L.: YLEM, Verlagsgruppe Bertelsmann GmbH, Bertelsmann Sachbuch Verlag, Gütersloh, Wien (1971).

De Haas, W., F. Knorr: Was lebt im Meer an Europas Küsten? Mittelmeer, Atlantik, Nordsee, Ostsee. Kosmos, Stuttgart 1965.

Geissler, U.: Das Membranpotential einiger Diatomeen und seine Bedeutung für die lebende Kieselalgenzelle. Mikroskopie, Zentralblatt für mikroskopische Forschung und Methodik 13 (Heft 5/6) 145–172 (1958).

Glaser, R.: Einführung in die Biophysik. Jena (1971).

v. Holst, E.: Über ›künstliche Vögel‹ als Mittel zum Studium des Vogelflugs. Journal für Ornithologie 91, 406–447 (1943).

Kämpfe, L., R. Kittel und J. Klapperstück: Leitfaden der Anatomie der Wirbeltiere. Deutscher Verlag der Wissenschaften, Berlin (1955).

Kaestner, A.: Lehrbuch der Speziellen Zoologie. Gustav Fischer Verlag, Jena, mehrere Bände, erschienen bis 1974.

Loewenstein, W. R.: Biological transducers. Scientific American, August (1960), pp. 2–10.

Martin, A., und A. Musy: Das Leben der Kolibris. Creatura, Kümmerly und Frey, Geographischer Verlag, Bern (o. J.).

Meyers erklärte Medizin, Wie funktioniert das? Der Mensch. Bibliographisches Institut, Mannheim/Zürich (1968).

Müller, H.: Die Befruchtung der Blumen durch Insekten und die gegenseitigen Anpassungen beider. Ein Beitrag zur Erkenntnis des ursächlichen Zusammenhanges in der organischen Natur. Engelmann, Leipzig (1973).

Nachtigall, W.: Geschichte der Erforschung des Vogelflugs von der Renaissance bis zur Gegenwart. Journal für Ornithologie 114 (Heft 3), 283–304 (1973).

Riedl, R.: Fauna und Flora der Adria. Parey, Berlin (1970).

Rüppell, G.: Flugmanöver des Gartenrotschwanzes (Phoenicurus phoenicurus L.). Zeitschrift für vergl. Physiol. 71, 190–200 (1971).

Scheithauer, W.: Kolibris – fliegende Edelsteine, Bayrischer Landwirtschaftsverlag München (o. J.).

Schlichting, H. und Trockenbrodt: Aerodynamik des Flugzeugs. Bd. I und II, Springer, Berlin, Göttingen, Heidelberg 1959 und 1960.

Schramm, G.: Die Biochemie der Viren. In: Organische Chemie in Einzeldarstellungen. 5. Bd. Springer, Berlin, Göttingen, Heidelberg (1964).

Sixl, W., E. Dengg und H. Waltinger: Rasterelektronenmikroskopische Untersuchungen an Zecken: Mundwerkzeuge von Haemaphysalis concinna Koch. Mikroskopie 28, 88–91 (1972).

Strasburger, E.: Lehrbuch der Botanik für Hochschulen. Gustav Fischer, Stuttgart, 30. Aufl. (1971).

Wurmbach, H.: Lehrbuch der Zoologie, Gustav Fischer Verlag, Stuttgart (1970).

Nach Abschluß des Manuskripts erschienen:
Paturi, F. R.: Geniale Ingenieure der Natur. Wodurch uns Pflanzen technisch überlegen sind. Econ, Düsseldorf, Wien (1974).

3
Abbildungsnachweis

Nicht gekennzeichnete Abbildungen sind meist Originale. Bei einigen sind die bibliographischen Daten nicht oder nur unvollständig rekonstruierbar.

Erster Teil

I–1 Nachtigall (1971), fig. 2a, p. 335

I–2 Nachtigall (1971), fig. 2b, p. 335

Kapitel 1

1–1 Lilienthal (1939), fig. 14, p. 61

1–2 Lilienthal (1939), fig. 23, p. 73

1–3 Lilienthal (1939), fig. 39–43, p. 94

1–4 Lilienthal (1939), fig. 30, p. 81

1–5 Halle, verändert

Kapitel 2

2–1 Original

2–2 Etrich (o. J.) fig. 7, p. 14

2–3 Hertel (1963), fig. 125, p. 95

Kapitel 3

3–1 Gibbs-Smith (1967), fig. auf p. 38

3–2 Giacomelli (1936)

3–3 Gibbs-Smith (1967), fig. 17, p. 23

3–4 Gibbs-Smith (1967), fig. 18, p. 24 (oben) und Originalfotos Nachtigall (unten)

3–5 Gibbs-Smith (1967), fig. 2, p. 7

3–6 Giacomelli (1936)

3–7 Borelli (1927), fig. 16 oben, Tafel II

3–8 Borelli (1927), fig. 13, Tafel II

3–9 Borelli (1927), fig. 14, Tafel III

3–10 Borelli (1927), fig. 15, Tafel II

3–11 Gibbs-Smith (1962), fig. 32a, p. 74

3–12 Gibbs-Smith (1962), fig. 14, p. 29

3–13 Gibbs-Smith (1962), fig. 63, p. 166

3–14 Gibbs-Smith (1962), fig. 61a, p. 162

3–15 Gibbs-Smith (1962), fig. 33, p. 79

3–16 Gibbs-Smith (1962), figs. 37 und 38b, p. 90

Dritter Teil

III–1 Südd. Zeitung

III–2 Wachsmann (1959)

Kapitel 4

4–1 Schramm (1964)

4–2 Hobby-Magazin der Technik

Kapitel 5

5–1 Frieling (1939), fig. Tafel 2, oben

5–2 Frieling (1939), fig. Tafel 2, unten

5–3 Illies (1961), fig. 27, p. 51
5–4 Sedlag (1951), fig. 16, p. 40, umkopiert
5–5 Kaestner (1973), fig. 27 D 7, p. 628
5–6 Sedlag (1951), fig. 23a, p. 57
5–7 Sedlag (1951), fig. 23b, p. 57
5–8 Sedlag (1951), fig. 23c, p. 57
5–9 Sedlag (1951), fig. d, p. 57
5–10 Sedlag (1951), fig. 24a, p. 60
5–11 Sedlag (1951), fig. 24b, p. 60
5–12 Sedlag (1951), fig. 24c, p. 60
5–13 Sedlag (1951), fig. 24d, p. 60
5–14 Sedlag (1951), fig. 25, p. 61

Kapitel 6

6–1 Lindauer und Martin (1966), fig. 7, p. 382
6–2 Lindauer und Martin (1966), fig. 1, p. 373
6–3 Meretz (1963), fig. 1 links, p. 96
6–4 Meretz (1963), fig. 1 rechts, p. 96
6–5 Meretz (1963), fig. 2, p. 99
6–6 Meretz (1963), fig. 3, p. 102
6–7 Meretz (1963), fig. 4, p. 103
6–8 Neckermann Komforthaus-Katalog (1972), p. 91
6–9 Neckermann Komforthaus-Katalog (1972), p. 93
6–10 Habermann
6–11 Strasburger, (1971), fig. 678F, p. 658
6–12 Strasburger (1971), fig. 713L, p. 702
6–13 d'Arcy-Thompson (1961), fig. 45, p. 121
6–14 Lindauer und Martin (1966), fig. 22a–c, p. 396
6–15 Lindauer und Martin (1966), fig. 12, p. 384
6–16 Lindauer und Martin (1966), fig. 14, p. 387
6–17 Lindauer und Martin (1966), fig. 15, p. 388

Kapitel 7

7–1 Helmcke (1959), fig. 1, p. 2
7–2 Helmcke (1959), fig. 3, p. 2
7–3 Helmcke (1959), fig. 4, p. 2
7–4 Helmcke (1959), fig. 5, p. 2
7–5 Helmcke (1972), fig. 5 (Ausschnitt), p. 13
7–6 Helmcke (1972), fig. 6, p. 13
7–7 Helmcke (1972), fig. 7, p. 14
7–8 Helmcke u. Otto (1962), fig. 16, p. 858
7–9 Helmcke u. Otto (1962), fig. 1, p. 856
7–10 Helmcke u. Otto (1962), fig. 24, p. 860
7–11 Süddeutsche Zeitung
7–12 Torroja (1961), fig. XII–9, p. 159
7–13 Helmcke u. Otto (1962), fig. 9, p. 857
7–14 Helmcke u. Otto (1962), fig. 19, p. 859
7–15 Strüwe (1955), fig. p. 32
7–16 Helmcke u. Otto (1962), fig. 10, p. 857
7–17 Blaser (1970), fig. p. 46
7–18 Helmcke u. Otto (1962), fig. p. 862
7–19 d'Arcy-Thompson (1961), fig. 100, p. 232
7–20 Meyer (1968), fig. 4, p. 459
7–21 Pauwels (1954), fig. 11, p. 396
7–22 Pauwels (1954), fig. 3, p. 388
7–23 Kummer
7–27 Colani (1971)
7–28 Helmcke (Original)
7–29 Helmcke (Original)

Kapitel 8
8–1 Arndt, ergänzt
8–4 Klein
8–5 Bühler
8–6 Pflugfelder
8–8 Pflugfelder
8–9 Bühler
8–12 Reng (1967), fig. 11
8–14 Märkel u. Garny (1973), fig. 2b, p. 228
8–15 Märkel u. Garny (1973), fig. 3a, p. 229
8–16 Märkel u. Garny (1973), fig. 6k, p. 233
8–17 Märkel u. Garny (1973), fig. 6h, p. 233
8–18 Märkel u. Garny (1973), fig. 6d, p. 232
8–19 Märkel u. Garny (1973), fig. 6a, p. 232

Kapitel 9
9–1 IAADB-Apollo Spacecraft (Dez. 1965), fig. auf Blatt 2.2–60
9–2 IAADB-Apollo Spacecraft (Dez. 1965), fig. 37–15
9–3 nach Reis aus Nachtigall (1974), fig. 118
9–4 nach Reis aus Nachtigall (1974), fig. 119
9–5 Nachtigall (1974), fig. 120
9–6 Nachtigall (1974), fig. 121
9–7 Ernst (1965), fig. 2, p. 35
9–8 Ernst (1965), fig. 3, p. 35
9–9 Ernst (1965), fig. 3, p. 35
9–10 Ernst (1965), fig. 5, p. 35
9–11 Südd. Zeitung
9–12 nach Weber aus Nachtigall (1974), fig. 258, 259
9–13 nach Weber aus Nachtigall (1974), fig. 260, 261, 262
9–14 nach Weber aus Nachtigall (1974), fig. 266, 267, 268
9–15 nach Weber aus Nachtigall (1974), fig. 269, 270, 271
9–16 nach Popp aus Nachtigall (1974), fig. 126
9–17 nach Popp aus Nachtigall (1974), fig. 126
9–18 nach Popp aus Nachtigall (1974), fig. 127
9–19 Gläser (1967), fig. 1, p. 334
9–20 Gläser (1967), fig. 5a, p. 337

Kapitel 10
10–1 Foto Nachtigall
10–2 Foto Nachtigall
10–3 Werkszeichnung Daimler-Benz AG, Stuttgart-Untertürkheim
10–4 Hobby-Magazin der Technik, leicht verändert
10–6 Foto Nachtigall
10–7 Foto Nachtigall, Ausstellstück des Bayr. Nationalmuseums, München
10–8 Kaestner
10–9 Knaur's Tierreich in Farben, Säugetiere (1956), fig. p. 115
10–10 Weighton and Gregg (1954)
10–13 Leunis-Ludwig
10–14 Leunis-Ludwig
10–15 nach Schmidt-Schaumburg
10–16 Bühler (1972), fig. 6. 45 (IL 4)
10–17 Märkel
10–18 Ankel (1938)
10–19 Märkel
10–20 Hobby-Magazin der Technik
10–21 Fotos Nachtigall
10–23 Traité de Zoologie
10–30 nach Risbec aus Kaestner
10–33 Knaur's Tierreich in Farben, Niedere Tiere, fig. auf p. 131

10–34 Rungius
10–39 Weber
10–40 Weber
10–41 Weber
10–42 Weber
10–43 Kaltenbach (1971), fig. 2b, d, b', p. 382
10–44 Kaltenbach (1971), fig. 2a, p. 382
10–45 Kaestner (1973), fig. 2614, p. 545, verändert
10–46 Original
10–47 Party (1960), fig. 7, p. 159, verändert

Kapitel 11

11–2 Lexikon der Technik
11–3 Sci. American
11–4 Kämpfe, Kittel, Klapperstück
11–7 Nachtigall, Kosmos 10 (1971), fig. 1, p. 429
11–8 Nachtigall, Kosmos 10 (1971), fig. 7, p. 432
11–10 Neu nach einer Vorlage von Alexander (1968), fig. 20a, p. 48
11–11 nach Frazetta (1962) aus Alexander (1968), fig. 21, p. 51
11–12 Reuleaux
11–13 Reuleaux
11–14 Reuleaux
11–18 Nachtigall (1972), fig. 57, p. 133 nach Ergebnissen von Alexander
11–19 Weber
11–20 Stümpke
11–21 Günther, K., und K. Deckert (1959/60), fig. 15, p. 277
11–22 Schremmer (1969), fig. 7a–c, p. 233
11–23 Popular Mechanics. Sept. (1966), p. 149
11–24 Popular Mechanics. Sept. (1966), p. 149
11–26 Konopatzky, Bad Godesberg

Kapitel 12

12–1 Nachtigall (1968), fig. 32, p. 67
12–2 Nachtigall (1968), fig. 31, p. 66
12–3 Nachtigall (1968), fig. 34, p. 71
12–4 Original-Hochfrequenzbilder, Nachtigall
12–5 Helmcke, Originale
12–6 Pletschacher (1965)
12–7 Original
12–8 Original
12–9 G. E. Goslow jr.
12–10 Nachtigall (1972), fig. 5, p. 75
12–11 Nachtigall (1972), fig. 6, p. 75
12–12 Rüppell (Original)
12–13 Edgerton

Kapitel 13

13–1 Glaser (1971), fig. 59, p. 240
13–2 Prandtl (1957), fig. 93, p. 109
13–3 Kramer (1960), fig. 43, p. 1120, verändert
13–4 Kramer (1960), fig. 4, p. 1120, verändert
13–5 Riedl (1970), fig. auf p. 572
13–6 Riedl (1970), fig. auf p. 638
13–7 Riedl (1970), fig. auf p. 638
13–8 Riedl (1970), fig. auf p. 600
13–9 de Haas/Knorr (1970), fig. 616, p. 247
13–10 Schlichting-Trockenbrodt (1959), fig. 4.14, p. 242 ergänzt
13–11 wie 13–10, ergänzt
13–12 Hertel (1963), fig. 167, p. 127
13–13 Hertel (1963), fig. 175, p. 133, verändert
13–14 Süddeutsche Zeitung
13–15 Foto Nachtigall

Kapitel 14

14–1 Hobby, Magazin der Technik
14–2 Hildebrand (1965), fig. 6, p. 6, verändert und ergänzt
14–3 Umzeichnung nach Liston (1965), fig. 3–4, p. 3–6
14–4 Umzeichnung nach Hobby, Magazin der Technik
14–6 Science & Mechanics, November (1966), fig. auf p. 70
14–7 Popular Mechanics, September 1966, fig. auf p. 88
14–8 Fotos Nachtigall
14–9 Foto Nachtigall

Kapitel 15

15–1 Original
15–2 Schneider (1971), fig. 1b, p. 195
15–3 Kafka (1971), fig. auf p. 465

Kapitel 16

16–3 Kafka (1971), fig. 2, p. 465
16–4 Schneider (1971), fig. 2, p. 195
16–5 Schneider (o. J.), fig. 8, p. 48, verändert
16–6 Schneider (o. J.), fig. 8, p. 50, verändert
16–7 Lewis und Marshall (1970), fig. 2, p. 377
16–8 Lewis und Marshall (1970), fig. 3, p. 377
16–9 Lewis und Marshall (1970), fig. 4, p. 377

Kapitel 17

17–1 Original
17–2 Original

Kapitel 18

18–1 Busse, J. G., Popular Science, October (1966), fig. auf p. 114
18–2 Busse, J. G., Popular Science, October (1966), fig. auf p. 115
18–3 Aumiller (1973), fig. auf p. 94
18–4 Nachtigall (1972), fig. 13, p. 60
18–5 Aumiller (1973), fig. auf p. 83
18–6 Haffner and Cohen (1973), fig. 23, p. 307, umgezeichnet
18–7 Haffner and Cohen (1973), fig. 16, p. 302, umgezeichnet
18–8 Haffner and Cohen (1973), fig. 2, p. 293
18–9 Haffner and Cohen (1973), fig. 3, p. 293
18–10 Haffner and Cohen (1973), fig. 4, p. 294
18–11 Haffner and Cohen (1973), fig. 6, p. 295
18–12 Haffner and Cohen (1973), fig. 28, p. 311, kombiniert mit Metz and Patrick (1973), fig. 8, p. 296, umgezeichnet

Kapitel 19

19–2 Original

Kapitel 20

20–1 Original nach einer Skizze von Rechenberg (1972)
20–2 Rechenberg (1973), fig. 1, p. 25, verändert
20–3 Rechenberg (1973), fig. 2, p. 26
20–4 Rechenberg (1973), fig. 3, p. 28
20–5 Rechenberg (1973), fig. 9, p. 35
20–6 Rechenberg (1973), fig. 11, p. 39, verändert
20–7 Rechenberg (1973), fig. 36b, p. 149

4. Register

Claudia Fischer
ALTERNATIVES LEBEN
Auf der Suche nach der Welt von morgen
Eine Chance, nicht nur für »Aussteiger«
ORIGINAL AUSGABE

PARIS FLAMMONDE
UFOs
Es gibt sie wirklich

Im falschen Körper gefangen
ORIGINAL AUSGABE
Als Mann hieß sie Robert, als Frau heißt er Yvonne
Report über eine Geschlechtsumwandlung
CHRISTA GEIBEL